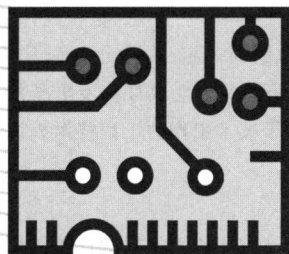

电子技术基础

柳智鑫　王晓娟 ◙ 主　编
邹　洁　杭秋丽　苏波宁　王江平 ◙ 副主编

清华大学出版社
北京

内 容 简 介

本书在编写过程中注重理论与实践的一体化教学实施,由浅入深,循序渐进,强调实践性、科学性,把"学懂、学通、会用、专业"作为本书编写理念,符合技能人才培养的规律,并注重融入创新意识和创新能力的要素。同时,本书还注重将素质教育、职业态度、职业道德等职业素养贯穿其中,切实有效地提高学生的职业能力和职业素养。

本书采用项目任务式结构编排,每个项目根据电路结构细分为若干任务。每个任务均以问题为导向,引导出相关的知识点学习、电路设计分析、电路仿真、PCB原理图设计、电路焊接调试以及任务小结。本书强化基础、精简内容、重视实践,结构层次分明,以利于教学活动的顺利开展。

本书既可以作为高职高专电子信息类、自动化、机电一体化、装备制造类等相关专业的教材,也可以作为从事电子技术工作的工程技术人员和参加电工职业技能鉴定的人员的参考书。

本书封面贴有清华大学出版社防伪标签,无标签者不得销售。

版权所有,侵权必究。举报:010-62782989,beiqinquan@tup.tsinghua.edu.cn。

图书在版编目 (CIP) 数据

电子技术基础/柳智鑫,王晓娟主编. -- 北京:清华大学
出版社,2025.7. -- ISBN 978-7-302-69815-9

Ⅰ.TN

中国国家版本馆 CIP 数据核字第 20258ZA935 号

责任编辑:郭丽娜
封面设计:曹　来
责任校对:袁　芳
责任印制:刘海龙

出版发行:清华大学出版社
　　　　网　　　址:https://www.tup.com.cn,https://www.wqxuetang.com
　　　　地　　　址:北京清华大学学研大厦 A 座　　　　邮　　编:100084
　　　　社 总 机:010-83470000　　　　邮　　购:010-62786544
　　　　投稿与读者服务:010-62776969,c-service@tup.tsinghua.edu.cn
　　　　质量反馈:010-62772015,zhiliang@tup.tsinghua.edu.cn
　　　　课件下载:https://www.tup.com.cn,010-83470410
印 装 者:大厂回族自治县彩虹印刷有限公司
经　　销:全国新华书店
开　　本:185mm×260mm　　　　印　张:21.25　　　　字　数:513千字
版　　次:2025 年 8 月第 1 版　　　　印　次:2025 年 8 月第 1 次印刷
定　　价:59.80 元

产品编号:105920-01

前　言

　　"电子技术基础"是高职高专电子信息类专业一门重要的专业基础课程,它不仅包括模拟电子技术和数字电子技术的基础知识,还包括这两种技术的典型案例应用。

　　本书抓住职业教育的特点,根据学生的培养方向,重点突出内容的实践性和实用性。本书在编写过程中将学生解决问题、自我学习、自我创新等能力的培养融入其中,逐步引导学生完成项目任务,从而提升学生的综合能力和职业素养。其中,职业素养目标包括团队协作素质、自主学习能力、独立分析和解决问题的能力、语言表达能力等。

　　全书共分为两个模块,主要以模拟电子技术和数字电子技术为重点,介绍常用电子电路的设计、仿真、线路布局、焊接调试等过程,包括硬件电路设计、软件仿真、PCB 布局设计及焊接调试。本书采用 Multisim 14.3 仿真软件进行电路图的绘制与仿真,采用 Altium Designer 22.1 进行 PCB 电子线路的设计。

　　在模拟电子技术部分,本书将理论知识的学习与项目任务的实践紧密结合,以半导体元器件及集成运算放大器的应用为核心,系统地构建了模拟电子技术的知识体系,其内容涵盖了对半导体元器件(如二极管、晶体管)的深入讲解,低频信号放大电路的设计与制作,集成运算放大器及直流稳压电源电路的设计与实现。每个项目均精选自模拟电子技术的经典电路,遵循电子产品的设计流程,从理论学习到电路分析,再到电路仿真、PCB 设计,直至实物焊接与调试,旨在全面培养学生的实践能力。在模拟电子技术部分的最后,还特别设计了变频器电路这一典型应用项目,以深化学生对模拟电路应用的理解。

　　在数字电子技术部分,本书同样以项目为载体,通过一系列典型工作任务,如数字电路导学、表决器与按键显示电路的制作、交通信号灯监控器的制作,以及倒计时控制电路的设计与仿真等,引导学生逐步掌握数字电路的核心技术。此外,为紧跟行业发展趋势,本书还特别融入了 2023 年全国职业院校技能大赛"智能电子产品设计与开发"赛项中电子电路设计部分的精髓,作为数字电子电路应用的高级案例进行分析,旨在拓宽学生的视野,提升其解决实际问题的能力。

　　为进一步加深学生对电子技术全面而深入的理解,本书还特别增设了数模转换和模数转换的拓展项目,旨在为后续单片机的学习奠定坚实的基础。

　　本书在表现形式上力求创新,以激发学生的学习兴趣,同时注重学习的灵活性与便捷性,使其不受时间和空间的限制。将学习的重点、难点通过动画视频、实操视频、仿真文件等形式的配套资源进行呈现,旨在能够让学生实时学习和自主学习。

　　本书以国内广泛使用的电子技术中的典型电子电路作为学习载体,是在进行了大量的调研并得到企业技术人员支持下编写而成。编者结合自身多年积累的实践教学经验，对教学项目进行了改进，优化了知识点布局，完善了教学任务设计，通过不同项目将理论知识和技能训练相结合，内容由浅入深，循序渐进，自然地融入教学过程中。而且本书任务更加贴近实际应用，内容既先进又实用，表述简明扼要，图文并茂，并辅以大量实例，使知识通俗易懂，便于教师教学和学生自学，支持线上线下混合式教学。

本书由柳智鑫、王晓娟担任主编，邹洁、杭秋丽、苏波宁、王江平担任副主编，刘宁、宋伟、郭苏玲参与编写，孙树林主审。本书编写分工如下：柳智鑫负责全书的总体策划工作，并负责项目 1～项目 3 的编写任务；杭秋丽负责项目 4 和项目 5 的编写；王晓娟负责项目 6 的编写工作，同时岳阳长炼有限公司工程师王江平为该项目提供必要的素材支持；王晓娟还负责项目 7～项目 10 和项目 14 的编写工作；邹洁负责编写项目 11 和项目 12；苏波宁负责项目 13 的编写、项目 1～项目 3 的习题和参考文献的整理工作；刘宁参与了项目 1 素材的整理工作；宋伟参与了项目结构的梳理，郭苏玲参与本书中数字资源制作，最后，柳智鑫对全书进行了统稿。本书的编写还得到了学校领导及教师的支持和关心，在此，编写组全体人员向他们表示真挚的感谢！

由于水平有限，书中难免存在疏漏之处，恳请有关专家和广大读者批评、指正。

编　者

2025 年 3 月

拓展资料	PCB 文件	Multisim 文件

目　录

第1篇　模拟电子技术

第2篇　数字电子技术

第1篇

模拟电子技术

项目 1

认识半导体元器件

项目导读

半导体元器件是电子电路中使用最为广泛的元器件,也是构成集成电路的基本单元。为了准确分析电子电路的工作原理并合理使用半导体元器件,我们必须掌握半导体元器件的结构、性能、工作原理及其特点。本项目主要介绍二极管、晶体管和场效应管的结构、性能、主要参数以及各元器件的选用原则。

学习目标

知识目标	1. 二极管基本知识;
	2. 晶体管的基本知识
能力目标	1. 半导体元器件的识别、检测能力;
	2. 仪器仪表使用能力
学习重难点	1. 掌握二极管的符号、特性、应用、检测;
	2. 掌握晶体管的符号、特性、应用、检测

任务 1.1 认识二极管

■ 想一想:

(1) 什么是半导体?其材料和特性是什么?

(2) 二极管的结构、符号是怎样的?

(3) 晶体管的结构、符号是怎样的?

带着问题查阅相关资料,请学生以组为单位进行讨论,得出以上问题的答案后,及时写在项目日志上。

1. 半导体基础知识

1) 半导体的概念

导电性能介于导体与绝缘体之间的物质被称为半导体。常用的半导体材料包括硅（Si）、锗（Ge）、硒（Se）、砷化镓（GaAs）及其他金属氧化物和硫化物等，这些半导体材料一般呈晶体结构。

2) 半导体的特性

半导体之所以引起人们注意并得到广泛应用，其主要原因并不仅仅在于它的导电能力介于导体和绝缘体之间，更重要的是它有以下几个特点。

（1）掺杂性。在半导体中掺入微量杂质，可改变其电阻率和导电类型。

（2）温度敏感性。半导体的电阻率对温度变化很敏感，且随着掺杂浓度的不同，电阻温度系数可能为正或为负。

（3）光敏感性。光照能改变半导体的电阻率。

根据半导体的以上特点，可将其制成各种半导体元器件，如热敏元件、光敏元件、二极管、晶体管及场效应管等。

3) 本征半导体

不含任何杂质且晶体结构排列整齐的半导体称为本征半导体。本征半导体的最外层电子（即价电子）除受到原子核的吸引外，还受到共价键的束缚。这种情况下，价电子很难挣脱原子核的吸引力和共价键的束缚成为自由电子，因此其导电能力相对较差。

本征半导体的导电能力随着外界条件的改变而发生变化。它具有热敏特性和光敏特性，即当温度升高或受到光照时，半导体材料的导电能力会增强。这是因为价电子从外界获得能量，能够挣脱共价键的束缚而成为自由电子。这时，在共价键结构中留下相同数量的空位，每当原子失去价电子后，都会变成一个带正电荷的离子。从等效的角度看，每个空位相当于带一个基本电荷量的正电荷，称为空穴，如图1-1所示。在半导体中，空穴也参与导电，其导电的实质是在电场作用下，相邻共价键中的价电子填补了空穴，从而产生新的空穴，这些新的空穴又会被其相邻的价电子填补，这个过程持续下去，就相当于带正电荷的空穴在移动。

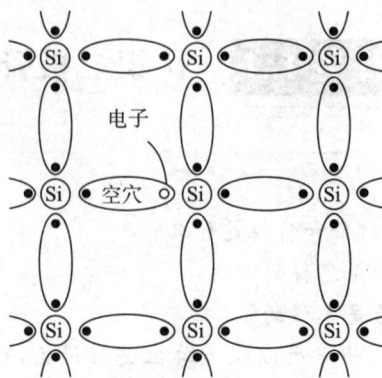

图1-1 共价键结构与空穴产生的示意

4）N 型和 P 型半导体

本征半导体的导电能力差，但是在本征半导体中掺入某种微量元素（杂质）后，它的导电能力可增加几十万甚至几百万倍。其中，N 型和 P 型半导体就是在本征半导体基础上通过掺杂杂质实现的。

（1）N 型半导体。用特殊工艺在本征半导体中掺入微量五价元素，如磷或砷。这种元素在和半导体原子组成共价键时，会多出一个电子。这个多余的电子不受共价键的束缚，很容易成为自由电子并参与导电。这种掺入五价元素后，电子为多数载流子，而空穴为少数载流子的半导体称为电子型半导体，简称 N 型半导体，如图 1-2（a）所示。

（2）P 型半导体。在半导体硅或锗中掺入少量三价元素，与含有外层电子数是 4 个的硅或锗原子组成共价键时，会自然形成一个空穴，这使得半导体中的空穴载流子增多，导电能力增强。这种掺入三价元素后，空穴为多数载流子，而自由电子为少数载流子的半导体称为空穴型半导体，简称 P 型半导体，如图 1-2（b）所示。

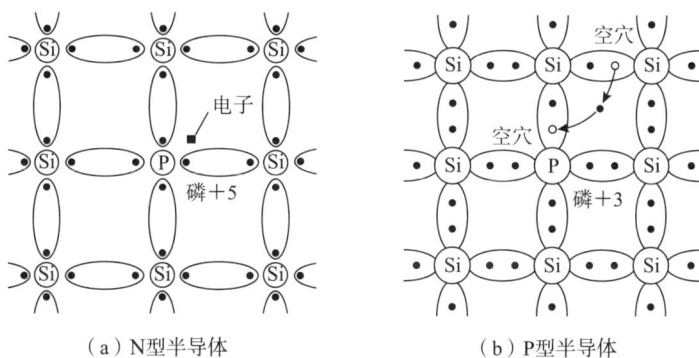

（a）N 型半导体　　　　　　　　（b）P 型半导体

图 1-2　掺杂半导体共价键结构示意

5）PN 结

P 型或 N 型半导体的导电能力虽然得到极大增强，但仍不能直接用来制造半导体元器件。通常是在一块纯净的半导体晶体上，采取特定的工艺措施，在两侧掺入不同的杂质，分别形成 P 型半导体和 N 型半导体，它们的交界面就形成了 PN 结。PN 结是构成各种半导体元器件的基础。

（1）PN 结的形成。在一块纯净的半导体晶体上，采用特殊掺杂工艺，在两侧分别掺入三价元素和五价元素。一侧形成 P 型半导体，另一侧形成 N 型半导体，如图 1-3 所示。

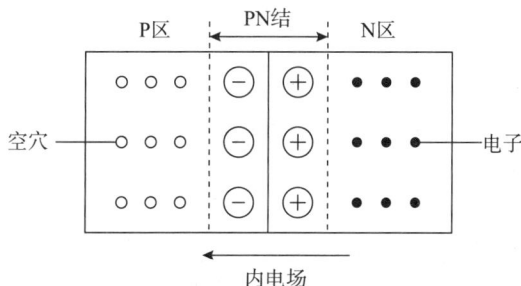

图 1-3　PN 结的形成

P区的空穴浓度大,空穴会向N区扩散;N区的电子浓度大,电子会向P区扩散。这种在浓度差作用下多数载流子的运动称为扩散运动。空穴带正电,电子带负电,这两种载流子在扩散到对方区域后复合并消失,但在P型半导体和N型半导体交界面的两侧分别留下了不能移动的正、负离子,形成了一个空间电荷区,这个空间电荷区就称为PN结。PN结的形成会产生一个由N区指向P区的内电场,内电场的产生会阻碍P区和N区间多数载流子的相互扩散运动。同时,在内电场的作用下,P区中的少数载流子和N区中的少数载流子会越过交界面向对方区域运动。这种在内电场作用下少数载流子的运动称为漂移运动。漂移运动和扩散运动最终会达到动态平衡,使PN结的宽度保持一定。

(2)PN结的单向导电性。如果在PN结的两端施加正向电压,即P区接电源的正极,N区接电源的负极,称为PN结正偏,如图1-4(a)所示。外加电压在PN结上所形成的外电场与PN结内电场的方向相反,削弱了内电场的作用,破坏了原有的动态平衡,使PN结变窄,增强了多数载流子的扩散运动,形成较大的正向电流,这时称PN结为正向导通状态。

如果给PN结外加反向电压,即P区接电源的负极,N区接电源的正极,称为PN结反偏,如图1-4(b)所示。外加电压在PN结上所形成的外电场与PN结内电场的方向相同,增强了内电场的作用,破坏了原有的动态平衡,使PN结变厚,加强了少数载流子的漂移运动,因此少数载流子的数量很少,所以只有很小的反向电流,一般情况下可以忽略不计。这时称PN结为反向截止状态。

综上所述,PN结正偏时导通,反偏时截止,因此它具有单向导电性,这也是PN的特性。

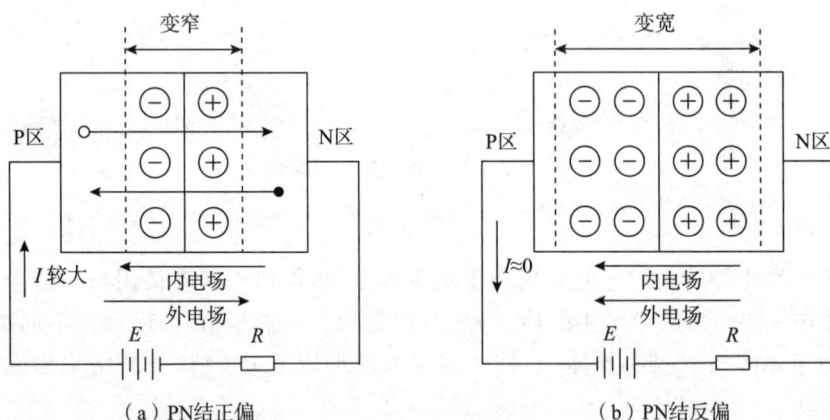

（a）PN结正偏 （b）PN结反偏

图1-4 PN结的单向导电性

2. 半导体二极管

1）二极管的结构

在PN结的两端各引出一根电极引线,然后用外壳封装起来就构成了半导体二极管,简称二极管,如图1-5(a)所示。由P区引出的电极称正极(或阳极),由N区引出的电极称负极(或阴极)。电路符号中的箭头方向表示正向电流的流通方向,如图1-5(b)所示。

2）二极管的类型

二极管的种类很多,按制造材料分类,主要有硅二极管和锗二极管;按用途分类,主要有整流二极管、检波二极管、稳压二极管、开关二极管等;按接触面积大小分类,可分为点接触型和面接触型两类。其中,点接触型二极管是由一根很细的金属触丝(如三价元素铝材质)

和一块 N 型半导体(如 N 型锗片)的表面接触构成,然后在正方向通过很大的瞬时电流,使金属触丝和 N 型锗片牢固地接在一起,从而构成 PN 结,如图 1-5(c)所示。

由于点接触型二极管金属触丝很细,因此形成的 PN 结很小,这导致它不能承受较大的电流和较高的反向电压。

面接触型二极管的 PN 结是用合金法或扩散法制成的,其结构如图 1-5(d)所示。由于这种二极管的 PN 结面积较大,因此可承受较大的电流。但其极间电容较大,使得这类器件更适用于低频电路,尤其是整流电路。硅工艺面型二极管的结构如图 1-5(e)所示,它是集成电路中常见的一种形式。

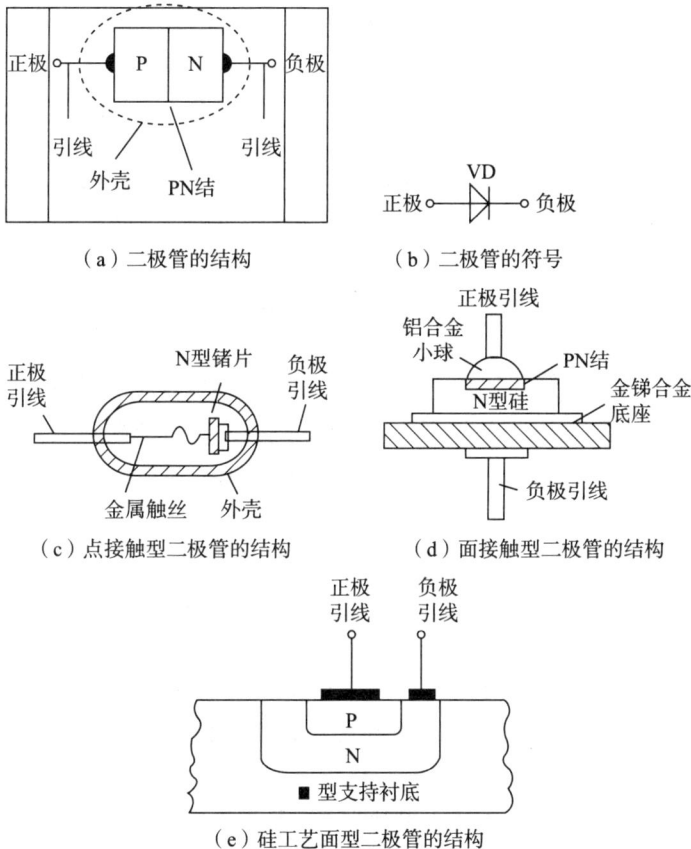

(a)二极管的结构

(b)二极管的符号

(c)点接触型二极管的结构

(d)面接触型二极管的结构

(e)硅工艺面型二极管的结构

图 1-5 半导体二极管的结构和符号

3)二极管的伏安特性

二极管的伏安特性是指二极管两端的端电压(伏特)与流过二极管的电流(安培)之间的关系,这一特性可以通过实验数据来说明。以二极管 2CP31 为例,当外加正向电压和反向电压时,该二极管两端电压 U 和流过电流 I 的一组实验数据分别见表 1-1 和表 1-2。

表 1-1 二极管 2CP31 外加正向电压的实验数据

电压 U/mV	0	100	500	550	600	650	700	750	800
电流 I/mA	0	0	0	10	60	85	100	180	300

表 1-2　二极管 2CP31 外加反向电压的实验数据

电压 U/mV	0	-10	-20	-60	-90	-115	-120	-125	-135
电流 I/mA	0	-10	-10	-10	-10	-25	-40	-150	-300

将表 1-1 和表 1-2 中的实验数据绘成曲线,可得到二极管的伏安特性曲线,如图 1-6 所示。

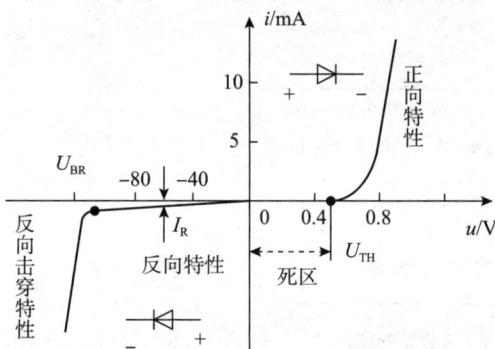

图 1-6　半导体二极管的伏安特性曲线

（1）正向特性。当二极管外加正向电压时,其电流和电压的关系称为二极管的正向特性。当二极管所加正向电压较小时（$0<U<U_{TH}$）,二极管上几乎没有电流流过,此时二极管处于截止状态,这一区域称为死区,U_{TH} 称为死区电压（也称门槛电压）。硅二极管的死区电压约为 0.5V,锗二极管的死区电压约为 0.1V。

当二极管所加正向电压大于死区电压时,正向电流增加,二极管导通,电流随电压的增大而上升,这时二极管呈现的电阻很小,认为二极管处于正向导通状态。硅二极管的正向导通压降约为 0.7V,锗二极管的正向导通压降约为 0.3V。

　说明:二极管的导通压降是指当二极管处于正向偏置状态（即阳极相对于阴极为正电压）时,使流经二极管的电流开始显著增加的电压值。在这个电压下,二极管开始从高阻态变为低阻态。

（2）反向特性。当二极管外加反向电压时,其电流和电压的关系称为二极管的反向特性。由图 1-6 可见,当二极管外加反向电压时,反向电流很小,并且在相当宽的反向电压范围内,反向电流几乎不变。因此,称此电流值为二极管的反向饱和电流。此时,二极管呈现的电阻很大,可以认为二极管处于截止状态。一般来说,硅二极管的反向电流比锗二极管的反向电流要小很多。

（3）反向击穿特性。由图 1-6 可见,当反向电压增大到 U_{BR} 时,若反向电压轻微增加,反向电流会急剧上升,此现象称为反向击穿,其中 U_{BR} 为反向击穿电压。对于常规二极管来说,反向击穿现象可能会导致元器件损坏。然而,稳压二极管在设计和制造过程中,其 PN 结经过了特殊调整,即使反向电流过大,也不会被损坏,并且其反向电压值能稳定在反向击穿电压 U_{BR} 附近。因此,二极管的反向击穿特性常应用于稳压二极管中,但一般的二极管不允许在反向击穿区工作。

4）二极管的主要参数

电子元器件的参数是国家标准或制造厂家为生产的元器件所设定的技术指标和数值要求,这些参数是合理选择和正确使用元器件的依据。二极管的参数可以在产品手册上查到,下面对二极管的几种常用参数进行简要介绍。

(1) 最大整流电流 I_{FM}。I_{FM} 是指二极管长期运行时允许通过的最大正向平均电流。其值与 PN 结的材料、面积及散热条件有关。在使用大功率二极管时,为了散热,一般要加散热片。

(2) 最高反向工作电压 U_{RM}(反向峰值电压)。U_{RM} 是指二极管在使用时允许外加的最大反向电压,其值通常是二极管反向击穿电压的一半左右。在实际使用时,二极管所承受的最大反向电压值不应超过 U_{RM},以防止二极管发生反向击穿。

(3) 反向电流 I_R 与最大反向电流 I_{RM}。I_R 是指在室温下,二极管未击穿时的反向电流值。I_{RM} 是指二极管在常温下承受最高反向工作电压 U_{RM} 时所产生的反向电流,该值一般很小,但它受温度影响很大。当温度升高时,I_{RM} 显著增大。

(4) 最高工作频率 f_M。如果二极管的工作频率超过一定值,就可能失去单向导电性,这一频率称为最高工作频率。

📝 **说明:** 如果二极管的工作频率超过一定值,就可能失去单向导电性,这是因为二极管的响应速度具有局限性。在高频条件下,二极管无法迅速实现从截止到导通或从导通到截止的状态转换。当电流方向改变时,二极管需要一段时间来消除存储在其 PN 结中的少数载流子,这段时间称为反向恢复时间。因此,为了保持单向导电性,必须选择适合特定频率范围的二极管类型。

反向恢复时间主要由 PN 结的结电容大小决定。由于电容充放电过程需要一定的时间,这个时间会限制元器件的开关速度。因此,结电容越大,元器件的开关速度就越慢,其能够有效工作的最大频率也就越低。点接触型二极管的结电容较小,f_M 可达几百兆赫兹;面接触型二极管结电容较大,f_M 只能达到几十兆赫兹。

⚠️ **注意:** 产品手册上给出的参数是在一定测试条件下测得的数值。如果测试条件发生变化,相应参数也会随之改变。因此,在选择使用二极管时应注意留有裕量。

3. 特殊二极管

1）稳压二极管

稳压二极管是一种在规定的反向电流范围内可以重复击穿的硅平面二极管。其伏安特性曲线、图形符号及稳压电路如图 1-7 所示。稳压二极管的正向伏安特性与普通二极管相同。不同的是,稳压二极管主要利用其反向伏安特性来工作:当通过电阻 R 将流过稳压二极管的反向击穿电流 I_Z 限制在 $I_{Zmin} \sim I_{Zmax}$ 时,稳压二极管两端的电压变化不大(即 ΔU_Z 很小),也就是 U_Z 几乎保持不变,如图 1-7(a)所示。利用稳压二极管的这种特性,就能达到稳压的目的。

稳压二极管的稳压电路如图 1-7(c)所示。稳压二极管 U_Z 与负载 R_L 并联,构成并联稳压电路。此时负载两端的输出电压 U_O 等于稳压二极管的稳定电压 U_Z。

稳压二极管的主要参数如下。

(1) 稳定电压 U_Z。U_Z 是指稳压二极管在反向击穿时稳定工作的电压值。不同型号的稳压二极管,其 U_Z 值不同,应根据需要查手册确定。

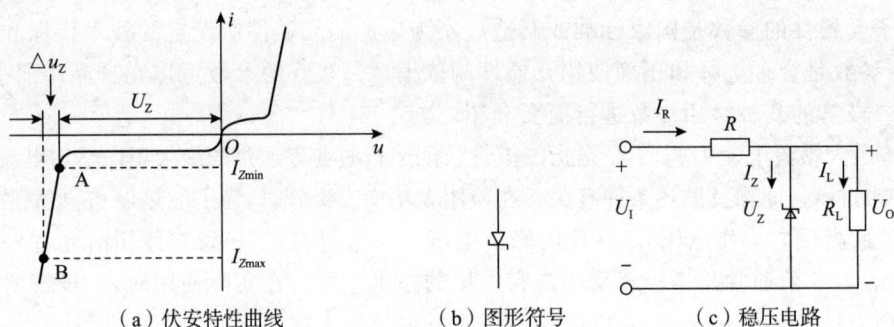

（a）伏安特性曲线　　　　（b）图形符号　　　　（c）稳压电路

图 1-7　稳压二极管的伏安特性曲线、图形符号及稳压电路

（2）稳定电流 I_Z。I_Z 是指稳压二极管在正常工作时所需的最小电流值。如果实际工作电流小于 I_Z，那么稳压二极管的稳压性能差，甚至失去稳压作用。

（3）动态电阻 R_Z。R_Z 是指稳压二极管在反向击穿工作区内，电压的变化量与对应的电流变化量的比值，即

$$R_Z = \frac{\Delta U}{\Delta I} \tag{1-1}$$

式中：R_Z 越小，稳压性能越好。

2）光电二极管

光电二极管又称光敏二极管，是一种将光信号转换为电信号的特殊二极管。与普通二极管一样，其基本结构也是一个 PN 结，它的管壳上设有一个嵌着玻璃的窗口，以便光线射入。光电二极管的外形及符号如图 1-8 所示。

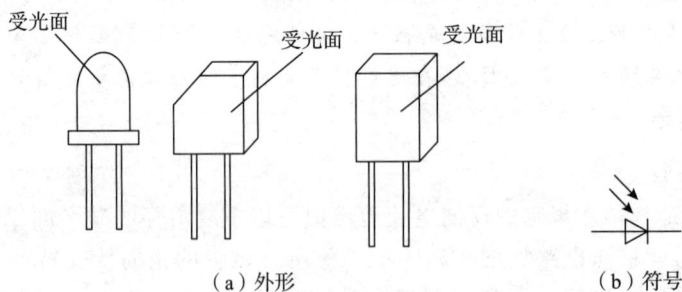

（a）外形　　　　　　　　　　　　　　（b）符号

图 1-8　光电二极管的外形及符号

当光电二极管反偏且无光照时，流过它的电流（称为暗电流）很小。当有光照时，光电二极管会产生电子-空穴对（称为光生载流子），在反向电压的作用下，流过它的电流（称为光电流）会明显增强。利用这一特性可以制成光电传感器，将光信号转变为电信号，从而实现控制或测量等功能。

如果将发光二极管和光电二极管组合并封装在一起，就会构成二极管型光电耦合器。光电耦合器可以实现输入和输出电路的电气隔离，以及信号的单方向传递。它在数模混合电路或计算机控制系统中常用作接口电路。

3）发光二极管

发光二极管（LED）是一种将电能转换成光能的特殊二极管，其外形和符号如图 1-9 所示。在 LED 的管头上一般都加装了玻璃透镜。

通常制成 LED 半导体的掺杂浓度很高。当向 LED 施加正向电压时，大量的电子和空穴在空间电荷区复合，释放出的能量大部分转换为光能，从而使 LED 发光。

（a）外形　（b）符号

图 1-9　发光二极管的外形和符号

LED 通常由砷、磷、镓等半导体及其化合物制成，其发光颜色主要取决于所用的半导体材料。通电后，LED 不仅能发出红、绿、黄等可见光，还能发出不可见的红外光，使用时必须正向偏置。LED 工作时只需 1.5～3V 的正向电压和几毫安的电流就能正常发光。由于 LED 允许的工作电流小，因此在实际应用中应串联一个限流电阻。

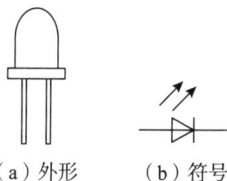

1.1.2　二极管的测量方法

使用万用表的二极管挡可测量二极管的类型并判断其是否完好。

（1）正向测量时，红表笔接正极，黑表笔接负极，此时表头会显示数字。当显示数字为 200 多时，表示该二极管为锗管；当显示数字在 600～700 时，该二极管为硅管。

（2）反向测量时，红表笔接负极，黑表笔接正极，此时表头电阻无穷大。

（3）若正向和反向测量的数值都很小，则二极管被击穿。

（4）若正向和反向测量的数值都为无穷大，则二极管断路。

任务1.2　认识晶体管

■ 想一想：

（1）晶体管有几个 PN 结？

（2）晶体管的种类有哪些？

（3）晶体管的结构、分区、引脚、符号是怎样的？

带着问题查阅相关资料，请学生以组为单位进行讨论，得出以上问题的答案后，及时写在项目日志上。

1.2.1　晶体管的相关知识

1. 晶体管的符号和工作原理

晶体管是电子电路中基本的电子元器件之一，在模拟电子电路中，其主要作用是构成放大电路。

1）晶体管的结构和类型

根据不同的掺杂方式，在同一个硅片上制造出三个掺杂区域，并形成两

晶体管介绍

11

个 PN 结,三个区引出三个电极,就构成晶体管。采用平面工艺制成的 NPN 型硅材料晶体管的结构示意图如图 1-10(a)所示。位于中间的 P 区称为基区,它很薄且掺杂浓度很低;位于上层的 N 区是发射区,其掺杂浓度最高;位于下层的 N 区是集电区,其集电结面积很大。集电区和发射区虽然属于同一类型的掺杂半导体,但不能调换使用。NPN 型管的结构示意图如图 1-10(b)所示,基区与集电区相连接的 PN 结称集电结,基区与发射区相连接的 PN 结称发射结。由三个区引出的三个电极分别称集电极 c、基极 b 和发射极 e。

晶体管按三个区的组成形式,可分为 NPN 型和 PNP 型,如图 1-10(c)所示。从符号上区分,NPN 型发射极箭头指向外,而 PNP 型发射极箭头指向内。发射极的箭头方向除了用来区分晶体管的类型外,更重要的是表示晶体管工作时电流的流动方向。

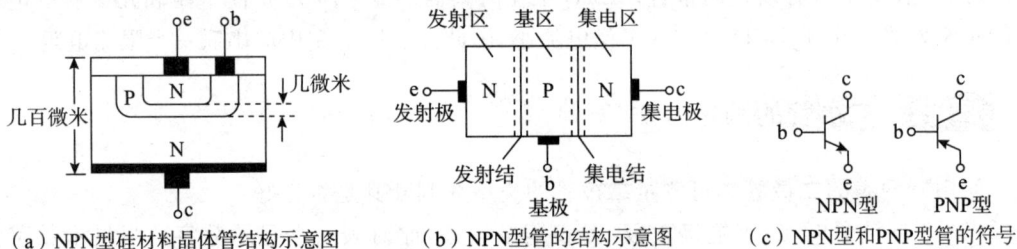

(a) NPN型硅材料晶体管结构示意图   (b) NPN型管的结构示意图   (c) NPN型和PNP型管的符号

图 1-10   晶体管的结构示意图

晶体管根据所用的半导体材料,可分为硅管和锗管;根据功率大小,可分为大功率管、中功率管和小功率管;根据工作频率的不同,可分为低频管和高频管等。常见的晶体管类型如图 1-11 所示。

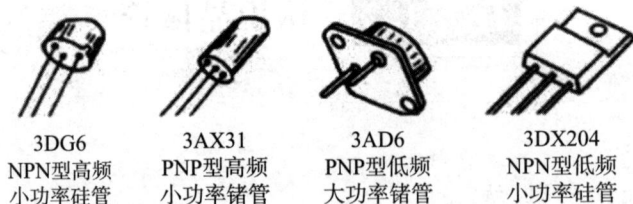

3DG6
NPN型高频
小功率硅管

3AX31
PNP型高频
小功率锗管

3AD6
PNP型低频
大功率锗管

3DX204
NPN型低频
小功率硅管

图 1-11   常见晶体管的类型

2) 晶体管的工作原理

为了实现晶体管的电流放大作用,除了制造时必须具备内部条件外,还必须满足一定的外部条件。无论是 NPN 型晶体管还是 PNP 型晶体管,都应将发射结加正偏电压,集电结加反偏电压。下面以 NPN 型晶体管为例,说明晶体管的电流放大原理。对于 NPN 型晶体管,可按如图 1-12 所示的电路分析其内部载流子的运动过程以及各极电流的形成情况。

(1) 发射区发射自由电子,形成发射极电流 I_E。当发射结施加正向电压时,在外电场作用下,发射区的多数载流子(自由电子)越过发射结扩散到基区(发射区的自由电子由直流电源补充),而基区的多数载流子(空穴)越过发射结扩散到发射区,从而形成了发射极电流 I_E,I_E 的方向与电子流的方向相反。

(2) 基区复合电子形成基极电流 I_B。发射区发射到基区的大量自由电子只有很少一部分与基区的空穴复合,形成基极电流 I_B,复合的空穴由基极直流电源补充。

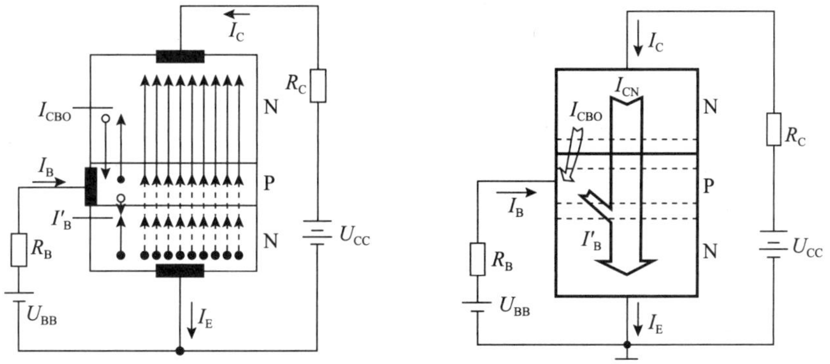

（a）NPN型晶体管中内部载流子示意图　　　　（b）NPN型晶体管中电流示意图

图 1-12　NPN 型晶体管中电流产生示意图

（3）集电区收集自由电子,形成集电极电流 I_C。由于集电结施加反向电压且基区很薄,在基区没有被复合的大量带负电荷的自由电子在外电场的作用下被吸引到集电区,形成集电极电流 I_C。另外,基区的少数载流子(自由电子)和集电区的少数载流子(空穴)在集电极反向电压作用下会进行漂移运动,这些漂移运动的载流子成了集电极电流的一部分,这部分电流称为反向饱和电流 I_{CBO},它们受温度影响比较大。由于 I_{CBO} 较小,一般分析时可忽略不计。

📝 **说明:**因为反向饱和电流是由少数载流子的漂移运动形成的,而这些少数载流子是由本征激发产生的,温度越高,本征激发产生的少数载流子越多,所以反向饱和电流也就越大。

发射极电流 I_E、基极电流 I_B 和集电极电流 I_C 三个电流之间的关系为

$$I_E = I_C + I_B \tag{1-2}$$

当发射结电压 U_{BE} 增大时,发射区发射的载流子数量会增多,导致 I_E、I_C、I_B 都相应增大。实验证明,改变 U_{BE} 时,I_C 与 I_B 几乎按一定比例变化,这一比值用 β 表示,称为晶体管的电流放大系数,且 $\beta \gg 1$。

$$\beta = \frac{I_C}{I_B} \tag{1-3}$$

$$I_C = \beta I_B \tag{1-4}$$

$$I_E = I_C + I_B = (1 + \beta)I_B \tag{1-5}$$

从式(1-4)可以看出,当 I_B 发生微小变化时,会引发 I_C 较大的变化,这就是晶体管的电流放大作用。其实质是一种电流的控制作用,即用基极电流的微小变化来控制集电极电流的较大变化。β 越大,I_B 对 I_C 的控制作用越强。

2. 晶体管的伏安特性和主要参数

1）晶体管的伏安特性

晶体管的伏安特性是指晶体管各极间电流与电压的关系。它是分析晶体管放大性能的主要依据。将晶体管的发射极作为公共端,基极与发射极作为输入端,集电极和发射极作为

输出端,形成共射电路。晶体管的伏安特性测试电路如图 1-13 所示。

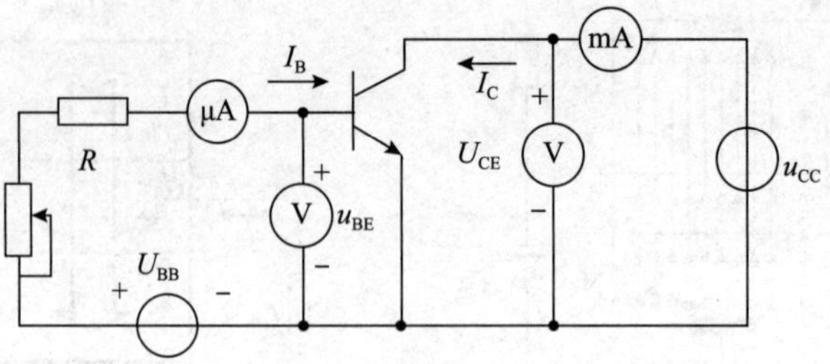

图 1-13　晶体管伏安特性测试电路

(1) 输入特性曲线。晶体管的输入特性曲线表示当晶体管的输出电压 U_{CE} 为常数时,基极电流 i_B 与基-射电压 u_{BE} 之间的关系曲线,即

$$i_B = f(u_{BE}) \big| U_{CE=常数} \tag{1-6}$$

图 1-14(a)为实测的输入特性曲线。显然,这一曲线与二极管正向特性曲线相似。

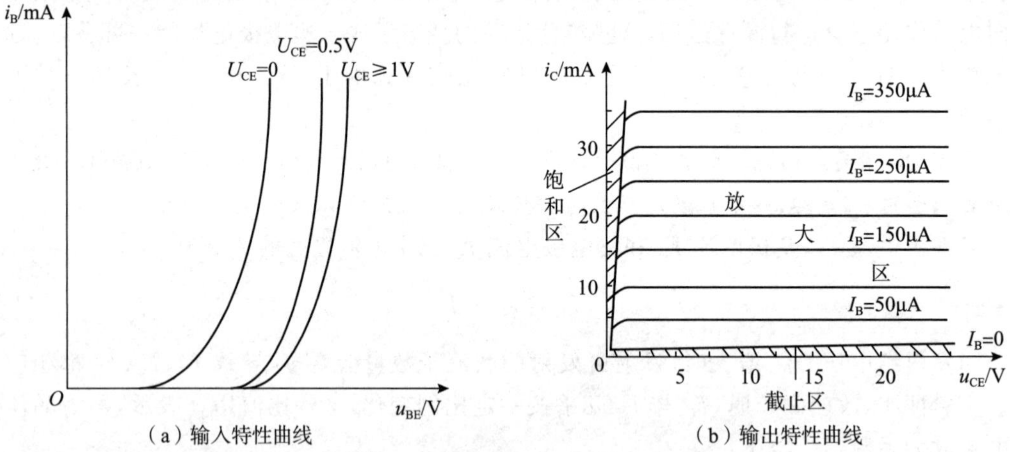

（a）输入特性曲线　　　　　　（b）输出特性曲线

图 1-14　晶体管输入和输出特性曲线

(2) 输出特性曲线。当 I_B 为常数时,集电极电流 i_C 与集-射电压 u_{CE} 之间的关系曲线称为输出特性曲线,即

$$i_C = u_{CE} \big| I_{B=常数} \tag{1-7}$$

图 1-14(b)为实测的输出特性曲线。调节 R_W,使 $I_B = 50\mu A$,并维持这一值保持不变,逐渐调大 u_{CE},可测得图 1-14(b)中 $I_B = 50\mu A$ 所示的曲线。当取不同的 I_B 值时,可得到如图 1-14(b)所示的曲线簇。

从输出特性曲线可看出:

- 曲线起始部分较陡,$I_B = 0$,$u_{CE} = 0$,$u_{CE} \uparrow \rightarrow i_C \uparrow$。
- 当 u_{CE} 增加到大于 1V 时,曲线变化逐渐趋于平稳,当 u_{CE} 进一步增大时,曲线不再产生显著变化,而是一条基本与横轴平行的直线。

在晶体管的输出特性曲线上,可以将晶体管的工作状态分为三个区域,即截止区、放大区和饱和区,如图 1-14(b)所示。

(a) 截止区。一般将 $I_B \leqslant 0$ 的区域称为截止区,在图 1-14(b)中截止区为 $I_B = 0$ 的一条曲线的以下部分,此时 i_C 也近似为 0。此时由于各极电流都基本等于 0,因而晶体管没有放大作用,发射结反偏,发射区不再向基区注入自由电子,晶体管处于截止状态。即在截止区,晶体管的两个结均处于反偏状态。对 NPN 晶体管,$u_{BE} < 0$,$u_{BC} < 0$。

(b) 放大区。即曲线上比较平坦的部分称为放大区,此时发射结正偏,集电结反偏。表示当 I_B 一定时,i_C 的值基本上不随 u_{CE} 的变化而变化。在这个区域内,当基极电流发生微小的变化量 Δi_B 时,相应的集电极电流将产生较大的变化量 Δi_C,i_C 相当于受 I_B 控制的受控电流源,有电流放大作用。对于 NPN 晶体管,工作在放大区时,$u_{BE} \geqslant 0.7$V,而 $u_{BC} < 0$。

(c) 饱和区。在输出特性曲线上,不易明确界定饱和区的准确范围,它大致在曲线簇的左侧,即 u_{CE} 较小的区域($u_{CE} < u_{BE}$)。

当晶体管处于饱和状态时,如果保持基极电流 I_B 的值不变,那么集电极电流 i_C 会随着 u_{CE} 的增大迅速增大。此时晶体管失去了电流放大作用。饱和状态时晶体管集电极 c 与发射极 e 间的电压记作 U_{CES},称为饱和压降。一般小功率管中,硅管 $U_{CES} = 0.3$V,锗管 $U_{CES} = 0.1$V。此时发射结、集电结都处于正偏,晶体管处于饱和状态。当集电极外接电阻 R_C 阻值很大或者集电极电流 i_C 较大时,就会出现这种情况。

2) 晶体管的主要参数

晶体管的参数是选择和使用晶体管的重要依据。其参数可分为性能参数和极限参数两大类。值得注意的是,由于制造工艺的离散性,即使是同一型号规格的晶体管,参数也不完全相同。

(1) 电流放大系数 β 和 $\bar{\beta}$。β 是晶体管共射连接时的直流放大系数,$\beta = \dfrac{I_C}{I_B}$。$\bar{\beta}$ 是晶体管共射连接时的交流放大系数,它是集电极电流变化量 Δi_C 与基极电流变化量 Δi_B 的比值,即 $\bar{\beta} = \dfrac{\Delta i_C}{\Delta i_B}$。$\beta$ 和 $\bar{\beta}$ 在数值上相差很小,一般情况下可以互相代替。电流放大系数是衡量晶体管电流放大能力的参数,若 β 值过大,则热稳定性差。

(2) 穿透电流 I_{CEO}。I_{CEO} 是指当晶体管基极开路(即 $I_B = 0$ 时),集电极与发射极之间的电流。它受温度的影响很大,而晶体管的温度稳定性相对较好。

(3) 集电极最大允许电流 I_{CM}。当晶体管的集电极电流 I_C 增大时,其 β 值将减小。当 I_C 的增加使 β 值下降到正常值的 2/3 时,此时的集电极电流称为集电极最大允许电流 I_{CM}。

(4) 集电极最大允许耗散功率 P_{CM}。P_{CM} 是晶体管集电结上允许的最大功率损耗,如果集电极耗散功率 $P_C > P_{CM}$,晶体管将被烧坏。对于功率较大的晶体管,为了防止过热,应加装散热器。集电极的耗散功率为 $P_C = u_{CE} i_C$。

(5) 反向击穿电压 $U_{(BR)CEO}$。$U_{(BR)CEO}$ 是晶体管基极开路时,集电极与发射极之间的最大允许电压。当集电极与发射极之间的电压大于此值时,晶体管将被击穿损坏。

1.2.2 晶体管的电路分析

晶体管的主要应用体现在以下两个方面：一是工作在放大状态，用作放大器；二是在数字电路中，工作在饱和与截止状态，用作晶体管开关。

放大电路中仅由一个晶体管构成时，称为基本放大电路。共发射极放大电路是一种应用非常广泛的放大电路，下面以 NPN 型晶体管组成的共发射极放大电路为例进行分析。

1. 电路组成

在组成晶体管放大电路时，应遵循以下原则。

(1) 要有直流通路，即保证晶体管的发射极处于正偏，集电极处于反偏，使晶体管工作在放大区，以实现电流放大作用。

(2) 要有交流通路，确保输入信号能够加到发射结上，以控制晶体管的电流，且放大后的信号能无失真地从电路中取出，并传送给负载。

2. 元器件作用

共发射极基本放大电路如图 1-15 所示，各组成元件的作用如下。

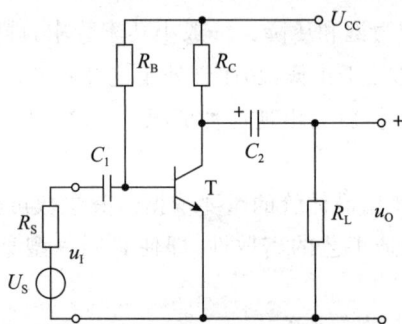

图 1-15 共发射极基本放大电路

(1) 晶体管 T。由于它具有电流放大能力，因此是共发射极基本放大电路的核心元器件，起着控制能量转换的作用。

(2) 直流电源 U_{CC}。它保证为晶体管提供合适的偏置电压，使晶体管工作在放大区，同时也为信号的放大提供所需的能量。

(3) 偏置电阻 R_B。其作用是使晶体管获得一个合适的基极直流电流。

(4) 集电极电阻 R_C。它保证晶体管处于合适的直流工作状态，并使晶体管的电流放大转换成负载上的电压放大。

(5) 电容 C_1、C_2 称为隔直电容或耦合电容，其作用是隔直流、通交流，即在保证信号正常传输的情况下，使直流电源与交流电源相互隔离，互不影响。采用这种方式连接的放大器，通常称为阻容耦合放大器。

3. 工作原理

信号源提供的输入电压 U_S，加在放大电路的输入端，由于电容 C_1 的隔直流、通交流作用，可以认为 U_S 直接加在晶体管的基极和发射极之间，引起基极电流 i_B 做相应的变化，如

图 1-16(a)所示。通过晶体管 T 的放大作用,i_C 也发生相应的变化,即

$$i_C = \beta i_B \tag{1-8}$$

i_C 的变化使集电极电阻 R_C 上的电压也发生变化,从而使得晶体管的 C、E 极之间电压发生变化,因为

$$u_{CE} = U_{CC} - i_C R_C \tag{1-9}$$

此时,u_{ce} 中的交流分量经过电容 C_2 后传送给负载 R_1,成为输出电压 U_o。只要电路参数选择合适,就可以在负载上得到经过放大的电压信号,从而实现了电压放大的功能。上述过程中,除输入电压和输出电压是纯交流电外,其余的电压和电流中均包含直流分量和交流分量,它们的波形变化情况如图 1-16(b)所示。

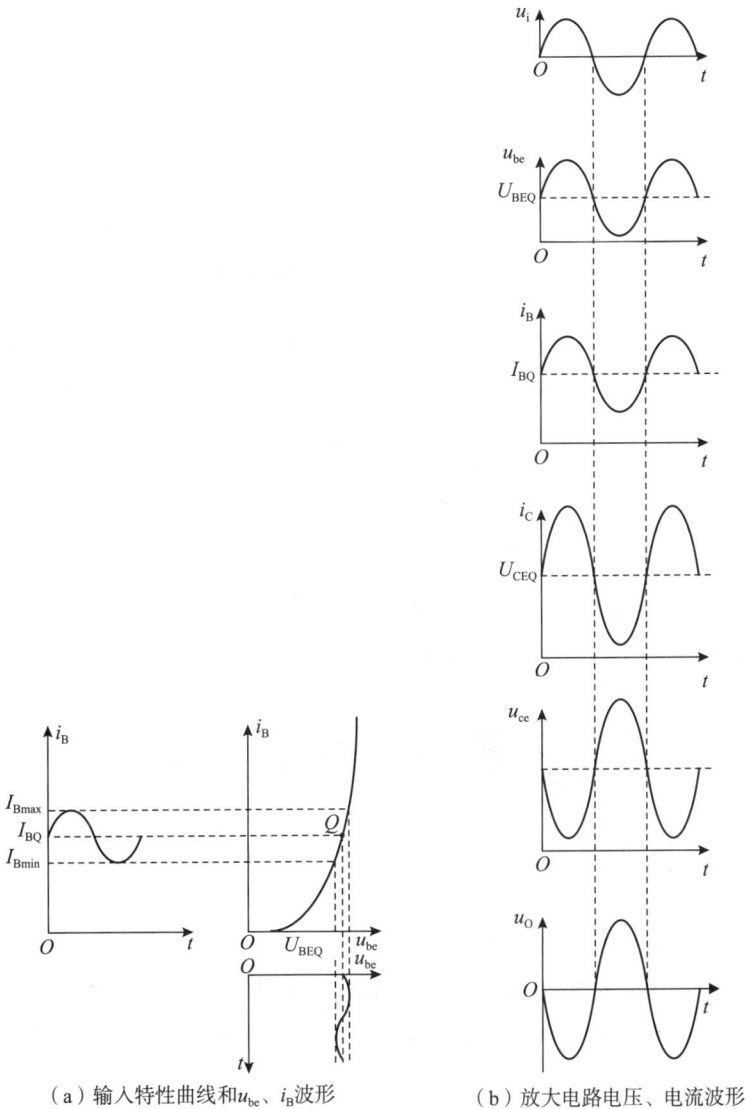

(a)输入特性曲线和u_{be}、i_B波形   (b)放大电路电压、电流波形

图 1-16　晶体管

1.2.3 晶体管的开关作用

晶体管的主要应用分为两个方面：一是工作在放大状态，作为放大器；二是在数字电路中，晶体管工作在饱和与截止状态，作为晶体管开关。实际应用中，常通过测量 u_{CE} 值的大小来判断晶体管的工作状态。

【例 1-1】 晶体管开关电路如图 1-17 所示，输入信号为幅值 $U_I = 3V$ 的方波，若 $R_B = 100\text{k}\Omega$，$R_C = 5.1\text{k}\Omega$，验证晶体管是否工作在开关状态？

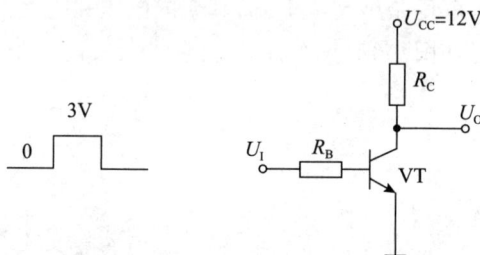

图 1-17　晶体管开关电路

解： 当 $U_I = 0$ 时，$U_B = U_E = 0$，$I_B = 0$，$I_C = \beta I_B + I_{CEO} = 0$。则 $U_C = U_{CC} = 12V$，说明晶体管处于截止状态。

当 $U_I = 3V$ 时，取 $U_{BE} = 0.7V$，则基极电流为

$$I_B = \frac{U_I - U_{BE}}{R_B} = \frac{3 - 0.7}{100 \times 10^3} = 2.3 \times 10^{-5}(\text{A}) = 23(\mu\text{A})$$

$$I_C = \beta I_B = 100 \times 23 = 230(\mu\text{A}) = 2.3(\text{mA})$$

$$U_{CE} = U_{CC} - I_C R_C = 12 - 2.3 \times 5.1 = 0.27(\text{V})$$

当 $U_{CE} < U_{CES}$ 时，晶体管工作在饱和状态。

可见，U_I 为幅值达 3V 的方波时，晶体管工作在开关状态。

任务 1.3　认识场效应晶体管

■ **想一想：**

（1）场效应晶体管的作用是什么？

（2）场效应晶体管的结构、分区、引脚、符号是怎样的？

带着问题查阅相关资料，请学生以组为单位进行讨论，得出以上问题的答案后，及时写在项目日志上。

1.3.1 场效应晶体管的相关知识点

1. 场效应晶体管的符号和工作原理

晶体管是电流控制型元器件,使用时信号源必须提供一定的电流,因此输入电阻较低,一般在几百欧至几千欧。场效应晶体管是一种由输入电压控制其输出电流大小的半导体元器件,属于电压控制型元器件;使用时不需要信号源提供电流,因此输入电阻很高(最高可达 $10^{15}\Omega$),这是场效应晶体管最突出的优点;此外,场效应晶体管还具有噪声低、热稳定性好、抗辐射能力强和功耗低等优点,因此得到了广泛的应用。

按结构的不同,场效应晶体管可分为绝缘栅场效应晶体管(IGFET)和结型场效应晶体管(JFET)两大类,它们都只有一种载流子(多数载流子)参与导电,故又称为单极型晶体管。

2. N 沟道增强型 MOS 管的结构和符号

图 1-18 是 N 沟道增强型 MOS 管结构示意图,它以一块掺杂浓度较低的 P 型硅片作为衬底,利用扩散工艺在 P 型衬底上面的左右两侧制成两个高掺杂的 N 区,并用金属铝在两个 N 区分别引出电极,作为源极 s 和漏极 d;然后在 P 型硅片表面覆盖一层很薄的二氧化硅(SiO_2)绝缘层,在漏极与源极之间的绝缘层上再喷一层金属铝作为栅极 g,另外在衬底引出衬底引线 b(它通常在管内与源极 s 相连接)。可见这种晶体管的栅极与源极、漏极是绝缘的,故称为绝缘栅场效应晶体管。

这种晶体管由金属、氧化物和半导体制成,故称为 MOSFET,简称 MOS 管。同理,P 沟道增强型 MOS 管是在低掺杂的 N 型硅片的衬底上通过扩散工艺制成两个高掺杂的 P 区而制得的。

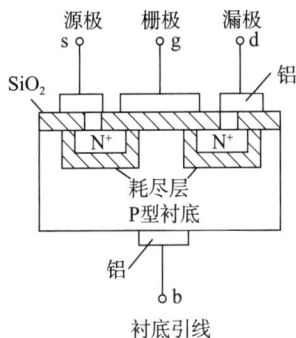

图 1-18 N 沟道增强型 MOS 管结构示意图

3. N 沟道耗尽型 MOS 管的结构和符号

N 沟道耗尽型 MOS 管的结构示意图如图 1-19(a)所示。其结构和增强型基本相同,主要区别在于:这类晶体在制造过程中,已经在 SiO_2 绝缘层中掺入了大量的正离子,在正离子产生的电场作用下,漏极与源极间形成了 N 型导电沟道(即反型层)。其电路符号如图 1-19(b)所示。同理,P 沟道电路符号如图 1-19(c)所示。

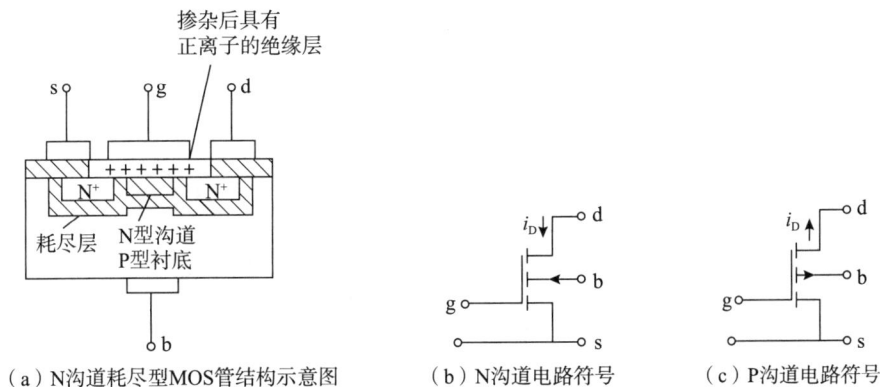

(a)N沟道耗尽型MOS管结构示意图　(b)N沟道电路符号　(c)P沟道电路符号

图 1-19 耗尽型 MOS 管的结构与符号

1.3.2 场效应晶体管的工作原理与特性曲线

下面以 N 沟道增强型 MOS 管为例讲解其工作原理。

1. 工作原理

工作时,N 沟道增强型 MOS 管的栅源电压 u_{GS} 和漏源电压 u_{DS} 均为正向电压。当 $u_{GS}=0$ 时,漏极与源极之间无导电沟道,是两个背靠背的 PN 结,故即使加上 u_{DS},也无漏极电流,即 $i_D=0$,如图 1-20(a)所示。

当 $u_{GS}>0$ 且 u_{GS} 较小时,在 u_{GS} 作用下,栅极下面的 SiO_2 层中产生了指向 P 型衬底且垂直于衬底的电场,这个电场排斥靠近 SiO_2 层的 P 型衬底中的空穴(多数载流子),同时吸引 P 型衬底中的电子(少数载流子)向 SiO_2 层方向运动。但由于 u_{GS} 较小,吸引电子的电场不强,只形成耗尽层,在漏极与源极间尚无导电沟道出现,即 $i_D=0$,如图 1-20(b)所示。

若 u_{GS} 继续增大,则吸引到栅极 SiO_2 层下面的电子增多,在栅极附近的 P 型衬底表面形成一个 N 型薄层(电子浓度很大),由于其导电类型与 P 型衬底相反,故称为反型层。它将两个 N 区连通,于是在漏极与源极间形成了 N 型导电沟道,这时若有 $u_{GS}>0$,则会有漏极电流 i_D 产生,如图 1-20(c)所示。开始形成导电沟道时的 u_{GS} 值称为开启电压,用 $U_{GS(th)}$ 表示。一般情况下,$U_{GS(th)}$ 约为几伏。随着 u_{GS} 的增大,沟道变宽,沟道电阻减小,漏极电流 i_D 增大,这种 $u_{GS}=0$ 时没有导电沟道,$u_{GS}>U_{GS(th)}$ 后才出现 N 型导电沟道的 MOS 管,称为 N 沟道增强型 MOS 管。

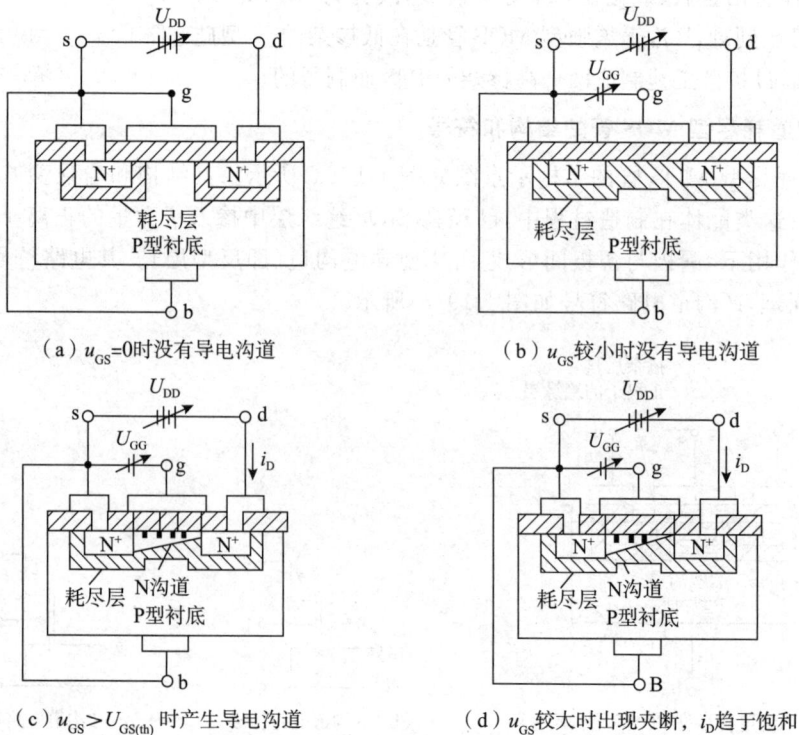

(a) u_{GS}=0时没有导电沟道

(b) u_{GS} 较小时没有导电沟道

(c) $u_{GS}>U_{GS(th)}$ 时产生导电沟道

(d) u_{GS} 较大时出现夹断,i_D趋于饱和

图 1-20 N 沟道增强型 MOS 管工作图解

导电沟道形成后,当 $u_{GS}=0$ 时,管内沟道是等宽的。随着 u_{GS} 的增加,漏极电流 i_D 沿沟道从漏极流向源极并产生电压降,使栅极与沟道内各点的电压不再相等,靠近源极一端的电压最大,其值为 u_{GS},靠近漏极一端的电压最小,其值为 $u_{GD}(u_{GD}=u_{GS}-u_{DS})$,于是沟道变得不等宽,靠近漏极处最窄,靠近源极处最宽。

当 u_{GS} 增大到使 $u_{GD}=u_{GS}-u_{DS}=U_{GS(th)}$ 时,在漏极一端的沟道宽度接近于 0,这种情况称为沟道预夹断。若再增大,夹断区将向源极方向延伸,如图 1-20(d) 所示。

2. 特性曲线

场效应晶体管的特性曲线有输出特性曲线和转移特性曲线两种。因为输入电流(栅极电流)几乎等于 0,所以讨论场效应晶体管的输入特性是没有意义的。场效应晶体管的输出特性又称为漏极特性。i_D 与漏源电压 u_{DS} 和栅源电压 u_{GS} 有关,当栅源电压 u_{GS} 为某一常数时,漏极电流 i_D 与漏源电压 u_{DS} 之间的关系式为输出特性关系式,即

$$i_D = f(u_{DS})\big|_{u_{GS}=常数} \tag{1-10}$$

当漏源电压 u_{DS} 为某一常数时,漏极电流 i_D 与栅源电压 u_{GS} 之间的关系式为转移特性关系式,即

$$i_D = f(u_{GS})\big|_{u_{DS}=常数} \tag{1-11}$$

N 沟道增强型 MOS 管共源组态的输出特性曲线和转移特性曲线分别如图 1-21(a) 和图 1-21(b) 所示。

N 沟道增强型 MOS 管的输出特性曲线可分为四个区域,即可变电阻区、恒流区、夹断区和击穿区。

(1) 可变电阻区(也称非饱和区)。满足 $u_{GS}>U_{GS(th)}$(开启电压)且 $u_{DS}<u_{GS}-U_{GS(th)}$,为图 1-21(a)中预夹断轨迹左边的区域,其沟道开启。在该区域 u_{DS} 值较小,沟道电阻基本上仅受 u_{GS} 的控制。当 u_{GS} 一定时,i_D 与 u_{DS} 呈线性关系,该区域近似为一条直线。这时场效应晶体管漏极和源极间相当于一个受电压 u_{GS} 控制的可变电阻。

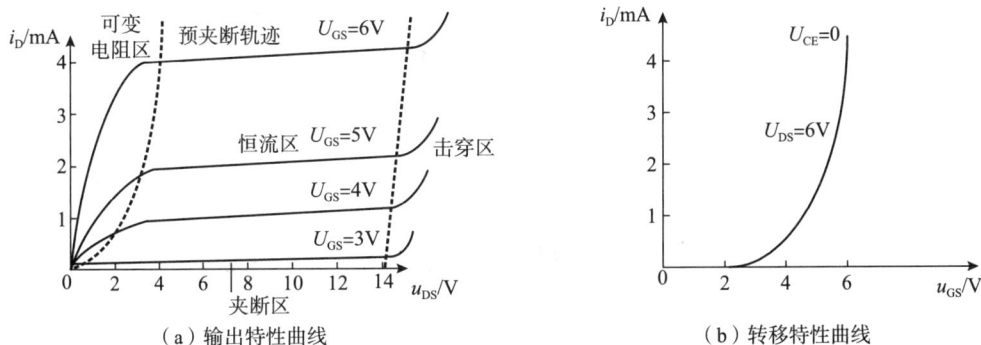

图 1-21 N 沟道增强型 MOS 管共源组态的输出特性曲线和转移特性曲线

(2) 恒流区(也称饱和区、放大区、有源区)。满足 $u_{GS}=U_{GS(th)}$ 且 $u_{DS}=u_{GS}-U_{GS(th)}$,为图 1-21(a)中预夹断轨迹右边尚未击穿的区域,当 u_{GS} 一定时,i_D 几乎不随 u_{DS} 的变化而变化,故呈恒流特性。i_D 仅受 u_{GS} 的控制,这时场效应晶体管漏极和源极间相当于一个受电压

u_{GS} 控制的电流源。场效应晶体管用于放大电路时,一般就工作在该区域,所以也称为放大区。

(3) 夹断区(也称截止区)。满足 $u_{GS} < U_{GS(th)}$,为图 1-21(a)中靠近横轴的区域,其沟道被全部夹断,称为全夹断,即 $i_D = 0$,MOS 管不工作。

(4) 击穿区。位于图 1-21(a)中右边的区域,随着 u_{DS} 的不断增大,PN 结因承受太大的反向电压而击穿,i_D 急剧上升。工作时应避免 MOS 管工作在击穿区。

转移特性曲线可以从输出特性曲线上用作图的方法求得。例如,在图 1-21(a)中作 $u_{DS} = 6V$ 的垂直线,将其与各条曲线的交点对应的 i_D、u_{GS} 值在 i_D-u_{GS} 坐标中连成曲线,即得到转移特性曲线,如图 1-21(b)所示。

1.3.3 场效应晶体管的技术参数

1. 开启电压 $U_{GS(th)}$ 和夹断电压 $U_{GS(off)}$

当 U_{DS} 一定时,使漏极电流 i_D 等于某一微小电流,此时栅极与源极之间所加的电压为 u_{GS},对于增强型 MOS 管称为开启电压 $U_{GS(th)}$,对于耗尽型 MOS 管称为夹断电压 $U_{GS(off)}$。

2. 饱和漏极电流 I_{DSS}

饱和漏极电流 I_{DSS} 是耗尽型 MOS 管的参数,指工作在饱和区的耗尽型 MOS 管在 $u_{GS} = 0$ 时的饱和漏极电流。

3. 直流输入电阻 R_{GS}

直流输入电阻 R_{GS} 是指漏极与源极间短路时,栅极与源极之间所加直流电压与栅极直流电压之比。一般 JFET 的 $R_{GS} > 10^7 \Omega$,而 MOS 管的 $R_{GS} > 10^9 \Omega$。

4. 低频跨导(互导) g_m

低频跨导(互导) g_m 是指在 U_{DS} 为某定值时,漏极电流 i_D 的变化量与 u_{GS} 的变化量之比。

◆ **项 目 小 结** ◆

本项目是全书的基础,介绍了半导体的元器件,包含二极管、晶体管及场效应晶体管的结构、原理、符号及技术参数等知识。

◆ **习 题** ◆

1.【单选题】硅材料的二极管的正向导通电压为( )V。
   A. 0.3   B. 0.7   C. 2   D. 3
2.【单选题】二极管的主要特性是具有( )。
   A. 热敏性   B. 光敏性
   C. 掺杂性   D. 单向导电性

3.【单选题】NPN 晶体管作为电子开关来使用,基极应该加(   )电压(前提是发射极接地)。

    A. 高电平   B. 低电平

    C. 0   D. 不确定

4.【判断题】使 PN 结正偏的方法是将 P 区接高电位,N 区接低电位。   (   )

5.【判断题】若测得二极管正、反向电阻均为无穷大,则说明内部断路;若测量值均为零,则说明内部短路。   (   )

制作低频信号放大电路

项目导读

在电子电路中,低频信号放大有许多应用场景,如音频处理、通信系统和传感器接口等。在这些场景中,都需要对低频信号进行有效的放大,以满足后续处理或传输的要求。

本项目的低频信号放大电路采用了具有放大特性的电子元器件进行设计制作,如晶体管。当给晶体管加上工作电压后,输入端的微小电流变化可以引起输出端较大电流的变化,具体来说,输出端的变化幅度要比输入端的变化幅度大几倍到几百倍,这就是放大电路的基本原理。

本项目主要是设计与制作低频信号放大电路,其任务设置遵循以下逻辑顺序:首先,进行基础模块的设计与制作,确保电路能够实现其基本功能;其次,对基础模块进行优化与改进,提升电路的稳定性和可靠性;最后,对放大性能的提高模块进行设计与制作,在保持电路稳定性的前提下,显著提高信号的放大效果。本项目还设计了拓展与提升内容,旨在帮助读者更深入地理解和掌握基本电路知识。通过这一系列任务,培养读者的实践能力,并提升其在电路设计与制作方面的技能水平。

学习目标

知识目标	1. 了解低频放大器的应用; 2. 熟悉基本共射放大电路的组成电路; 3. 掌握低频放大器电路的功能及作用
能力目标	1. 具备电路图识图能力; 2. 具备元器件的识别、检测能力; 3. 具备仪器仪表使用能力; 4. 具备电路原理图搭接能力; 5. 具备实验电路测试能力; 6. 具备整体电路调试、排除故障能力

学习重难点	1. 掌握晶体管的符号与检测方法； 2. 掌握晶体管三个引脚的电流关系； 3. 掌握晶体管的工作状态特点； 4. 掌握低频放大电路的放大条件； 5. 了解多级放大电路的耦合方式； 6. 了解负反馈对放大电路性能指标的影响

任务 2.1　基本共发射极放大电路的设计与制作

■ **想一想：**

（1）为什么要进行信号的放大？

（2）放大电路的实质是什么？

（3）放大器的核心元件是什么？

（4）基本放大电路的结构有哪些？

（5）晶体管放大电路的基本结构有哪些？

（6）共发射极放大电路静态参数和动态参数有哪些？

带着问题查阅相关资料，请学生以组为单位进行讨论，得出以上问题的答案后，及时写在项目日志上。

2.1.1　放大电路的应用与组成部分

1. 放大电路的应用场景及要求

扩音机放大声音的典型放大电路应用过程如下：传声器首先将微弱的声音转换成电信号，然后这些电信号经放大电路处理成足够强的电信号，最后驱动扬声器工作，使其发出比原来强得多的声音。这种放大过程与上述放大过程的相同之处在于放大的对象均为变化量，而不同之处在于扬声器所获得的能量远大于传声器所送出的能量。由此可见，放大电路放大的本质是对能量进行控制和转换。在输入信号的作用下，放大电路能够将直流电源的能量转换成负载所需要的能量，而负载从电源获得的能量大于信号源所提供的能量。因此，电子电路放大的基本特征是功率放大，即负载上总是获得比输入信号大得多的电压或电流，有时这两者会同时增大。这样在放大电路中，必须存在能够控制能量的元器件（即有源元器件），如晶体管和场效应晶体管等。放大的前提是保持信号不失真，只有在信号不失真的情况下，放大才有意义。晶体管和场效应晶体管是放大电路的核心元器件，它们必须工作在适当的区域（晶体管工作在放大区，场效应晶体管工作在恒流区），这样才能使输出量与输入量始终保持线性关系，即电路不会产生失真。

2. 基本放大电路的组成部分

基本放大电路通常由三个主要部分组成:输入端、放大器和输出端。输入端负责接收弱信号,并将其传送给放大器。放大器是核心组件,其主要功能是增加输入信号的幅度。输出端接收放大后的信号,并将其输出到外部设备或其他电路中。其组成框图如图 2-1 所示。图 2-1 中,其输入端是由直流信号源 U_S 和信号源的内电阻 R_S 组成;放大电路的核心元器件为晶体管;输出端接入负载电阻 R_L,输出端电压为 u_o。

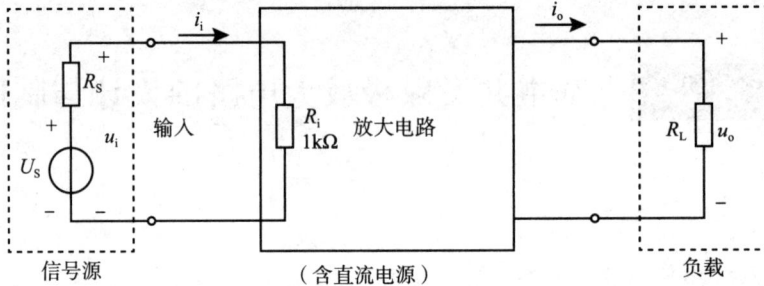

图 2-1　放大电路框图

3. 晶体管放大电路的基本结构

1) 共发射极电路

发射极为公共端,信号从基极输入,从集电极输出,基本电路如图 2-2(a)所示。

2) 共集电极电路

集电极为公共端,信号从基极输入,从发射极输出,基本电路如图 2-2(b)所示。

3) 共基极电路

基极为公共端,信号从发射极输入,从集电极输出,基本电路如图 2-2(c)所示。

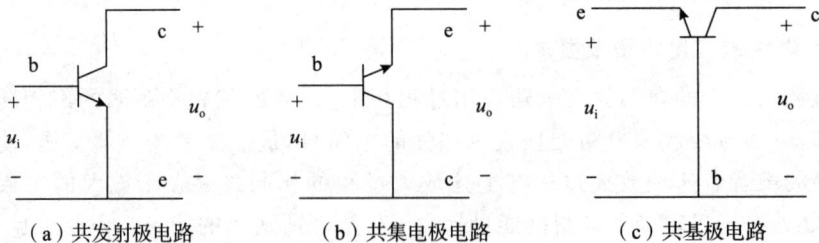

（a）共发射极电路　　　　（b）共集电极电路　　　　（c）共基极电路

图 2-2　晶体放大电路

4. 基本共发射极放大电路

基本共发射极放大电路(common emitter amplifier)是一种常见的放大器电路,用于放大输入信号的电压。在实用放大电路中,为防止干扰,通常要求输入信号、直流电源和输出信号均有一端接在公共端,即"地"端,称为"共地"。这样,将图 2-2(a)所示电路中的基极电源与集电极电源合二为一,并且为了合理设置静态工作点,在基极回路中又增加一个电阻,从而得到基本共发射极放大电路,如图 2-3(a)所示。

基本共发射极放大电路由一个晶体管和其他辅助元器件组成,主要包括以下几个部分。

（1）NPN 型晶体管 VT。晶体管通常是一种三级管,其中 NPN 型晶体管是最常用的类型。它由发射极、基极和集电极三部分组成。

（2）耦合电容 C_1。它是连接输入信号源和基极之间的电容,允许交流信号通过,同时阻止直流偏置进入信号源。

（3）输出电容 C_2。它是位于集电极和地之间的电容,用于接收放大后的信号,并将其传输到下一级电路或设备中。

（4）偏置电阻 R_B。它用于为晶体管提供正确的工作偏置点,确定晶体管的工作状态,以实现准确放大。

（5）集电极负载电阻 R_C。它是位于集电极和电源之间的电阻,用于限制集电极电流,以保护晶体管免受损坏。

（6）直流电源 U_{CC}。它提供所需的电压和电流,以满足晶体管的工作条件和实现放大功能。

基本共发射极放大电路的直流通路如图 2-3（b）所示。

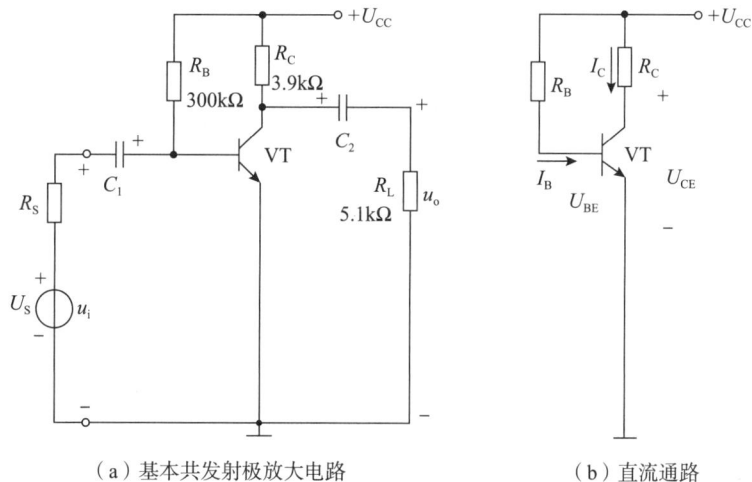

（a）基本共发射极放大电路　　　　　　（b）直流通路

图 2-3　基本共发射极放大电路及其直流通路的电路图

2.1.2　电路原理

对放大电路的分析主要包括静态分析和动态分析两部分。静态分析的对象是直流量,用来确定晶体管的静态工作点;动态分析的对象是交流量,用来分析放大电路的性能指标。对于小信号线性放大器,为了便于分析,我们通常分别画出放大电路的直流通路和交流通路,将直流静态量和交流动态量分开进行研究。

直流通路是指在直流电源作用下直流电流流经的通路,也就是静态电流流经的通路,用于研究静态工作点。对于直流通路,有以下特点:①将电容视为开路;②将电感线圈视为短路（即忽略线圈电阻）;③将信号源视为短路,但应保留其内阻。

交流通路是指在输入信号作用下交流信号流经的通路,用于研究动态参数。对于交流通路,有以下特点:①将容量大的电容（如耦合电容）视为短路;②将无内阻的直流电源

（如$+U_{CC}$）视为短路。图 2-3（a）中，U_S 为信号源，R_S 为信号源内阻，R_L 为放大电路的负载电阻。

1. 直流通路的画法

在电路输入信号为零时所形成的电流通路称为直流通路。画直流通路时，将电容视为开路，电感视为短路，而其他元器件保持不变。在图 2-3（a）所示的基本共射放大电路中，对于直流量，C_1、C_2 开路，所以直流通路如图 2-3（b）所示。

2. 交流通路的画法

在电路只考虑交流信号作用时所形成的电流通路称为交流通路。画交流通路时，在信号频率较高的情况下，将容量较大的电容视为短路，电感视为开路，同时将直流电源（设内阻为零）视为短路，其他不变。在图 2-3（a）所示的电路图中，对于交流信号，相当于 C_1、C_2 短路，直流电源 u_{CC} 短路，因而输入电压 u_S 加在晶体管基极与发射极之间，基极电阻 R_B 并联在输入端；集电极电阻 R_C 与负载电阻 R_L 并联在集电极与发射极之间，即并联在输出端。因此，交流通路如图 2-4 所示。

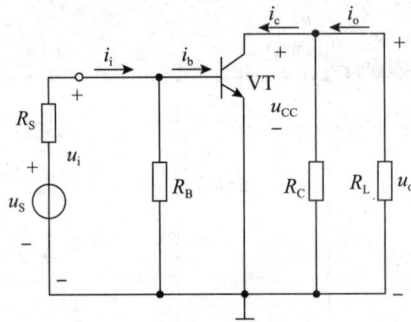

图 2-4　基本共发射极放大电路的交流通路

通常情况下，在放大电路中，直流量和交流信号总是共存的。对于放大电路的分析，一般包括两个方面：静态工作情况的分析和动态工作情况的分析，前者主要确定静态工作点（直流量）。目前有两种方法可以确定静态工作点，即估算法和图解法，后者主要研究放大电路的动态性能指标。

1. 估算法

工程估算法也称近似估算法，是在静态直流分析时，列出回路中的电压或电流方程来近似估算工作点的方法。例如，图 2-3（b）所示的电路，在 $U_{CC} > U_{BE}$ 条件下，由基极回路得

$$I_B = \frac{U_{CC} - U_{BE}}{R_B} \tag{2-1}$$

如果晶体管工作在放大区，则

$$I_C = \beta I_B \tag{2-2}$$

由图 2-3（b）直流通道的输出回路得

$$U_{CE} = U_{CC} - I_C R_C \tag{2-3}$$

对于任何一种电路,只要确定了 I_B、I_C 和 U_{CE},即可确定电路的静态工作点。在电子元器件选择计算时,常用经验公式,这些公式就是运用估算法得出的。

2. 图解法

在晶体管的特性曲线上直接用作图的方法来分析放大电路的工作情况,称为特性曲线图解法,简称图解法。它既可用于静态分析,也可用于动态分析。

1) 静态分析

图 2-5(a)所示为静态工作时共发射极放大电路的直流通路,用虚线分成线性部分和非线性部分。非线性部分为晶体管;线性部分为确定基极偏流的 U_{CC}、R_B 以及输出回路的 U_{CC}、R_C。

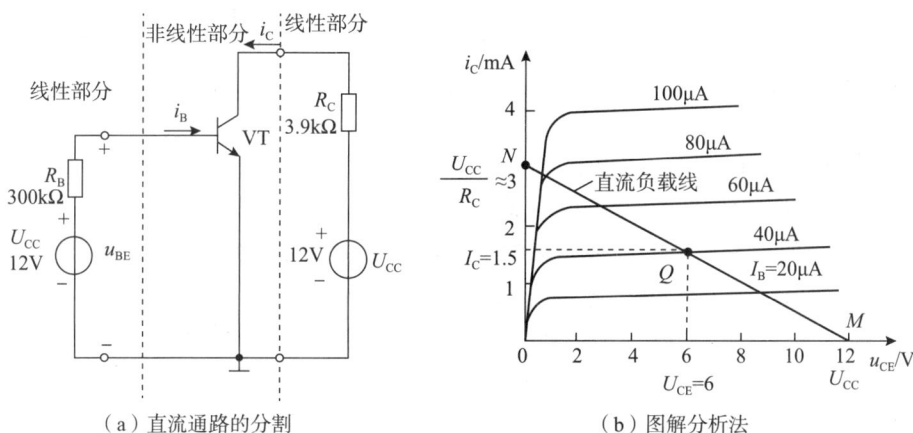

(a) 直流通路的分割　　　　　　(b) 图解分析法

图 2-5　放大电路的静态工作图

在图 2-5(a)中,晶体管的偏流 i_B 计算式为

$$i_B = \frac{U_{CC} - u_{BE}}{R_B} \approx \frac{U_{CC}}{R_B} = 40(\mu A) \tag{2-4}$$

非线性部分用晶体管的输出特性曲线来表征,其伏安特性对应的是 $I_B = 40\mu A$ 的那条输出特性曲线。

根据 KVL(基尔霍夫电压定律)可列出输出回路方程,即输出回路的直流负载线方程为

$$U_{CC} = i_C R_C + u_{CE} \tag{2-5}$$

设 $i_C = 0$,则 $u_{CE} = U_{CC}$,在横坐标轴上得截点 $M(U_{CC}, 0)$;设 $u_{CE} = 0$,则 $i_C = U_{CC}/R$,在纵坐标轴上得截点 $N(0, U_{CC}/R_C)$。代入电路参数,$U_{CC} = 12V$,$U_{CC}/R_C \approx 3(mA)$,则两截点分别为 $M(12V, 0mA)$ 和 $N(0V, 3mA)$。连接 M、N 得到直线 MN,这就是输出回路的直流负载线。

静态时,电路中的电压和电流必须同时满足非线性部分和线性部分的伏安特性,因此,直流负载线 MN 与 $I_B = 40\mu A$ 的那条输出特性曲线的交点 Q 就是静态工作点。Q 点所对应的电流、电压值就是静态工作点的 I_C、U_{CE} 值。从图 2-5(b)可得 $U_{CE} = 6V$,$I_C = 1.5mA$。

2）动态分析

从图 2-4 的输入端看，R_B 与发射结并联；从集电极看，R_C 与 R_L 并联。此时的交流负载为 $R'_L = R_C//R_L$，因为 $R_L > R_C$，且在交流信号过零点时，其值在 Q 点，所以交流负载线是一条通过 Q 点的直线，其斜率为

$$K = \tan\alpha' = \frac{-1}{R'_L} \qquad (2-6)$$

因此，过 Q 点作一条斜率为 $-1/R_L$ 的直线，就是由交流通路得到的负载线，称为交流负载线。交流负载线是动态工作点的集合，表示动态工作点移动的轨迹。

3）静态工作点对输出波形的影响

输出信号波形与输入信号波形存在差异时，称为失真。放大电路应该尽量避免失真。当静态工作点设置不当，且输入信号幅度较大时，将使放大电路的工作范围超出晶体管特性曲线的线性区域，从而产生失真。这种由于晶体管特性的非线性造成的失真，称为非线性失真。

（1）截止失真。如图 2-6（a）所示，当静态工作点 Q 偏低，且信号的幅度较大时，在信号负半周的部分时间内，使动态工作点进入截止区，导致 I_B 的负半周被削去一部分。因此，I_C 的负半周和 U_{CE} 的正半周也被削去相应的部分，产生了严重的失真。这种由于晶体管在部分时间内截止而引起的失真，称为截止失真。

（2）饱和失真。在图 2-6（b）中，当静态工作点 Q 偏高，且信号的幅度较大时，在信号正半周的部分时间内，使动态工作点进入饱和区，结果 I_C 的正半周和 U_{CE} 的负半周被削去一部分，也产生了严重的失真。这种由于晶体管在部分时间内饱和而引起的失真，称为饱和失真。

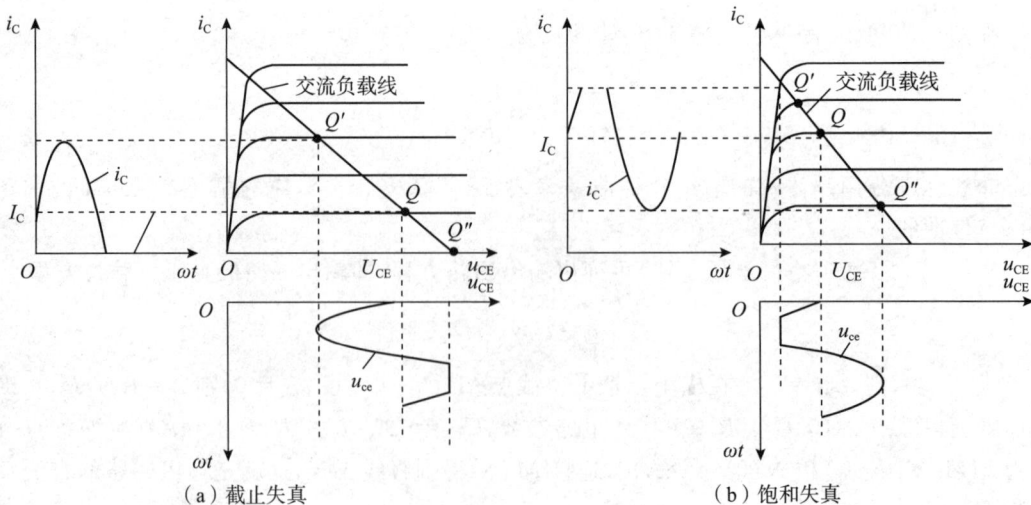

（a）截止失真　　　　　　　　　　　（b）饱和失真

图 2-6　波形失真

为了减小或避免非线性失真，必须合理选择静态工作点位置，一般选在交流负载线的中性点附近，同时限制输入信号的幅度。一般通过改变 R_B 来调整静态工作点。

4) 图解法的适用范围

图解法的优点是能直观形象地反映晶体管的工作情况,需要实测其特性曲线,在用它进行定量分析时误差较大,且仅能反映信号频率较低时的电压、电流关系。因此,图解法一般适用于输出幅值较大且频率不高时的电路分析。在实际应用中,多用于分析 Q 点位置、最大不失真输出电压、失真情况及低频功率放大电路等。

3. 微变等效电路分析法

微变是指微小变化的信号,即小信号。在低频小信号条件下,工作在放大状态的晶体管在放大区的特性可近似看成线性。这时,具有非线性的晶体管可用线性电路来等效,称为微变等效模型。

1) 晶体管基极与发射极之间等效交流电阻 r_{be}

当晶体管工作在放大状态时,微小变化的信号使晶体管基极电压的变化量 Δu_{be} 只是输入特性曲线中很小的一段,这样 Δi_b 与 Δu_{be} 可近似看作线性关系,用等效电阻 r_{be} 来表示,即

$$r_{be} = \frac{\Delta u_{be}}{i_b} \tag{2-7}$$

r_{be} 为晶体管的共轭输入电阻,通常用下式估算

$$r_{be} = r'_{bb} + (1+\beta)\frac{26}{i_e} \approx 300(\Omega) + (1+\beta)\frac{26}{i_e} \tag{2-8}$$

式中:r_{be} 为动态电阻,只能用于计算交流量。

2) 晶体管集电极与发射极之间等效为受控电流源

工作在放大状态的晶体管,其输出特性可近似看作一组与横轴平行的直线,即电压 u_{ce} 变化时,电流 i_c 几乎不变,呈恒流特性。只有基极电流 i_b 变化,i_c 才变化,并且 $i_c = \beta i_b$。因此,晶体管集电极与发射极之间可用受控电流 βi_b 来等效,其大小受基极电流 i_b 的控制,反映了晶体管的电流控制作用。

由此得出晶体管简化微变等效电路,如图 2-7 所示。

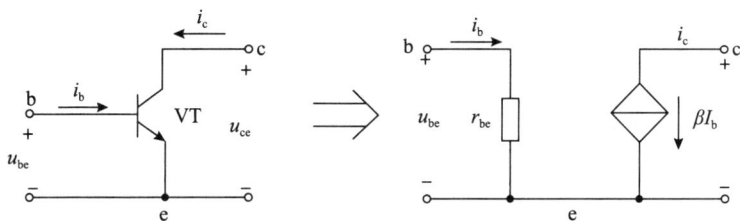

图 2-7　晶体管简化微变等效电路

4. 放大电路的主要性能指标

放大电路的主要性能指标有放大倍数、输入电阻、输出电阻、最大输出幅值、通频带、最大输出功率、效率和非线性失真系数等,本任务主要介绍前三种性能指标。

1) 放大倍数

放大倍数是衡量放大电路放大能力的重要性能指标,常用 A 表示。放大倍数可分为电

压放大倍数、电流放大倍数和功率放大倍数等。

电压放大倍数是放大电路输出电压的变化量与输入电压的变化量之比,用 A_U 表示,即

$$A_U = \frac{U_O}{U_I} \tag{2-9}$$

2）输入电阻

输入电阻是从放大电路输入端看进去的交流等效电阻,用 R_I 表示。在数值上等于输入电压 U_I 与输入电流 I_I 之比,即

$$R_I = \frac{U_I}{I_I} \tag{2-10}$$

R_I 相当于信号源的负载,R_I 越大,信号源的电压传输到放大电路的输入端越多。在电压放大电路中,希望 R_I 大一些。

3）输出电阻

输出电阻是从放大电路输出端（不包括 R_L）看进去的交流等效电阻,用 R_O 表示。R_O 的求法如图 2-8 所示,即先将信号源 U_S 短路,保留内阻 R_S;再将 R_L 开路,在输出端加一交流电压 U,产生电流 I,输出电阻 R_O 等于 U 与 I 之比,即

$$R_O = \frac{U}{I}\bigg|U_S = 0, R_L \to \infty \tag{2-11}$$

R_O 越小,电压放大电路带负载能力越强,且负载变化时,对放大电路影响越小,所以 R_O 越小越好。

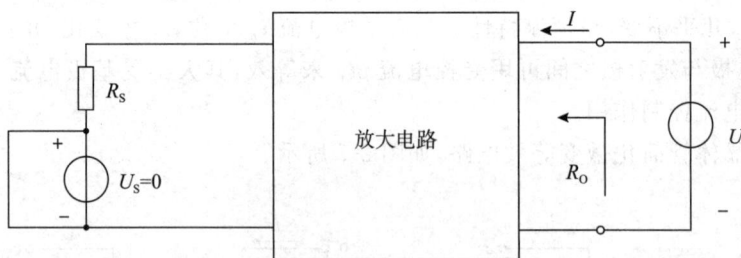

图 2-8　输出电阻求法

2.1.3　任务实施

1. 基本共发射极放大电路仿真测试

1）软件绘制仿真电路图

编者利用 Multisim 14.3 软件,绘制基本共发射极放大仿真电路,如图 2-9 所示。Q_1 为 NPN 型晶体管,其型号是 2N2222,U_{CC} 接入 12V 直流电源,U_S 为信号源,R_S 信号源内电阻为 5.1kΩ,C_1、C_2 电容值均为 10μF,R_B 电阻值为 330kΩ,R_C 电阻值为 2kΩ,R_P 滑动变阻器的阻值为 0～680kΩ。

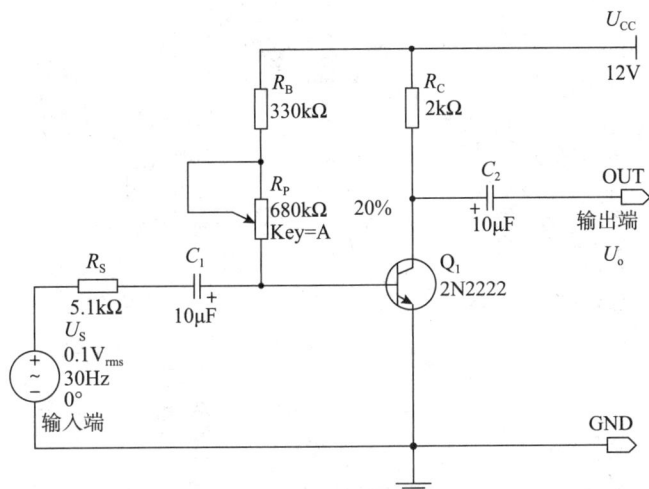

图 2-9　基本共发射极放大仿真电路

2）仿真软件测试静态工作点和动态工作点

（1）静态测量与调整。R_P 最大、最小数值时静态测量结果填入表 2-1 中。

表 2-1　静态测量结果统计

$U_{CC}=12V$	U_B/V	U_C/V	U_E/V	U_{BE}/V	U_{CE}/V	I_C/mA	晶体管工作状态
$R_{P最小}$							
$R_{P最大}$							

① 调节 R_P，使静态工作点在合适的位置。

② 在相应的位置加入万用表，静态测量电源及电流。

（2）动态测量。将放大器调整为放大状态（$U_{CE}=6V$），将信号发生器的输出信号频率调整为 1kHz，$U_S=50mV$，接入放大电路输入端，用示波器观测 U_S、U_i、U_o 的波形，动态测量结果填入表 2-2 中。

表 2-2　动态测量结果

输入/输出（幅值）	信号源电压 U_S	放大器输入电压 U_i	放大器输出电压 U_o
绘制波形，是否出现失真			
幅值/V			
输出与输入相位关系			

2. 绘制电子线路板图

利用 Altium Designer 22.1（AD）软件绘制印制电路板（PCB）图。绘制过程中注意所画电路的约束条件，其 PCB 参考图如图 2-10 所示。

3. 元器件焊接搭建

按照元器件清单，利用印制电路板，焊接搭建电路。

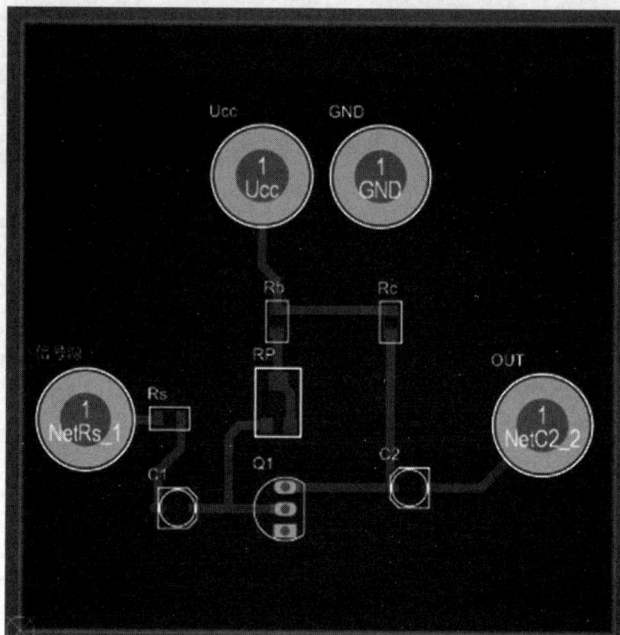

图 2-10　绘制 PCB 参考图

共射极放大电路
的元器件焊接
及注意事项

任务 2.2　分压偏置电路的设计与制作

从分析放大电路中看到,合理设置静态工作点是保证放大器正常工作的先决条件,Q 点的位置过高或过低,都可以使信号产生失真。但前面分析时只考虑了放大电路的内部因素,而没有考虑外部条件,在外界条件发生变化时,会移动设置好的静态工作点 Q,使原来合适的静态工作点变得不合适而产生失真。因此,设法稳定静态工作点是一个重要问题。

■ **想一想:**

(1) 静态工作点对放大电路有哪些影响(过低或过高)?

(2) 温度对晶体管有哪些影响?

带着问题查阅相关资料,学生以组为单位进行讨论,得出以上问题的答案后,及时写在项目日志上。

2.2.1　基本共发射极放大电路静态工作点的分析与温度的影响

1. 基本共发射极放大电路中静态工作点的电流关系

在基本共发射极放大电路中,I_{CQ} 是集电极静态电流,I_{EQ} 是发射极静态电流,I_{BQ} 是基极静态电流,它们之间的关系可以通过晶体管的电流放大系数 β 来表示。

根据晶体管的电流放大原理,当晶体管处于放大状态时,集电极电流 I_C 与基极电流 I_B 之间存在着比例关系,即 $I_C = \beta I_B$。而发射极电流 I_{EQ} 等于基极电流 I_B 与集电极电流 I_C 之和,即

$$I_{EQ} = I_B + I_C \tag{2-12}$$

因此,I_{CQ} 与 I_{EQ} 之间的关系可以表示为

$$I_{CQ} = \beta I_{BQ} = \beta(I_{EQ} - I_{CQ}) \tag{2-13}$$

化简可得

$$I_{CQ} = \beta I_{EQ} - \beta I_{CQ} \tag{2-14}$$

解得

$$I_{CQ} = \beta I_{EQ}/(1+\beta) \tag{2-15}$$

因此,在基本共发射极放大电路中,I_{CQ} 与 I_{EQ} 之间的关系为 $I_{CQ} = \beta I_{EQ}/(1+\beta)$。这个关系表明,集电极静态电流 I_{CQ} 与发射极静态电流 I_{EQ} 成正比,比例系数为晶体管的电流放大系数 $\dfrac{\beta}{1+\beta}$。

在放大电路中,静态工作点的位置直接决定了电路的工作状态。

2. 温度对静态工作点的影响

温度对静态工作点的影响分析,一直以来都是模拟电子技术领域的重要研究内容。静态工作点的稳定性直接关系到电子设备的性能表现和可靠性。在电子设备中,晶体管作为放大电路的核心部分,其工作状态的稳定性直接受温度的影响。温度升高,晶体管内部载流子的运动速度加快,扩散能力增强,从而导致基区内载流子的复合作用减弱。这种变化直接反映在晶体管的电流放大系数 β 上,即 β 值随着温度的升高而增大。此外,温度升高还会使晶体管的反向饱和电流 I_{CBO} 增加,这同样会对静态工作点产生影响。

当温度升高时,由于 β 值的增大和 I_{CQ} 的增加,静态工作点会向上移动。这种移动可能导致电路进入饱和区,从而影响电路的正常工作,即 $T(℃)\uparrow \to \beta\uparrow \to I_{CQ}\uparrow$。因此,保持静态工作点的稳定性对于确保电路性能至关重要。

当温度升高时,要使静态工作点 Q 回到 Q',则只有减小 I_{BQ}。Q 点稳定,是指当温度变化时,I_{CQ} 和 U_{CEQ} 基本不变,这是通过调整 I_{BQ} 来实现的。温度对静态工作点的影响波形如图 2-11 所示。

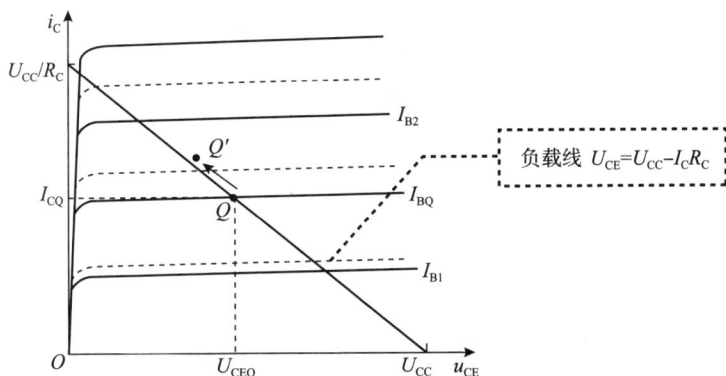

图 2-11　温度对静态工作点的影响

电路的原理

　　为了稳定静态工作点,需要采取一系列措施。其中,引入负反馈是一种常见的方法。负反馈通过将输出量的一部分引回输入端,对输入信号进行修正,从而减小因温度变化引起的静态工作点漂移。此外,合理选择电路元器件的参数,以及优化电路布局和散热设计,也是提高静态工作点稳定性的有效手段。

　　除了以上措施外,近年来随着新材料和新工艺的发展,一些新型的晶体管结构和封装技术也逐渐应用于电子设备中。这些新技术不仅提高了晶体管的性能表现,还有助于减小温度对静态工作点的影响。

　　总的来说,温度对静态工作点的影响是不可避免的,但通过合理的电路设计和优化措施,可以有效地减小这种影响,确保电子设备的稳定可靠运行。未来,随着技术的不断进步和创新,静态工作点的稳定性将会得到进一步提升,为电子设备的发展和应用提供更加坚实的基础。

　　分压偏置共基极电路如图 2-12 所示,其直流通路如图 2-13 所示。

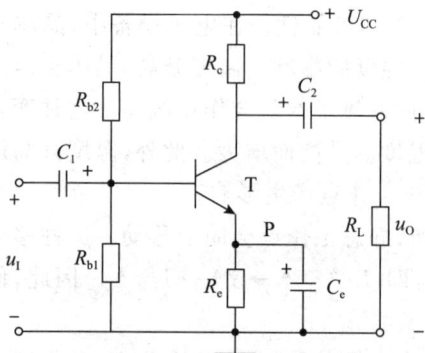

图 2-12　分压偏置共基极电路　　　　　　　　图 2-13　直流通路

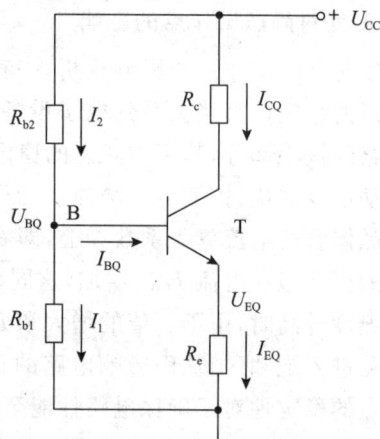

1. 静态工作点的估算

为了稳定 Q 点,通常 $I_1 \gg I_{BQ}$,即 $I_1 \approx I_2$,所以 U_{BQ} 估算公式为

$$U_{BQ} \approx \frac{R_{b2}}{R_{b1} + R_{b2}} U_{CC} \qquad (2\text{-}16)$$

U_{BQ} 基本不随温度变化而变化,I_{EQ} 估算公式为

$$I_{EQ} = \frac{U_{BQ} - U_{BEQ}}{R_e} \qquad (2\text{-}17)$$

设 $U_{BEQ} = U_{BE} + \Delta U_{BE}$,若 $U_{BQ} - U_{BE} > \Delta U_{BE}$,则 I_{EQ} 稳定,即

$$I_{CQ} \approx I_{EQ} \qquad (2\text{-}18)$$

$$I_{BQ} = \frac{I_{CQ}}{\beta} \tag{2-19}$$

$$U_{CBQ} = U_{CC} - (R_C + R_B)I_{CQ} \tag{2-20}$$

通过以上估算公式,可知

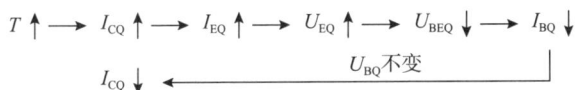

$$T \uparrow \longrightarrow I_{CQ} \uparrow \longrightarrow I_{EQ} \uparrow \longrightarrow U_{EQ} \uparrow \longrightarrow U_{BEQ} \downarrow \longrightarrow I_{BQ} \downarrow$$

$$I_{CQ} \downarrow \longleftarrow \quad U_{BQ}不变$$

随着温度的上升,集电极的电流 I_{CQ} 在静态工作点处呈上升趋势,发射极的静态工作点电流 I_{EQ} 同样上升,U_{EQ} 随之升高,而 U_{BEQ} 有所下降,基极的静态工作点电流 I_{BQ} 减少,基极的静态工作点电压 U_{BQ} 保持不变。最终,集电极的静态工作点电流 I_{CQ} 降低,从而在温度变化过程中实现了对静态工作点电流和电压的调节。

2. 元器件的作用

分压偏置共基极电路各元器件的作用如下。

(1)基极偏置电阻 R_{b2}。它用于为晶体管提供正确的工作偏置点,确定了晶体管的工作状态,以实现准确放大。

(2)集电极负载电阻 R_L。它是位于集电极和电源之间的电阻,用于限制集电极电流,以保护晶体管免受损坏。

(3)直流电源 U_{CC}。它提供所需的电压和电流,以满足晶体管的工作条件和实现放大功能。

利用发射极电阻 R_e 调节稳定工作点,R_e 越大,稳定效果越好,但不能太大,一般为几百欧到几千欧。与 R_e 并联的电容 C_e 称为旁路电容,具有隔直、通交的作用,使电压放大倍数不会降低。C_e 一般为几十微法到几百微法。

3. 电路失真分析

1)截止失真

截止失真波形如图 2-14 所示。

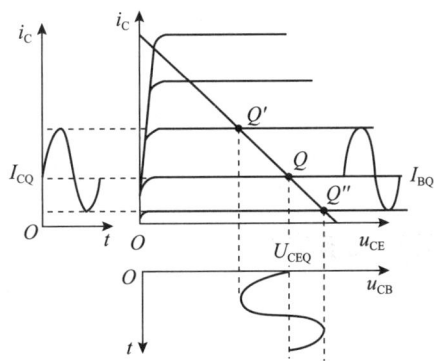

截止失真:输出信号电压波形正半周被削去一部分。

原因:R_P 较大,I_{BQ} 较小,Q 点下移。

解决方法:减小 R_B,使 I_{BQ} 增大,使 Q 点上移。

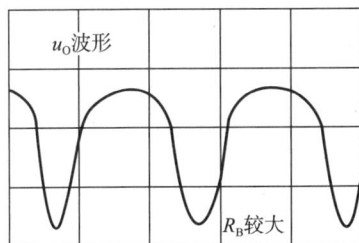

(a)截止失真波形图　　　　(b)截止失真静态工作点分析图

图 2-14　截止失真波形

2）饱和失真

饱和失真波形如图 2-15 所示。

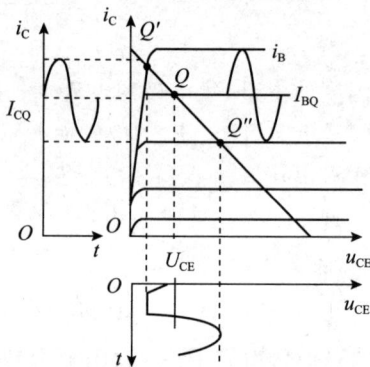

饱和失真:输出信号电压波形正半周被削去一部分。

原因:R_P 较小,I_{BQ} 较大,Q 点上移。

解决方法:增大 R_B,使 I_{BQ} 减小,使 Q 点下移。

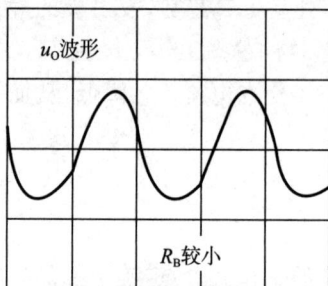

（a）饱和失真波形图　　　　　（b）饱和失真静态工作点分析图

图 2-15　饱和失真波形

3）双向失真

双向失真波形如图 2-16 所示。

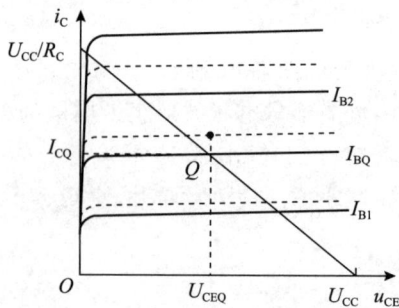

双向失真:输出信号电压波形正负半周都被削去一部分。

原因:输入信号幅度大。

解决方法:调节输出电压旋钮使幅度减小。

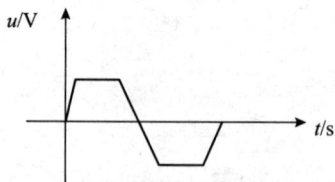

（a）双向失真波形图　　　　　（b）双向失真静态工作点分析图

图 2-16　双向失真波形

2.2.3　任务实施

1. 软件仿真

1）仿真软件绘制电路图

在 Multisim 14.3 软件中绘制基本共发射极放大电路,如图 2-17 所示。Q_1 为 NPN 型晶体管,型号是 2N2222,U_{CC} 接入 12V 直流电源,U_S 为信号源,R_S 信号源内电阻为 5.1kΩ,C_1、C_2、C_3 电容值均为 10μF,R_{B1} 电阻值为 33kΩ,R_{B2} 电阻值为 24kΩ,R_C 电阻值为 5.1kΩ,R_P 滑动变阻器的阻值为 0~680kΩ,R_{E1} 阻值为 100Ω,R_{E2} 阻值为 1.8kΩ。

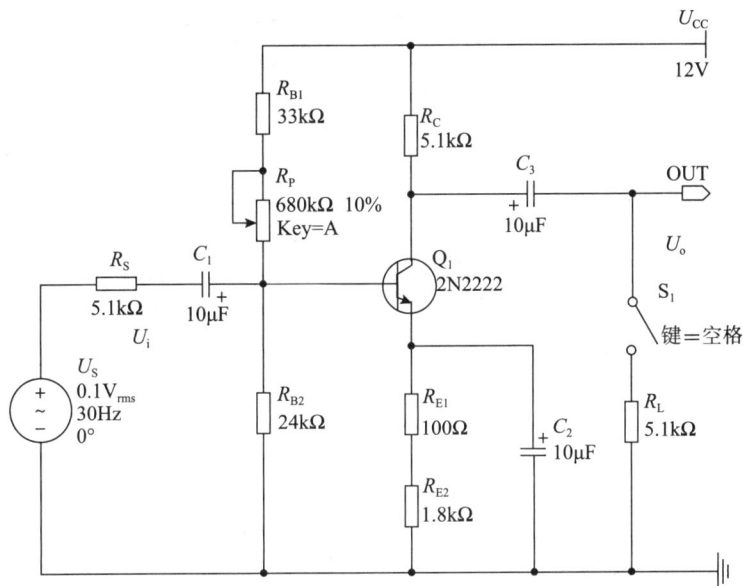

分压式共射极
放大电路
仿真过程

图 2-17 基本共发射极放大电路

2) 仿真软件测试静态工作点和动态工作点

(1) 调整静态工作点,并进行静态的预调整。断开信号源和负载,测量 U_{BQ}、U_{EQ}、U_{CEQ},并测量或计算 I_{CQ}、I_{EQ}。理解并掌握正确的调整方法,进行静态的预调整。调整最佳静态工作点,接通信号源,用示波器观察输出波形,逐渐增加信号源的大小,观察输出波形直到出现失真。消除失真后,继续增大输入信号,重复以上操作步骤,直到出现双向对称失真。值得注意的是,调好之后电路各元器件参数不能再改变。将结果记录到表 2-3 中。

表 2-3 静态测量结果统计表

R_P	U_B/V	U_C/V	U_E/V	U_{BE}/V	U_{CE}/V	I_C/mA
最小						
最大						
合适						

(2) 动态测量。加入输入信号,并测量输入、输出信号的电压,通过减小输入信号,使输出信号不失真。观察并分析三种失真情况,采用失真分析解决方案来消除失真,并绘制三种失真的波形图。

2. 绘制印制电路板图

利用 Altium Designer 22.1 软件绘制印制电路板(PCB)图。绘制过程中注意所画电路的约束条件,其 PCB 参考图如图 2-18 所示。

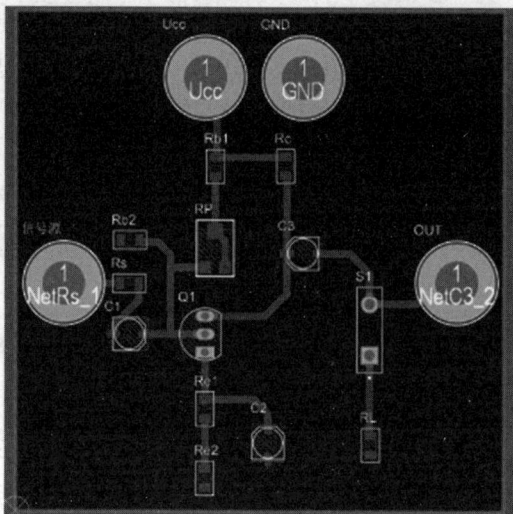

图 2-18　PCB 参考图

分压式共射极
放大电路 PCB
绘制过程及注
意事项

3. 元器件焊接搭建

按照元器件清单,利用印制电路板焊接搭建电路。

任务 2.3　多级放大电路的设计与制作

■ **想一想:**

(1) 单级放大器的电压放大倍数一般为几十倍,而实际应用时,要求的放大倍数往往更大。当信号经远距离传输后,衰减大,信号弱,单级放大电路的放大倍数不能满足要求,如何解决?

(2) 多级放大电路的耦合方式有哪些?

(3) 多级放大电路的性能指标是什么?

带着问题查阅相关资料,学生以组为单位进行讨论,得出以上问题的答案后,及时写在项目日志上。

2.3.1　多级放大电路的耦合方式与性能指标

1. 多级放大电路的耦合方式

1) 直接耦合

前级的输出端直接与后级的输入端相连的方式,称为直接耦合。直接耦合两级放大电路如图 2-19 所示。

直接耦合放大电路各级的静态工作点不独立,相互影响,相互制约,需要合理地设置各级的直流电平,使它们之间能正确配合;另外,易产生零点漂移现象,即当放大电路的输入信

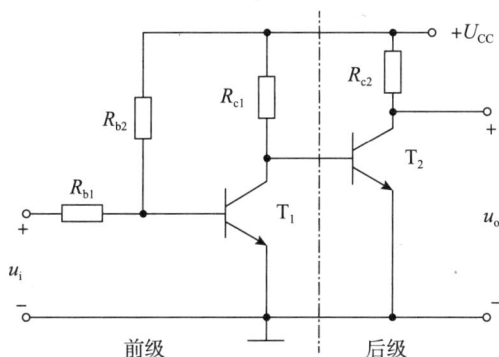

图 2-19　直接耦合两级放大电路

号为零时,输出端仍有缓慢变化的电压产生。

　　直接耦合两级放大电路有两个突出的优点:一是它的低频特性好,可用于直流和交流以及变化缓慢的信号放大;二是由于电路中只有晶体管和电阻,因此便于集成。故直接耦合在集成电路中获得了广泛应用。

　　T_1 的 c 极电位被 T_2 的 b 极拉低,易产生失真,两极工作点均不合适,因此采用 NPN 和 PNP 管组合电路,如图 2-20 所示。

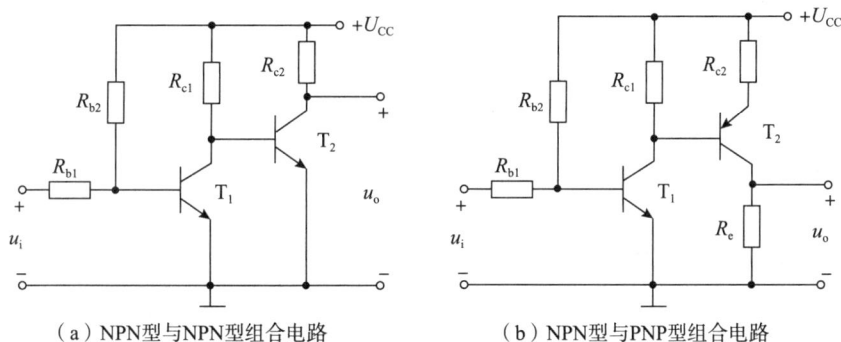

　（a）NPN型与NPN型组合电路　　　　　　（b）NPN型与PNP型组合电路

图 2-20　NPN 型和 PNP 型组合电路

　　2)阻容耦合

　　利用电容连接信号源与放大电路、放大电路的前后级、放大电路与负载,称为阻容耦合。

　　阻容耦合如图 2-21 所示,它是用电容 C_2 将两个单级放大器连接起来的两级放大器。可以看出,前级的输出信号是后级的输入信号,后级的输入电阻是前级的负载。这种通过电容和后一级输入电阻连接起来的方式,即为阻容耦合。

　　阻容耦合的特点:前后级之间通过电容相连,这使得各级的直流电路互不相通,每一级的静态工作点相互独立,互不影响,这样就给电路的设计、调试和维修带来很大的便利;而且,只要耦合电容的容量选得足够大,就可将前一级的输出信号在相应频率范围内几乎无衰减地传输到后一级,使信号得到充分利用。但是当输入信号的频率很低时,耦合电容 C_2 就会呈现很大的阻抗,前级的输入信号转向后级时,部分甚至全部信号都将被电容 C_2 吸收。

　　因此,这种耦合方式无法应用于低频信号的放大,也就无法用来放大随时间缓慢变化的信号。此外,由于大容量的电容器无法集成,阻容耦合方式也不便于集成化。

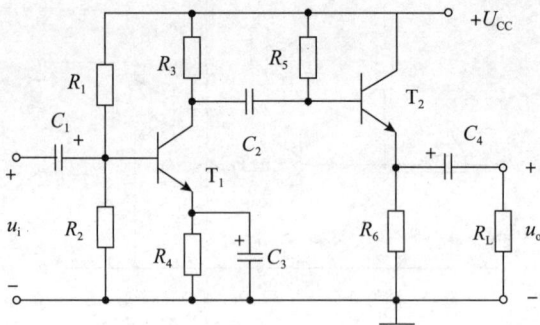

图 2-21 阻容耦合

3)变压器耦合

前级放大电路的输出信号经变压器加到后级输入端的耦合方式,称为变压器耦合,图 2-22 为变压器耦合两级放大电路,前级与后级、后级与负载之间均采用变压器耦合方式。

变压器耦合的优点在于:由于变压器隔断了直流,因此各级的静态工作点相互独立;同时在传输信号的过程中,变压器还有阻抗变换作用,能实现变抗匹配。但是,它的频率特性较差,体积大,质量重,不易集成化。因此,常用于选频放大或要求不高的功率放大电路。

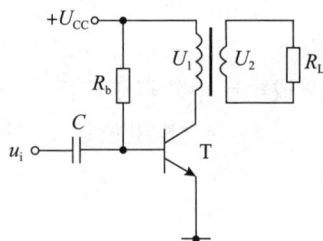

图 2-22 变压器耦合

4)光电耦合

放大器的级与级之间通过光电耦合器相连接的方式,称为光电耦合。由光敏电阻作为接收器的光电耦合器如图 2-23(a)所示,由光电二极管作为接收管的光电耦合器如图 2-23(b)所示,由光电晶体管作为接收管的光电耦合器如图 2-23(c)所示,由光电池作为接收器的光电耦合器如图 2-23(d)所示。

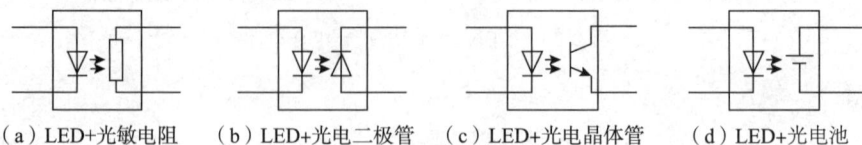

(a)LED+光敏电阻 (b)LED+光电二极管 (c)LED+光电晶体管 (d)LED+光电池

图 2-23 光电耦合

它通过电-光-电的转换来实现级间耦合,使得各级的直流工作点相互独立。采用光电耦合方式,可以提高电路的抗干扰能力。

2. 多级放大电路的主要性能指标

单级放大器的某些性能指标可作为分析多级放大器的依据。多级放大器的主要性能指标采用以下方法估算。

1)电压放大倍数

电路的多级放大框图如图 2-24 所示。

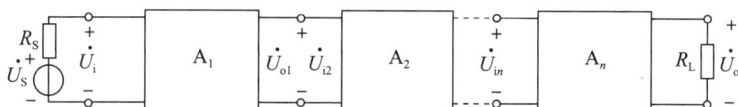

图 2-24 电路的多级放大框图

由于前级的输出电压是后级的输入电压,因此,多级放大器的电压放大倍数 $\dot{A}_u$ 等于各级放大倍数之积,对于 n 级放大电路,有

$$\dot{A}_u = \frac{\dot{U}_o}{\dot{U}_i} = \frac{\dot{U}_{o1}}{\dot{U}_{i1}} \frac{\dot{U}_{o2}}{\dot{U}_{i2}} \cdots \frac{\dot{U}_{on}}{\dot{U}_{in}} = \dot{A}_{u1} \dot{A}_{u2} \cdots \dot{A}_{un} \tag{2-21}$$

在计算各级放大器的放大倍数时,一般采用两种方法:①在计算某一级电路的电压放大倍数时,首先计算后级放大电路的输入电阻,将这一电阻视为负载,然后再按单级放大电路的计算方法计算放大倍数;②先计算前级在负载开路时的电压放大倍数和输出电阻,然后将它作为有内阻的信号源接到后级的输入端,再计算下级的电压放大倍数。

2）输入电阻

多级放大器的输入电阻 r_i 就是第一级的输入电阻 r_{i1},即

$$r_i = r_{i1} \tag{2-22}$$

3）输出电阻

多级放大器的输出电阻 r_o 等于最后一级（第 n 级）的输出电阻 r_{on},即

$$r_o = r_{on} \tag{2-23}$$

多级放大电路的输入、输出电阻要分别与信号源内阻及负载电阻相匹配,这样才能使信号获得有效放大。

对电压放大电路的要求为:r_i 大,r_o 小,A_u 的数值大,最大不失真输出电压大。

2.3.2 电路的分析

多级放大电路如图 2-25 所示。

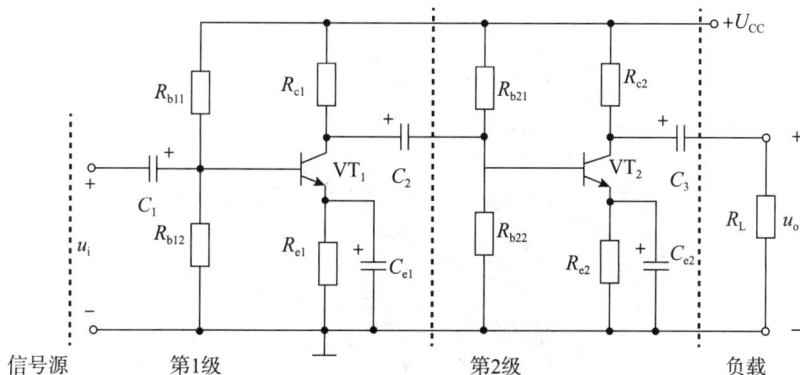

图 2-25 多级放大电路

电容具有"隔直"作用，所以各级电路的静态工作点相互独立，互不影响。这给放大电路的分析、设计和调试带来了很大的便利。此外，电容还具有体积小、质量轻等优点。但电容对交流信号具有一定的容抗，在信号传输过程中会受到一定衰减。尤其对于变化缓慢的信号，容抗很大。此外，在集成电路中，制造大容量的电容很困难，所以这种耦合方式下的多级放大电路不便于集成。

2.3.3 任务实施

1. 软件仿真

利用 Multisim 14.3 仿真软件，绘出二级信号放大仿真电路图，如图 2-26 所示，并加入想要的测试点。Q_1、Q_2 型号是 2N2222，为 NPN 型晶体管，U_{CC} 接入 12V 直流电源，U_S 为信号源，R_1 电阻值为 5.1kΩ，C_1、C_2、C_3、C_4、C_5 电容值均为 10μF，R_2 电阻值为 33kΩ，R_3 电阻值为 24kΩ，R_4 电阻值为 2kΩ，R_5 电阻值为 100Ω，R_6 电阻值为 1.8kΩ，R_7 电阻值为 47kΩ，R_8 电阻值为 20kΩ，R_9 电阻值为 3kΩ，R_{10} 电阻值为 2kΩ，R_{11} 电阻值为 1.5kΩ。

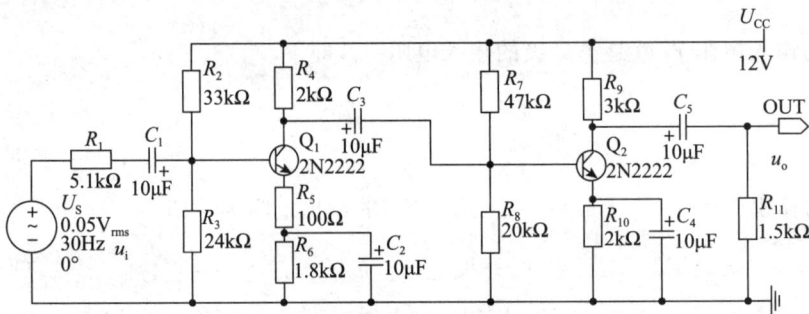

图 2-26 二级信号放大仿真电路（由 Multisim 14.3 仿真软件绘制）

多级运算放大
电路仿真过程

2. 绘制印制电路板图

利用 Altium Designer 22.1 软件绘制印制电路板（PCB）图。绘制过程中注意所画电路的约束条件，其 PCB 参考如图 2-27 所示。

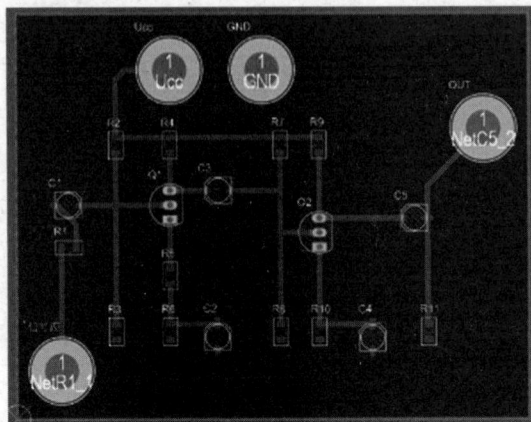

图 2-27 PCB 参考图

3. 元器件焊接搭建

按照元器件清单,利用印制电路板焊接搭建电路。

4. 测量、调试

测量外接负载为无穷大(∞)和 $1.5\text{k}\Omega$ 时的性能指标。并将测试结果填入表 2-4 中。

表 2-4　测试结果

$R_{11}/\text{k}\Omega$	$U_{\text{Smax}}/\text{mV}$	$U_{\text{imax}}/\text{mV}$	U_{omax}/V	A_{u}
∞				
1.5				

任务 2.4　拓展与提升

2.4.1　共集电极放大电路与共基极放大电路

1. 电路组成

共集电极放大电路的组成如图 2-28(a)所示。图 2-28(b)为其微变等效电路,由交流通路可见,基极是信号的输入端,集电极是输入、输出回路的公共端,所以是共集电极放大电路,发射极是信号的输出端,又称发射极输出器。

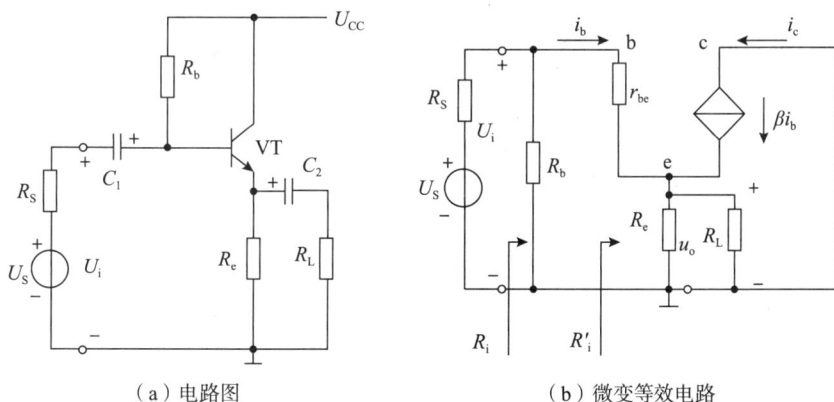

（a）电路图　　　　　　　　（b）微变等效电路

图 2-28　共集电极放大电路

2. 电路元器件作用

各元器件的作用与共发射极放大电路基本相同,但是电路中的 R_e 除具有稳定静态工作的作用外,还作为放大电路空载时的负载。

3. 静态分析

由图 2-28(a)可得方程

$$U_{CC} = i_b R_b + U_{be} + (1+\beta) i_b R_e \tag{2-24}$$

则

$$i_b = \frac{U_{CC} - U_{be}}{R_b + (1+\beta) R_e} \tag{2-25}$$

$$i_c = \beta i_b \approx i_e \tag{2-26}$$

$$U_{ce} = U_{CC} - i_c R_e \tag{2-27}$$

4. 动态分析

1) 电压放大倍数 $\dot{A}_u$

由图 2-28(b)可知

$$\dot{U}_i = \dot{I}_b r_{be} + \dot{I}_b R'_L = \dot{I}_b r_{be} + (1+\beta) \dot{I}_b R'_L \tag{2-28}$$

$$\dot{U}_o = \dot{I}_e R'_L = (1+\beta) \dot{I}_b R'_L \tag{2-29}$$

式中:$R'_L = R_e /\!/ R_L$。

故

$$\dot{A}_u = \frac{(1+\beta) \dot{I}_b R'_L}{\dot{I}_b r_{be} + (1+\beta) \dot{I}_b R'_L} = \frac{(1+\beta) R'_L}{r_{be} + (1+\beta) R'_L} \tag{2-30}$$

一般 $(1+\beta) R_L > r_{be}$,故 $\dot{A}_u \approx 1$,即共集电极放大电路输出电压与输入电压大小近似相等,相位相同,没有电压放大作用。

2) 输入电阻 R_i

$$R_i = R_b /\!/ R'_i \tag{2-31}$$

$$R'_i = \frac{\dot{U}_i}{\dot{I}_b} = \frac{\dot{I}_b r_{be} + \dot{I}_b (R_e /\!/ R_L)}{\dot{I}_b} = r_{be} + (1+\beta) R'_L \tag{2-32}$$

故

$$R_i = R_b /\!/ [r_{be} + (1+\beta) R'_L] \tag{2-33}$$

式(2-33)说明,共集电极放大电路的输入电阻比较高,它一般比共发射极放大电路的输入电阻高几十倍到几百倍。

3) 输出电阻 R_o

将图 2-28(b)中信号源 U_S 短路,负载 R_L 断开,计算 R_o 的等效电路如图 2-29 所示。

由图 2-29 可得

$$\dot{U}_o = -\dot{I}_b (r_{be} + R_S /\!/ R_b) \tag{2-34}$$

$$\dot{I}'_o = -I_e = -(1+\beta) I_b \tag{2-35}$$

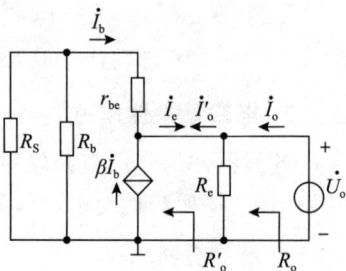

图 2-29 计算输出电阻的等效电路

故

$$R' = \frac{U_o}{I'} = \frac{r_{be} + R_S \;/\!/\; R_B}{1 + \beta} \tag{2-36}$$

$$R_o = R_e \;/\!/\; \frac{r_{be} + R_S \;/\!/\; R_B}{1 + \beta} \tag{2-37}$$

式中,信号源内阻和晶体管输入电阻 r_{be} 都很小,而管子的 β 值一般较大,所以共集电极放大电路的输出电阻比共发射极放大电路的输出电阻小得多,一般在几十欧左右。

5. 特点和应用

共集电极放大电路的主要特点:输入电阻高,传递信号效率高;输出电阻低,带负载能力强;电压放大倍数小于 1 或近似等于 1,且输出电压与输入电压同相位,具有跟随特性;虽然没有电压放大作用,但仍有电流放大作用,因此能实现功率放大。这些特点使共集电极放大电路在电子电路中获得了广泛的应用。

1)作为多级放大电路的输入级

由于输入电阻高,使输入放大电路的信号电压基本上等于信号源电压。因此共集电极放大电路常作为输入级用在测量电压的电子仪器中。

2)作为多级放大电路的输出级

由于输出电阻低,使放大电路的带负载能力提高,故共集电极放大电路常作为负载电阻较小和负载变动较大的放大电路的输出级。

3)作为多级放大电路的缓冲级

将发射极输出器接在两级放大电路之间,利用其输入电阻高、输出电阻低的特点,共集电极放大电路可用于阻抗变换,在两级放大电路中间起缓冲作用。

2.4.2 共基极放大电路

共基极放大电路的主要特点是高频特性好、频带宽,在高频信号放大方面具有优势,其电路组成如图 2-30 所示。图 2-30 中 R_{B1}、R_{B2} 组成分压式偏置电路,为发射结提供正向偏置,确保晶体管工作在合适的放大状态。需要注意的是,公共端晶体管的基极通过一个电容接地,这是为了让交流信号能够顺利通过,而对于直流而言,电容相当于开路,从而保证基极上能够得到稳定的直流偏置电压。输入端发射极一般通过一个电阻(或其他合适的元器件,如电感等)与电源的负极连接,形成输入回路,输入信号加在发射极与基极之间(也可以通过电感耦合等方式接入放大电路,以满足不同的电路设计需求)。在输出端,集电极作为输出端,输出信号从集电极和基极之间取出,从而实现对输入信号的放大作用。

1. 静态分析

由图 2-30 不难看出,共基极放大电路的直流通路与共发射极分压式偏置电路的直流通路一样,所以共基极放大电路的静态工作点的计算与共发射极放大电路相同。

2. 动态分析

共基极放大电路的微变等效电路如图 2-31 所示。

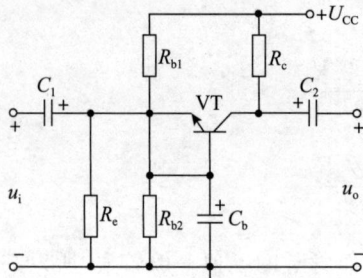

图 2-30 共基极放大电路

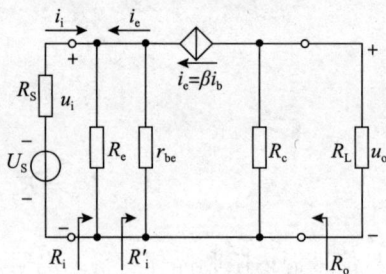

图 2-31 共基极放大电路的微变等效电路

$$\dot{A}_{\mathrm{u}} = \frac{\dot{U}_{\mathrm{o}}}{\dot{U}_{\mathrm{i}}} = \frac{-\dot{I}_{\mathrm{c}}(R_{\mathrm{c}} /\!/ R_{\mathrm{L}})}{-\dot{I}_{\mathrm{b}} r_{\mathrm{be}}} = \beta \frac{R'_{\mathrm{L}}}{r_{\mathrm{be}}} \tag{2-38}$$

$$R'_{\mathrm{L}} = R_{\mathrm{c}} /\!/ R_{\mathrm{L}} \tag{2-39}$$

式(2-39)说明,共基极放大电路的输出电压与输入电压同相位,这是与共发射极放大电路的不同之处;共基极放大电路也具有电压放大作用,$\dot{A}_{\mathrm{u}}$ 的数值与固定偏置共发射极放大电路相同。

由图 2-27 可得

$$R'_{\mathrm{i}} = \frac{\dot{U}_{\mathrm{i}}}{-\dot{I}_{\mathrm{e}}} = \frac{-\dot{I}_{\mathrm{b}} r_{\mathrm{be}}}{-(1+\beta)\dot{I}_{\mathrm{b}}} = \frac{r_{\mathrm{be}}}{1+\beta} \tag{2-40}$$

R'_{i} 是共发射极接法时晶体管输入电阻的 $1/(1+\beta)$ 倍,这是因为在相同的 U_{i} 作用下,共基极法晶体管的输入电流 $I = (1+\beta)I_{\mathrm{b}}$,比共发射极接法晶体管的输入电流大 $(1+\beta)$ 倍,即

$$R_{\mathrm{i}} = R_{\mathrm{e}} /\!/ R'_{\mathrm{i}} = R_{\mathrm{e}} /\!\!/ \left(\frac{r_{\mathrm{be}}}{1+\beta} \right) \tag{2-41}$$

可见,共发射极放大电路的输入电阻很小,一般为几欧到几十欧。

在求输出电阻 R_{o} 时,令 $U_{\mathrm{S}} = 0$,则有 $I_{\mathrm{b}} = 0$,$\beta I_{\mathrm{b}} = 0$,受控电流源作开路处理,故输出电阻为

$$R_{\mathrm{o}} \approx R_{\mathrm{c}} \tag{2-42}$$

由式(2-40)~式(2-42)可知,共基极放大电路的电压倍数较大,输入电阻较小,输出电阻较大。共基极放大电路主要应用于高频电子电路中。

2.4.3 差分放大电路

一个理想的直接耦合放大电路,在输入信号为零时,其输出电压应保持不变。实际上,即使将直接耦合放大电路的输入端短接,在输出端也会偏离初始值,产生一定数值的无规则缓慢变化的电压输出,这种现象称为零点漂移,简称零漂。

引起零点漂移的原因有很多,如晶体管参数随温度、电源电压的波动以及电路元器件参数的变化而变化等,其中以温度变化的影响最为严重,所以零点漂移也称温漂。在多级直接

耦合放大电路中,又以第一级的漂移影响最为严重。由于各级之间是直接耦合的,在第一级的漂移被逐级放大,级数越多,放大倍数越高,在输出端产生的零点漂移越严重。零点漂移电压和有源信号电压共存于放大电路中,当输入信号较小时,放大电路无法正常工作。因此,减小第一级的零点漂移成为多级直接耦合放大电路中一个至关重要的问题。差分放大电路利用两个型号和特性相同的晶体管来实现温度补偿,这是直接耦合放大电路中抑制零点漂移最有效的电路结构。由于它在电路和性能等方面具有许多优点,因而被广泛应用于集成电路中。

1. 电路组成及特点

基本的差分放大电路如图 2-32 所示。其中,$R_{C1} = R_{C2} = R_C$,$R_{B1} = R_{B2} = R_B$,VT_1 和 VT_2 是两个型号、特性和参数完全相同的晶体管,信号从两个晶体管的基极输入(称为双端输入),从其集电极输出(称为双端输出)。

2. 零点漂移的抑制

静态时,即 $U_{i1} = U_{i2} = 0$ 时,放大电路处于静态。由于电路完全对称,两个晶体管集电极电位 $U_{C1} = U_{C2}$,则输出电压 $U_o = U_{C1} - U_{C2} = 0$。

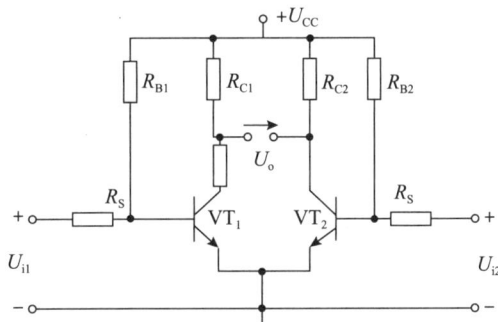

图 2-32 基本差分放大电路

当温度变化时,两个晶体管集电极电流 I_{C1} 和 I_{C2} 同时增加,集电极电位 U_{C1} 和 U_{C2} 同时下降,且 $\Delta U_{C1} = \Delta U_{C2}$,$U_o = (U_{C1} + \Delta U_{C1}) - (U_{C2} + \Delta U_{C2}) = 0$。故输出端没有零点漂移,这就是差分放大电路抑制零点漂移的基本原理。

3. 差模信号与差模放大倍数

一对大小相等、极性相反的信号称为差模信号。在差分放大电路中,两输入端分别加入一对差模信号的输入方式,称为差模输入。两个差模信号分别用 U_{id1} 和 U_{id2} 表示,$U_{id1} = -U_{id2}$。因此差模输入时,有

$$U_{i1} = U_{id1}, \quad U_{i2} = U_{id2} = -U_{id1} \tag{2-43}$$

在图 3-32 中,由于两相电路对称,两输入端之间的电压为

$$U_{id} = U_{id1} - U_{id2} = 2U_{id1} = -2U_{id2} \tag{2-44}$$

U_{id} 称为差模输入电压,此时差动放大器的输出电压称为差模输出电压 U_{od}。且有 $U_{od} = U_{C1} - U_{C2}$。差模电压放大倍数为

$$A_{ud} = \frac{U_{od}}{U_{id}} = \frac{U_{C1} - U_{C2}}{U_{id1} - U_{id2}} = -\frac{\beta R_{C1}}{r_{be1}} = A_{u1} \tag{2-45}$$

式中：A_{u1} 为单管共发射极放大电路的电压放大倍数。

4. 共模信号与共模放大倍数

一对大小相等、极性相同的信号称为共模信号。在差分放大电路中，两输入端分别接入一对共模信号的输入方式，称为共模输入，共模信号用 U_{ic} 表示。因此共模输入时，有

$$U_{i1} = U_{i2} = U_{ic} \tag{2-46}$$

此时差动放大器的输出电压称为共模输出电压 U_{oc}。

在共模信号作用下，由于电路完全对称，输出电压 $U_{oc} = 0$，共模电压放大倍数为

$$A_{uc} = \frac{U_{oc}}{U_{ic}} = 0 \tag{2-47}$$

对于零点漂移现象，实际上可等效为共模信号的作用，所以对零点漂移的抑制是对共模信号的抑制。

5. 共模抑制比 K_{CMR}

为了更好地表征电路对共模信号的抑制能力，引入共模抑制比 K_{CMR}，即

$$K_{CMR} = \left| \frac{A_{ud}}{A_{uc}} \right| \tag{2-48}$$

K_{CMR} 越大，差动放大电路抑制共模信号的能力越强。

综上所述，电路对共模信号无放大作用，只对差模信号有放大作用，故称此电路为差分放大电路，简称差放，即若输入有差别，则输出就变动；若输入无差别，则输出无变动。

2.4.4 典型差分放大电路

基本差分放大电路只在双端输出时才具有抑制零漂的作用，而对于每个晶体管的集电极电位的漂移并未受到抑制。如果采用单端输出（即输出电压从一个管的集电极与地之间输出），那么漂移仍会存在。而采用典型差分放大电路，便能很好地解决这一问题。

1. 电路组成与静态分析

典型差分放大电路如图 2-33 所示，电路由两个对称的共发射极电路组成，它们通过公共的发射极电阻 R_E 相耦合，故又称为发射极耦合差分放大电路。电路由正负电源供电。

典型差放的直流通路如图 2-34 所示，由于电路对称，即 $R_{C1} = R_{C2} = R_C$，$R_{B1} = R_{B2} = R_B$，$U_{BE1} = U_{BE2} = U_{BE}$，$\beta_1 = \beta_2 = \beta$，$I_{B1}R_{B1} + U_{BE} + 2I_{E1}R_E = U_{EE}$。

若 R_E 较大，且满足 $2(1+\beta)R_E \gg R_{B1}$，又 $U_{EE} \gg U_{BE}$，则

$$I_{C1} = I_{C2} \approx I_{E1} = \frac{U_{EE} - U_{BE}}{2R_E + \frac{R_{B1}}{1+\beta}} \approx \frac{U_{EE} - U_{BE}}{2R_E} \approx \frac{U_{EE}}{2R_E} \tag{2-49}$$

$$I_{B1} = I_{B2} = \frac{I_{C1}}{\beta} \tag{2-50}$$

$$U_{CE1} = U_{CE2} = U_{C1} - U_{E1} = (U_{CC} - I_{C1}R_C) - (-U_{BE} - I_{B1}R_{B1})$$
$$= U_{CC} - I_{C1}R_C + U_{BE} + I_{B1}R_{B1} \tag{2-51}$$

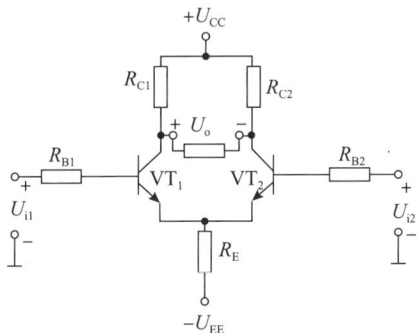

图 2-33　典型差分放大电路

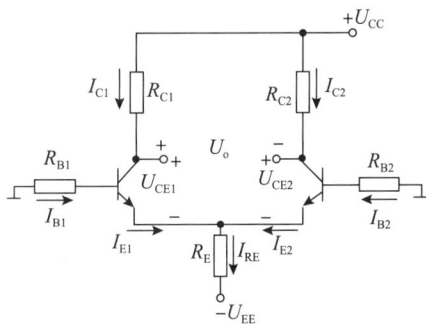

图 2-34　典型差放的直流通路

2. 动态分析

1) 双端输入双端输出差模特性

双端输入双端输出差模交流通路如图 2-35 所示，u_i 加在差放两输入端之间（双端输入），即 $u_{id} = u_i$，对地而言，两晶体管输入电压是一对差模信号，即 $u_{id1} = -u_{id2} = u_{id}/2$。输出负载 R_e 接在两晶体管集电极之间（双端输出），有 $U_{od} = U_o$。当差模输入时，VT_1 的发射极电流同时流过 R_e，且大小相等方向相反，在 R_e 上的作用相互抵消，R_e 可看作短路。每个晶体管的交流负载 $R_L' = R_C // \dfrac{R_L}{2}$，故双端输出时，差模电压放大倍数为

$$A_{ud} = \frac{U_{od}}{U_{id}} = \frac{U_{od1} - U_{od2}}{U_{id1} - U_{id2}} = \frac{2U_{od1}}{2U_{id1}} = A_{u1} = -\frac{\beta R_L'}{R_{B1} + r_{be}} \tag{2-52}$$

由此可知，双端输出的差分放大电路的电压放大倍数和单管共发射极放大电路的电压放大倍数相同。

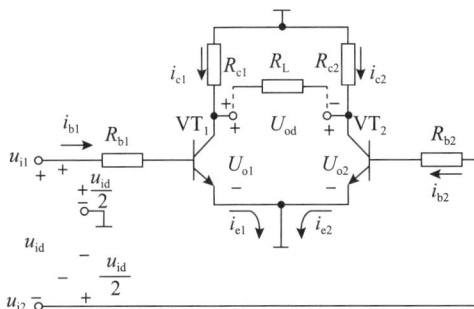

图 2-35　双端输入双端输出差模交流通路

电路的输入电阻 R_{id} 是从两个输入端看进去的等效电阻。由图 2-35 可知

51

$$R_{\mathrm{id}} = 2(R_{\mathrm{B}} + r_{\mathrm{be}}) \tag{2-53}$$

电路输出电阻为

$$R_{\mathrm{o}} = 2R_{\mathrm{C}} \tag{2-54}$$

2）双端输入双端输出共模特性

双端输入双端输出共模交流通路如图 2-36 所示。由于电路对称，在共模信号作用下，VT_1、VT_2 晶体管的发射极电流同时流过 R_{E}，且大小相等方向相同，R_{E} 上的电流为 $2i_{\mathrm{e}}$。对于每个晶体管，相当于发射极接入一个 $2R_{\mathrm{E}}$ 的电阻。而同时两晶体管集电极产生的输出电压大小相等，极性相同，从而流过 R_{i} 的电流为零，$U_{\mathrm{oc}} = U_{\mathrm{c1}} - U_{\mathrm{c2}} = 0$。因此

$$A_{\mathrm{uc}} = \frac{U_{\mathrm{oc}}}{U_{\mathrm{ic}}} = 0 \tag{2-55}$$

在实际电路中，两晶体管不可能完全对称，因此 U_{oc} 不完全为零，但要求 U_{oc} 越小越好。若要深入了解相关例题，请下载相关资料以供学习参考。

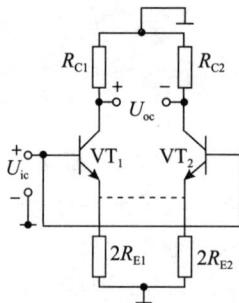

图 2-36　双端输入双端输出共模交流通路

2.4.5　场效应晶体管放大电路

若要深入了解电路分析相关知识，请查阅前言拓展资料学习。

◆ 项 目 小 结 ◆

本项目重点是探究晶体管的特殊性能，尤其是其在放大低频信号方面的显著优势。项目的主要任务在于学习晶体管基本常见放大电路，通过结合仿真软件的模拟实验、实际焊接调试以及印制电路板设计流程，使学生能够深入理解晶体管的性能特点以及基本放大电路的构成和分析方法。通过对晶体管工作原理和性能的深入探究，读者能够进一步提升放大电路设计的优化程度，从而增强系统的整体效能和稳定性。

◆ 习　　题 ◆

1.【单选题】基本共发射极放大电路中，集电极电阻 R_{C} 的作用是（　　　）。

A. 限制集电极电流的大小

B. 将输出电流的变化量转化为输出电压的变化量

C. 防止信号源被短路

D. 保护直流电压源

2. 【单选题】不属于多级直接耦合放大器特点的是(　　　)。

A. 静态工作点彼此影响　　　　　　　B. 只能放大交流信号

C. 可以放大直流信号　　　　　　　　D. 便于集成

3. 【单选题】放大器引入负反馈后不正确的是(　　　)。

A. 放大倍数会下降　　　　　　　　　B. 稳定性会提高

C. 放大倍数会增大　　　　　　　　　D. 带宽会变宽

4. 【单选题】共射放大电路发射极串联电阻后,引入的是(　　　)。

A. 电压串联负反馈　　　　　　　　　B. 电压并联

C. 电流串联负反馈,稳定 Q 点　　　　D. 电流并联,减小输入电阻

5. 【单选题】多级放大器与单级放大器相比,电压增益将(　　　)。

A. 提高　　　　　　　　　　　　　　B. 降低

C. 不变　　　　　　　　　　　　　　D. 不确定

项目 3

集成运算放大电路的设计与制作

📖 项目导读

随着现代电子技术的飞速发展,集成运算放大器(operational amplifier,Op-Amp)作为模拟电路中的核心元器件,广泛应用于信号处理、控制系统、仪器仪表、通信系统等多个领域。它具有高增益、高输入阻抗、低输出阻抗以及灵活的反馈机制,能实现精确的信号放大、滤波、比较、积分与微分等功能。因此,掌握集成运算放大电路的设计与制作技术,对于提升电子产品的性能、可靠性和降低成本具有重要意义。本项目旨在通过理论学习与实践操作相结合的方式,使读者深入理解集成运算放大器的工作原理,并掌握其设计、仿真、制作及优化的全过程,为后续的电子系统设计打下坚实的基础。

通过本项目的实施,读者不仅能够掌握集成运算放大电路设计与制作的全过程,还能在实践中锻炼解决问题的能力,为职业生涯打下坚实的理论与实践基础。

💡 学习目标

知识目标	1. 掌握集成电路的基本知识; 2. 掌握集成运算放大器的主要知识; 3. 掌握集成运算放大器的应用; 4. 了解集成运算放大器芯片 UA741
能力目标	1. 具备查阅专业资料文献并学习的能力; 2. 具备电路的读图、分析、设计能力; 3. 具备元器件的识别、检测能力和专业仪器设备使用能力; 4. 具备电路搭接、调试及故障排除能力
学习重难点	1. 掌握集成运算放大器的基本知识; 2. 掌握集成运算放大器的主要参数; 3. 掌握理想集成运算放大器的特点; 4. 了解集成运算放大器的工作区域(线性区和非线性区);

学习重难点	5. 掌握理想集成运算放大器工作在线性区的特点（"虚短"和"虚断"）； 6. 掌握集成运算的应用（比例运算和加减运算等）； 7. 了解集成运算放大器 UA741、NE5532 芯片的识别、使用及检测

任务 3.1　加法、减法集成运算放大电路的设计与制作

■ 想一想：

（1）集成运算放大电路的特点有哪些？

（2）集成运算放大器的主要技术指标有哪些？

（3）集成运算放大器的组成有哪几部分？

带着问题查阅相关资料，请学生以组为单位进行讨论，得出以上问题的答案后，及时写在项目日志上。

3.1.1　集成运算放大器简介

集成运算放大器实质上是一个高电压增益、高输入电阻及低输出电阻的直接耦合多级放大电路，简称集成运放。它的类型有很多，为了方便，通常将集成运算放大器分为通用型和专用型两大类。前者的适用范围广，其特性和指标可以满足一般应用要求；后者是在前者的基础上为适应某些特殊要求而制作的。不同类型的集成运放，电路也各不相同，但是结构具有共同之处。

集成运放内部电路原理框图如图 3-1 所示。它由四部分组成：输入级、中间级（电压放大级）、输出级和偏置电路。

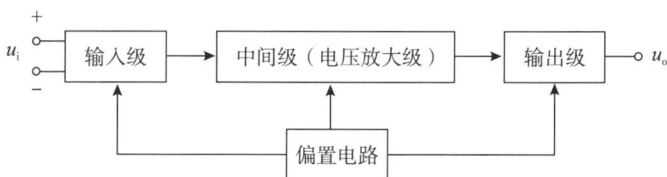

图 3-1　集成运放内部电路原理框图

如果将集成运放视为一个"黑盒子"，那么它可等效为一个具有双端输入、单端输出的差分放大电路，其等效框图如图 3-2 所示。

图形表示集成运放的方法如图 3-3 所示，图 3-3（a）为新标准表示方法，图 3-3（b）为旧标准表示方法。

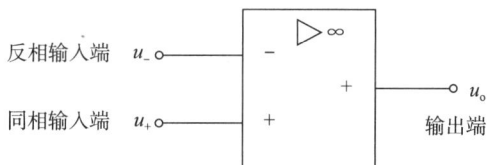

图 3-2　集成运放等效框图

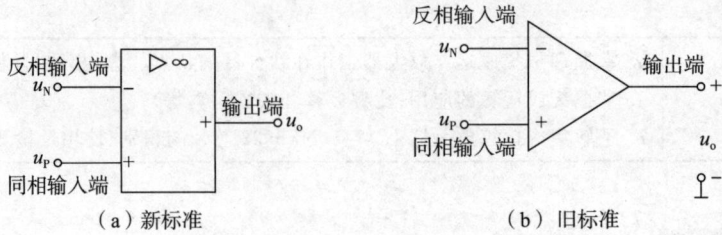

（a）新标准　　　　　　　　　　　（b）旧标准

图 3-3　图形表示集成运放的方法

集成运放内部的结构及功能如下。

1. 输入级

对于高增益的直接耦合放大电路,减小零点漂移的关键在输入级。集成运放的输入级一般是由具有恒流源的差分放大电路组成。利用差分放大电路的对称性,可以减小温度漂移的影响,提高整个电路的性能,并且通常工作在低电流状态,以获得较高的输入阻抗。它的两个输入端分别构成整个电路的反相输入端和同相输入端。

2. 中间级

中间级(电压放大级)的主要作用是提高电压增益,大多采用由恒流源作为有源负载的共发射极放大电路,其放大倍数一般在几千倍以上。

3. 输出级

输出级应具有较大的电压输出幅度、较高的输出功率和较低的输出电阻,一般采用电压跟随器或甲乙类互补对称放大电路。

4. 偏置电路

偏置电路的主要作用是为各级电路提供直流偏置电流,使之获得合适的静态工作点。它由各种电流源电路组成。此外,还有一些辅助环节,如电平移动电路、过载保护电路以及高频补偿环节等。

3.1.2　集成运算放大器的分类及主要参数

1. 集成运算放大器的分类

集成运算放大器是电子技术领域中的一种最基本的放大元器件,在自动控制、测量技术、家用电器等多个领域中应用相当广泛。

国产集成运算放大器有通用型和特殊型两大类。

(1) 通用型。通用型有通用 1 型(低增益)、通用 2 型(中增益)和通用 3 型(高增益)三类。

(2) 特殊型。特殊型有高精度型、高阻抗型、高速型、高压型、低功耗型及大功率型等。

通用型的指标比较均衡全面,适用于一般电路;特殊型的指标大多数有其中一项非常突出,它是为满足某些专用的电路需要而设计的。

2. 集成运算放大器的主要参数

集成电路性能的好坏常用一些参数来表征,这些参数也是选用集成运算放大器的主要依据。

1）开环差模电压放大倍数 A_{od}

当集成运放工作在线性区时，输出开路时的输出电压 u_o 与输入端的差模输入电压 $u_{id}=(u_+-u_-)$ 的比值称为开环差模电压放大倍数 A_{od}，目前高增益集成运放的 A_{od} 可达 10^7。

2）输入失调电压 U_{IO} 及输入失调电压温度系数 A_{UIO}

为使集成运放输出电压为零，在输入端之间所加的补偿电压称为输入失调电压 U_{IO}。U_{IO} 越小越好。

A_{UIO} 是指在规定温度范围内，输入失调电压随温度变化的变化率，即 $A_{UIO}=\dfrac{U_{IO}}{\Delta T}$，一般集成运放的 $A_{UIO}<10\sim20\mu V/℃$。

3）输入失调电流 I_{IO} 及输入失调电流温度系数 A_{IIO}

当输入信号为零时，集成运放两输入端的静态电流之差称为输入失调电流 I_{IO}，即 $I_{IO}=I_{B+}+I_{B-}$，I_{IO} 越小越好。

输入失调电流温度系数 A_{IIO} 是指在保持恒定的输出电压下，输入失调电流的变化量与温度的变化量的比值，即

$$A_{IIO}=\frac{I_{IO}}{\Delta T}$$

4）共模抑制比 K_{CMR}

共模抑制比 K_{CMR} 的定义同差动放大电路。若用分贝数表示，集成运放的共模抑制比 K_{CMR} 通常在 $80\sim180dB$ 之间。

5）输入偏置电流 I_{IB}

当输入信号为零时，集成运放两输入端的静态电流 I_{B+} 和 I_{B-} 的平均值称为输入偏置电流，即 $I_{IB}=\dfrac{I_{B+}+I_{B-}}{2}$，这个电流也是越小越好，典型值为几百纳安。

6）差模输入电阻 r_{id} 和输出电阻 r_{od}

r_{id} 是开环时输入电压的变化量与它引起的输入电流的变化量之比，即为从输入端看进去的动态电阻。r_{id} 一般为兆欧级。

r_{od} 是开环时输出电压的变化量与它引起的输出电流的变化量之比，即为从输出端看进去的电阻。r_{od} 越小，运放的带负载能力越强。

7）最大差模输入电压 U_{Idmax}

U_{Idmax} 是指运放两输入端能承受的最大差模输入电压，超过此电压，运放输入级将进入非线性区，而使运放的性能显著恶化，甚至造成损坏。

8）最大共模输入电压 U_{Icmax}

集成运放对共模信号具有很强的抑制性能，但这个性能必须在规定的共模输入电压范围之内，若共模输入电压超出 U_{Icmax}，则集成运放的输入级就会不正常，K_{CMR} 将显著下降。

9）最大输出电压幅度 U_{Opp}

U_{Opp} 是指能使输出电压与输入电压保持不失真关系的最大输出电压。

10）静态功耗 P_{co}

P_{co} 是指不接负载且输入信号为零时，集成运放本身所消耗的电源总功率。P_{co} 一般为几十毫瓦。

3.1.3 负反馈放大电路

反馈在电子电路中的应用非常广泛。正反馈应用于各种振荡电路,用于产生各种波形的信号源;负反馈则用来改善放大器的性能,在实际放大电路中几乎都采取负反馈措施。

1. 反馈的基本概念及反馈放大电路的组成

1) 反馈与反馈支路

在电路中,反馈是将部分输出信号传回到输入端的一种技术。通过反馈可以对电路的性能进行调整、稳定和控制。

例如,在项目 2 引入过反馈的概念,如图 2-9 所示的共发射极放大电路,其工作点的稳定就是通过直流负反馈来实现的。当温度升高时,晶体管参数 β、I_{CEO}、U_{CEO} 的变化会导致 I_C 增大。I_C 的增大自然也导致 I_E 增大。于是电阻 R_E 上的压降增加,发射极电位 U_E 升高。由于基极电位 U_B 是稳定不变的,U_E 的升高使 U_{BE} 下降,这一下降的趋势抵消了温度升高引起的 I_C 的增加。于是达到了维持集电极电流 I_C 不变的目的。因此,工作点就得到了稳定。

反馈支路是指将反馈信号引入电路的路径,常见的反馈支路有以下几种。

(1) 电压反馈:通过将输出信号经过电阻分压后作为反馈信号,连接到输入端的电压补偿点实现反馈。

(2) 电流反馈:通过将输出信号经过电阻分压后作为反馈信号,连接到输入端的电流补偿点实现反馈。

(3) 光耦反馈:利用光耦件将输出信号转换成光信号,再通过光电转换将光信号转换为电信号,引入电路的输入端实现反馈。

(4) 集成运放反馈:利用集成运放内部的差分输入和反馈回路实现反馈。

(5) 压控振荡器反馈:通过在振荡器电路中利用谐振电路的输出信号进行反馈,实现频率和幅度的稳定。

通过合理设计反馈支路,可以改善电路的性能,如增加增益稳定性、提高线性度、减小失真、抑制噪声和干扰等。但如果反馈过大或者不稳定,可能会导致电路振荡或者失效,所以在设计中需要注意反馈的选择和设定,以保证电路的正常工作。

2) 反馈放大电路的组成

反馈放大电路由基本放大电路、反馈支路(网络)和比较环节组成。用图 3-4 所示的框图来表示反馈放大电路。图中,A 为基本放大电路,f 为反馈网络,"$\otimes$"的符号表示比较环节。其中 X_o、X_i 和 X_f 分别表示放大的输出信号、输入信号和反馈信号。有

$$X_f = FX_o \tag{3-1}$$

比例系数 F 称为反馈系数。根据式(3-1),反馈系数为反馈信号与输出信号的比值,即

$$F = \frac{X_f}{X_o} \tag{3-2}$$

反馈信号 X_f 通过比较环节与输入信号 X_i 相减或相加,形成差值信号 X_d,这一差值信号是实际输入基本放大电路的信号,称为净输入信号。当比较环节使反馈信号和输入信号相加时,即

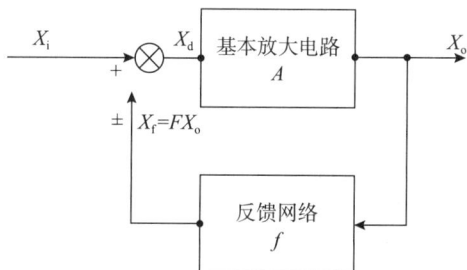

图 3-4 反馈放大电路框图

$$X_d = X_i + X_f \tag{3-3}$$

这时 $X_d > X_i$，表明反馈信号加强了输入信号，这种反馈称为正反馈。当比较环节使反馈信号和输入信号相减时，即

$$X_d = X_i - X_f \tag{3-4}$$

这时 $X_d < X_i$，表明反馈信号削弱了输入信号，这种反馈称为负反馈。正反馈极易产生振荡，使放大电路工作不稳定。负反馈能有效地改善放大电路的各项性能指标，使放大电路稳定、可靠地工作。

分析图 3-4 所示的框图，设基本放大电路的增益（即开环增益）为 A，它等于放大电路的输出信号 X_o 和净输入信号 X_d 的比值，即

$$A = \frac{X_o}{X_d} \tag{3-5}$$

反馈放大电路的增益 A_f（即闭环增益）是输出信号 X_o 和输入信号 X_i 的比值，即

$$A_f = \frac{X_o}{X_i} \tag{3-6}$$

由式(3-4)解出 X_i 代入式(3-6)，并将式(3-5)代入，可求得闭环增益 A_f 为

$$A_f = \frac{X_o}{X_d + X_f} = \frac{\dfrac{X_o}{X_d}}{\dfrac{X_d}{X_d} + \dfrac{X_f}{X_d}} = \frac{A}{1 + AF} \tag{3-7}$$

式(3-7)表明了开环增益 A、闭环增益 A_f 及反馈系数 F 之间的关系，这是负反馈放大电路的一般表达式，是分析各种负反馈放大电路的基本公式。式中，X_i、X_d 和 X_o 既可以是电压，也可以是电流。它们取不同的量可组合成各种不同类型的负反馈放大电路，这时 A、A_f 及 F 将有不同的含义。

例如，当 X_i、X_d 和 X_o 都为电压信号时，开环增益 A 是输出电压和净输入电压之比，即为开环电压增益（或开环电压放大倍数）；闭环增益 A_f 是输出电压和输入电压之比，即为闭环电压增益（或闭环电压放大倍数）；反馈系数是反馈电压和输出电压之比。

从式(3-7)可以看出，闭环增益 A_f 与 $(1+AF)$ 成反比。负反馈时，$|1+AF| > 1$，闭环增益 A_f 总小于开环增益 A，$|1+AF|$ 越大，A_f 下降越严重，$(1+AF)$ 称为反馈深度，其大小反

映了反馈的强弱。乘积 A_f 称为环路的增益。

⚠ **注意**：式(3-7)假设信号仅单向传输，即在开环放大电路中从输入传输到输出，在反馈网络中从输出传输到输入。实际上，由晶体管、电阻、电容等组成的开环放大电路和由无源元器件构成的反馈网络都具有双向传输信号的能力。输入信号同时通过比较环节和反馈网络到达输出端，这些因素在推导式(3-7)时未被考虑，导致推导结果是近似的。但在大多数情况下，这种近似引起的误差可以接受。

2. 负反馈放大电路的基本类型

根据反馈信号取自输出电流还是输出电压，可分为电流负反馈和电压负反馈；根据反馈信号与输入信号是电压相加还是电流相加，又可以分为串联负反馈和并联负反馈。因此负反馈电路有四种基本类型。

（1）电压串联负反馈。负反馈信号取自输出电压，反馈信号与输入信号串联。

（2）电压并联负反馈。负反馈信号取自输出电压，反馈信号与输入信号并联。

（3）电流串联负反馈。负反馈信号取自输出电流，反馈信号与输入信号串联。

（4）电流并联负反馈。负反馈信号取自输出电流，反馈信号与输入信号并联。

在判别负反馈类型之前，首先要确定放大电路中是否存在反馈，该反馈是否属于负反馈，即需要判别反馈的极性。此外，还要确定是直流负反馈、交流负反馈还是交直流负反馈。

3. 反馈极性的判别

在探讨负反馈放大电路的分类前，需掌握如何判断反馈的极性。使用"瞬时极性判别法"时，首先假设输入信号为正极性或负极性，然后推导出各级信号的极性，最后比较反馈信号与原信号的极性是否相同。若反馈信号极性与原信号相同，则为正反馈；若反馈信号极性与原信号相反，则为负反馈。若反馈信号与原信号不同级，极性相同为负反馈，极性不同则为正反馈。图 3-5(a)所示为负反馈放大电路。电阻 R_F 将输出信号反馈至输入端。为了判别反馈的极性，假设 VT_1 信号的瞬时极性为"＋"，则 VT_1 集电极输出信号的极性为"－"（集电极信号与基极输入信号相位相反），传至 VT_2 发射极，信号极性为"－"（基极与发射极同相位），该信号经电阻 R_F 传至 VT_1 输入端，极性为"－"，与原输入信号的极性相反，反馈信号与输入信号同一点，因此为负反馈。

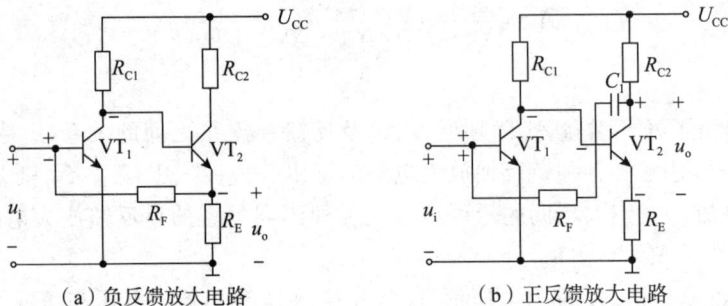

（a）负反馈放大电路　　　　（b）正反馈放大电路

图 3-5　反馈极性的判别

图 3-5(b)所示为正反馈放大电路，设 VT_1 基极输入信号的瞬时极性为"＋"，则 VT_1 集电极输出，信号极性为"－"，传至 VT_2 的集电极，信号极性为"＋"，该信号经电容 C_1、电阻 R_F 传至 VT_1 输入

端,极性为"＋",与原输入信号的极性相同。反馈信号与输入信号同一点,因此为正反馈。

4. 直流负反馈与交流负反馈

负反馈可以存在于直流通路中,也可以存在于交流通路中。它们在负反馈放大电路中所起的作用不同,因此还需要讨论如何区分直流反馈和交流反馈。

区分直流反馈和交流反馈可分为三种情况。一是反馈只存在于直流通路中,称为直流反馈。直流负反馈在放大电路中常用于稳定静态工作点。例如,在工作点稳定的共发射极放大电路(见图 2-9)中的负反馈即属于这一种。该电路电阻 R_E 是反馈电阻,R_E 两端并联一旁路电容 C_E 形成交流信号通路,因此,电阻 R_E 对交流信号没有反馈作用,这种反馈即为直流负反馈。二是反馈仅存在于交流通路中,这种反馈称为交流反馈,例如,图 3-5(b)中 R_F 和 C_1 所形成的反馈即属于交流反馈,由于电容 C_1 的隔离直流作用,这一支路不存在直流反馈。三是反馈既存在于直流通路,又存在于交流通路。如图 3-6 所示,放大电路中的负反馈即属于这种情况,这是在项目 2 中已经学过的共集电极放大电路 R_E 所形成的直流负反馈,能稳定放大电路的静态工作点。其工作原理和共发射极放大电路(见图 2-4)中的负反馈相同。同时,图 3-6 中 R_E 也对交流信号形成负反馈。

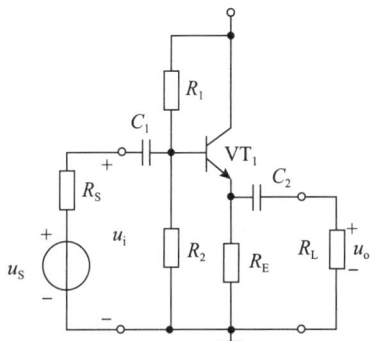

图 3-6 反馈既存在于直流通路
又存在于交流通路

5. 电压反馈和电流反馈的判别

电压反馈和电流反馈的判别可采用两点法。两点法是指反馈信号取自于输出信号同一点时,为电压反馈;取自于不同点时,为电流反馈。

【例 3-1】 共发射极负反馈放大电路如图 3-7 所示。试确定电路中反馈的极性,并判断它是电流反馈还是电压反馈。

解:(1)反馈极性的判别。在图 3-7 中,R_F 为反馈电阻,假设晶体管基极输入"＋"极性信号,则集电极输出"－"极性信号,经电阻 R_F 反馈到基极也是"－"极性信号。与原输入信号极性相反,因此为负反馈。这一判别过程可表示为 $U_B \uparrow \rightarrow U_C \downarrow$。

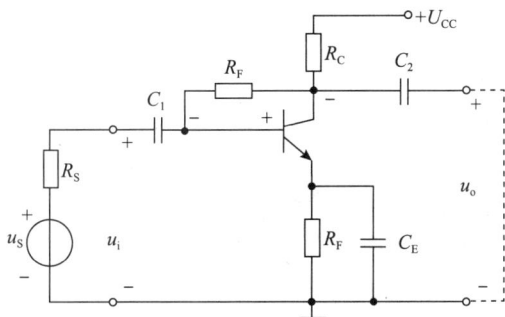

图 3-7 例 3-1 的图

(2)用输出短路判别法判别是电压反馈还是电流反馈。输出端交流短路,即 VT$_1$ 集电极经电容 C_2 接地(如图 3-7 中虚线所示),这种情况下 R_F 上的反馈电压消失,这表示反馈信号取自输出电压,因此为电压反馈。

6. 串联反馈和并联反馈的判别

可根据反馈信号与输入信号的连接方式来判别是串联反馈还是并联反馈。输入信号与反馈信号相串联的为串联反馈,此时两信号在输入端是以电压相加减的形式出现的;输入信号与反馈信号相并联的为并联反馈,此时两信号在输入端是以电流相加减的形式出现的。并联反馈的判断也可采用两点法,即反馈信号与输入信号是同一点时,为并联反馈;反馈信号与输入信号不是同一点时,为串联反馈。

【例 3-2】 两级共发射极负反馈放大电路如图 3-8 所示,反馈支路由 R_f、C_f 组成,试确定电路中反馈的极性。判断它是电压反馈还是电流反馈,以及是并联反馈还是串联反馈。

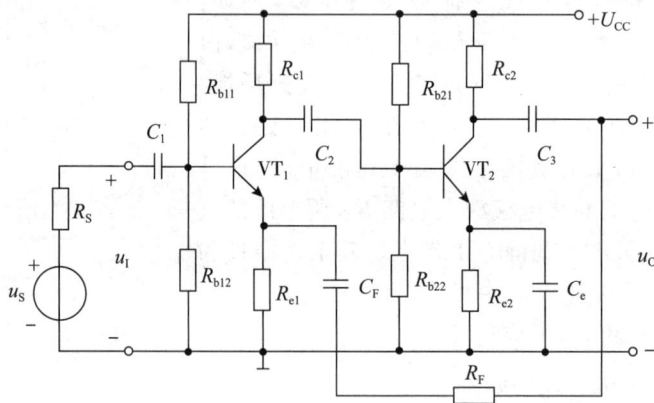

图 3-8 例 3-2 的图

解:(1)反馈极性的判别。假设晶体管 VT_1 基极输入"+"极性信号,则其集电极输出"-"极性信号。经 VT_1 发射极得到一个"+"极性信号,发射极电压的升高,使发射结电压降低。相当于在基极输入"-"极性信号,与原输入信号极性相反。因此为负反馈。

(2)电压负反馈、电流负反馈的判别。用输出短路判别法将输出交流短路。这时反馈信号不再存在,可见为电压负反馈。

(3)并联反馈、串联反馈的判别。为判别是并联反馈还是串联反馈,绘出反馈放大电路的输入回路,如图 3-9 所示,假定晶体管 VT_1 输入信号为 u_i,其极性为上"+"下"-"。根据前面的分析,VT_1 基极"+"极性信号引起的反馈信号为 u_F,其极性为上"+"下"-"。由图 3-9 可知,信号 u_i 和反馈信号 u_F 在输入回路中的关系是头尾相连接的关系(即电压串联关系),以电压的形式相减。因此为串联负反馈。

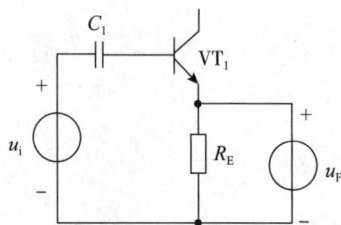

图 3-9 例 3-2 电路的输入回路

7. 负反馈对放大电路性能的影响

引入负反馈后,降低了放大电路的闭环增益,提升了稳定性,减少了非线性失真,并扩展了频带宽度。同时,可以调整输入和输出电阻。

1)提高放大倍数的稳定性

放大电路的开环增益受晶体管电流增益、发射极和负载电阻影响。由于温度、电源波动和负载变化,开环增益不稳定。负反馈能稳定放大电路增益,通过相对变化量 $\Delta A/A$ 来衡量,其中 ΔA 是增益变化量。$\Delta A/A$ 越小,增益越稳定;$\Delta A_f/A_f$ 反映了闭环增益的稳定性。

式(3-7)两边对 $\mathrm{d}A$ 求导可得

$$\frac{\mathrm{d}A_f}{\mathrm{d}A}=\frac{1}{(1+AF)^2} \tag{3-8}$$

由此可得

$$\Delta A_f=\frac{1}{(1+AF)^2}\Delta A \tag{3-9}$$

等式两边除以 A_f 可得

$$\frac{\Delta A_f}{A_f}=\frac{1}{(1+AF)^2}\frac{\Delta A}{A_f}=\frac{\Delta A}{(1+AF)A} \tag{3-10}$$

式(3-10)表明,负反馈放大电路闭环放大倍数的不稳定程度 $\dfrac{\Delta A_f}{A_f}$ 是开环放大倍数不稳定程度 $\dfrac{\Delta A}{A}$ 的 $(1+AF)$ 倍。也就是说,各种原因引起开环放大倍数产生 $\dfrac{\Delta A}{A}$ 的相对变化量时,引入负反馈后闭环放大倍数的相对变化量 $\dfrac{\Delta A_f}{A_f}$ 将减小到前者的 $\dfrac{1}{1+AF}$,这将明显提高放大倍数的稳定性。例如,$1+AF=10$ 时,闭环放大倍数的相对变化量是开环的 10%。这表明,假如由于各种原因,开环放大倍数变化了 1%,加入反馈深度 $(1+AF)=10$ 的负反馈以后,闭环放大倍数的相对变化量将减小为 0.1%。

一种特殊的情况是,在深度负反馈的情况下,$1+AF\geqslant1$,这时式(3-10)近似为

$$A_f=\frac{A}{1+AF}\approx\frac{1}{F} \tag{3-11}$$

式(3-11)表明闭环放大倍数是反馈系数 F 的倒数,反馈网络一般由电阻和电容组成。由于引起放大倍数不稳定的主要原因是半导体元器件参数和反馈系数 F 随温度的变化相对较小,因此,具有深度负反馈的放大电路,其闭环放大倍数具有较高的稳定性。

2) 减小非线性失真

项目 2 提到,放大电路若静态工作点设置不当,会导致输出信号饱和或截止失真。此外,晶体管和场效应晶体管等元器件的非线性特性也会引起非线性失真。例如,晶体管的输入特性曲线(见图 3-10)显示基极电流与发射极电压 u_{BE} 的关系并非线性,导致输出电压偏离理想的正弦波形。放大电路中可能包含其他的非线性元器件,如光电元器件,同样会导致输出信号失真。负反馈技术可以减少这种非线性失真,具体来说,它能调整放大电路的输出信号,使其更接近理想的正弦波形。如图 3-11(a)所示,基本放大器 A 的非线性,趋向于使输入信息反馈信号与正常的输入信号 X_i 相减后所形成的净输入信号 $X_d=X_i-X_f$ 发生变化,导致输出信号的前半周得到压缩,后半周得到扩大。结果使前、后半周的幅度趋于一致,从而使输出信号的非线性失真变小。

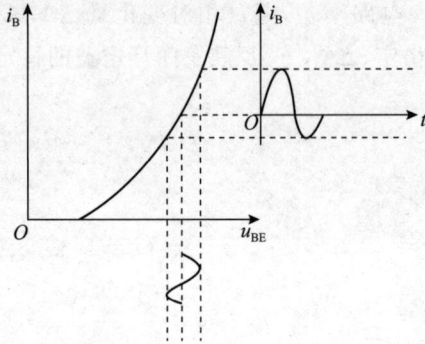

图 3-10　晶体管输入特性曲线

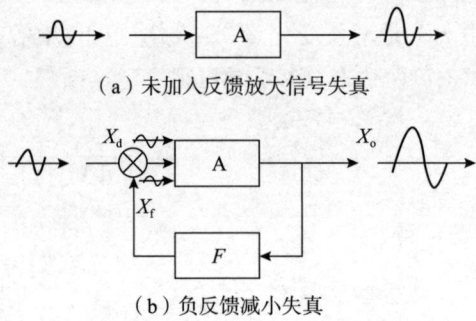

（a）未加入反馈放大信号失真

（b）负反馈减小失真

图 3-11　负反馈减小非线性失真

3）展宽通频带

负反馈能展宽放大电路的通频带，展宽的原理和改善非线性失真类似。在低频段和高频段，由于输出信号下降，且反馈系数 F 为一固定值，因此反馈至输入端的反馈信号也随之下降，于是原输入信号与反馈信号相减后的净输入信号增加，从而使得放大电路输出信号的下降程度在加负反馈时减小，相当于放大电路的通频带得到了展宽，负反馈展宽通频带的情况如图 3-12 所示。图 3-12 中，f_{BW} 为开环带宽，f_{BWf} 为展宽后的闭环带宽，可以证明

$$f_{BWf} = (1 + A_m F) f_{BW} \tag{3-12}$$

式中：A_m 为开环情况下的中频放大倍数，即通频带被展宽了 $(1 + A_m F)$ 倍，加入负反馈以后，闭环中频放大倍数 A_{mf} 因负反馈而下降为

$$A_{mf} = \frac{A}{1 + A_m F} A_m \tag{3-13}$$

由式(3-12)和式(3-13)可以看出，闭环放大器的带宽 f_{BWf} 增加了 $(1 + A_m F)$ 倍，同时，其中频放大倍数 A_{mf} 比开环小了 $1/(1 + A_m F)$。因此闭环中频放大倍数和闭环带宽的乘积等于开环中频放大倍数和开环带宽的乘积，即

$$A_{mf} f_{BWf} = A_m f_{BW} \tag{3-14}$$

式(3-14)表明，负反馈放大电路增益的带宽增益积为常数，负反馈越深，频带展得越宽，中频放大倍数下降幅度越大。

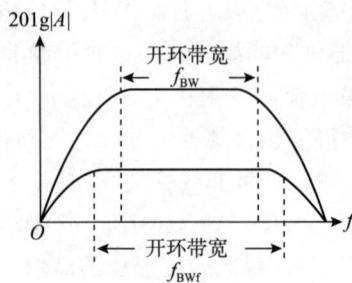

图 3-12　负反馈展宽通频带

8. 改变输入、输出电阻

放大电路引入负反馈后,其输入、输出电阻也随之变化,不同类型的反馈对输入、输出电阻的影响各不相同。放大电路设计时,可以选择不同类型的负反馈,以满足对于输入、输出电阻的不同需要。

1) 串联负反馈使输入电阻增大

无论采用电压负反馈还是电流负反馈,只要输入端为串联负反馈方式,与无反馈时相比,其输入电阻都要增加,增加的倍数即为反馈深度$(1+AF)$,即

$$r_{if} = (1+AF)r_i \tag{3-15}$$

式中:r_{if}为加负反馈后的输入电阻;r_i为无负反馈时的输入电阻。

2) 并联负反馈使输入电阻减小

无论采用电压负反馈还是电流负反馈,只要输入端为并联负反馈方式,与无反馈时相比,其输入电阻都要减小,减小的倍数即为反馈深度$(1+AF)$,即

$$r_{if} = \frac{r_i}{1+AF} \tag{3-16}$$

3) 电压负反馈使输出电阻减小

电压负反馈趋向于稳定输出电压,因此将减小输出电阻。这是因为,当一个电源的内阻(相当于放大器的输出电阻)很低时,其输出电压不会随负载电阻的变化而发生很大的变化。反之,如果电源内阻很高,当负载电阻变化时,输出电压也随之变化。电源内阻越低,输出电压越稳定。电压负反馈能稳定输出电压,说明其输出电阻一定是降低的。

可以证明,电压负反馈放大电路闭环输出电阻r_{of}减小的倍数是反馈深度$(1+AF)$,即

$$r_{of} = \frac{r_o}{1+AF} \tag{3-17}$$

式中:r_{of}为加负反馈后的输出电阻;r_o为无负反馈时的输出电阻。

4) 电流负反馈使输出电阻增大

电流负反馈趋向于稳定输出电流,因此将增加输出电阻。稳定输出电流与高输出电阻相联系,当电源的内阻(相当于放大器的输出电阻)很高时,其输出电流不会因负载电阻的变化而发生很大的变化,能实现稳定输出电流。电流负反馈能稳定输出电流,说明其输出电阻一定是提高的。

可以证明,电流负反馈放大电路闭环输出电阻r_{of}提高的倍数也是反馈深度$(1+AF)$,即

$$r_{of} = (1+AF)r_o \tag{3-18}$$

3.1.4 理想运放

集成运算放大器实质上是一个高增益的直接耦合放大器,它有开环和闭环两种工作方式。其中,闭环工作方式有负反馈闭环与正反馈闭环,线性工作时都接成负反馈闭环方式。正反馈闭环多用于比较器与波形产生电路,运放电路是集成运算放大器最基本的应用电路,

理想运放电路符号如图 3-13 所示。

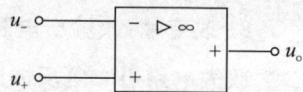

图 3-13　理想运放电路符号

1. 理想运放的主要条件

(1) 开环差模电压放大倍数 $A_{od} \to \infty$。

(2) 开环差模输入电阻 $A_{id} \to \infty$。

(3) 共模抑制比 $K_{CMR} \to \infty$。

(4) 开环输出电阻 $r_o = 0$。

2. 理想运放的特点

工作在线性放大状态的理想运放具有以下两个特点。

1) 虚短

对于理想运放,由于 $A_{od} \to \infty$,而输出电压 u_o 总为有限值,根据 $A_{od} = u_o/u_{id}$ 可知,$u_{id} = 0$,$u_+ = u_-$,也即理想运放两输入端电位相等,相当于两输入端短路,但又不是真正的短路,故称为"虚短"。

2) 虚断

由于理想运放的 $A_{id} \to \infty$,流经理想运放两输入端的电流 $i_+ = i_- = 0$,相当于两输入端断开,但又不是真正的断开,故称为"虚断",仅表示运放两输入端不取电流。"虚短""虚断"示意图如图 3-14 所示。

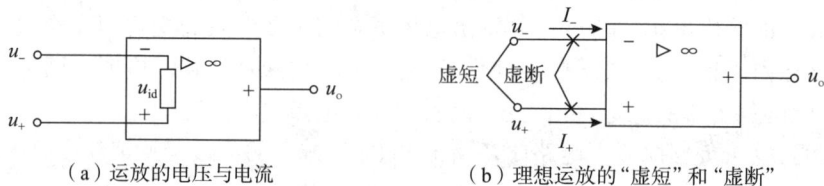

（a）运放的电压与电流　　　　　　（b）理想运放的"虚短"和"虚断"

图 3-14　"虚短""虚断"示意图

利用集成运放作为放大电路,引入各种不同的反馈,使运放工作在不同的区域,构成具有不同功能的实用电路。在分析各种应用电路时,根据运算放大器本身的性能特点,通常将集成运放的性能指标理想化,即将其看成为理想运放。尽管集成运放的应用电路多种多样,但其工作区域只有两个,即工作在线性区和工作在非线性区。

3. 集成运放工作在线性区的特点

集成运放引入负反馈后,会工作在线性区。通过将输出端与反相输入端相连,形成反馈网络,表明电路已引入负反馈。这是集成运放在线性区工作的基本特征。理想状态下,运放具有"虚短"和"虚断"两个特性。

4. 集成运放工作在非线性区的特点

集成运放在应用过程中,若处于开环状态,即没有引入反馈,或只引入了正反馈,则表明集成运放工作在非线性区。对于理想运放,由于 $A_{od} \to \infty$,只要同相输入端与反相输入端之间有无穷小的差值电压,输出电压就将达到正最大值或负最大值,即输出电压 u_o 与输入电压 $(u_+ - u_-)$ 不再是线性关系,称集成运放工作在非线性工作区。其电压传输特性如图 3-15 所示。

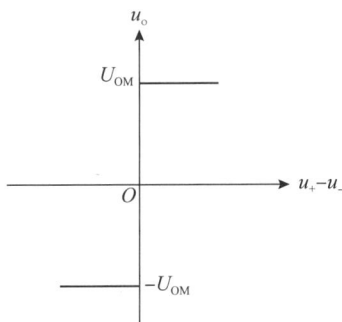

图 3-15 集成运放工作在非线性区时的电压传输特性

集成运放首先表现在它能构成各种运算电路图,并因此得名。集成运放的线性特性被应用于各种运算电路和放大电路中。在运算电路中,以输入电压作为自变量,以输出电压作为因变量。当输入电压发生变化时,输出电压将按一定的数学规律变化,即输出电压是输入电压经过某种运算的结果,因此,集成运放必须工作在线性区。在深度负反馈条件下,利用反馈网络能实现比例、加减、积分、微分、指数、对数及乘除等数学运算。

3.1.5 反相比例运算放大电路分析

数学中,$y=kx$(k 为比例常数)称为比例运算。电路中,可通过 $u_o=ku_i$ 来模拟这种运算,其中比例常数 k 为电路的电压放大系数 A_{uf}。典型的反相比例运算放大电路如图 3-16 所示。图中,R_f 是反馈电阻,它引入的是电压并联负反馈,这对电路性能的稳定和信号的处理起着关键作用。R 在这里不仅是输入回路电阻,而且在考虑信号源内阻的情况下,它与信号源内阻共同作用,决定了反馈的程度强弱,进而影响整个电路的特性。R' 为补偿电阻,由 R_f 和 R 共同决定反馈的强弱,以保证集成运放输入级差分放大电路的对称性。当 $u_i=0$(即输入端接地)时,R' 的取值是反相输入端总等效电阻,即 $R'=R//R_f$。具体电路分析如下。

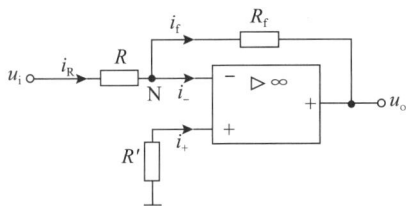

图 3-16 反相比例运算放大电路

反相比例运算放大电路

根据理想运放的特点,以及"虚短"和"虚断"特性,有

$$u_+=u_-=0(\text{虚地}) \tag{3-19}$$

$$i_+=i_-=0 \tag{3-20}$$

节点 N 的电流方程为

$$i_R = i_f + i_- = 0 \tag{3-21}$$

$$\frac{u_i - u_-}{R} = \frac{u_- - u_o}{R_f} + 0 \tag{3-22}$$

由于 N 点为虚地点,整理得出

$$u_o = -\frac{R_f}{R} u_i \tag{3-23}$$

即 u_o 与 u_i 呈比例关系,比例系数为 $-R_f/R$,负号表示 u_o 与 u_i 反相,比例系数可以是任何值。若 $R = R_f$,则构成一个反相器。

3.1.6 同相比例运算放大电路分析

同相比例运算放大电路如图 3-17 所示,电路引入了电压串联负反馈。

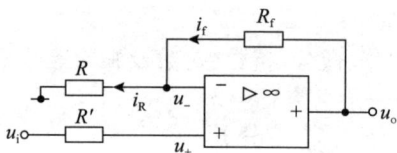

图 3-17 同相比例运算放大电路

同相比例运算
放大电路

根据"虚短"和"虚断"的概念,有

$$u_+ = u_- = u_i$$

而 $i_R = i_f$,有

$$\frac{u_- - 0}{R} = \frac{u_o - u_-}{R_f}$$

即

$$\begin{aligned} u_o &= \left(1 + \frac{R_f}{R}\right) u_- \\ &= \left(1 + \frac{R_f}{R}\right) u_+ \\ &= \left(1 + \frac{R_f}{R}\right) u_i \end{aligned} \tag{3-24}$$

式(3-24)表明 u_o 与 u_i 相同且 $u_o > u_i$。值得注意的是,同相比例运算放大电路中,反相输入端 N 不是虚地点。由于 $u_+ = u_- = u_i$,即共模电压等于输入电压。由式(3-24)不难看出,若将 R 开路,即 $R \to \infty$ 时,只要 R_f 为有限值(包括零),则 $u_o = u_i$,说明 u_o 与 u_i 大小相等,相位相同,这就构成了电压跟随器。电压跟随器的典型电路如图 3-18 所示。由于集成运放性能优良,用它构成的电压跟随器不仅精度高,而且输入电阻大、输出电阻小,通常用作阻抗变换器和缓冲器。

（a）不带反馈电阻　　　　　　　　　（b）带反馈电阻R_f

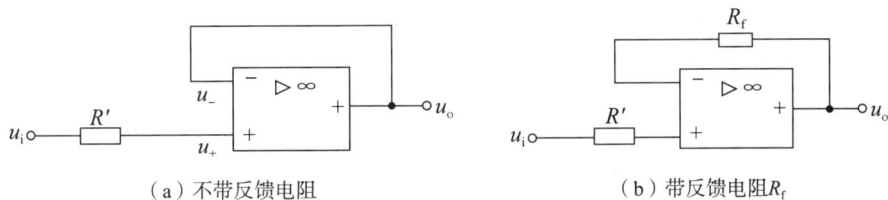

图 3-18　电压跟随器

3.1.7　集成运算放大器使用注意事项和 UA741 的使用

1. 集成运算放大器使用时应注意的事项

（1）根据实用电路要求选择合适型号。集成运算放大器的品种繁多,按其性能不同来分类,除高增益的通用型集成运放外,还有高输入阻抗、低漂移、低功耗、高速、高压、高精度和大功率等各种专用型集成运放。要根据实用电路的要求和整机特点,查阅集成运放有关资料,选择额定值、直流参数和交流特性参数都符合要求的集成运放。

（2）选择集成运放时,还需注意其外形结构特点、型号和引脚标记,看清其引线及各引脚的作用,确保正确连线。目前集成运放的常见封装方式有金属壳封装、双列直插式封装和贴片集成电式封装,外形如图 3-19 所示。双列直插式有 8、10、12、14 和 16 引脚等种类。尽管各制造商的外引线排列逐渐趋于标准化,但仍然存在细微的差别。鉴于此,为确保正确连接,使用前务必仔细查阅相关资料。

（a）金属壳封装外形　　　（b）双列直插式封装外形　　　（c）贴片集成电路外形

图 3-19　集成电路的外形

（3）使用前应对所选的集成运放进行参数测量。使用运放之前,往往要用简易测试法判断其好坏,例如,用万用表欧姆挡（"×100Ω"或"×10Ω"）对照引脚测试判断有无短路和断路现象,必要时还可采用测试设备测量运放的主要参数。

（4）要注意调零及消除自激振荡。由于失调电压及失调电流的存在,输入为零时,输出往往不为零。此时一般需外加调零电路,为防止电路产生自激振荡,应在运放电源端加上去耦电容。有的运放还需外接频率补偿电路。

2. UA741 的使用

UA741 有 1～8 脚。其中,UA741 的 2 脚是反相端,3 脚是同相端,6 脚是输出端,7 脚接正电源,4 脚接负电源（双电源工作时）或地（单电源工作时）,1 脚和 5 脚是偏置 1 和偏置 2,8 脚是空脚,内部没有任何连接。UA741 集成运算放大器如图 3-20 所示。

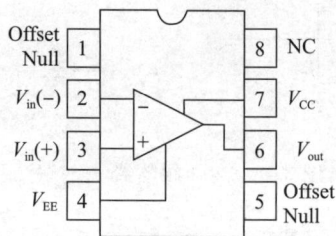

| （a）实物图 | （b）内部结构图 | （c）引脚功能示意图 |

图 3-20　UA741 集成运算放大器

　　每种型号的运算放大器均具备明确的性能指标，然而，在特定应用场景下，可能存在某一或两项指标未能满足使用需求的情况。针对此类情况，一种有效的解决方案是在运算放大器的外围电路中添加适当元器件，以提升电路的特定性能指标。这一过程体现了运算放大器在实际应用中的灵活性与技巧性。

3.1.8　任务实施

1. 反相比例运算放大电路仿真测试

1）软件绘制仿真电路图

　　编者利用 Multisim 14.3 软件，绘制反相比例运算放大仿真电路图，如图 3-21 所示。U_1 型号是 UA741CD，接入 12V 直流电源，u_i 为信号源输入信号，R_1 电阻值为 10kΩ，R_2 电阻值为 10kΩ，R_f 电阻值为 100kΩ。

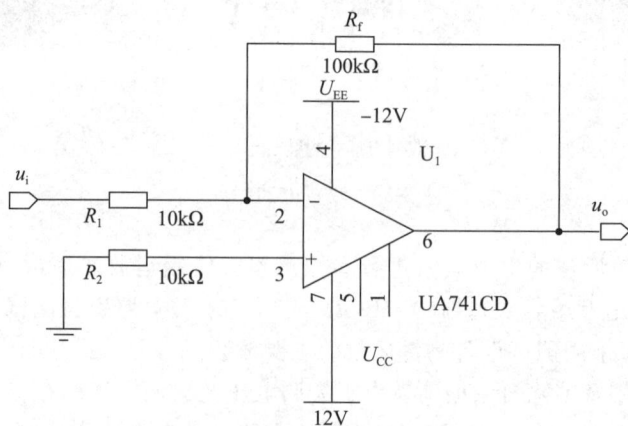

反相比例交流
直流仿真

图 3-21　反相比例运算放大仿真电路

2）仿真软件测试结果

　　利用 Multisim 14.3 仿真软件，在信号输入端输入直流 0.5V、−0.5V 电压及正弦波信号，其幅值是 0.5V，将理论估算值和实测值填入表 3-1 中。

表 3-1 反比例放大电路测量结果统计表

直流输入电压 u_i/V		-0.5	0.5	$0.5\sin\omega t, f=1\text{kHz}$
输出电压 u_o/V	理论估算值	5	-5	$-5\sin\omega t, f=1\text{kHz}$
	实测值			
	误差			

2. 反相加法运算

1）软件绘制仿真电路图

利用 Multisim 14.3 软件进行电路仿真，其仿真电路如图 3-22 所示。

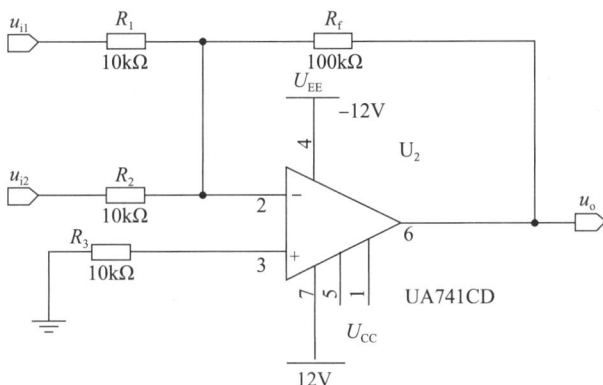

图 3-22 反相加法运算仿真电路

反相比例放大
电路直流测试

反相比例放大
电路的调试

2）仿真软件测试结果

反相加法电路测量统计结果填入表 3-2 中。

表 3-2 反相加法电路测量结果统计表

u_{i1}	0.3V	-0.3V	$100\sin\omega t(\text{mV}), f=1\text{kHz}$
u_{i2}	0.2V	-0.2V	$100\sin\omega t(\text{mV}), f=1\text{kHz}$
u_o 理论值	-5V	5V	$-2\sin\omega t(\text{V}), f=1\text{kHz}$
u_o 实测值			

同相比例交流
直流仿真

3. 同相比例运算放大电路仿真测试

1）软件绘制仿真电路图

编者利用 Multisim 14.3 软件，绘制同相比例
运算放大仿真电路图，如图 3-23 所示。U_L 型号是
UA741CD，接入 12V 直流电源，u_i 为信号源输入信
号，R_1 电阻值为 10kΩ，R_2 电阻值为 10kΩ，R_f 电阻
值为 100kΩ。

2）仿真软件测试结果

将同相集成运算电路测试结果填入表 3-3 中。

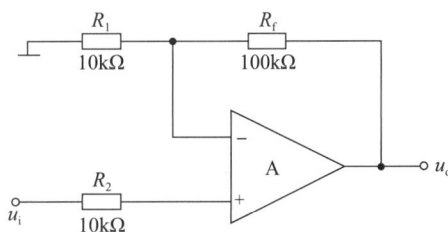

图 3-23 同相比例运算放大仿真电路

表 3-3   同相集成运算电路测量结果统计表

直流输入电压 u_i/V		-0.5	0.5	$0.5\sin\omega t , f=1\text{kHz}$
输出电压 u_o/V	理论估算值	-5.5	5.5	$5.5\sin\omega t , f=1\text{kHz}$
	实测值			
	误差			

小贴士:思考多个输入信号同时作用于集成运放的同相输入端时,输出信号结果是什么? 其设计与制作的流程是什么? 请将每个流程记录下来,其仿真电路如图 3-24 所示。

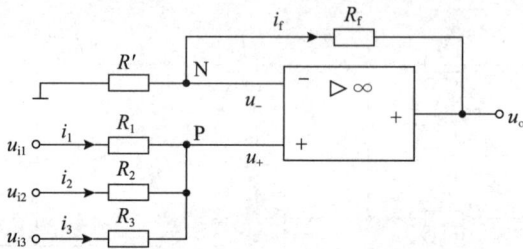

图 3-24   同相加法运算仿真电路

4. 加减法集成运算电路的设计

1) 软件绘制仿真电路图

编者利用 Multisim 14.3 软件,绘制加减法集成运算仿真电路图,如图 3-25 所示。U_1 型号是 UA741CD,接入 12V 直流电源,u_{i1} 为反相信号源输入,u_{i2} 为同相信号源输入,R_1 电阻值为 $10\text{k}\Omega$,R_2 电阻值为 $10\text{k}\Omega$,R_3 电阻值为 $10\text{k}\Omega$,R_f 电阻值为 $100\text{k}\Omega$。

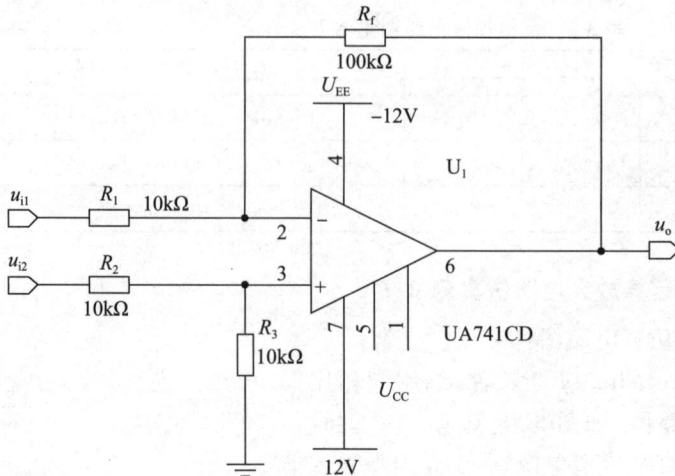

同相比例放大
电路直流测试

同相比例放大
电路的调试

图 3-25   加减法集成运算仿真电路

2) 仿真软件测试结果

按照上述的设计流程,画印制电路板图,并选择相应的电子元器件焊接实物电路,并将仿真结果和实物电路测试结果填入表 3-4 中。

表 3-4　加减法集成运算电路测试结果统计表

u_{i1}/V	0.5	0.2
u_{i1}/V	1	−0.2
u_o 理论值/V		
u_o 实测值/V		

电路实现了对输入差模信号的比例运算,此种形式广泛用于测量电路和自动控制系统中。该电路用于对两个输入信号的差值进行放大,而不反映输入信号本身的大小,在使用单个集成运放构成加减运算电路时,存在两个缺点:一是电阻的选取和调整不方便;二是对于每个信号源,其输入电阻均较小。

💡**思考**:两级运算电路实现加减法运算时,其输入与输出之间的比例关系需要读者自行计算,并将计算公式记录下来。其电路图如图 3-26 所示。

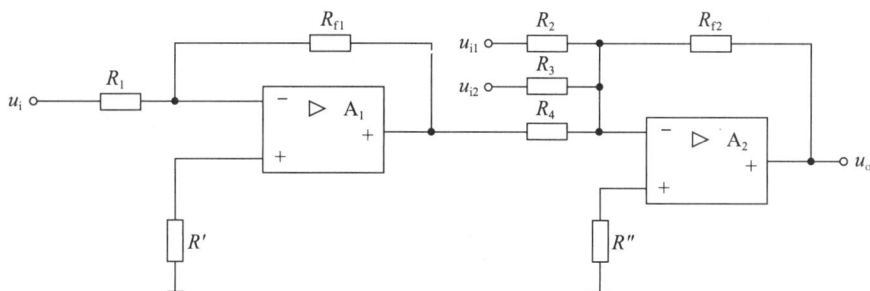

反相比例放大
电路 PCB 绘制

图 3-26　两级运算实现加减法电路图

同相比例放大
电路 PCB 绘制

5. 绘制印制电路板(PCB)图

利用 Altium Designer 22.1 软件绘制印制电路板图,如图 3-27~图 3-30 所示。

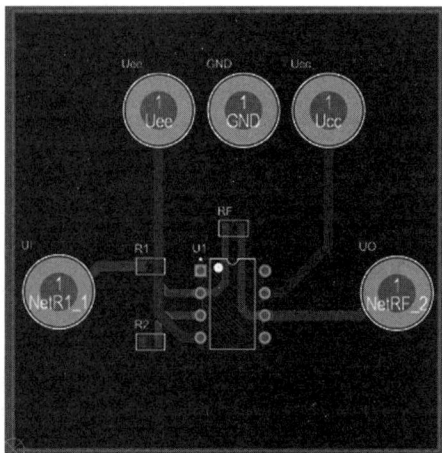

图 3-27　反相比例运算放大电路 PCB 参考图

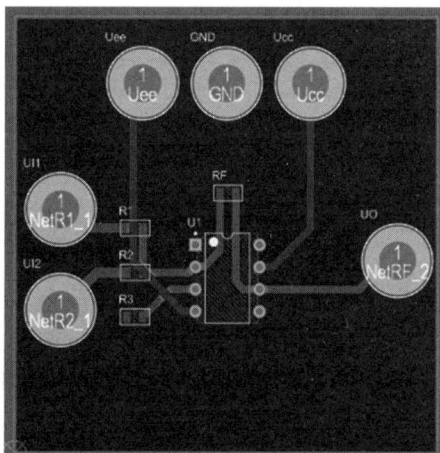

图 3-28　反相加法比例运算放大电路 PCB 参考图

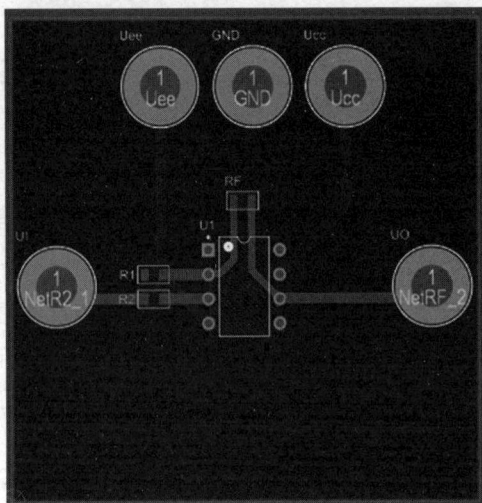

图 3-29 同相比例运算放大电路 PCB 参考图

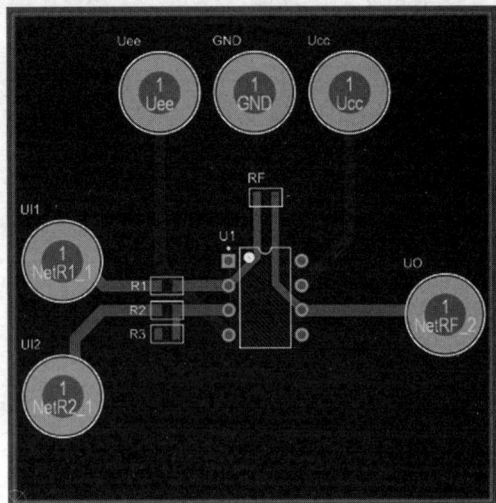

图 3-30 加减法运算放大电路 PCB 参考图

6. 元器件焊接搭建

按照元器件清单,利用印制电路板焊接搭建电路。

🖋小贴士:多个输入信号输出的结果是什么?

反相比例放大
电路的焊接

任务 3.2 微积分运算放大电路的设计与制作

■ 想一想:

(1) 微积分运算放大电路与加减法运算放大电路区别是什么?

(2) 如何利用集成运算放大器实现其电路设计?

(3) 设计过程中,元器件的参数如何确定?

带着问题查阅相关资料,请学生以组为单位进行讨论,得出以上问题的答案后,及时写在项目日志上。

3.2.1 微积分运算放大电路的作用

微积分比例运算放大电路用于将信号放大至所需比例,这一技术在声音等信号的放大中得到了广泛的应用。它基于微积分原理,通过运算放大器和电子元器件实现信号放大和滤波。根据需求选择元器件,可优化电路性能。

3.2.2 微分和积分运算电路分析

微分和积分运算互为逆运算。在自控系统中,常用微分电路和积分电路作为调节环节。

此外,它们还广泛应用于波形的产生和变换。在仪器仪表中,以集成运放作为放大器,用电阻和电容作为反馈网络。利用电容器充电电流与其端电压的关系,可以实现微分和积分运算。

1. 微分运算电路

如果将反相比例运算放大电路中 R 换成电容 C,那么构成微分运算的基本电路形式如图 3-31 所示。

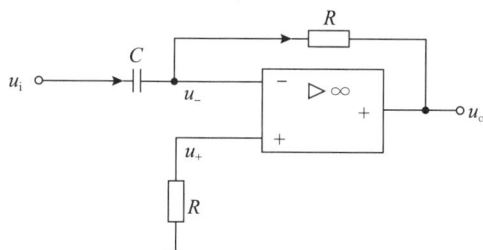

图 3-31 微分运算基本电路形式

由"虚短"和"虚断"概念可知,流过电容 C 和反馈电阻 R 中的电流相等,其值为

$$i = C \frac{\mathrm{d}u_i}{\mathrm{d}t} \tag{3-25}$$

输出电压 u_o 为

$$u_o = -iR = -RC \frac{\mathrm{d}u_i}{\mathrm{d}t} \tag{3-26}$$

式(3-26)表明,输出电压与输入电压的微分成正比;RC 为微分时间常数;负号表示 u_o 与 u_i 反相。

一个实用的微分运算电路如图 3-32 所示。图中,R_1 起限制输入电流的作用;并联的稳压二极管起限制输出电压的作用;电容 C_1 起相位补偿的作用,提高了电路的稳定性。

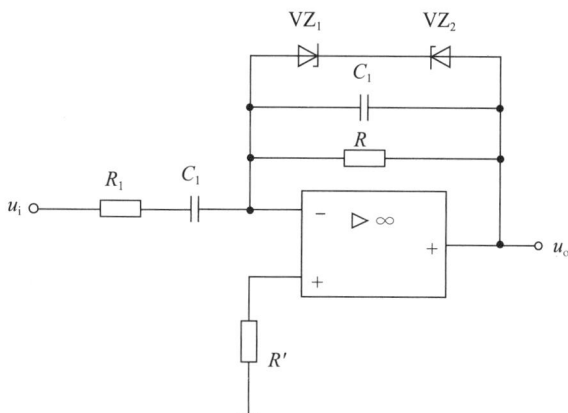

图 3-32 实用的微分运算电路

微分运算电路除作为微分运算外,在脉冲数字电路中常用作波形变换,如将矩形波变换为尖顶脉冲波。

2. 积分运算电路

积分运算电路是将微分运算电路中的电阻和电容交换位置构成的,如图 3-33 所示。利用"虚短"和"虚断"概念,假设电容 C 上的初始电压为零,则电容 C 将以电流 $i=u_i/R$ 进行充电。于是

$$u_o = -u_C = -\frac{1}{C}\int i\,dt$$

$$= -\frac{1}{RC}\int u_i\,dt \tag{3-27}$$

式(3-27)表明,输出电压与输入电压的积分成正比;负号表示 u_o 与 u_i 的相位相反。

运算放大器除了可以实现比例、加减、微分及积分等数学运算外,若改变反馈网络中元器件的性质或将各种运算电路进行不同的组合,还可实现指数、对数、乘除、乘方及开方等运算。

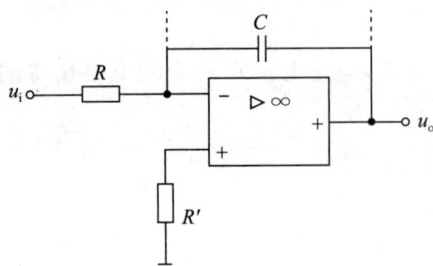

图 3-33　积分运算电路

3.2.3　任务实施

1. 实用微分/积分仿真电路及仿真软件测试

1) 软件绘制微分仿真电路图

编者利用 Multisim 14.3 软件,绘制微分仿真电路,如图 3-34 所示。U_1 型号是 LM324AD,U_{CC} 接入 +5V 直流电源,u_i 为信号源,R 电阻值为 30kΩ,C 电容值为 0.02μF。

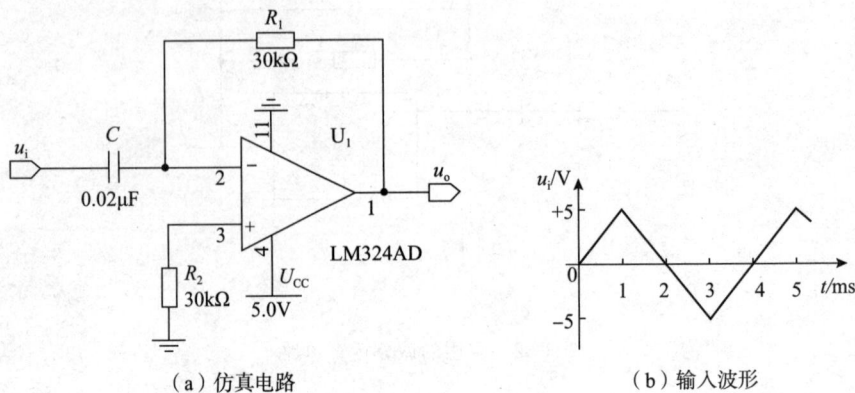

（a）仿真电路　　　　　　　　　　　　（b）输入波形

图 3-34　微分仿真电路

u_i 输入波形是三角波,其幅值是 5V,周期是 4ms,观察仿真示波器的波形,并回答以下问题。

微分运算放大电路的输入电压波形为三角波,输出电压波形为_____(正弦波/方波/三角波),输出波形的幅度与 RC_____(有关/无关),输出波形的幅度与频率_____(有关/无关)。

2) 软件绘制积分仿真电路图

编者利用 Multisim 14.3 软件,绘制积分仿真电路,如图 3-35 所示。U_1 型号是 LM324AD,U_{CC} 接入 +5V 直流电源,u_i 为信号源,R 电阻值为 100kΩ,C 电容值为 0.1μF。

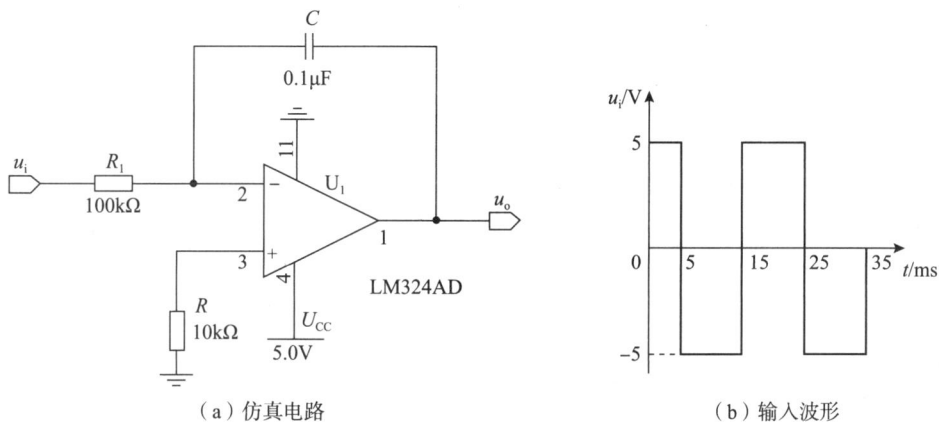

（a）仿真电路 （b）输入波形

图 3-35 积分仿真电路（由 Multisim 14.3 软件绘制）

u_i 输入波形是方波,其幅值是 5V,周期是 20ms,观察仿真示波器的波形,并回答以下问题。积分运算放大电路的输入电压波形为方波,输出电压波形为_____(正弦波/方波/三角波),输出波形的幅度与 RC_____(有关/无关),输出波形的幅度与频率_____(有关/无关)。

2. 绘制印制电路板图

利用 Altium Designer 22.1 软件绘制印制电路板图,如图 3-36 和图 3-37 所示。

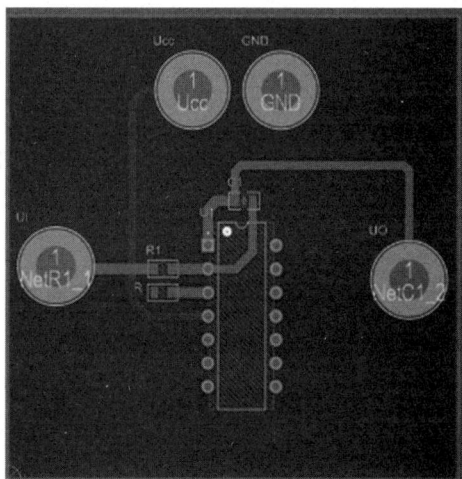

图 3-36 微分电路 PCB 参考图

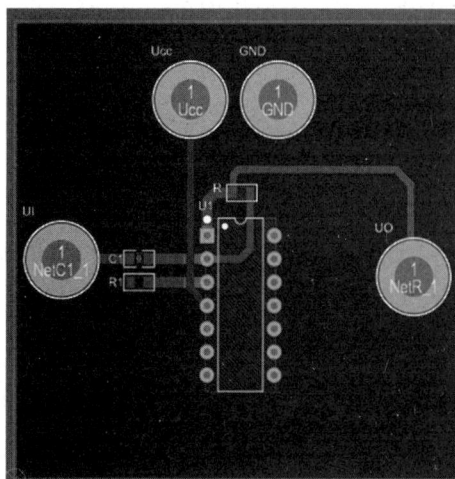

图 3-37 积分电路 PCB 参考图

3. 元器件焊接搭建

按照元器件清单,利用印制电路板焊接搭建电路。

任务 3.3　电压比较器集成运算电路的设计与制作

■ **想一想:**

(1) 电压比较器的作用与特点是什么?

(2) 运算放大器能作为电压比较器使用吗? 电压比较器能作为运算放大器使用吗? 为什么?

(3) 电压比较器电路是否需要调零? 为什么?

(4) 电压比较器电路两个输入电阻是否要求对称? 为什么?

(5) 电压比较器电路两个输入端电位差如何评估?

(6) 电压比较器输出端电压由什么决定?

带着问题查阅相关资料,请学生以组为单位进行讨论,得出以上问题的答案后,及时写在项目日志上。

3.3.1　电压比较器的作用

电压比较器是用来对输入信号(被测信号)u_i 和给定参考电压(基准电压)U_{ref} 进行比较,并根据比较结果输出相应的高电平电压 U_{oM} 或低电平电压 $-U_{oM}$,不输出中间其他数值电压的电子装置。实际上也是将模拟信号的放大电路和逻辑电平的变换电路结合在一起的一种电路,所以它也是模拟量与数字量的接口电路,主要用于电平比较。因此,电压比较器在自动控制、测量、波形产生、变换和整形等方面具有广泛的用途。

只有一个门限电压的比较器,称为单限比较器。它包括过零比较器和一般单限比较器两种类型。

3.3.2　电压比较器的电路分析

电压跟随器

1. 过零比较器

过零比较器是指参考电压为零,将比较电压(输入信号)和零参考电压(基准电压)在输入端进行比较,在输出端得到比较后的电压,其电路如图 3-38(a)所示。

集成运放工作在开环状态,根据运放工作在非线性的特点,输出电压为 $\pm U_{oM}$。当输入电压 $u_i < 0$ 时,$u_o = +U_{oM}$;当 $u_i < 0$ 时,$u_o = -U_{oM}$,电压传输特性如图 3-38(b)所示。若想获得 u_o 跃变方向相反的电压传输特性,则应在图 3-38(a)中将反相输入端接地,而同相输入端接输入电压,为了限制集成运放的差模输入电压,保护其输入级,可加二极管限幅电路。电压比较器输入级的保护电路如图 3-39 所示。

在实际电路中,为了满足负载的需要,常在集成运放的输出端加稳压管限幅电路,从而

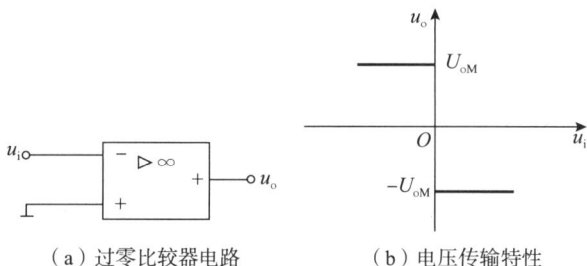

（a）过零比较器电路　　　　（b）电压传输特性

图 3-38　过零比较器电路及其电压的传输特性

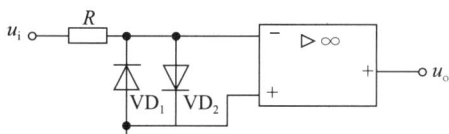

图 3-39　电压比较器输入级的保护电路

获得合适的 U_{oL} 和 U_{oH}，如图 3-40（a）所示。图中，R 为限流电阻，两只稳压管的稳定电压均应小于集成运放的最大输出电压 U_{oM}，限幅电路的稳压管可接在集成运放的输出端和反相输入端之间，如图 3-40（b）所示。

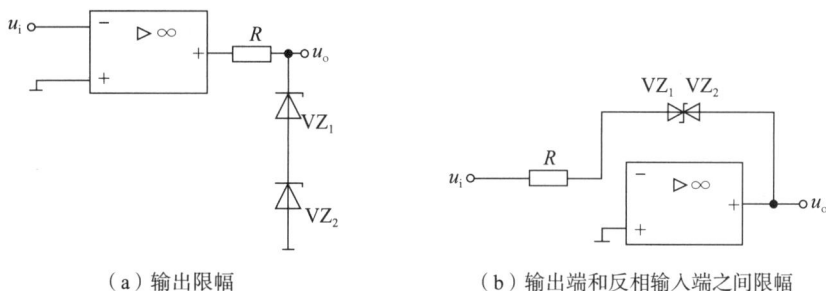

（a）输出限幅　　　　　　　　（b）输出端和反相输入端之间限幅

图 3-40　电压比较器的输出限幅电路

2. 一般单限比较器

一般单限比较器电路如图 3-41（a）所示，U_{ref} 为外加参考电压，集成运放的反相输入端接信号 u_i，同相输入端接参考电压 U_{ref}。由于 $A_{od} \to \infty$，因此，当 $u_- < u_+$ 时，$u_i < U_{ref}$，$u_o = A_{od}(u_+ < u_-)$ 理应为无穷大，但受电源电压的限制，u_o 只能为正极限值 U_{oM}，即 $U_{oH} = U_{oM}$。反之，当 $u_- > u_+$ 时，u_o 为负极限值，即 $U_{oL} = -U_{oM}$，其传输特性如图 3-41（b）实线所示。如果将参考电压 U_{ref} 与 u_i 的输入端互换，即可得到比较器的另一条传输特性，如图 3-41（b）中的虚线所示。

【例 3-3】　单限比较器电路如图 3-42（a）所示，已知 VZ_1 和 VZ_2 的稳定电压 $U_{Z1} = U_{Z2} = 5V$，正向压降 $U_{D1(ON)} = U_{D2(ON)} \leqslant 0.3V$，$R_1 = 30 k\Omega$，$R_2 = 10 k\Omega$，参考电压 $U_{ref} = 2V$，若输入电压 $u_i = 3\sin\omega t$，试画出输出电压的波形。

解： 在电路中，根据"虚短"和"虚断"的概念，利用叠加定理，集成运放反相输入端的电位为

$$u_- = \frac{R_1}{R_1 + R_2} u_i + \frac{R_2}{R_1 + R_2} U_{ref}$$

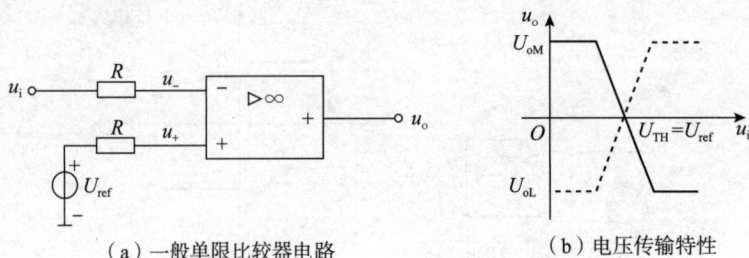

（a）一般单限比较器电路 　　　　　（b）电压传输特性

图 3-41　一般单限比较器电路及其电压的传输特性

令 $u_-=u_+=0$,则求出门限电压为

$$U_{TH}=-\frac{R_2}{R_1}U_{ref}=-1(V)$$

即当 u_i 在 $U_{TH}=-1V$ 附近稍有变化时,电路会发生翻转,输出电压为 $U_{oH}=U_{Z1}+U_{D2(ON)}=5.3V$;当 $u_i>U_{TH}=-1V$ 时,输出电压为 $U_{oL}=(-U_{Z2})+[-U_{D1(ON)}]=5.3V$。根据以上分析结果和 $u_i=3\sin\omega t$ 波形,可画出输入/输出波形如图 3-42（b）所示。

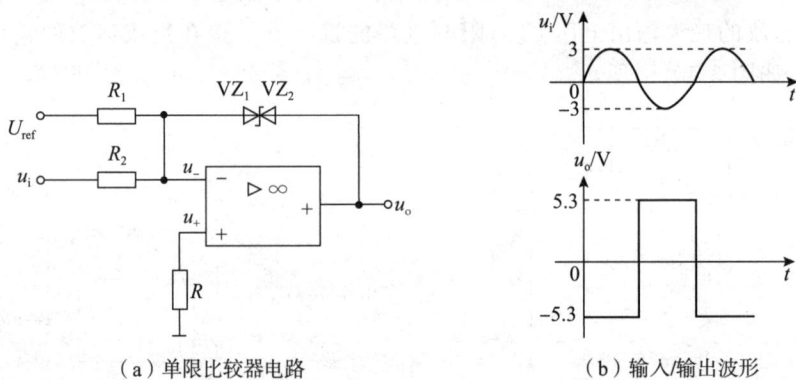

（a）单限比较器电路 　　　　　（b）输入/输出波形

图 3-42　例 3-3 的输入/输出电压波形

3.3.3　常用比较器

比较器广泛应用于从模拟信号到数字信号的转换过程中。在模数转换过程中,经过采样的信号通过比较器来确定模拟信号输出的数字值。比较器可以比较一个模拟信号和另外一个模拟信号或参考信号的大小。比较器大多采用开环模式,这种开环结构不必对比较器进行补偿,同时,未进行补偿的比较器可以获得较大的带宽和较高的频率响应。然而,由于MOS 元器件的失配误差,以及放大器的增益和速度之间的相互制约,使得在一定工艺条件下同时实现比较器的高速和高精度非常困难。

在 TI 的比较器产品中,包括各种具有不同性能特征的产品,例如,具有快速（纳秒级）响应时间、宽输入电压范围、极低静态电流损耗的产品,以及运算放大器与比较器组合式的集成电路。在 TI 比较器中的常用产品见表 3-5。

表 3-5 TI 比较器中的常用产品

元器件	说明	内含单元电路	每单元电路最大静态电流/mA	最小输出电流/mA	响应时间(低到高)/μs	电源电压/V	25℃时最大输入失调电压/mV	输出类型
高速 响应时间≤0.1μs								
TLV3501	4.5ns 轨-轨高速	1,2	5	20	0.004	2.7~5.5	5	推挽输出
TL3116	超快低功耗精密	1	14.7	5	0.0099	5~10	3	推挽输出
LM306	具有推挽输出的一路选通高速差动	1	10	100	0.028	15~24	5	推挽输出
LM311	具有选通信号的差动	1	7.5	25	0.115	3.5~30	7.5	集电极和发射器开路
低功率 每单元电路最大静态电流<0.5mA								
TLV3401	单路毫微功率漏极开路输出(轨-轨)	1,2,4	0.00055	1.6	80	2.5~16	3.6	漏极开路
TLV3701	单路毫微功率推拉(轨-轨)	1,2,4	0.0008	1.6	36	2.5~16	5	推挽输出
TLV3491	单路毫微瓦功耗推挽输出(轨-轨)	1,2,4	0.0012	5	6	1.8~5.5	15	推挽输出
TLV2302	纳功率运算放大器+集电极开路(轨-轨)	2,4	0.0017	0.2	55	2.5~16	5	集电极开路
TLV2702	纳功率运算放大器+集电极推拉(轨-轨)	2,4	0.0019	0.2	36	2.5~16	5	推挽输出
低电压 V_S≤2.7V/min								
TLV3491	低电压·毫微功耗推挽输出	1,2,4	0.0012	5	6	1.8~5.5	15	推挽输出
TLV2352	双路低电压 LinCMOS(TM)差动比较器	2,4	0.125	6	0.2	2~8	5	漏极开路
TLC372	双路通用 LinCMOS(TM)差动	2,4	0.15	6	0.2	2~18	5	集电极开路
LM393	双路差动	2	0.5	6	0.3	2~30	5	集电极开路
LM339	四路差动比较器	4	0.5	6	0.3	2~30	5	集电极开路
TLV3401	单路毫微瓦功率漏极开路输出比较器	1,2,4	0.00055	1.6	80	2.5~16	3.6	漏极开路
TLV3701	单路毫微瓦功率推拉比较器	1,2,4	0.0008	1.6	36	2.5~16	5	推挽输出
组合比较器+运算放大器(轨-轨)								
TLV2302	纳功率带运放输出比较器	2	0.0017	0.2	55	2.5~16	5	漏极开路
TLV2702	纳功率带运放输出比较器	2,4	0.0019	0.2	36	2.5~16	5	推挽输出
TLV3011	带参考电压微功率比较器	1	0.003	5	6	1.8~5.5	15	漏极开路
TLV3012	带参考电压微功率比较器	1	0.003	5	6	1.8~5.5	15	推挽输出

3.3.4 比较器电路设计的注意问题

在设计比较器电路时,需要注意以下几方面。

(1) 比较器的输出结构。集电极开路(open-drain/collector)输出需要通过上拉电阻器与各种逻辑元器件相连;而推挽式(push-pull)输出不需要上拉电阻器。由于输出在轨-轨之间摆动,因此,逻辑电平取决于比较器的电源电压。

(2) 比较器的响应时间(传输延迟)。在要求高实时响应的应用场合,应采用纳秒(ns)级延迟的比较器。但随着延迟的缩短,供电电流将会增加。通常需要在性能与可承受的功耗之间找到平衡点。TLV349×系列提供了速度与功耗的独特组合,当静态电流为 $1\mu A$ 时,延迟仅有 $5\mu s$。

(3) 比较器和运算放大器的组合。当要求在比较器之前实现直流电平切换和/或增益的调整时,可采用 TLV2302(漏极开路型)或 TLV2702(推挽式)运算放大器与比较器的组合,这种双功能元器件不仅能够减小占用空间还能够降低产品成本。

(4) 比较器和基准电压。典型的比较器需要与一个基准电压进行比较。为了节省空间,可采用 TLV301×内带 1.242V 参考电压基准的比较器。

(5) 通过正反馈加入迟滞。单门限电压比较器具有电路简单、灵敏度高等特点,但其抗干扰能力较差。当被用于高速计数器电路时,会带来许多错误的计数。例如,在单门限电压比较器电路中,当输入电压中含有噪声或干扰电压(如比较器自身的失调电压)时,会在参考电平附近出现干扰,导致比较器输出不稳定,时而为高电平,时而为低电平,如图 3-43 所示。提高抗干扰能力的一种方案是采用迟滞比较器,使单门限电压变双门限。对于带推挽式输出级的比较器而言,利用滞后功能可以解决这一问题。以单电源供电的 TLV3501 为例,其失调电压范围为 $\pm 5mV$,在这个范围内,比较器对噪声的抵抗能力较差,很容易出现误动作。因此,TLV3501 内建有 6mV 的迟滞,通常情况下,6mV 的迟滞已经足够,当电路噪声较大或被比较信号频率过低、变化过于缓慢时,可添加迟滞功能网络,以增强比较器抗干扰的能力,避免出现毛刺和误触发,如图 3-44 所示。由于 $U_{oH} = U_+ = 5V$,$U_{oL} = 0V$,双门限分别为 U_{ref} 和 $U_{ref} + U_{hyst}$,其中 $U_{hyst} = \dfrac{U + R_1}{R_1 + R_2} + 6 (mV)$。

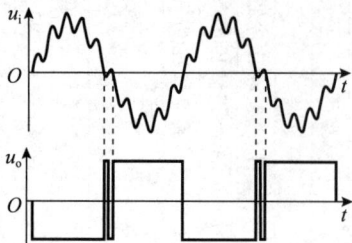

图 3-43　比较器噪声

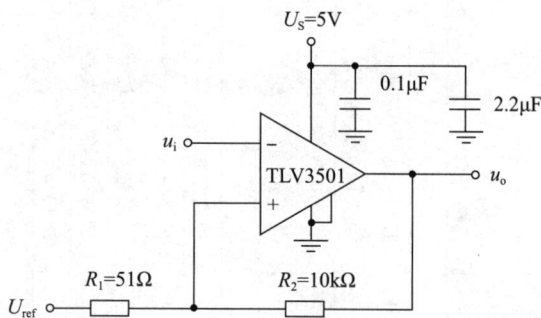

图 3-44　迟滞功能网络

3.3.5 任务实施

1. 软件仿真电路

1) 过零比较器电路仿真

过零比较器是电压比较电路的基本结构,它可将交流信号转化为同频率的双极性矩形波。这种比较器常用于测量正弦波的频率和相位。编者利用 Multisim 14.3 软件绘制电路图,其中比较器选用 LM311D,R_1 电阻值为 10kΩ。LM311D 比较器是一款性能良好的集电极/发射极开路输出、低功耗、带平衡或选通的差动比较器,它具有如下特点:设计运行在更宽的电源电压±(5~15)V 范围内;最大输入偏置电流为 250nA,最大失调输入电流为 50nA;差分输入电压可达 30V;输出兼容 RTL、DTL、TTL 以及 MOS 电路;可以驱动继电器,开关电压高达 50V,电流高达 50mA。在使用时,需对集电极/发射极开路输出进行合适的连接。

由 LM311D 电压比较器构成的过零比较器仿真电路如图 3-45 所示。其输入/输出波形如图 3-46 所示,其传输特性如图 3-47 所示。过零比较器的输入信号 u_i 接比较器的同相输入端,反相输入端接地(0V)。当输入电压 $u_i \leqslant u_o$ 时,输出 $u_o = U_{oL}$;反之,当输入电压 $u_i \geqslant u_o$ 时,输出 $u_o = U_{oH}$。

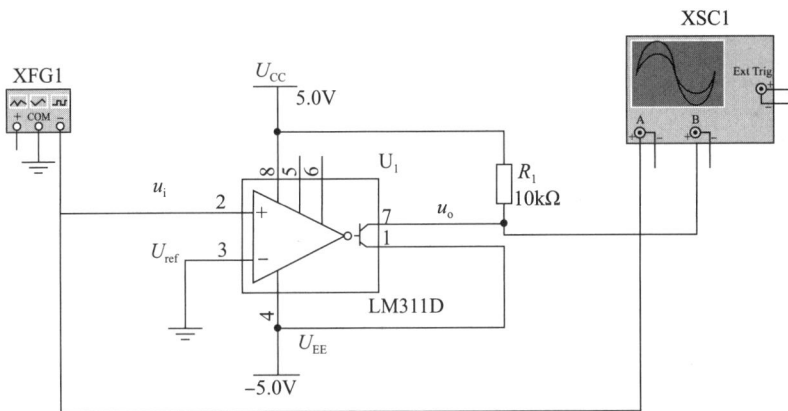

图 3-45 过零比较器仿真电路

电压比较器
交流仿真

电压比较器
的调试

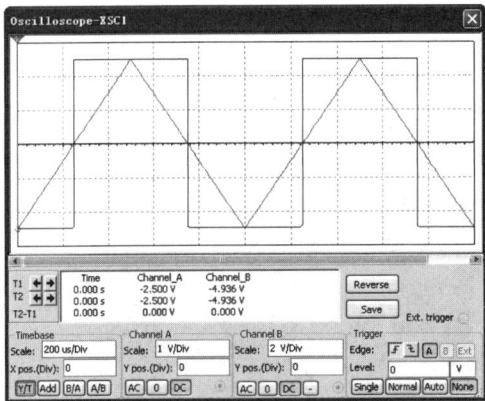

图 3-46 过零比较器的输入/输出波形

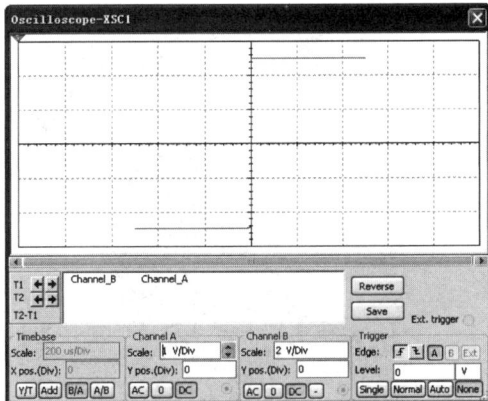

图 3-47 过零比较器的传输特性

电压比较器直流仿真　　　电压比较器电路 PCB 绘制　　　电压比较器的焊接

2）单门限比较器电路仿真

编者利用 Multisim 14.3 软件绘制电路图，其中比较器选用 LM311D，R_1 电阻值为 10kΩ。由 LM311D 电压比较器构成的基本单门限比较器仿真电路如图 3-48 所示，其输入/输出波形如图 3-49 所示。单门限比较器的输入信号 u_i 接比较器的同相输入端，反相输入端接参考电压（门限电平）U_{ref}。当输入电压 $u_i > U_{ref}$ 时，输出为高电平 U_{oH}；当输入电压 $u_i < U_{ref}$ 时，输出为低电平 U_{oL}。

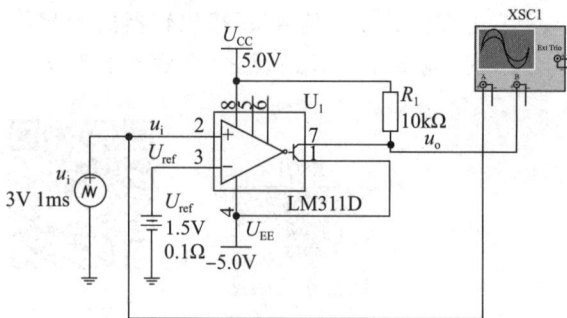

图 3-48　基本单门限比较器仿真电路

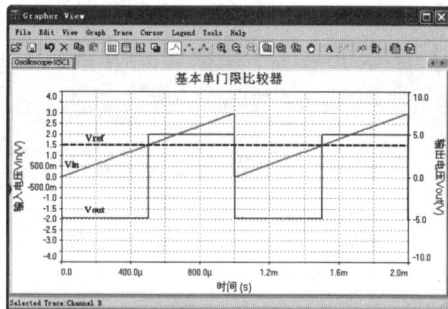

图 3-49　基本单门限比较器的输入/输出波形

单门限比较器在设计时，输入阻抗要尽量低。另外，此电路以开环增益方式工作，若在输出翻转变化期间混入噪声，则极易引起电路的误动作，故在实验电路中需特别注意此点。

2. 绘制印制电路板图

利用 Altium Designer 22.1（AD）软件绘制印制电路板图。过零比较器 PCB 参考图如图 3-50 所示，单门限比较器 PCB 参考图如图 3-51 所示。

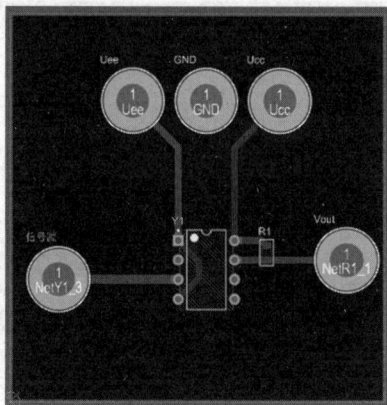

图 3-50　过零比较器 PCB 参考图

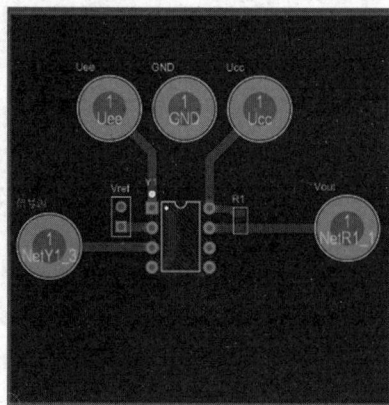

图 3-51　单门限比较器 PCB 参考图

3. 元器件焊接搭建

按照元器件清单,利用印制电路板焊接搭建电路。

3.3.6 电压比较器的分析方法

通过分析,可以得出分析电压比较器传输特性的方法是:首先,通过研究集成运放输出端所接电压等于零时的门限电压的限幅电路来确定电压比较器的输出电压;其次,写出集成运放同相输入端和反相输入端电压 U_{TH};最后,u_o 在 u_i 过 U_{TH} 时的跃变方向决定于 u_i 作用于集成运放的哪个输入端。当 u_i 从反相输入端输入时,$u_i < U_{TH}$,$u_o = U_{oH}$;当 u_i 从同相输入端输入时,$u_i > U_{TH}$,$u_o = U_{oL}$。

任务 3.4 拓展与提升

3.4.1 正基准电压的单电源比较器电路

由 LM339D 电压比较器构成的正基准电压的单电源比较器电路如图 3-52 所示(编者利用 Multisim 14.3 软件绘制),其输入/输出波形如图 3-53 所示。

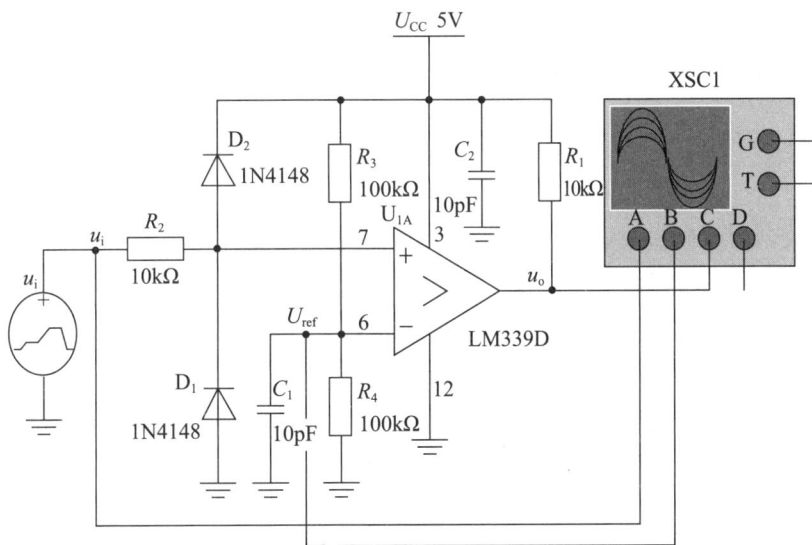

图 3-52 正基准电压的单电源比较器电路

LM339D 电压比较器芯片内部含有四个独立的比较器,其具有如下特点:工作电源电压范围宽(单电源、双电源均可工作,单电源供电范围为 2~36V,双电源供电范围为 ±(1~18)V);消耗电流小($I_{CC} = 0.8\text{mA}$);输入失调电压低($U_{IO} = \pm 2\text{mV}$);共模输入电压范围宽($U_{IC} = 0 \sim U_{CC} - 1.5\text{V}$);差动输入电压范围较大(可等于电源电压);采用集电极开路输出结构(输出可与 TTL、DTL、MOS、CMOS 等元器件相连接,并可实现线性输出)。

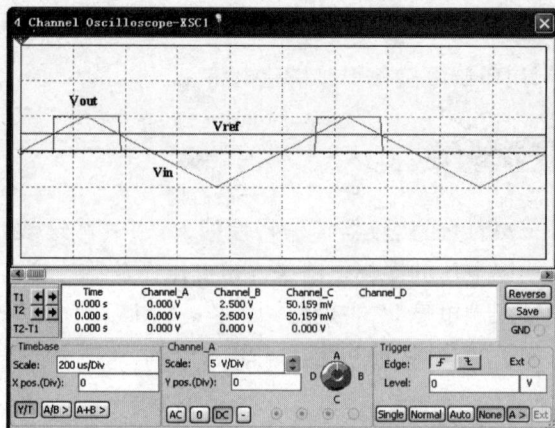

图 3-53　正基准电压的单电源比较器的输入/输出波形

　　过零比较器电路、基本单限比较器电路和正基准电压的单电源比较器电路都是将基准电压连接至反相输入端,并将信号电压连接至同相输入端。然而,实际上电压比较器是利用两输入端子之间的差动输入电压动作,因此信号电压与基准电压即使任意互换,除了输出的动作会反相外,对电路并不会造成任何影响。

3.4.2　电流加法比较器电路

　　电流输入型的电压比较电路,基本上是利用电阻将电压转换成电流进行比较的。由 LM339D 电压比较器构成的电流加法比较器电路如图 3-54 所示。电流加法比较器输入/输出波形如图 3-55 所示。当输入电压 $\frac{u_i}{R_2} \leqslant -\frac{U_{ref}}{R_3}$ 时,输出 $u_o = U_{oL}$;当输入电压 $\frac{u_i}{R_2} > -\frac{U_{ref}}{R_3}$ 时,输出 $u_o = U_{oH}$。

　　电流输入型的电压比较电路,由于与集成电路输入端连接的阻抗会变得非常大,因此,对于那些反相输入端与输出端非常贴近的电压比较集成电路,如果反相输入端的阻抗很大,由于端子之间分布电容的影响会形成负反馈,进而产生振荡。若在实际电路中出现振荡现象,可以在同相输入端与输出端之间接入负反馈电容,以消除振荡。

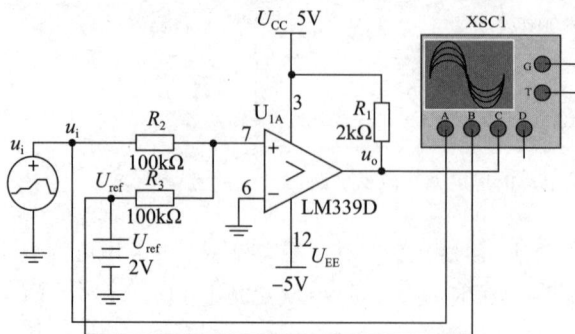

图 3-54　电流加法比较器电路(由 Multisim 14.3 软件绘制)

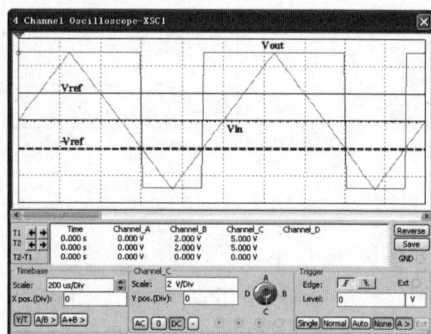

图 3-55　电流加法比较器的输入/输出波形

3.4.3 迟滞比较器

迟滞比较器又称滞回比较器或施密特触发器,迟滞比较器可理解为加正反馈的单限比较器。在绝大多数比较器中均设计有滞回电路,通常滞回电压范围为5~10mV。内部滞回电路可以避免由于输入端的寄生反馈所造成的比较器输出振荡。虽然内部滞回电路可以使比较器免于自激振荡,但是很容易受外部振幅较大的噪声干扰。迟滞比较器就是在电路中引入正反馈,增加外部滞回电路,正反馈的作用是确保输出在一个状态到另一个状态之间快速变化,以提高系统的抗干扰性能。

迟滞比较器具有迟滞回线形状,存在两个门限电压,分别为上门限电压 U_{TH} 和下门限电压 U_{TL},两者差为门限宽度或迟滞宽度 ΔU_T,即 $\Delta U_T = U_{TH} - U_{TL}$。

当迟滞比较器的同相输入端接输入电压,反相输入端接参考电压,输入电压从低值达到并超过上门限电压 U_{TH} 时,比较器输出从低的 U_{oL} 翻转到高的 U_{oH},此时称为同相滞后比较器或上行迟滞比较器;反之,当迟滞比较器的反相输入端接输入电压,同相输入端接参考电压,输入电压从低值达并超过上门限电压 U_{TH} 时,比较器输出从高的 U_{oL} 翻转到低的 U_{oH},此时称为反相滞后比较器或下行迟滞比较器。

上行迟滞比较器电路如图 3-56 所示,输入/输出波形如图 3-57 所示,传输特性如图 3-58 所示。

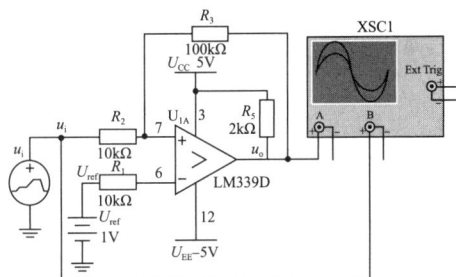

图 3-56 上行迟滞比较器电路(由 Multisim 14.3 软件绘制)

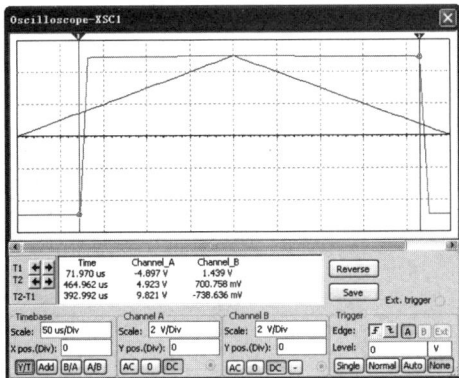

图 3-57 上行迟滞比较器的输入/输出波形

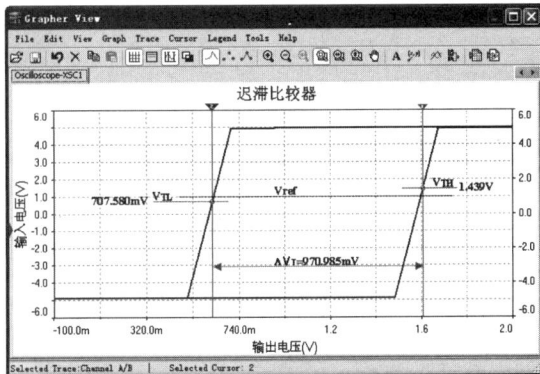

图 3-58 上行迟滞比较器的传输特性

迟滞比较器的输出电压 u_o 与输入电压 u_i 呈非线性关系,根据输出电压 u_o 的不同值(U_{oH} 或 U_{oL}),同相滞后比较器的上门限电压 U_{TH} 和下门限电压 U_{TL} 分别为

$$U_{TH} = \left(1 + \frac{R_2}{R_3}\right)U_{ref} - \frac{R_2}{R_3}U_{oL} \tag{3-28}$$

$$U_{TL} = \left(1 + \frac{R_2}{R_3}\right)U_{ref} - \frac{R_2}{R_3}U_{oH} \tag{3-29}$$

$$\Delta U_{\mathrm{T}} = \frac{R_2}{R_3}(U_{\mathrm{oH}} - U_{\mathrm{oL}}) \tag{3-30}$$

可以通过改变 R_3 的阻值调节 ΔU_{T} 的范围。

同理,反相滞后比较器的上门限电压 U_{TH} 和下门限电压 U_{TL} 分别为

$$U_{\mathrm{TH}} = \frac{R_3}{R_2 + R_3} U_{\mathrm{ref}} + \frac{R_2}{R_2 + R_3} U_{\mathrm{oH}} \tag{3-31}$$

$$U_{\mathrm{TL}} = \frac{R_3}{R_2 + R_3} U_{\mathrm{ref}} + \frac{R_2}{R_2 + R_3} U_{\mathrm{oL}} \tag{3-32}$$

$$\Delta U_{\mathrm{T}} = U_{\mathrm{TH}} - U_{\mathrm{TL}} = \frac{R_2}{R_2 + R_3}(U_{\mathrm{oH}} - U_{\mathrm{oL}}) \tag{3-33}$$

3.4.4 比较器的应用

1. 电平检测电路

窗口比较器多级级联可构成电平检测电路。采用 LM339D 比较器构成的五个电平线刻度的检测电路如图 3-59 所示,U_{DD} 为比较器提供所需要的基准参考电压,通过分压电阻设置不同数字输出状态所对应的检测门限;U_{SS} 为比较器集电极开路输出提供外部电源,当比较器输出为低电平时,点亮发光二极管。四个输出单元的输出波形如图 3-60 所示,输入电压信号与 U_{ref4} 参考电压比较后的 U_{1D} 单元的输出波形如图 3-61 所示。

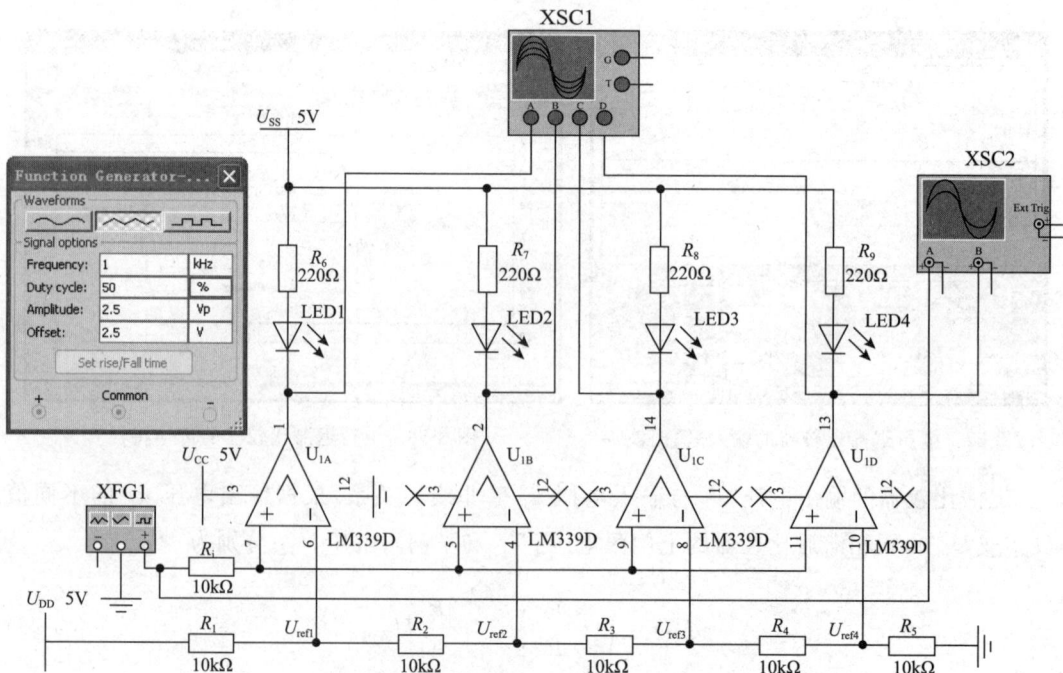

图 3-59 五个电平线刻度的检测电路(由 Multisim 14.3 软件绘制)

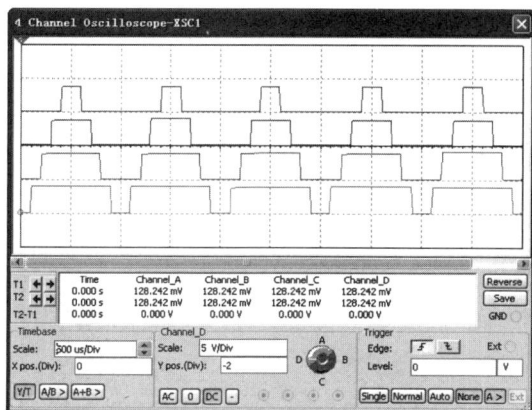

图 3-60　四个输出单元的输出波形

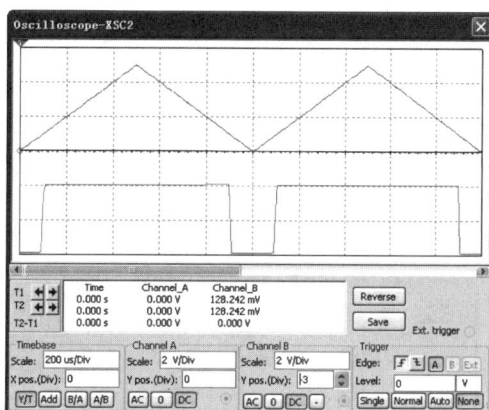

图 3-61　U_{1D} 单元的输出波形

2. 窗口比较器

窗口比较器又称双限比较器。其特点是：当输入信号单方向变化时，可使输出电压 u_o 跳变两次，即窗口比较器提供了两个阈值和两种输出稳定状态，可用来判断 u_i 是否处于上、下两个门限电压之间。

由两个 LM393D 比较器组成的窗口比较器电路如图 3-62 所示。LM393D 比较器芯片内部含有两个独立的比较器，其主要参数与 LM339D 基本相同。在窗口比较器中，当输入被比较的信号电压 u_i 处于上、下门限电压之间时，输出为高电位；当 u_i 不在上、下门限电压之间时（$u_i > U_{ref2}$），输出为低电位。窗口输出电压宽度 $\Delta U = U_{ref2} - U_{ref1}$。窗口比较器的输入/输出波形如图 3-63 所示，窗口比较器的传输特性如图 3-64 所示。

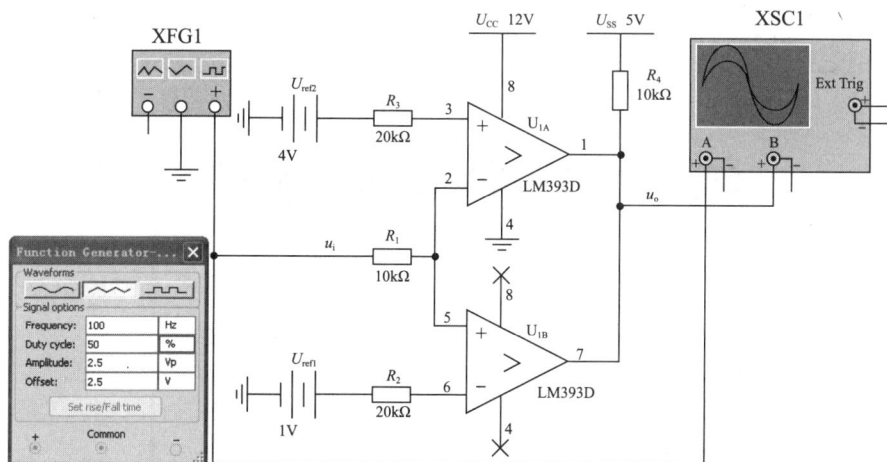

图 3-62　窗口比较器电路（由 Multisim 14.3 软件绘制）

3. 三态电压比较器

由 LM339D 比较器组成的三态电压比较器电路如图 3-65 所示。三态电压比较器输入/输出波形如图 3-66 所示。

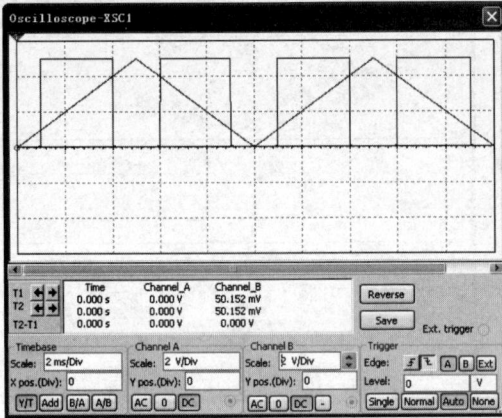

图 3-63　窗口比较器的输入/输出波形

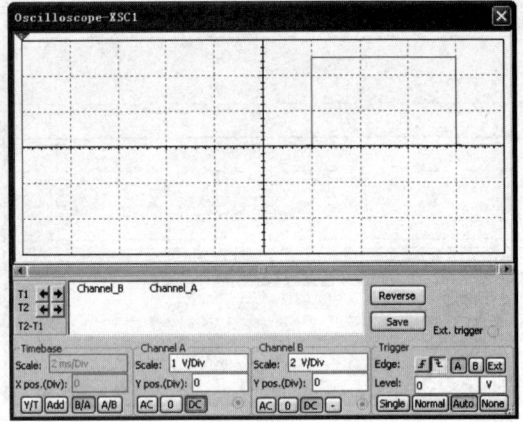

图 3-64　窗口比较器的传输特性

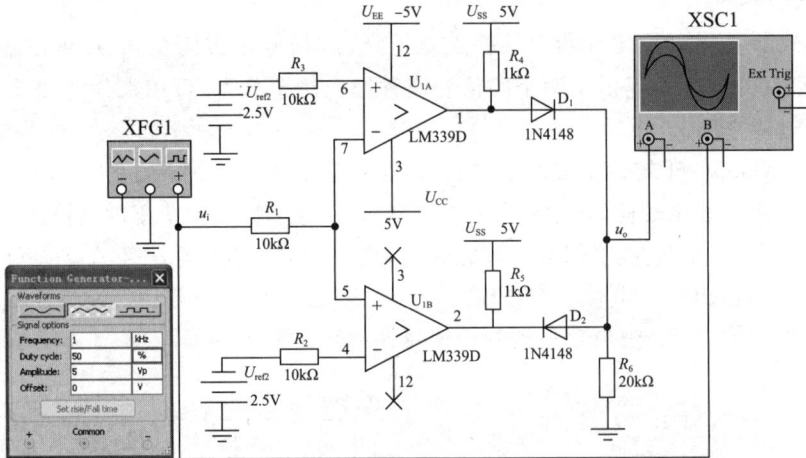

图 3-65　三态电压比较器电路(由 Multisim 14.3 软件绘制)

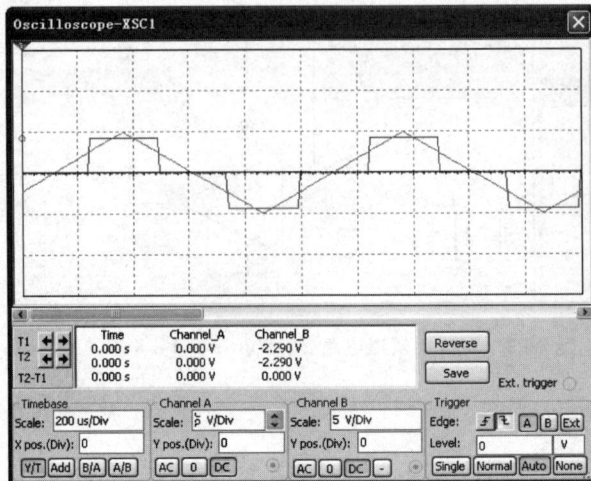

图 3-66　三态电压比较器的输入/输出波形

当 $u_i < U_{ref1}$ 时, D_2 导通, D_1 截止, 输出 $u_o = U_{oL}$; 当 $U_{ref1} \leqslant u_i < U_{ref2}$ 时, D_1、D_2 都截止, 输出 $u_o = 0V$; 当 $U_{ref2} \leqslant u_i$ 时, D_1 导通, D_2 截止, 输出 $u_o = U_{oH}$。

4. 方波发生器电路

由 LM339D 比较器组成的音频方波振荡器电路如图 3-67 所示。改变电容器 C_1 的电容量, 可改变输出方波的频率。方波发生器的 u_n 端输入/输出波形如图 3-68 所示。

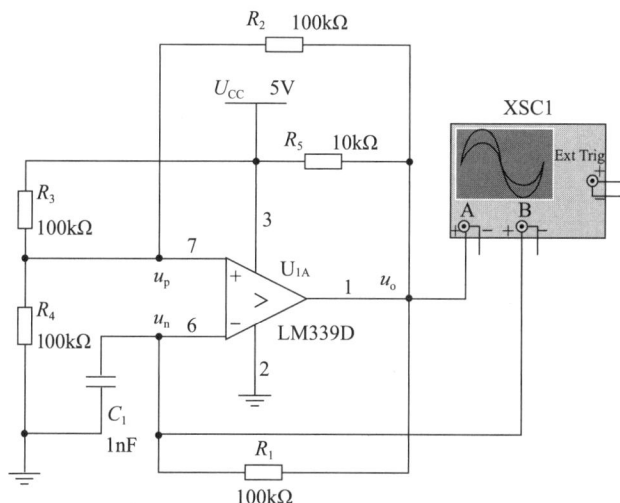

图 3-67 音频方波振荡器电路(由 Multisim 14.3 软件绘制)

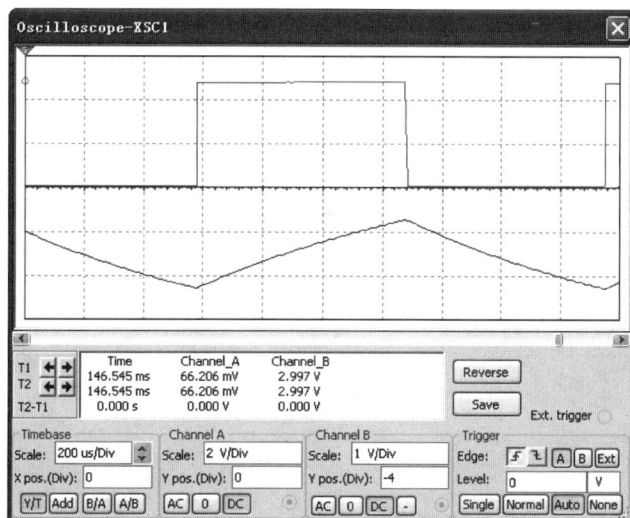

图 3-68 方波发生器的 u_n 端输入/输出波形

音频方波振荡器的工作原理如下: ①设比较器输出为高电压, 则 u_p 电压为 $\frac{2}{3}U_{CC}$, 并且 U_{CC} 通过 R_5、R_1 向 C_1 充电, u_n 端电压逐渐上升; ②当 u_n 端电压高于 u_p 时, 比较器输出电压为低,则 u_p 端电压跳变为 $\frac{1}{3}U_{CC}$,此时电容 C_1 通过电阻 R_1 向 u_o 端放电,u_n 端电压逐渐下降;③当 u_n 端电压低于 u_p 时,比较器输出电压为高,再次开始重复过程①,实现比较器输出端 u_o 在 U_{CC} 和地 0V 之间跳变,产生方波输出。方波频率主要由 R_1 和 C_1 决定。

5. 脉宽调制电路

开关电源与 D 类放大电路(又称数字放大器)中都含有脉宽调制(PWM)电路,基于 LM311D 比较器的脉宽调制电路如图 3-69 所示。三角波经过调制得到典型的正弦脉宽调制波形。其输入/输出波形如图 3-70 所示。

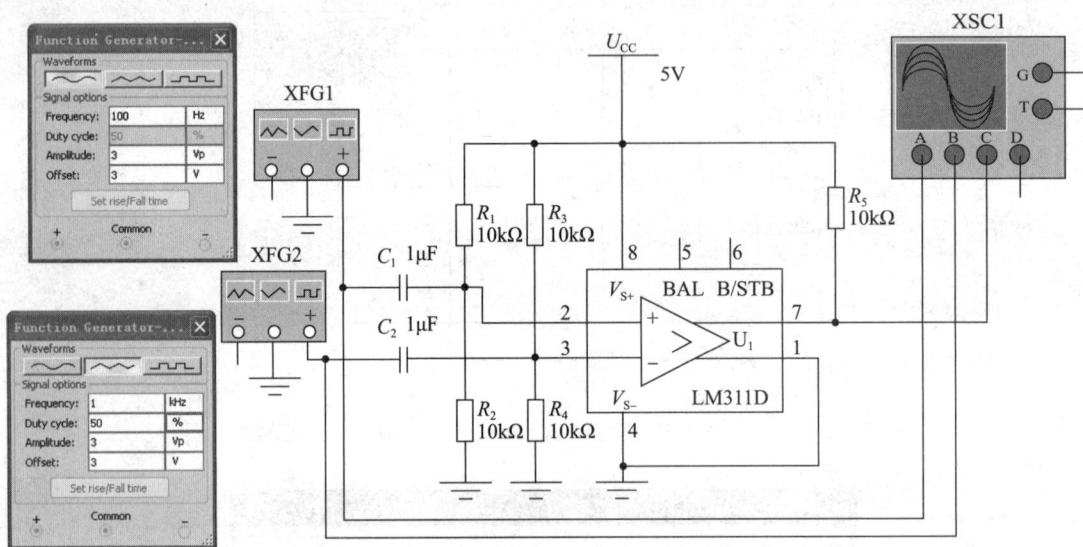

图 3-69 基于 LM311D 比较器脉宽调制电路(由 Multisim 14.3 软件绘制)

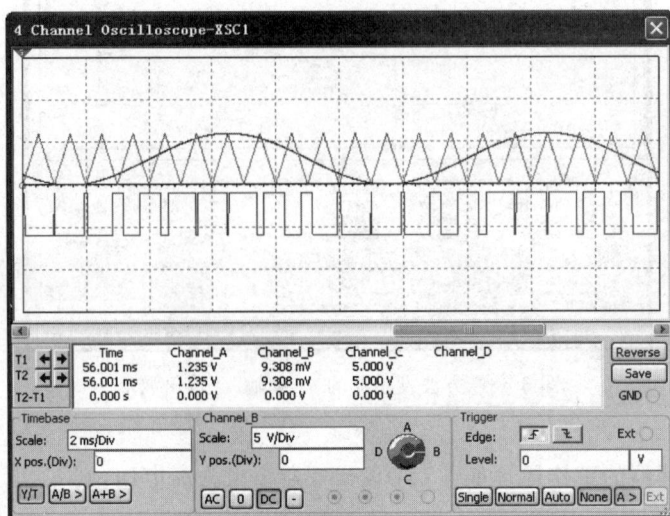

图 3-70 脉宽调制电路的输入/输出波形

◆ 项 目 小 结 ◆

本项目的主要目标是深入研究和掌握集成运算放大电路的相关知识与应用。读者在此项目中,不仅学习了集成运算放大电路的基本原理、工作方式,还学习了其在各种电子系统中的实际应用。通过对集成运算放大电路的软件仿真、PCB设计及实物焊接调试等电路开发过程的详细分析和实验操作,读者进一步理解其在信号处理、模拟计算和其他电子设备中的重要作用。此外,本项目还涉及了集成运算放大电路的设计、仿真和测试方法,以确保读者能够全面掌握这一关键电子组件的综合应用能力。

◆ 习 题 ◆

1.【单选题】关于理想集成运放的输入电阻和输出电阻论述正确的是(　　)。

    A. 输入电阻为∞,输出电阻为0　　　　　　B. 输入电阻为0,输出电阻为∞

    C. 输入电阻和输出电阻均为∞　　　　　　D. 输入电阻和输出电阻均为0

2.【单选题】反相输入比例运算电路引入的是(　　)反馈。

    A. 电压并联　　　　B. 电压串联　　　　C. 电流并联　　　　D. 电流串联

3.【单选题】集成运放的 A_{od} 越大,表示(　　)。

    A. 对差模信号的放大能力越强　　　　　　B. 对共模信号的放大能力越强

    C. 对有用信号的抑制能力越强　　　　　　D. 对干扰信号的抑制能力越强

4.【判断题】集成运放的两个输入端均可输入信号,而且无论从哪个输入端输入,输出信号相位一样。　　　　　　　　　　　　　　　　　　　　　　　　　　(　　)

5.【判断题】由于运放的开环增益太大,直接用于放大很容易失真,做放大器必须引入负反馈。　　　　　　　　　　　　　　　　　　　　　　　　　　　　(　　)

项目 4

直流稳压电源的设计与制作

📖 **项目导读**

　　任何电子设备都有一个共同的电路——电源电路。大到超级计算机、小到袖珍计算器，所有电子设备都必须在电源电路的支持下才能正常工作。这些电源电路的样式、复杂程度千差万别。超级计算机的电源电路本身就是一套复杂的电源系统，通过这套电源系统，超级计算机各部分都能够得到持续稳定、符合各种复杂规范的电源供应。袖珍计算器则是简单的电池电源电路，虽然简单，但新型的电池电源电路完全具备电池能量提醒、掉电保护等高级功能。可以说，电源电路是一切电子设备的基础。

　　工农业生产和日常生活主要采用交流电，因其是最容易获得的。而由于电子技术的特性，在电子线路和自动控制装置等设备中，一般需要电压稳定的直流电源供电。电子设备对电源电路的要求是能够提供持续稳定、满足负载要求的电能，而且通常情况下都要求提供稳定的直流电能。提供这种稳定的直流电能的电源就是直流稳压电源。随着电子设备向高精度、高稳定性和高可靠性的方向发展，对电子设备的供电电源提出了更高的要求。直流稳压电源在电源技术中占有重要的地位。为了获得直流电，除了使用电池和直流发电机之外，目前还广泛采用半导体直流稳压电源。

　　本项目主要讨论将交流电源变换为直流稳压电源的方法，利用集成三端稳压电路实现直流稳压电源的设计与制作。其任务设置遵循以下设计思路：首先介绍变压器、整流、滤波和稳压等电路的基本原理、工作过程及仿真实现方法；然后介绍集成稳压电路的设计与制作的方法。

💡 **学习目标**

知识目标	1. 了解直流电源的应用； 2. 熟悉直流电源电路的组成； 3. 掌握直流电源各组成电路的功能及作用

能力目标	1. 电路图识图能力； 2. 元器件的识别、检测能力； 3. 仪器仪表使用能力； 4. 电路图布局能力； 5. 焊接能力； 6. 整体电路调试，排除故障能力
学习重难点	1. 掌握双绕组电源变压器接法； 2. 掌握二极管的特性； 3. 掌握单相桥式整流电路结构； 4. 掌握电容滤波原理及电路结构； 5. 掌握集成稳压电路设计制作方法

任务 4.1　直流稳压电源的整体组成

■ **想一想：**

（1）直流稳压电源应该具有哪些功能？

（2）直流稳压电源是由哪几部分组成的？

（3）直流稳压电源的工作过程是什么？

带着问题查阅相关资料，请学生以小组为单位进行讨论，得出以上问题的答案后，及时写在项目日志上。

4.1.1　直流稳压电源的组成

1. 直流稳压电源的功能

电网供电电压为交流 220V（有效值），频率为 50Hz。要获得低压直流输出，首先必须采用电源变压器将电网电压降低，由此可获得所需要的交流电压。降压后的交流电压通过整流电路变成单向直流电，但其幅度变化大（即脉动大）。脉动大的直流电压通过滤波电路变成平滑、脉动小的直流电，即将交流成分滤掉，保留其直流成分。滤波后的直流电压再通过稳压电路稳压，便可得到基本不受外界影响的稳定直流电压输出，供给负载。

因此，直流稳压电源是一种将交流电源转换为稳定的直流电源的电子设备，它有以下基本功能。

（1）电压稳定。直流稳压电源能够将输入的交流电压转换为稳定的直流电压输出。它通过内部的稳压电路来保持输出电压的稳定性，避免电压波动对电子设备的损害。

（2）电流稳定。直流稳压电源能够保持输出电流的稳定性。它通常配备了电流限制功能，确保输出电流不会超过设定范围，避免对电子设备和电路的过载。

（3）过电压和过电流保护。直流稳压电源通常具备过电压和过电流保护功能。当输出电压或电流超过设定的安全范围时,它会自动断开电源输出,以保护被供电设备的安全。

(4)输出稳定性。直流稳压电源的输出稳定性是指输出电压和电流在负载变化或输入电源波动的情况下保持恒定的能力。输出稳定性的好坏直接影响被供电设备的性能和可靠性。

(5)可调节性。直流稳压电源通常具备可调节的输出电压和电流范围。用户可以根据实际需要调节输出电压和电流的数值,以满足不同设备和电路的需求。

(6)低噪声和低纹波。直流稳压电源能够产生低噪声和低纹波的输出电源。这对电源品质要求较高的电子设备(如通信设备、精密仪器等)至关重要。

总之,直流稳压电源的基本功能是将交流电源转换为稳定的直流电源,并提供稳定输出的电压和电流,以满足各种电子设备和电路的供电需求。

2. 直流稳压电源的组成

最简单的小功率直流稳压电源的组成原理框图如图 4-1 所示,它是将正弦交流电转换成直流电的直流稳压电源的原理框图。

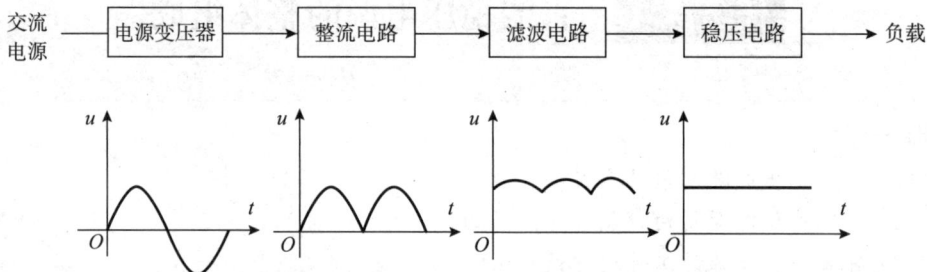

图 4-1 直流稳压电源的组成原理框图

具体内容部分作用如下。

(1)电源变压器。将正弦工频交流电源电压变换为符合用电设备所需要的正弦工频交流电压。

(2)整流电路。利用具有单向导电性能的整流元器件,将正负交替变化的正弦交流电压变换成单方向的脉动直流电压。

(3)滤波电路。尽可能地减小单向脉动直流电压中的脉动部分(交流分量),使输出电压成为比较平滑的直流电压。

(4)稳压电路。整流后,采用负反馈技术进一步稳定直流电压,当电源发生波动或负载变化时,输出直流电源保持稳定。在对直流电压的稳定程度要求较低的电路中,稳压环节也可以省略。

4.1.2 直流稳压电源的工作过程

直流稳压电源的工作过程一般为:首先由电源变压器将 220V 的交流电压转换为所需要的交流电压,然后通过整流电路将交流电转换为直流电源。整流电路通常采用整流桥或者二极管等元器件来实现。

整流后的直流电源仍然会存在一些波动和脉动现象,通过滤波电路可以去除或者减小这些波动和脉动,使直流电压更加稳定。

稳压电源通过反馈控制来维持输出电压的稳定性。其中,反馈信号一般由输出端的电压与参考电压进行比较得出,然后经过放大、误差检测和调节等步骤,最终通过控制器的输出控制电路来调整输出电压。为了输出稳定的电压,稳压电源中通常会引入稳压二极管、调整管或者开关元器件等。这些元器件具有快速响应、高效率等特点,能够帮助稳压电源实现电压调节和控制。

综上所述,直流稳压电源工作原理主要包括整流、滤波、反馈控制和传递元器件等环节,通过这些环节可以实现稳定输出直流电压的功能。

任务 4.2　整流电路设计

■ 想一想:

(1) 如何将 50Hz、220V 的交流电压变为低压交流电压?

(2) 220V 的电网电压是稳定的吗? 它的波动范围是多少?

(3) 220V 交流电压经变压器电路、整流电路后是否输出 220V 的直流电压?

带着问题查阅相关资料,请学生以小组为单位进行讨论,得出以上问题的答案后,及时写在项目日志上。

4.2.1 认识电源变压器

1. 电源变压器概述

电源变压器是一种软磁电磁元器件,其功能是功率传送、电压变换和绝缘隔离。在电源技术和电力电子技术中得到了广泛的应用,几乎在所有的电子产品中都能用到。虽然其原理简单,但根据不同的使用场合和用途,变压器的绕制工艺会有不同的要求。变压器具有电压变换、阻抗变换、隔离和稳压(磁饱和变压器)等功能,其常用的铁心形状一般有 E 型和 C型铁心。

直流电源的输入为 220V 的电网电压(即市电),一般情况下,所需直流电压的数值和电网电压的有效值相差较大,因此需要通过电源变压器降压后,再对交流电压进行处理。变压器二次电压有效值取决于后面电路的需要。

2. 电源变压器的种类及特点

1) 按相数分类

(1) 单相电源变压器。其用于单相负载和三相电源变压器组。

(2) 三相电源变压器。其用于三相系统的升、降电压。

2) 按冷却方式分类

(1) 干式电源变压器。其主要依靠空气对流进行冷却,一般用于局部照明、电子线路等小容量电源变压器。

（2）油浸式电源变压器。其主要依靠油作为冷却介质，如油浸自冷、油浸风冷、油浸水冷和强迫油循环等。

3）按用途分类

（1）电力变压器。其主要用于输配电系统的升、降电压。

（2）仪用变压器。其主要有电压互感器、电流互感器，用于测量仪表和继电保护装置。

（3）试验变压器。它能产生高压，对电气设备进行高压试验。

（4）特种变压器。其主要有电炉变压器、整流变压器和调整变压器等。

4）按绕组形式分类

（1）双绕组变压器。其主要用于连接电力系统中的两个电压等级。

（2）三绕组变压器。它一般用于电力系统区域变电站中，连接三个电压等级。

（3）自耦变压器。它用于连接不同电压的电力系统，也可作为普通的升压或降压变压器使用。

不同绕组变压器的电路符号是不同的，如图 4-2 所示。

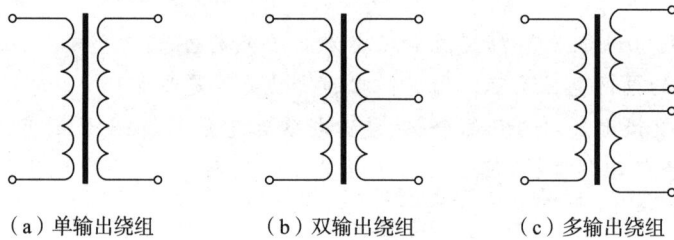

（a）单输出绕组　　　　　（b）双输出绕组　　　　　（c）多输出绕组

图 4-2　不同绕组变压器的电路符号

5）按铁心形式分类

（1）芯式变压器。其主要用于高压的电力变压器。

（2）非晶合金变压器。非晶合金铁心变压器使用新型导磁材料，空载电流下降约 80%，是节能效果比较理想的配电变压器，特别适用于农村电网和负载率较低的地方。

（3）壳式变压器。其主要用于大电流的特殊变压器，如电炉变压器、电焊变压器；或用于电子仪器及电视、收音机等的电源变压器。

3. 电源变压器的工作原理

（1）电源变压器是输出和输入共用一组绕组的特殊变压器，升压和降压用不同的抽头来实现。比共用绕组少的部分，抽头电压降低；比共用绕组多的部分，抽头电压升高。

（2）自耦变压器是只有一个绕组的变压器，其原理和普通变压器一样，只不过其一次绕组也是它的二次绕组，一般的变压器是左边一个一次绕组通过电磁感应，使右边的二次绕组产生电压，而自耦变压器是自己影响自己。当作为降压变压器使用时，从绕组中抽出一部分线匝作为二次绕组；当作为升压变压器使用时，外施电压只加在绕组的部分线匝上。通常将同时属于一次和二次的那部分绕组称为公共绕组，自耦变压器的其余部分称为串联绕组。同容量的自耦变压器与普通变压器相比，不仅尺寸小，而且效率高。变压器容量越大，电压越高，这个优点越突出。因此，随着电力系统的发展、电压等级的提高和输送容量的增大，自耦变压器因其容量大、损耗小和造价低而得到广泛应用。

4.2.2 整流电路

1. 单相半波整流电路

整流电路的任务是将交流电变换成直流电,完成这一任务主要靠二极管的单向导电作用。因此,二极管是构成整流电路的关键元器件(常称为整流管),常见的整流电路包括单相半波整流电路、全波整流电路和桥式整流电路。在分析整流电路时,为了突出重点并简化分析过程,通常作出以下假定:负载为纯电阻性;整流二极管具有理想的伏安特性,即导通时正向压降为零,截止时反向电流为零;变压器无损耗,内部压降为零等。

最简单的单相半波整流电路如图 4-3 所示。其中,T 为电源变压器,它将 220V 的电网电压变换为合适的交流电压;VD 为整流二极管;电阻 R_L 为直流电源的负载。

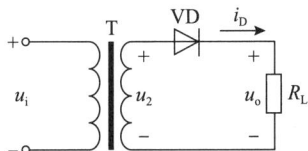

1) 单相半波整流电路的工作原理

设 $u_2 = 2U_2\sin\omega t$,其中 U_2 为变压器二次电压有效值,在

图 4-3 单相半波整流电路

$0\sim\pi$ 时间内,即在变压器二次电压的正半周内,其极性是上端为正、下端为负,二极管 VD 承受正向电压而导通,此时有电流流过负载,并且与二极管上流过的电流相等,即 $i_o = i_{VD}$,忽略二极管上的压降,负载上输出电压 $u_o = u_2$,输出波形相同。

在 $\pi\sim2\pi$ 时间内,即在 U_2 负半周内,变压器二次电压上端为负、下端为正,二极管 VD 承受反向电压而截止,负载上无电流流过,输出电压 $u_o = 0$,此时 U_2 电压全部加在二极管 VD 上。

综上所述,单相半波整流电路的工作原理:在变压器二次电压 U_2 为正的半个周期内,二极管正向导通,电流经二极管流向负载,在 R_L 上得到一个极性上端为正、下端为负的电压;而在 U_2 为负的半个周期时,二极管反向截止,电流等于零,所以在负载电阻 R_L 两端得到的电压 U_o 的极性是单方向的,达到了整流的目的。通过上述分析可知,此电路只有半个周期有波形,另外半个周期无波形,因此称其为半波整流电路。单相半波整流电路波形如图 4-4 所示。

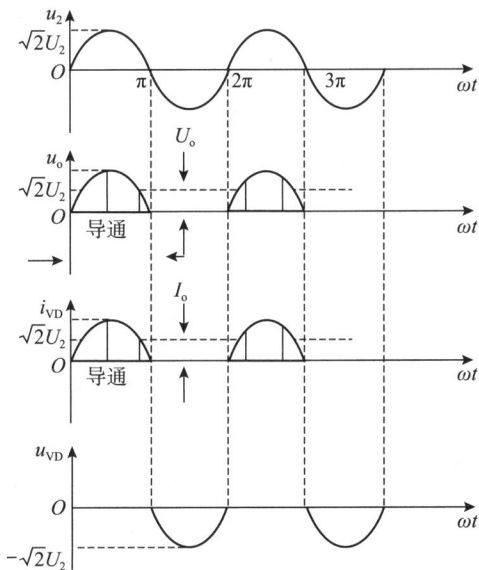

图 4-4 单相半波整流电路波形

单相半波整流电路

99

2）单相半波整流电路的指标

单相半波整流电路不断重复上述过程，则整流输出电压为

$$u_t = \begin{cases} 2U_2\sin\omega t \\ 0 \end{cases} \tag{4-1}$$

负载上输出的平均电压 U_o（即单相半波整流电压的平均值）为

$$U_o = \frac{1}{2\pi}\int_0^{2\pi} u_o \, \mathrm{d}(\omega t) = \frac{1}{2\pi}\int_0^{2\pi} 2U_2\sin\omega t \, \mathrm{d}(\omega t) = \frac{2}{\pi}U_2 = 0.45U_2 \tag{4-2}$$

为了选用合适的二极管，还应计算流过二极管的正向平均电流 I_{VD} 和二极管承受的最大反向电压 U_{RM}。

流经二极管的正向平均电流等于负载电流，即

$$I_{VD} = I_o = \frac{U_o}{R_L} = 0.45\frac{U_2}{R_L} \tag{4-3}$$

二极管承受的最大反向电压为变压器二次电压的峰值，即

$$U_{RM} = 2U_2 \tag{4-4}$$

单相半波整流电路比较简单，使用的整流元器件较少，但由于只利用了交流电压的半个周期，因此变压器利用率和整流效率较低，输出电压脉动较大，仅适用于负载电流较小（几十毫安以下）且对电源要求不高的场合。

2. 单相全波整流电路

单相全波整流电路如图 4-5 所示，它实际上是由两个半波整流电路组成，变压器二次绕组具有中心抽头，使二次的两个感应电压大小相等，但对地的电位正好相反。

1）单相全波整流电路工作原理

在 U_2 的正半周内，变压器二次电压是上端为正、下端为负，二极管 VD_1 承受正向电压而导通，电流 I_{VD1} 经负载 R_L 回到变压器二次绕组中心抽头，此时二极管 VD_2 承受反向电压而截止，因此 VD_2 支路中没有电流流过。

在 U_2 的负半周内，变压器二次电压是上端为负、下端为正，二极管 VD_1 承受反向电压而截止，因此 VD_1 支路中没有电流流过，此时二极管 VD_2 承受正向电压而导通，电流 I_{VD2} 经负载 R_L 回到变压器二次绕组中心抽头。由此可见，在变压器二次电压 U_2 的整个周期内，两个二极管 VD_1、VD_2 轮流导通，使负载上均有电流流过，且流过负载的电流 I_o 是单一方向的全波脉动电流，故这种整流电路称为全波整流电路，单相全波整流电路波形如图 4-6 所示。

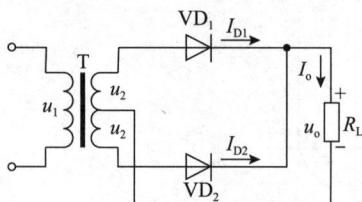

图 4-5　单相全波整流电路

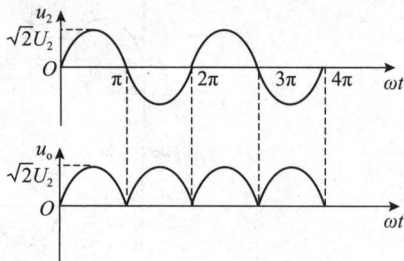

图 4-6　单相全波整流电路波形

2）单相全波整流电路的指标

（1）输出电压和输出电流的平均值为

$$U_o = 0.9U_2 \tag{4-5}$$

$$I_o = 0.9\frac{U_2}{R_L} \tag{4-6}$$

（2）整流二极管的平均电流为

$$I_{VD} = \frac{1}{2}I_o = 0.45\frac{U_2}{R_L} \tag{4-7}$$

这个数值与单相半波整流电路的相同。虽然是全波整流电路，但由于是两个二极管轮流导通，对于单个二极管仍然是半个周期导通，半个周期截止，因此，在一个周期内流过每个二极管的平均电流只有负载电流的一半。

（3）整流二极管承受的最大反向电压为

$$U_{RM} = 2\sqrt{2}U_2 \tag{4-8}$$

这是因为二极管 VD_1 导通时，在忽略二极管 VD_1 的正向压降情况下，此时反向截止的二极管 VD_2 上的反向电压等于变压器整个二次的全部电压，其最大值为 $2\sqrt{2}U_2$。同理，当 VD_2 导通时，作用在 VD_1 上的反向电压也是如此。

单相全波整流电路具有整流效率高，输出电压高且波动较小的特点。但变压器必须有中心抽头，且二极管承受的反向电压较高，因此电路对变压器和二极管的要求较高。

3. 单相桥式整流电路

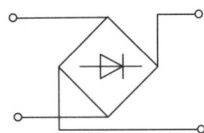

单相半波整流电路和单相全波整流电路有明显的不足之处，针对这些不足，在实践中产生了桥式整流电路，四个二极管组成的桥式整流电路如图 4-7(a)所示，这个桥也可以简化成图 4-7(b)所示样式。

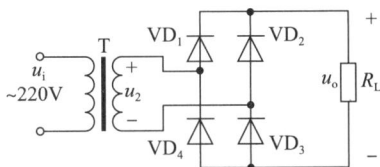

（a）桥式整流电路　　　　（b）简化二极管桥　　　　单相桥式整流电路

图 4-7　单相桥式整流电路

1）单相桥式整流电路的工作原理

单相桥式整流电路由变压器、四个二极管和负载组成。当 U_2 在正半周时，二极管 VD_1 和 VD_3 导通，而二极管 VD_2 和 VD_4 截止，电流自上而下流过负载 R_L，且在负载上得到了与 U_2 正半周相同的电压。当 U_2 在负半周时，二极管 VD_2 和 VD_4 导通，而 VD_1 和 VD_3 截止，电流仍然是自上而下流过负载 R_L，且在负载上得到了与 U_2 负半周相同的电压。单相桥式整流电路波形如图 4-8 所示。

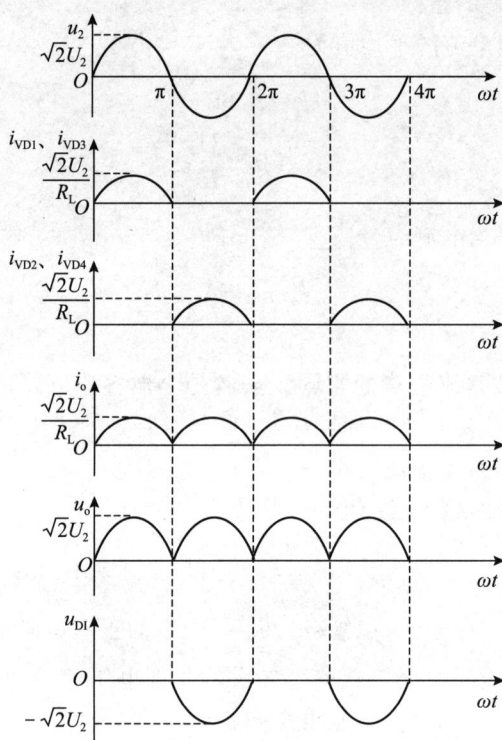

图 4-8　单相桥式整流电路波形

2）单相桥式整流电路的指标

（1）输出电压和输出电流的平均值为

$$U_o = 0.9U_2 \tag{4-9}$$

$$I_o = 0.9\frac{U_2}{R_L} \tag{4-10}$$

（2）整流二极管的平均电流为

$$I_{VD} = \frac{1}{2}I_o = 0.45\frac{U_2}{R_L} \tag{4-11}$$

这个数值与单相半波整流电路的数值相同,虽然是单相桥式整流电路,但由于是两组二极管轮流导通,对于单个二极管仍然是半个周期导通,半个周期截止,因此,在一个周期内流过每个二极管的平均电流只有负载电流的一半。

（3）整流二极管承受的最大反向电压为

$$U_{RM} = 2U_2 \tag{4-12}$$

综上所述,单相桥式整流电路与单相半波整流电路相比,只是增加了整流二极管的个数,但负载上的电压与电流却提高了一倍,而其他参数没有变化,因此,单相桥式整流电路得到了广泛应用。

4.2.3 任务实施

1. 单相桥式整流电路仿真测试

1）绘制仿真电路图

利用 Multisim 14.3 软件绘制单相桥式整流仿真电路图,如图 4-9 所示。

全波整流仿真

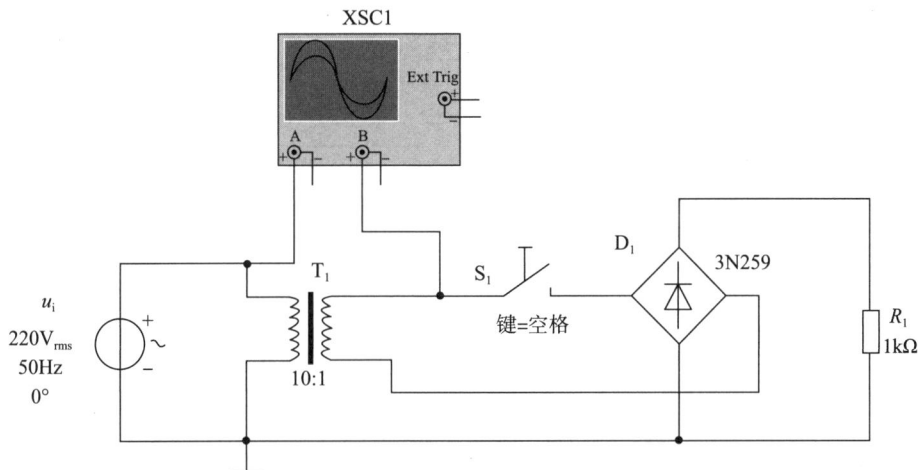

图 4-9 单相桥式整流仿真电路

2）测量变压器输出波形

先将 S_1 断开,用示波器观察变压器两端电压波形为正弦波,幅度不同,读取示波器数据,波形如图 4-10 所示;再将 S_1 闭合,读取示波器数据,波形如图 4-11 所示。

结论:变压器只改变一次电压的幅度,不改变其电压波形。

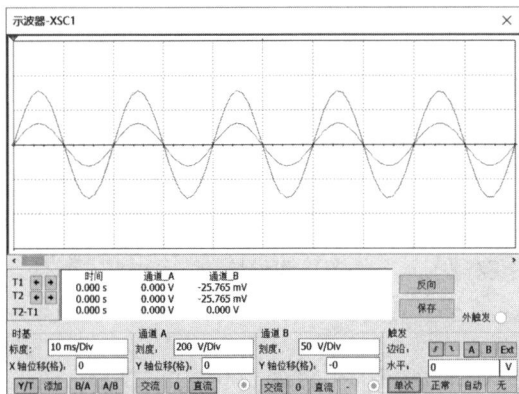

图 4-10 S_1 断开时输入/输出波形

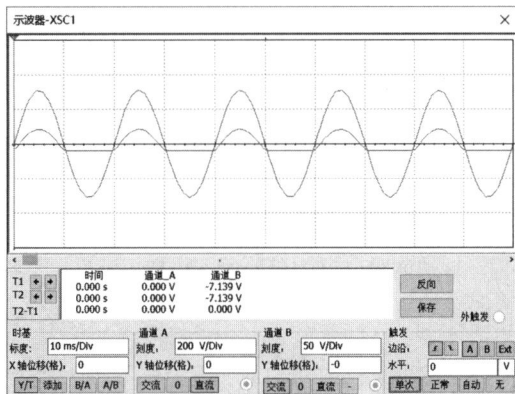

图 4-11 S_1 闭合时输入/输出波形

3）测量桥式整流电路的输出波形

将示波器通道 B 按图 4-12 改接,S_1 闭合,用示波器观察桥式整流输出波形,如图 4-13 中上方波形所示。

结论:单相桥式整流为全波整流。

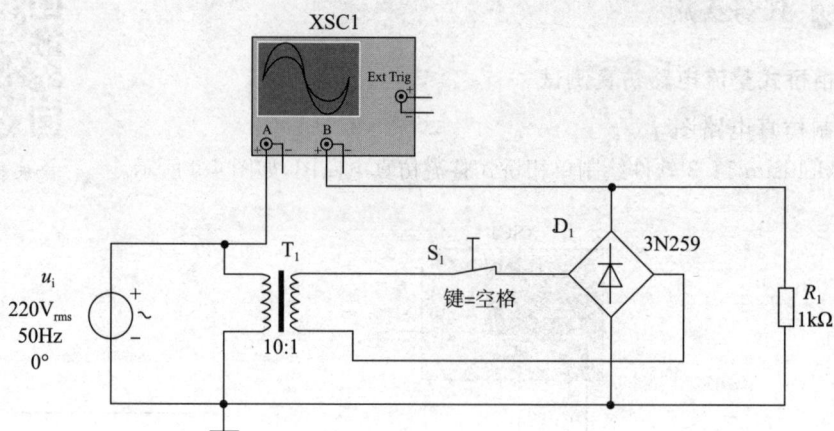

图 4-12　单相桥式整流电路

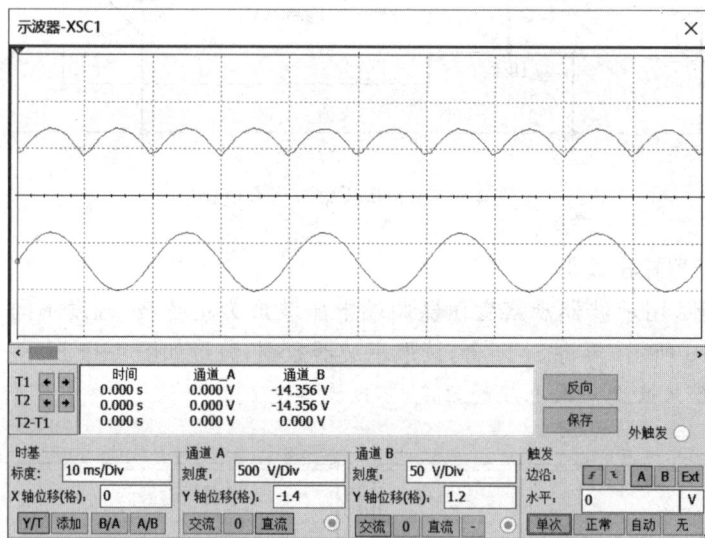

图 4-13　单相桥式整流电路输入/输出波形

2. 焊接桥式整流电路

选取四只已经测量好的二极管,按图 4-14 所示电路进行元器件布局和焊接。

半波整流仿真

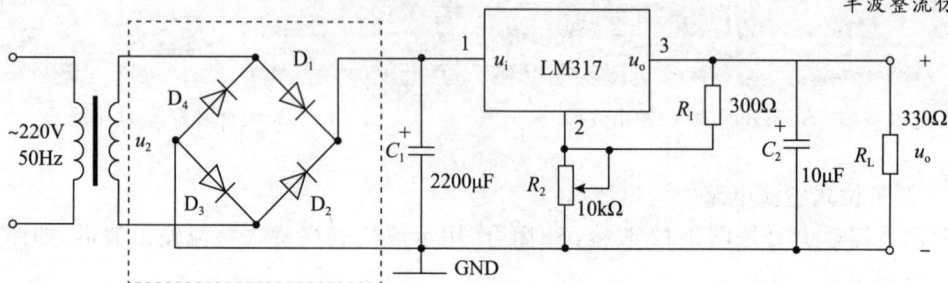

图 4-14　桥式整流电路焊接示意图

任务 4.3　滤　波　电　路

■ **想一想：**

（1）经过整流后的直流电压可以直接驱动负载吗？

（2）滤波电路都有什么特点？

带着问题查阅相关资料，请学生以小组为单位进行讨论，得出以上问题的答案后，及时写在项目日志上。

4.3.1　滤波电路原理

经过整流后，输出电压在方向上没有变化，但输出电压起伏较大，这样的直流电源作为电子设备的电源，大多会产生不良的影响，甚至导致设备不能正常工作。为了改善输出电压的脉动，必须采用滤波电路。常用的滤波电路有电容滤波、电感滤波、LC 滤波和 π 型滤波。

1. 电容滤波

最简单的电容滤波电路是在整流电路的负载 R_L 两端并联一只较大容量的电解电容器，如图 4-15(a)所示。

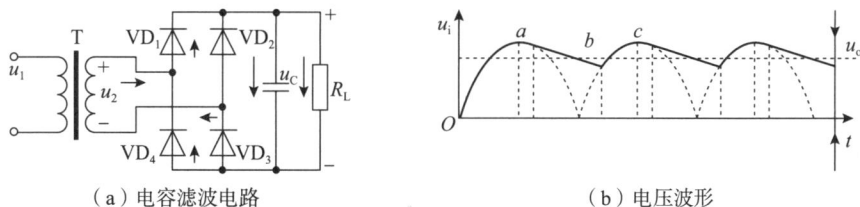

（a）电容滤波电路　　　　　　　　（b）电压波形

图 4-15　电容滤波电路和电压波形

当负载开路时，设电容无能量储存，输出电压从零开始增大，电容器开始充电。充电时间常数 $\tau = R_1 C$（其中 R_1 为变压器二次绕组和二极管的正向电阻），由于变压器二次绕组和二极管的正向电阻较小，电容器充电很快达到 U_2 的最大值，即 $U_C = 2U_2$，此后 U_2 的值下降，由于 $U_2 < U_C$，四只二极管因处于反向偏置而截止，电容无放电回路。因此，U_o 的值从最大值下降时，电容可通过负载 R_L 放电，放电时间常数 $\tau = R_L C$。若 R_L 较大，则放电时间常数比充电时间常数大，U_o 按指数规律下降。当 U_o 的值再增大后，电容再继续充电，同时向负载提供电流，电容上的电压会很快地上升，达到 U_2 的最大值后，电容又通过负载 R_L 放电。这样不断地进行充电和放电，在负载上得到比较平滑的电压波形，如图 4-15(b)所示。

在实际应用中，为了保证输出平滑的电压，使脉动减小，电容器 C 容量的选择应满足 $R_L C \geqslant (3 \sim 5) T/2$，其中 T 为交流电的周期，在单相桥式整流电容滤波时的直流电压一般为

$$U_o \approx 1.2 U_2 \tag{4-13}$$

电容滤波电路简单,缺点是负载电流不能过大,否则会影响滤波效果。因此,电容滤波适用于负载变动不大、电流较小的场合。

2. 电感滤波

在整流电路和负载之间,串联一个电感量较大的铁心线圈,构成了一个简单的电感滤波电路,如图 4-16 所示。

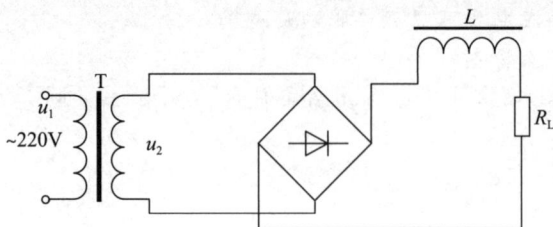

图 4-16　电感滤波电路

根据电感的特点,当电感电流发生变化时,线圈中会产生自感电动势,其方向与电流方向相反。自感电动势会阻碍电流的增加,同时将能量储存起来,使电流增加变得缓慢。反之,当电感电流减小时,自感电动势使电流减小变得缓慢,从而大大减小了负载电流和负载电压脉动。

电感滤波电路外特性较好,带负载能力较强。但是,电感滤波电路也存在一些缺点,如体积大,比较笨重,且电阻较大,因而在其上会有一定的直流压降,导致输出电压降低。在单相桥式整流电感滤波时的直流电压一般为

$$U_o \approx 0.9U_2 \tag{4-14}$$

3. 复式滤波

1) LC 滤波

采用单一的电容或电感滤波时,电路虽然简单,但滤波效果欠佳。大多数场合要求更好的滤波效果,因此可将两种滤波方式结合起来,组成 LC 滤波电路,如图 4-17 所示。

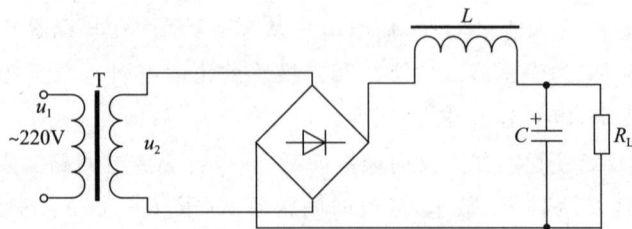

图 4-17　LC 滤波电路

与电容滤波电路相比,LC 滤波电路的优点:其外特性比较好,负载对输出电压影响较小;电感元器件限制了电流的脉动峰值,减小了对整流二极管的冲击。LC 滤波电路主要适用于电流较大、要求电压脉动较小的场合,其直流输出电压平均值和电感滤波电路一样,其值为

$$U_o \approx 0.9U_2 \tag{4-15}$$

2）π型滤波

为了进一步减小输出的脉动成分,可在 LC 滤波电路的输入端再增加一个滤波电容,即组成了 LC-π 型滤波电路,如图 4-18(a)所示。这种滤波电路的输出电流波形更加平滑,适当选择电路参数,输出电压同样可以达到 $U_o \approx 1.2U$。当负载电阻 R_L 较大、负载电流较小时,可用电阻代替电感,组成 RC-π 型滤波电路,如图 4-18(b)所示。这种滤波电路具有体积小、重量轻的特点,因此得到了广泛的应用。

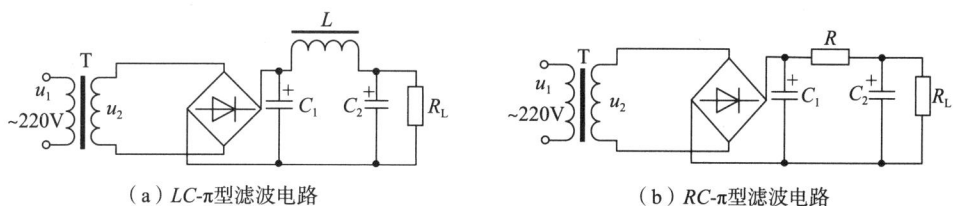

（a）LC-π型滤波电路　　　　　　　　（b）RC-π型滤波电路

图 4-18　π 型滤波电路

4.3.2　任务实施

1. 单相桥式整流滤波电路仿真测试

1）绘制仿真电路图

利用 Multisim 14.3 软件绘制单相桥式整流滤波仿真电路,如图 4-19 和图 4-20 所示。

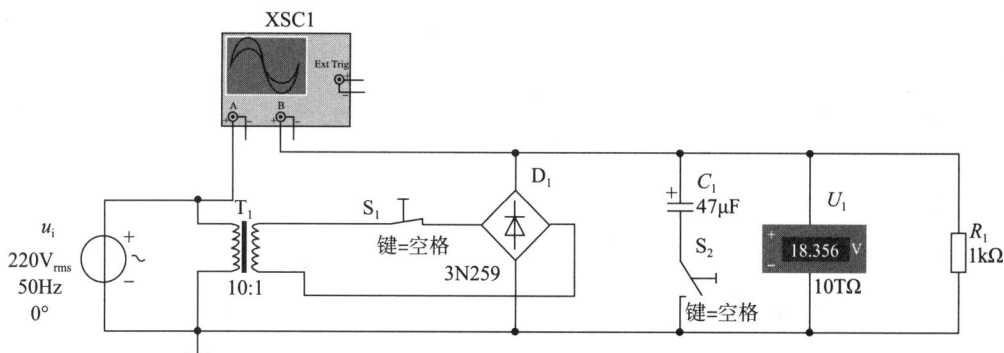

图 4-19　单相桥式整流滤波电路（无滤波）（由 Multisim 14.3 软件绘制）

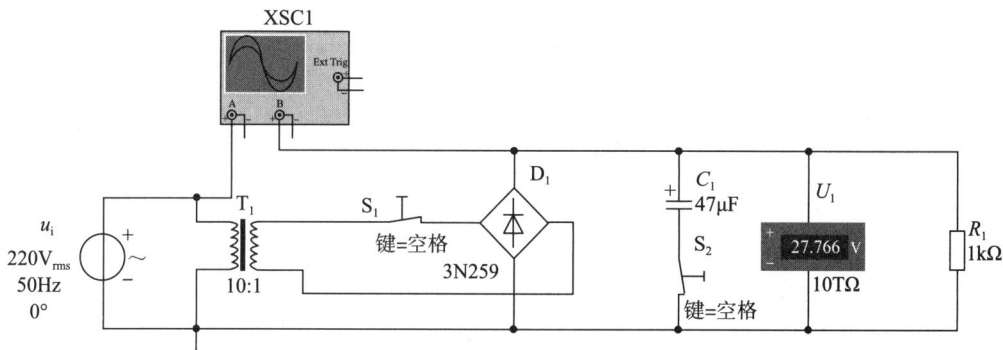

图 4-20　单相桥式整流滤波电路（有滤波）（由 Multisim 14.3 软件绘制）

2）测量单相桥式整流滤波电路的输出电压和输出波形

（1）闭合 S_1，断开 S_2，电压表调到直流状态并读取读数，测量示波器波形如图 4-21 所示。

（2）闭合 S_1，闭合 S_2，电压表调到直流状态并读取读数，测量示波器波形如图 4-22 所示。

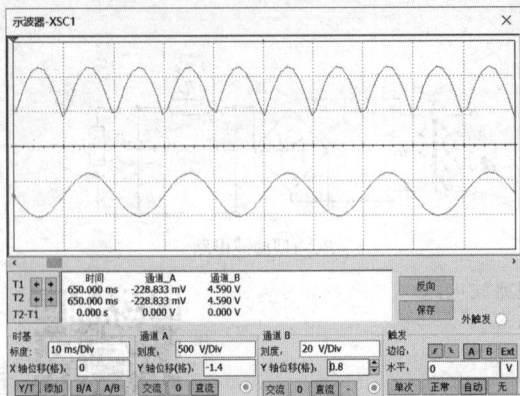

图 4-21 S_2 断开示波器波形

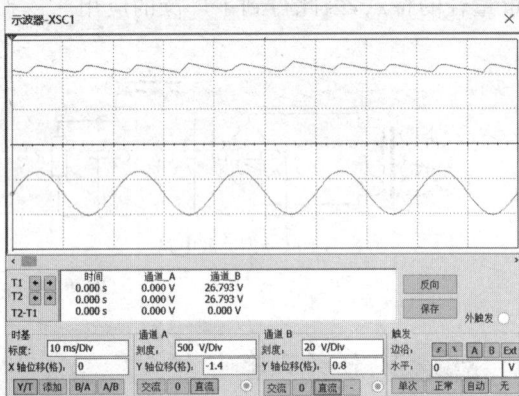

图 4-22 S_2 闭合示波器波形

结论：对比 S_2 闭合前后的输出波形可以看出，加入滤波电容后输出电压脉动减小，输出直流电压升高。

3）增大滤波电容的值为 $100\mu F$

观察输出电压值和输出波形，记录测量结果。

结论：R_1 不变的情况下，C_1 越大，τ（电容放电时间）越大，放电越慢，曲线越平滑，脉动越小。如果 C_1 太大，通电瞬间的浪涌电流就会很大，造成对整流二极管的冲击过大，从而使整流二极管的使用寿命受到影响。

2. 焊接滤波电路

选取电解电容，按图 4-23 所示进行元器件布局和焊接。

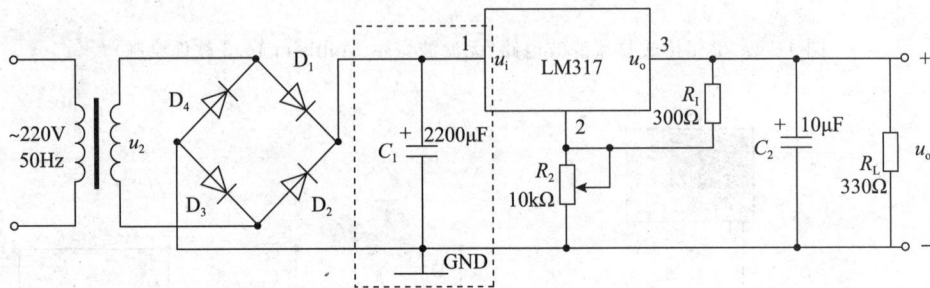

图 4-23 桥式整流滤波电路焊接示意图

3. 测量桥式滤波电路

用示波器测量滤波输出电压波形。

任务 4.4　稳 压 电 路

■ **想一想：**
　　(1) 为什么经过整流滤波以后的直流电源还需要稳压？
　　(2) 常用的稳压电路都有哪些？各有什么特点？
　　带着问题查阅相关资料，请学生以小组为单位进行讨论，得出以
上问题的答案后，及时写在项目日志上。

稳压电路的分类

4.4.1　常用稳压电路介绍

　　整流、滤波后得到的直流输出电压往往会随交流电压的波动和负载的变化而变化，造成这种直流输出电压不稳定的因素有两个：一是当负载改变时，负载电流将随着改变，由于电源变压器、整流二极管和滤波电容都有一定的等效电阻，因此，当负载电流变化时，等效电阻上的压降也会变化，即使交流电网电压不变，直流输出电压也会改变；二是电网电压常有一些变化，在正常情况下变化±10%是常见的，当电网电压变化时，即使负载未变，直流输出电压也会改变。当用一个不稳定的电压对负载进行供电时，会引起负载工作不稳定，甚至不能正常工作，特别是一些精密仪器、计算机、自动控制设备等都要求有很稳定的直流电源，因此在整流滤波电路后面需要再加一级稳压电路，以获得稳定的直流输出电压。

1. 稳压管稳压电路

1) 稳压管伏安特性
稳压二极管工作在反向击穿区，其伏安特性曲线如图 4-24 所示。

2) 稳压管稳压电路工作原理
利用一个硅稳压管 VZ 和一个限流电阻 R 即可组成一个简单的稳压电路，如图 4-25 所示。图中，稳压管 VZ 与负载电阻 R_L 并联，在并联后与整流滤波电路连接时，要串联一个限流电阻 R，由于 VZ 与 R_L 并联，因此也称并联型稳压电路。

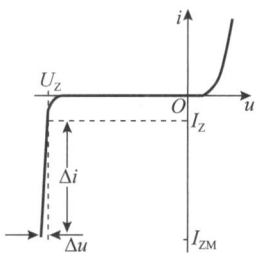

图 4-24　稳压管伏安特性曲线

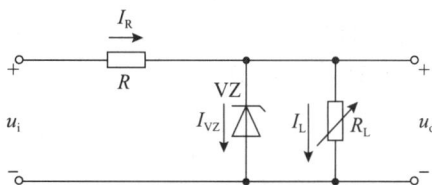

图 4-25　稳压管稳压电路

　　这里要指出的是，硅稳压管的极性不可接反，一定要使它处于反向工作状态。如果接错，硅稳压管正向导通就会造成短路，输出电压 u_o 也将趋近于零。下面讨论稳压电路的工

作原理。

(1) 如果输入电压 u_i 不变而负载电阻 R_L 减小,这时负载上电流 I_L 会增加,电阻 R 上的电流 $I_R = I_L + I_{VZ}$ 也会有增大的趋势,则 $U_R = I_R R$ 也趋于增大,这将引起输出电压 $u_o = U_{VZ}$ 的下降。稳压管的反向伏安特性表明,如果 I_R 基本不变,输出电压 $u_o = u_i - I_R R$ 也就基本稳定下来了。当负载电阻 R_L 增大时,I_L 减小,I_{VZ} 增加,保证了 I_R 基本不变,同样稳定了输出电压 u_o,稳压过程可表示如下:

$$R_L \downarrow \to I_L \uparrow \to I_R \uparrow \to U_R \uparrow \to u_o (U_{VZ}) \downarrow \to I_{VZ} \downarrow \to I_R \downarrow \to U_R \downarrow \to u_o \uparrow$$

或

$$R_L \uparrow \to I_L \downarrow \to I_R \downarrow \to U_R \downarrow \to u_o \uparrow$$

(2) 当负载电阻 R_L 保持不变,而电网电压的波动引起输入电压 u_i 升高时,电路的传输作用使输出电压(即稳压管两端电压)趋于上升。由稳压管反向伏安特性可知,稳压管电流 I_{VZ} 将显著增加,于是电流 $I_R = I_L + I_{VZ}$ 增大,因此电压 $U_R = I_R R$ 升高,即输入电压的增加量基本降落在电阻 R 上,从而使输出电压 u_o 基本上没有变化,达到了稳定输出电压的目的。同理,电压 u_i 降低时,也通过类似过程来稳定输出电压 u_o,稳定过程可表示如下:

$$u_i \uparrow \to U_{VZ} \uparrow \to I_{VZ} \uparrow \to I_R \uparrow \to U_R \uparrow \to u_o \downarrow$$

或

$$u_i \downarrow \to U_{VZ} \downarrow \to I_{VZ} \downarrow \to I_R \downarrow \to U_R \downarrow \to u_o \uparrow$$

由此可见,稳压管稳压电路是依靠稳压管的反向特性,即反向击穿电压微小的变化引起电流较大的变化,通过限流电阻的电压调整来达到稳压的目的。

3) 硅稳压管稳压电路参数的选择

(1) 硅稳压管的选择。可根据下列条件初选硅稳压管。

$$U_{VZ} = u_o$$
$$I_{VZmax} \geqslant (2 \sim 3) I_{Rmax}$$

当 u_i 增加时,会使硅稳压管的 I_{VZ} 增加,所以电流选择应适当大一些。

(2) 输入电压 u_i 的确定。当输入电压 u_i 较高,且限流电阻 R 较大时,稳压电路的稳定性能好,但损耗大,一般选择 $u_i = (2 \sim 3) u_o$。

(3) 限流电阻 R 的选择。限流电阻 R 的选择主要是确定其阻值和功率。

① 阻值的确定。在 u_i 最小和 I_L 最大时,流过稳压管的电流最小,此时电流 I_{VZ} 不能低于稳压管最小稳定电流,即

$$I_{VZ} = \frac{U_{imin} - U_{VZ}}{R} - I_{Lmax} \geqslant I_{VZmin} \tag{4-16}$$

$$R \leqslant \frac{U_{imin} - U_{VZ}}{I_{VZmax} + I_{Lmax}} \tag{4-17}$$

在 u_i 最大和 I_L 最小时,流过稳压管的电流最大,此时应保证电流 I_{VZ} 不大于稳压管最大稳定电流,即

$$I_{VZ} = \frac{U_{imin} - U_{VZ}}{R} - I_{Lmax} \leqslant I_{VZmax} \tag{4-18}$$

$$R \geqslant \frac{U_{imin} - U_{VZ}}{I_{VZmax} + I_{Lmax}} \tag{4-19}$$

限流电阻 R 的阻值应同时满足式(4-18)和式(4-19)。

② 功率的确定。

$$P_R = (2 \sim 3)\frac{U_{RM}^2}{R} = (2 \sim 3)\frac{(U_{imax} - U_{VZ})^2}{R} \tag{4-20}$$

P_R 应适当选择大一些。

2. 串联型稳压电路

为扩大负载电流,最简单的方法是:采用晶体管的电流放大作用,将稳压管稳定电路的输出电流放大后,再作为负载电流。电路采用发射极输出形式,因而引入电压负反馈,可以稳定输出电压,如图 4-26(a)所示。常见画法如图 4-26(b)所示。

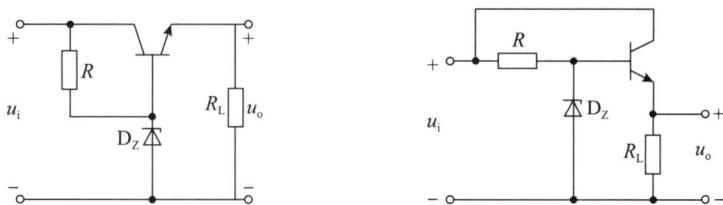

（a）加晶体管扩大负载电流的变化范围　　　　（b）常见画法

图 4-26　串联型稳压电路

电路中晶体管的调节作用使 u_o 稳定,该晶体管称为调整管。要使调整管起到调整作用,必须使它工作在放大状态,即工作在线性区,故称为线性稳压电路。又因为调整管与负载串联,所以称这类电路为串联型稳压电源。

1) 稳压原理

当电网电压波动时:

$$u_i \uparrow \rightarrow U_E \uparrow \rightarrow U_{BE} \downarrow (U_{BE} = U_B - U_E) \rightarrow I_B \downarrow \rightarrow I_E \downarrow \rightarrow u_o \downarrow$$

当负载变化时:

$$R_L \uparrow \rightarrow U_E \uparrow \rightarrow U_{BE} \downarrow (U_{BE} = U_B - U_E) \rightarrow I_B \downarrow \rightarrow I_E \downarrow \rightarrow u_o \downarrow$$

2) 调整管电路参数的选择

在串联型稳压电路中,调整管是核心元器件,其安全工作是电路正常工作的保证。调整管一般为大功率晶体管,因而选用原则与功率放大电路中的功率晶体管相同,主要考虑其极限参数 I_{CM}、$U_{(BR)CEO}$ 和 P_{CM}。

(1) I_{CM} 的选取。调整管中流过的最大集电极电流为

$$I_{CM} > I_{Lmax}$$

(2) 击穿电压的选取。当电网电压波动±10%,稳压电路输入电压 u_i 达到最大值 U_{imax},且输出电压最低时,调整管承受的管压降最大,所以要求调整管击穿电压为

$$U_{(BR)CEO} > U_{imax} - U_{omin}$$

(3) 功率 P_{CM} 的选取。调整管可能承受的最大集电极功率为

$$P_{Cmax} = U_{CEmax} I_{Cmax} = (U_{imax} - U_{omin}) I_{Cmax}$$

U_{imax} 是考虑到电网电压波动±10%时,稳压电路输入电压的最大值;U_{omin} 是输出电压的最小值。所以要求 $P_{CM} > (U_{imax} - U_{omin}) I_{Lmax}$。

3. 集成稳压电路

随着集成工艺的发展,出现了集成稳压器,它将调整管、比较放大单元、启动单元和保护环节等元器件都集成在一块芯片上,具有体积小、重量轻、使用调整方便、运行可靠和价格低等优点,因而得到了广泛的应用。集成稳压器的规格种类繁多,具体电路结构也有差异。其按内部工作方式分为串联型(调整电路与负载相串联)、并联型(调整电路与负载相并联)和开关型(调整电路工作在开关状态);按引出端子分为固定式三端集成稳压器、可调式三端集成稳压器和可调式多端集成稳压器等。实际应用中最简便的是三端集成稳压器,它只有3个引线端,即不稳定电压输入端(一般与整流滤波电路输出相连)、稳定电压输出端(与负载相连)和公共接地端。

1) 固定式三端集成稳压器

固定式三端集成稳压器分为正电压输出(7800 系列)和负电压输出(7900 系列)两大类。

国产的固定式三端集成稳压器分为 CW78×× 系列(正电压输出)和 CW79×× 系列(负电压输出),其输出电压有 ±5V、±6V、±8V、±9V、±12V、±15V、±18V 和 ±24V,最大输出电流有 0.1A、0.5V、1A、1.5A 和 2.0A 等。

(1) 正电压输出稳压器。常用的固定式三端正电压输出稳压器是 7800 系列,型号中的"00"两位数表示输出电压的稳定值,分别为 5V、6V、9V、12V、15V、18V 和 24V,例如,7812 的输出电压为 12V,7805 的输出电压为 5V。按输出电流大小不同,固定式三端正电压输出稳压器又分为:CW7800 系列,最大输出电流为 1~1.5A;CW78M00 系列,最大输出电流为 0.5A;CW78L00 系列,最大输出电流为 100mA 左右。三端集成稳压器的外形和引线端排列如图 4-27 所示。

(2) 负电压输出稳压器。常用的固定式三端负电压输出稳压器是 7900 系列,型号中的"00"两位数表示输出电压的稳定值。和 7800 系列相对应,其稳定值分别为 -5V、-6V、-9V、-12V、-15V、-18V 和 -24V。按输出电流大小不同,和 7800 系列一样,7900 系列也分为 CW7900 系列、CW79M00 系列和 CW79L00 系列,其外形和引线端排列如图 4-27(d)~(g)所示。应用 78L×× 输出固定电压 u_o 的典型电路如图 4-28(a)所示。正常工作时输入/输出电压差应大于 2~3V;电路中接入电容 C_1、C_2 用来实现频率补偿,可防止稳压器产生高频自激振荡并抑制电路引入的高频干扰;C_3 是电解电容,可减小稳压电源输出端由输入电源引入的低频干扰;VD 是保护二极管,当输入端意外短路时,给输出电容器 C_3 一个放电通路,防止 C_3 两端电压作用于调整管的 BE 结,造成调整管 BE 结击穿而损坏。

扩大 78L×× 输出电流的电路如图 4-28(b)所示,它具有过电流保护功能,电路中加入了功率晶体管 VT_1,向输出端提供额外的电流 I_{o1},使输出电流 I_o 增加为 $I_o = I_{o1} + I_{o2}$。其工

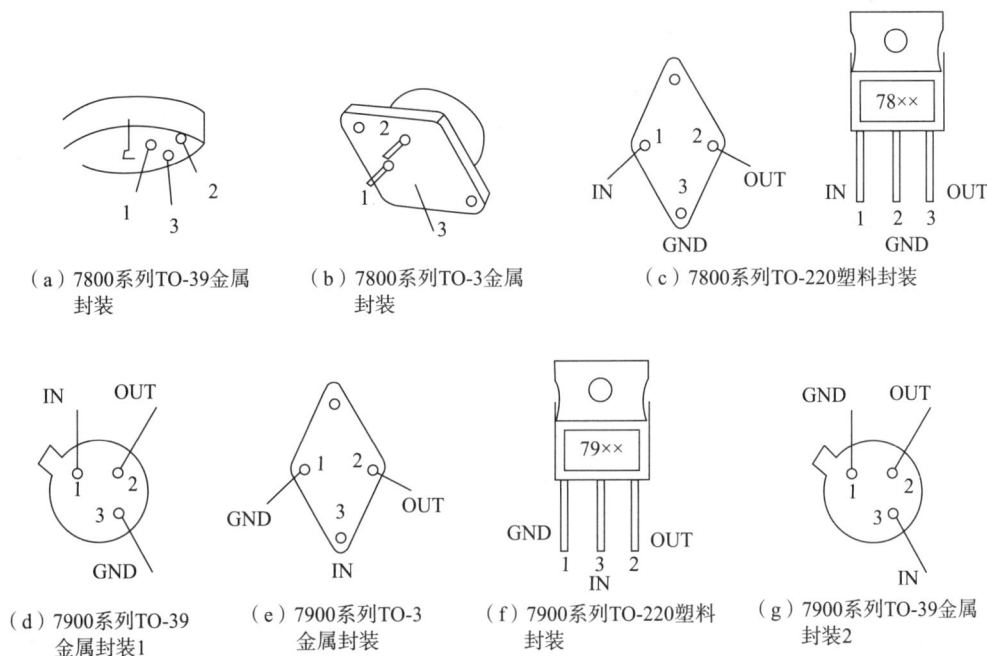

（a）7800系列TO-39金属　　（b）7800系列TO-3金属　　（c）7800系列TO-220塑料封装
　　　封装　　　　　　　　　　　封装

（d）7900系列TO-39　　（e）7900系列TO-3　　（f）7900系列TO-220塑料　　（g）7900系列TO-39金属
　　　金属封装1　　　　　金属封装　　　　　　　封装　　　　　　　　　　封装2

图 4-27　三端集成稳压器的外形和引线端排列

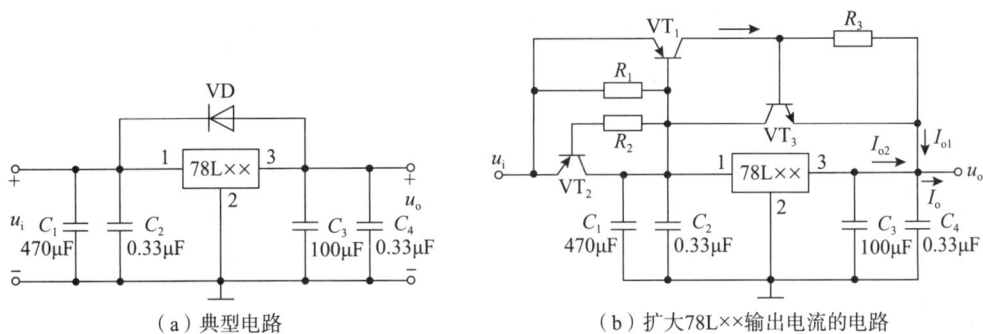

（a）典型电路　　　　　　　　　　　　　　（b）扩大78L××输出电流的电路

图 4-28　固定式三端集成稳压器的应用电路

作原理为：正常工作时，VT_2、VT_3 截止，电阻 R_1 上的电流产生压降使 VT_1 导通，同时使输出电流增加。若 I_o 过电流（即超过某个限额），则 I_{o1} 也增加，电流检测电阻 R_3 上压降增大，使 VT_3 上压降增大，导致 VT_3 导通，进而使 VT_2 趋于饱和，使 VT_1 管基极与发射极间电压 U_{BE1} 降低，限制了功率晶体管 VT_1 的电流 I_{C1}，保护功率晶体管不致因过电流而损坏。

2）可调式三端集成稳压器

可调式三端集成稳压器的调压范围为 $1.25\sim37V$，输出电流可达 1.5A，常用的有 LM117、LM217、LM317、LM337 和 LM337L 系列。

图 4-29（a）所示为正可调输出稳压器，图 4-29（b）所示为负可调输出稳压器。

可调式三端稳压器的典型应用电路如图 4-30 所示，由 LM117 和 LM317 组成正、负输出电压可调的稳压器，R_2 和 R'_2 的大小根据输出电压调节范围确定，该电路输入电压 u_i 分别为 $\pm25V$，则输出电压可调范围为 $\pm(1.2\sim20)V$。

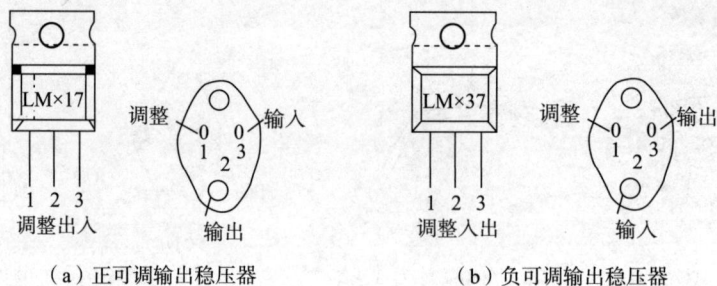

（a）正可调输出稳压器　　　　　　（b）负可调输出稳压器

图 4-29　可调式三端集成稳压器外形及引线端排列

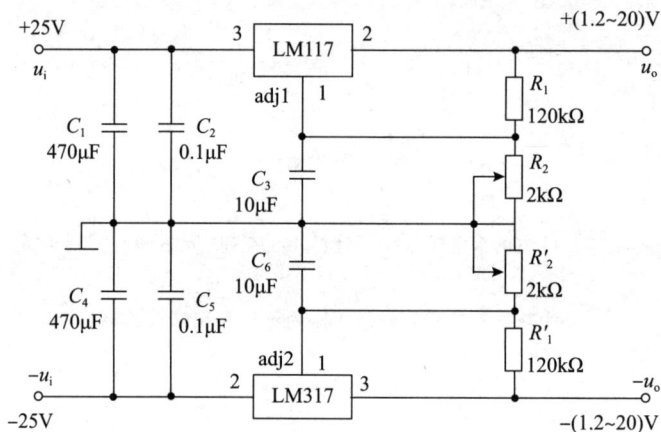

图 4-30　可调式三端稳压器的典型应用电路

并联扩流的稳压电路如图 4-31 所示，它是用两个可调式三端集成稳压器 LM317 组成。输入电压 $u_i=25\mathrm{V}$，输出电流 $I_o=I_{o1}+I_{o2}=3\mathrm{A}$，输出电压可调节范围为 $\pm(1.2\sim22)\mathrm{V}$，电路中的集成运放 UA741 用来平衡两稳压器的输出电流。例如，LM317 输出电流 I_{o1} 大于 LM317 输出电流 I_{o2} 时，电阻 R_1 上的压降增加，运放的同相端电位降低，运放输出端电压也降低，通过调整端 adj1 使输出电压 u_o 下降，输出电流 I_{o1} 减小，从而恢复平衡。反之亦然，改变电阻 R_4 可调节输出电压的数值。

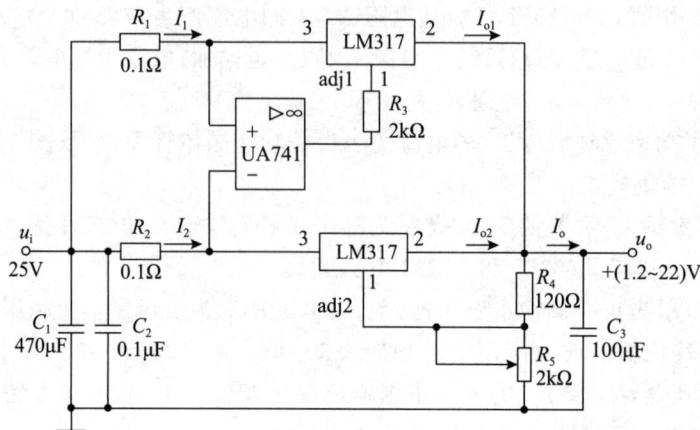

图 4-31　并联扩流的稳压电路

值得注意的是,这类稳压器是依靠外接电阻来调节输出电压的,为了保证输出电压的精度和稳定性,要选择精度高的电阻,同时电阻要紧靠稳压器,防止输出电流在连线电阻上产生电压偏差。

4. 开关型稳压电路

开关型稳压电路有多种分类方式,按调整管与负载连接方式分为串联型和并联型;按控制方式分为脉冲宽度调制(PWM)式、脉冲频率调制(PFM)式和 PWM 与 PFM 混合式;按使用开关管类型分为晶体管、MOS 场效应晶体管和晶闸管等。

1) 开关型稳压电路的特点

(1) 调整管工作在开关状态,其管耗主要发生在其工作状态从开到关或从关到开的转换过程中,消耗功率远小于在线性区工作的调整管。

(2) 开关电源体积小、重量轻且稳压范围宽。

(3) 开关电源产生的纹波较大,且产生的电磁干扰比线性串联型稳压电源大。

开关型稳压电路是高效的直流转换器(DC-DC 变换器),通过开关的快速切换将不稳定的直流输入转换为脉冲信号,再进行滤波处理,输出稳定的直流电压。

2) 开关型稳压电路的工作原理

开关型稳压电路如图 4-32 所示。图中,开关管在电路中与负载电路串联,其工作状态受基极电压 U_B 的控制。当 U_B 为高电平时,开关管 VT 饱和导通,二极管 VD 截止。电流经调整管流向电感 L 并存储能量,电容 C 充电。当 U_B 为低电平时,VT 截止,VD 导通。电感 L 释放能量,其感应电动势使 VD 导通,起续流作用。电容 C 放电,维持负载上的电流基本不变。

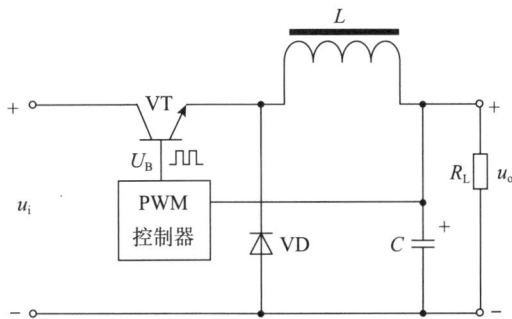

图 4-32　开关型稳压电路

4.4.2　任务实施

1) LM317 集成稳压电路简介

LM317 是应用较为广泛的电源集成电路之一,它不仅具有固定式三端稳压电路的最简单形式,而且具备输出电压可调的特点。此外,它还具有调压范围宽、稳压性能好、噪声低和纹波抑制比高等优点。LM317 是可调节的三端正电压稳压器,电压范围是 1.25~37V 连续可调,且在输出电压范围 1.2~37V 时能够提供超过 1.5A 的电流。此稳压器易于使用,其主要性能参数如下:输出电压为 DC 1.25~37V;输出电流为 5mA~1.5A;芯片内部具有过热、过电流和短路保护电路;最大输入和输出电压差为 DC 40V,最小输入和输出电压差为

DC 3V;使用环境温度为−10～+85℃。

在应用中,为了电路的稳定工作,一般情况下还需要接二极管作为保护电路,防止电路中电容放电时的高压将 LM317 烧坏。

LM317 外形如图 4-33 所示,其中引脚 1 为电压调节脚,引脚 2 为电压输出脚,引脚 3 为电压输入脚。

2) LM317 应用电路仿真

(1) LM317 集成稳压电路仿真原理图如图 4-34 所示。电位器 R_2 增量设置为 1%,通过调节键盘 A 键调节电位阻值大小,按 A 键阻值增加,按 Shift+A 组合键阻值减小,电压表 U_1 设置为直流模式。

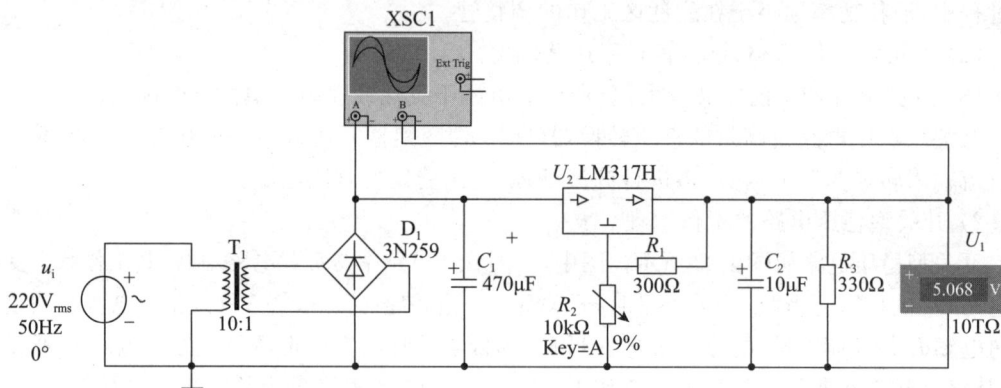

图 4-33　LM317 外形

图 4-34　LM317 集成稳压电路仿真原理图(由 Multisim 14.3 软件绘制)

(2) 电路测量。示波器测量的输入/输出波形如图 4-35 所示,可参照此图设置示波器测量参数。

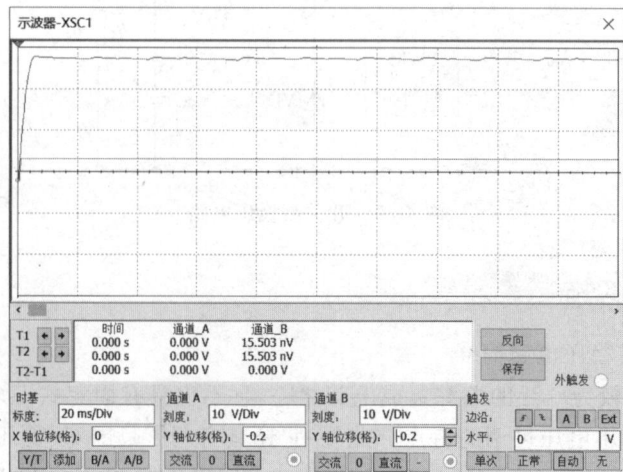

直流稳压电路仿真

图 4-35　示波器测量的输入/输出波形图

调节 R_2 使 U_1 电压分别显示为 5V、10V、15V 和 25V,根据测量结果分别计算 R_2 的值。记录本仿真电路实际输出电压的最小值和最大值,从而确定此可调稳压电源的输出电压范围。

3）绘制印制电路板图

利用 Altium Designer 软件绘制印制电路板图。

4）元器件焊接搭建及调试测量

在任务 4.2 和任务 4.3 已完成焊接的万能电路板上，继续按照图 4-36 和元器件清单焊接搭建 LM317 稳压电路部分，并测量和调试电路。

直流稳压电路　直流稳压电源
PCB 绘制　　　电路的调试

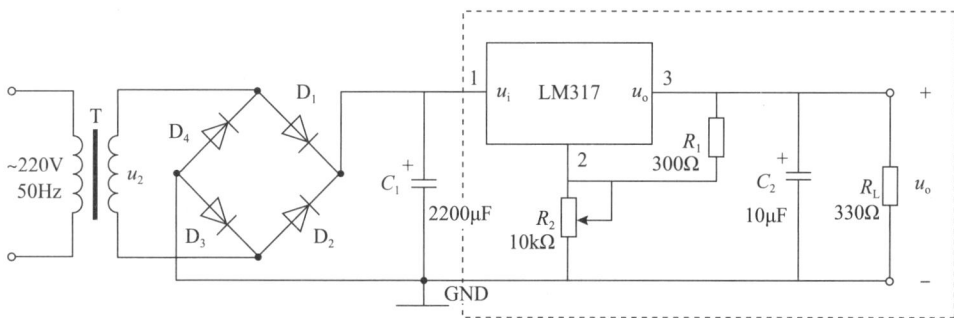

图 4-36　LM317 集成稳压电路焊接示意图

◆ 项目小结 ◆

本项目首先介绍了直流稳压电源的组成及各部分的工作原理、典型应用电路。然后通过典型电路的仿真测试，了解了整流、滤波和稳压各部分电路的常用分析方法及其性能指标。最后通过集成稳压电源的制作，培养了学生电路图识图能力、元器件的识别与检测能力、仪器仪表使用能力、电路图布局能力、电路焊接能力和整体电路调试与排除故障能力。

稳压电路在电子系统中扮演着至关重要的角色，它负责为电路提供稳定且可靠的电压源，确保电子设备在各种工作条件下都能正常、高效运行。稳压电路的设计也在不断创新和优化，以满足日益增长的应用需求。了解并掌握稳压电路的基本原理和常见类型，对于从事电子设计、生产及维护的专业人员来说至关重要。

◆ 习　　题 ◆

1.【计算题】如图 4-37 所示的电路，要求输出电压为 24V，电流为 40mA，试计算流过二极管的电流和二极管承受的最高反向工作电压。

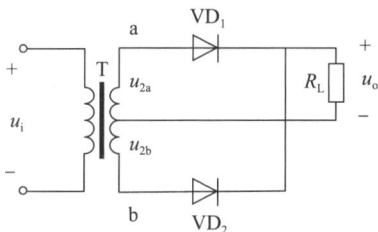

图 4-37　习题 1 图

2. 【计算题】用四只二极管组成桥式整流电路,分别在图 4-38(a)和(b)两图的端点上接入交流电源和负载,画出接线图。

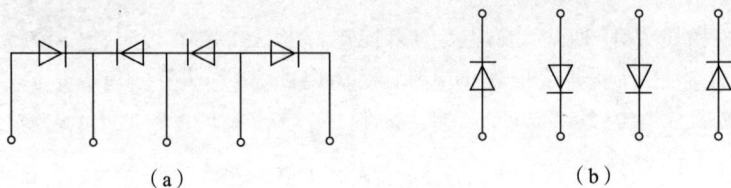

（a）　　　　　　　　　　　　　　　（b）

图 4-38　习题 2 图

3. 【计算题】改正图 4-39 中的错误,使其能正常输出直流电压 u_o。

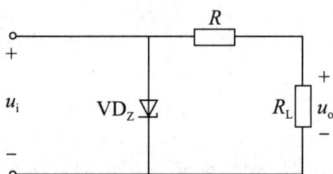

图 4-39　习题 3 图

4. 【问答题】单相桥式整流电路接成图 4-40 所示的形式,将会出现什么后果? 为什么? 试改正。

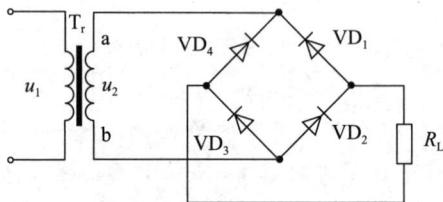

图 4-40　习题 4 图

5. 【问答题】如图 4-41 所示电路,计算 $u_{21}=u_{22}=24\text{V}$ 时,负载 R_{L1} 和 R_{L2} 上输出的电压?

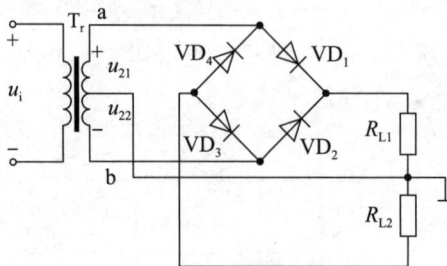

图 4-41　习题 5 图

6. 【问答题】图 4-42 所示的电路为集成运放组成的串联型稳压电路,分析电网电压增大时电路的稳压过程。

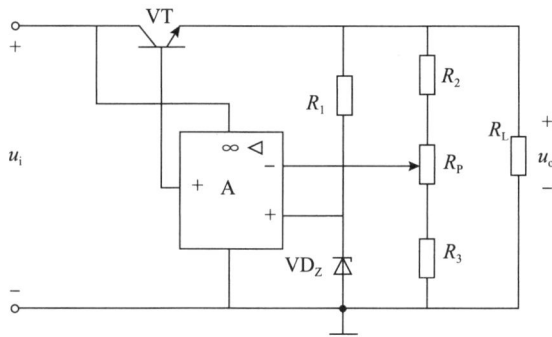

图 4-42　习题 6 图

7.【计算题】如图 4-43 所示电路,合理连接电路,构成一个 12V 直流稳压电源。

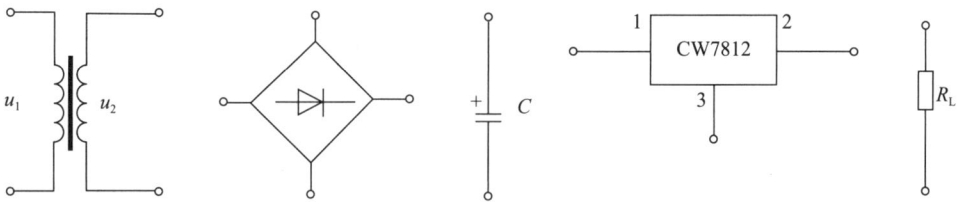

图 4-43　习题 7 图

项目 5

功率放大器的设计与制作

项目导读

在实用电路中,往往要求放大电路的末级(即输出级)输出一定的功率,以驱动负载。能够向负载提供足够信号功率的放大电路称为功率放大电路,简称功放。功率放大电路通常位于多级放大电路的最后一级,其任务是将前级电路放大后的电压信号再进行功率放大,以输出足够的功率推动执行机构工作,如扬声器发声、电动机旋转、继电器动作、仪表指针偏转及电子束扫描等。扩音系统功率放大部分如图 5-1 所示。

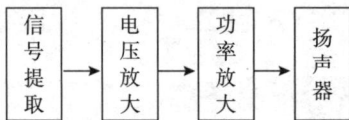

图 5-1　扩音系统功率放大部分

从能量控制和转换的角度看,功率放大电路与其他放大电路在本质上没有根本的区别,只是功放既不是单纯追求输出高电压,也不是单纯追求输出大电流,而是追求在电源电压确定的情况下,输出尽可能大的功率。因此,从功放电路的组成和分析方法,到其元器件的选择,都与小信号放大电路有着明显的区别。

功率放大电路与电压放大电路完成的任务是不同的。对电压放大电路的主要要求是使负载得到不失真的电压信号,讨论的主要指标是电压增益、输入和输出阻抗等,输出的功率并不一定大。而功率放大电路则不同,它要求获得一定的不失真的输出功率,通常是在大信号状态下工作。

功率放大器要求输出功率尽可能大,效率要高,非线性失真要小,同时应注意散热问题等。

本项目讨论低频功率放大器的基本知识,利用 NE5532 集成运放和功率晶体管 2073 实现无输出电容器(output capacitor less,OCL)低频功率放大器电路的设计与制作。其任务设置遵循以下设计思路:首先介绍各种低频功率放大器电路组成、工作过程及仿真实现方法;然后介绍 OCL 低频功率放大器的设计与制作方法。

学习目标

知识目标	1. 了解功率放大的概念； 2. 掌握功率放大器的性能指标； 3. 常用功率放大电路的组成特点； 4. 低频功率放大电路的功能及应用
能力目标	1. 低频功率放大电路的连接、调试及故障排除能力； 2. 常用集成功率放大电路的引脚； 3. 提高学生设计布局图、制版、焊接的能力； 4. 提高学生对相关资料的收集能力； 5. 借助电路分析方法,学习电路故障排除能力
学习重难点	1. 低频功率放大器的特点、分类及要求； 2. 低频功率放大电路的组成、工作原理、性能； 3. OCL 功率放大器的电路组成； 4. 掌握 OCL 功率放大电路的测试方法

任务 5.1　功率放大电路的基础知识

■ 想一想:

　　(1) 什么是功率放大电路? 对功率放大电路的基本要求是什么?

　　(2) 电压放大电路和功率放大电路有什么区别? 如何评价功率放大电路?

　　(3) 什么是晶体管的甲类、乙类和甲乙类工作状态?

　　(4) 功率放大电路有哪些类型? 各有什么特点?

　　带着问题查阅相关资料,请学生以小组为单位进行讨论,得出以上问题的答案后,及时写在项目日志上。

5.1.1　功率放大电路的组成

功率放大电路组成如图 5-2 所示,具体如下。

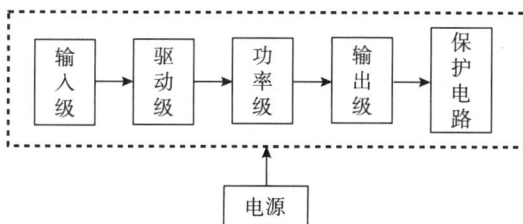

功率放大电路概述

图 5-2　功率放大电路组成

1. 输入级

输入级起到接收输入信号,并将其放大的作用。

2. 驱动级

驱动级将输入信号放大,通过提供足够大的电流和电压来驱动功率级。

3. 功率级

功率级将输入信号转变为高功率输出信号,通常采用晶体管、场效应晶体管和双极性晶体管等半导体元器件组成的电路。

4. 输出级

输出级将功率级的输出信号进行调整,以达到所需的输出形式(如信号形状、阻抗、电平等)。

5. 电源

电源为电路提供电源电压和电流。在功率放大电路中,电源一般要求较高,要求具有稳压和稳流的特性。

6. 温度保护和过载保护电路

温度保护和过载保护电路通常会在功率放大电路的部分进行添加,以保护电路的安全运行。

5.1.2 功率放大电路的特点

功率放大电路有以下六个特点。

1. 大功率输出能力

(1)核心功能。功率放大电路的核心功能是将低电平信号放大到较高的功率水平,以便驱动较大的负载。这一特点使得功率放大电路在音频、视频、射频以及电动机驱动等领域中得到广泛应用。

(2)应用场景。功率放大电路在音频系统中用于驱动扬声器,使声音能够清晰地传播;在视频系统中用于驱动显示设备,确保图像质量不受影响;在射频通信中用于增强信号的发射功率,提高通信距离和质量。

2. 高效率

(1)能量利用。高效率的功率放大电路能够减少能量损耗和热量产生,提高电路的可靠性和寿命。这是通过采用开关电源技术或谐振放大技术等高效能技术来实现的。

(2)经济性。高效率的功率放大电路还意味着在相同的输出功率下,电路消耗的电能更少,从而降低了系统的整体能耗和运行成本。

3. 线性度

(1)失真控制。功率放大电路需要保持输入信号的线性特性,以避免产生非线性失真。失真是指输出信号的波形与输入信号的波形之间的差异,它会直接影响声音和图像的质量。

(2)实现方式。为了保持线性度,功率放大电路通常采用负反馈技术来稳定放大器的增益和相位特性,并选择具有良好线性特性的元器件来构建电路。

4. 宽频带特性

(1)信号处理。功率放大电路能够处理宽带信号,包括音频、视频和通信信号等。这要求电路在设计时必须考虑信号的频率范围,以确保在整个频带内都能实现良好的放大效果。

(2)技术实现。为了实现宽频带特性,功率放大电路通常采用特殊的电路结构和元器件,以确保在整个频带内放大效果一致。

5. 高可靠性和稳定性

(1)重要性。在电子设备中,功率放大电路往往是系统的关键部件之一。如果其可靠性和稳定性不足,就可能导致整个系统出现故障或失效。

(2)实现方式。为了提高可靠性和稳定性,功率放大电路通常采用高质量的元器件和先进的制造工艺来降低故障率,并进行严格的测试和筛选工作,以确保电路的性能符合要求。

6. 可调节的工作状态

(1)工作状态。功率放大电路可以根据不同的应用需求选择不同的工作状态,以实现最佳的放大效果。常见的工作状态包括甲类、乙类、甲乙类和丙类。每种工作状态都有其特点和适用场景。

(2)优缺点。甲类工作状态效率较低,但失真小;乙类工作状态效率较高,但可能出现交越失真;丙类工作状态效率最高,但失真也最大。因此,在选择工作状态时需要综合考虑效率和失真等因素。

功率放大电路的这些特点使其在各种电子设备中发挥着重要作用。

5.1.3 功率放大电路的种类

功率放大电路按电路形式、晶体管工作状态有不同的分类。

1. 按电路形式分类

1) 变压器耦合功率放大电路

变压器耦合功率放大电路的核心在于利用变压器的耦合作用,将输入信号与输出信号进行隔离和匹配,同时实现信号的功率放大。具体来说,变压器的一侧作为输入端,另一侧作为输出端,输入信号经过变压器的变压作用后,通过单管或多管放大器进行放大,最终输出放大后的信号。变压器耦合功率放大电路有以下特点。

(1)简单高效。整个电路结构简单,能够实现高效的功率放大。

(2)可靠稳定。利用变压器进行耦合,可以有效隔离输入和输出,提高电路的稳定性。

(3)输出功率大。通过功率放大器的放大,可以实现较大的输出功率。

(4)高可靠性。由于电路结构简单,整体可靠性较高。

2) 无变压器耦合功率放大电路

无变压器耦合功率放大(output transformer less,OTL)电路是一种不采用输出变压器的功率放大电路。过去,大功率的功率放大器多采用变压器耦合方式,以解决阻抗变换问题,使电路得到最佳负载值。然而,随着技术的发展,OTL 电路因其轻便、易于集成化等优势,逐渐成为主流选择之一。无变压器耦合功率放大电路有以下几个特点。

(1) 轻便。省去了输出变压器,使得电路更加轻便,易于集成。

(2) 频率特性好。只要输出电容的容量足够大,电路的频率特性就能得到保证。

(3) 失真小。OTL 电路通常采用互补对称的功率放大晶体管,可以减小失真。

2. 按晶体管工作状态分类

1) 甲类功率放大电路

晶体管在信号的整个周期内均导通,静态工作点大致在交流负载线的中点上。其输出电压波形为不失真的正弦波,如图 5-3 所示。

2) 乙类功率放大电路

晶体管仅在信号的正半周或负半周导通,静态工作点在横轴上。其输出电压波形为半波,如图 5-4 所示。

3) 甲乙类功率放大电路

晶体管导通时间大于半个周期,但小于一个周期,静态工作点处在甲类和乙类中间。其输出电压波形为单边失真的正弦波,如图 5-5 所示。

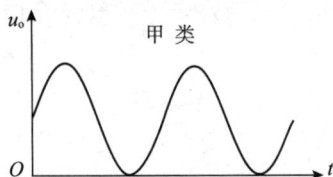

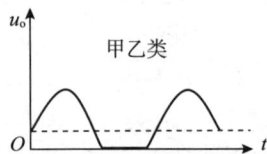

图 5-3 u_o 为不失真的正弦波   图 5-4 u_o 为半波   图 5-5 u_o 为单边失真的正弦波

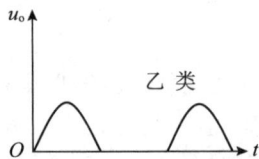

甲类、乙类和甲乙类功率放大电路静态工作点及工作状态如图 5-6 所示。

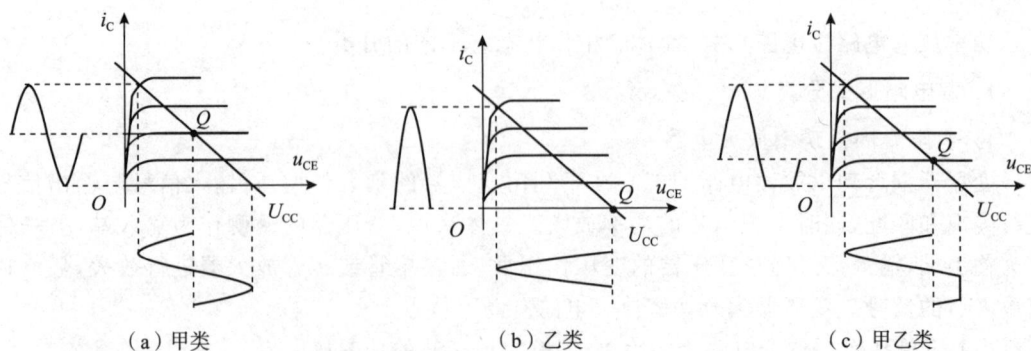

(a) 甲类   (b) 乙类   (c) 甲乙类

图 5-6 功率放大电路的静态工作点及工作状态

5.1.4 任务实施

在项目日志中完成以下任务。

(1) 画出功率放大电路的组成框图。

（2）根据功率放大电路的分类填写表 5-1。

表 5-1　不同类型功率放大电路特性

项　　目	甲类	乙类	甲乙类
静态工作点 Q 的位置			
静态电流 I_{CQ} 的大小			
电压输出波形			

任务 5.2　互补对称功率放大电路

■ **想一想：**

　　（1）什么是 OTL 功率放大电路？

　　（2）OTL 功率放大电路的工作原理是什么？

　　（3）什么是 OCL 功率放大电路？

　　（4）OCL 功率放大电路的工作原理是什么？

　　带着问题查阅相关资料，请学生以小组为单位进行讨论，得出以上问题的答案后，及时写在项目日志上。

5.2.1　OTL 功率放大电路

1. OTL 功率放大电路概述

　　变压器耦合功率放大电路的优点是可以实现阻抗变换，缺点是体积庞大、笨重、消耗有色金属、效率低、低频和高频特性均较差。无输出变压器的功率放大电路用一个大容量电容取代了变压器，OTL 基本电路如图 5-7 所示。图中，T_1 为 NPN 型晶体管，T_2 为 PNP 型晶体管，它们的特性是理想对称。

2. OTL 电路的工作原理

　　（1）无信号输入时，中点电压为 $1/2U_{CC}$，T_1 和 T_2 处于乙类工作状态。

图 5-7　OTL 基本电路

　　（2）有信号输入时，u_i 正半周：瞬时极性基极为正，发射极为负，T_1 导通，C_1 充电，$U_C = 1/2U_{CC}$，T_2 截止，R_L 上电压上正下负；u_i 负半周：瞬时极性基极为负，发射极为正，T_2 导通，C_1 放电，T_1 截止，R_L 上电压上负下正。

　　（3）充电电流与放电电流流经 R_L 方向相反，因此 R_L 可获得较完整的正弦波。

3. 实际 OTL 电路分析

　　实际 OTL 电路原理如图 5-8 所示。

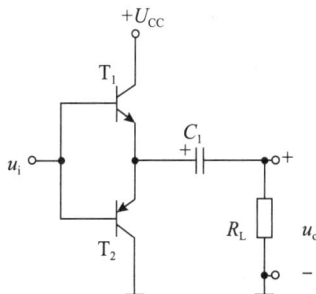

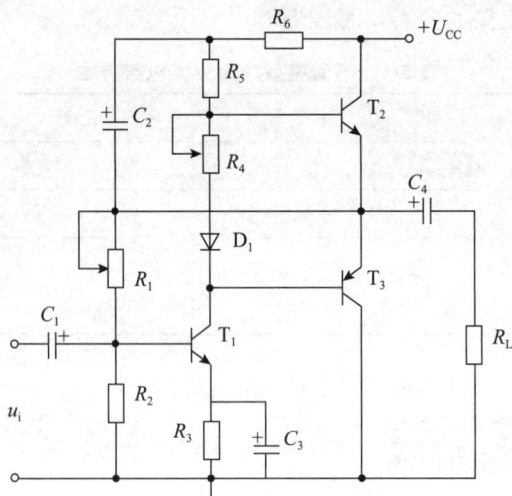

图 5-8　实际 OTL 电路原理图

1）元器件作用

（1）T_1:前置放大级。

（2）T_2、T_3:功率放大晶体管。

（3）R_4:调节 T_2、T_3 的静态工作点,使之工作在甲乙类状态。

（4）R_1:调节中点电压($U_A=1/2U_{CC}$)。

（5）C_2、R_6:自举电路,克服输出晶体管顶部失真。

（6）C_1、C_4:输入、输出耦合电容。

（7）R_L:负载电阻。

2）工作原理

（1）u_i 负半周:瞬时极性上负下正,T_2 导通,T_3 截止,C_4 充电,R_L 上电压上正下负。

（2）u_i 正半周:瞬时极性上正下负,T_2 截止,T_3 导通,C_4 放电,R_L 上电压上负下正。

因为 C_4 充放电电流流经 R_L,且方向相反,所以 R_L 上可获得完整的正弦波。由于中点电压与输出晶体管工作点的调整相互影响,因此这两种调整应反复进行,直至都正确为止。

OCL 功率放大
电路

乙类推挽变压器
耦合功率
放大电路

5.2.2　OCL 功率放大电路

1. OCL 功率放大电路概述

OCL 功率放大电路一般采用正、负对称的两组电源供电,电路内部直到负载扬声器全部采用直接耦合,中间无输入、输出变压器(人们将不用输入和输出变压器的功率放大电路称为单端推挽电路),也不需要输出电容器。其好处是通频带宽,信号失真最小。OCL 基本电路如图 5-9 所示。

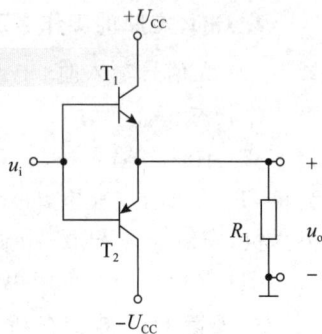

图 5-9　OCL 基本电路

它是由两个导电极性不同、参数相同的晶体管组成,基中 T_1 采用 NPN 型,T_2 采用 PNP 型,由双电源供电。因为电路对称,所以两个功率放大管发射极的连接点称为中点,中点与地之间的直流电位相等,因此称为零点。扬声器接在零点和地之间,采用直接耦合方式。扬声器的直流电阻很小,所以该电路输出端的直流电位必须等于零,若中点不等于零,将有直流电流流过扬声器,严重时会使扬声器烧毁。

2. OCL 电路的工作原理

(1)静态时,由于 OCL 电路的结构对称,输出端的中点电位为零,没有直流电流通过负载 R_L,因此输出端不接隔直电容。

(2)当输入信号 u_i 在正半周时,T_1 发射结正偏而导通,T_2 发射结反偏而截止,此时有电流流经负载 R_L,形成输出电压 u_o 的正半周。

(3)当输入信号 u_i 在负半周时,T_1 发射结反偏而截止,T_2 发射结正偏而导通,此时有电流流经负载 R_L,形成输出电压 u_o 的负半周。

结论:T_1 与 T_2 交替导通,分别放大信号的正、负半周,由于它们的工作特性对称,互补了对方的工作局限,因此能向负载提供完整的输出信号。其工作过程如图 5-10 所示。

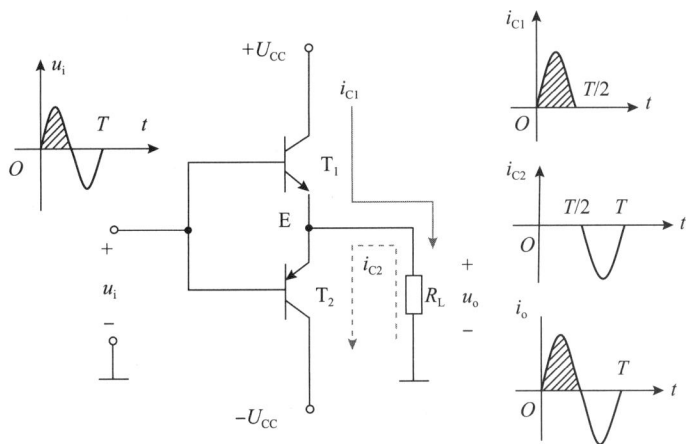

图 5-10　OCL 电路的工作过程

3. 电路分析计算

1) 输出功率 P_o

$$P_o = U_o I_o = \frac{U_{om}}{\sqrt{2}} \cdot \frac{I_{om}}{\sqrt{2}} = \frac{1}{2} U_{om} I_{om} = \frac{1}{2} \times \frac{U_{om}^2}{R_L} = \frac{1}{2} I_{om}^2 R_L \tag{5-1}$$

当输入信号足够大时,使 $U_{om} = U_{CEm} = U_{CC} - U_{CES}$ 和 $I_{om} = I_{Cm}$,可获得最大不失真输出功率为

$$P_{om} = \frac{1}{2} U_{CEm} \cdot I_{Cm} = \frac{1}{2} \cdot \frac{U_{CEm}^2}{R_L} = \frac{1}{2} \cdot \frac{(U_{CC} - U_{CES})^2}{R_L} \tag{5-2}$$

理想情况下($U_{CES} \approx 0$ 时),有

$$P_{om} \approx \frac{1}{2} \cdot \frac{U_{CC}^2}{R_L} \tag{5-3}$$

2）直流电源供给的功率 P_V

$$P_V = 2 \times \frac{1}{2\pi} \int_0^\pi U_{CC} I_{Cm} \sin\omega t \, \mathrm{d}(\omega t) = \frac{2}{\pi} U_{CC} \cdot I_{Cm} = \frac{2}{\pi} U_{CC} \frac{U_{om}}{R_L} \tag{5-4}$$

3）效率 η

$$\eta = \frac{P_o}{P_V} \tag{5-5}$$

理想情况下，电路的效率为

$$\eta = \frac{P_{om}}{P_{Vm}} = \left(\frac{1}{2} \cdot \frac{U_{CC}^2}{R_L} \right) \Big/ \left(2 \frac{U_{CC}^2}{\pi R_L} \right) = \frac{\pi}{4} = 78.5\% \tag{5-6}$$

4）耗散功率 P_T

两管总的耗散功率为

$$P_T = P_V - P_o \tag{5-7}$$

当乙类互补对称功率放大电路输出功率最大时，两管的总耗散功率为

$$P_T = P_{Vm} - P_{om} = \frac{2}{\pi} U_{CC} I_{Cm} - \frac{1}{2} I_{Cm}^2 R_L \tag{5-8}$$

每只管的最大耗散功率为

$$P_{T1m} = P_{T2m} = \frac{1}{2} P_{Tm} = 0.2 P_{om} \tag{5-9}$$

4. 功放管的选择

(1) 每只功放管最大允许耗散功率 $P_{Cm} > 0.2 P_{om}$。

(2) 每只管 C、E 间反向击穿电压 $|U_{(BR)CEO}| > 2U_{CC}$。

(3) 每只功放管最大允许集电极电流 $I_{Cm} > I_{om}$（或 U_{CC}/R_L）。

【例 5-1】 乙类互补对称功率放大电路，电源 $U_{CC} = 16\text{V}$，负载 $R_L = 12\Omega$，试计算：

(1) 当输入信号足够大时，输出的最大功率、直流电源提供的功率、效率及耗散功率。

(2) 当输入信号有效值为 6V 时，输出的功率、直流电源提供的功率、效率及耗散功率。

解： (1) 当输入信号足够大时，电路的最大不失真输出功率为

$$P_{om} = \frac{1}{2} \cdot \frac{U_{CC}^2}{R_L} = \frac{1}{2} \times \frac{16^2}{12} \approx 10.7(\text{W})$$

$$P_{Vm} = \frac{2}{\pi} \cdot \frac{U_{CC}^2}{\pi R_L} = \frac{2}{\pi} \times \frac{16^2}{12} \approx 13.6(\text{W})$$

$$\eta = \frac{P_{om}}{P_{Vm}} = \frac{10.7}{13.6} \approx 78.7\%$$

$$P_T = P_{Vm} - P_{om} = 13.6 - 10.7 = 2.9(\text{W})$$

（2）当输入信号有效值为 6V 时，由于是发射级输出，因此输出电压与输入电压近似相等，输出电压幅值 $U_{\text{om}} = \sqrt{2} \times 6 \approx 8.5(\text{V})$，则输出的功率为

$$P_{\text{o}} = \frac{1}{2} \cdot \frac{U_{\text{om}}^2}{R_{\text{L}}} = \frac{1}{2} \times \frac{8.5^2}{12} \approx 3(\text{W})$$

$$P_{\text{V}} = \frac{2}{\pi} U_{\text{CC}} I_{\text{Cm}} = \frac{2}{\pi} \times 16 \times \frac{8.5}{12} \approx 7.2(\text{W})$$

$$\eta = \frac{P_{\text{o}}}{P_{\text{V}}} = \frac{3.0}{7.2} \approx 41.7\%$$

$$P_{\text{T}} = P_{\text{V}} - P_{\text{o}} = 7.2 - 3.0 = 4.2(\text{W})$$

5. OCL 电路交越失真及消除方法

1）交越失真

理想状态下，不考虑晶体管死区电压的影响。实际上，由于没有直流偏置，在输入电压低于死区电压（硅管为 0.6V，锗管为 0.2V）时，T_1 和 T_2 都截止，i_{E1} 和 i_{E2} 基本为零，即在正、负半周的交替处出现一段死区，这种现象称为交越失真。交越失真波形如图 5-11 所示。

2）消除交越失真的方法

消除交越失真的 OCL 电路如图 5-12 所示。在两个功放管基极间串入二极管 D_1、D_2，利用二极管的压降为 T_1、T_2 的发射结提供正向偏置电压，使管处于微导通状态，即工作在甲乙类状态，此时负载 R_L 上输出的正弦波就不会出现交越失真。

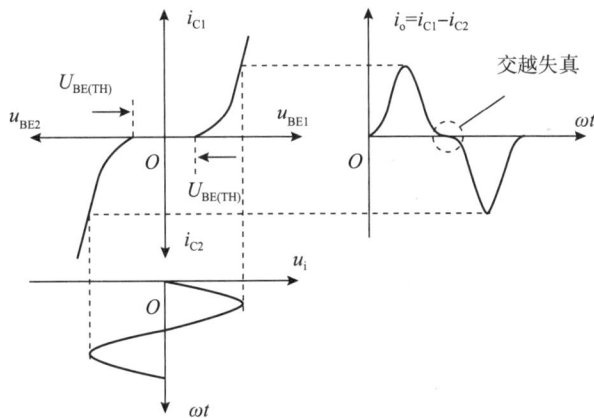

图 5-11 交越失真波形

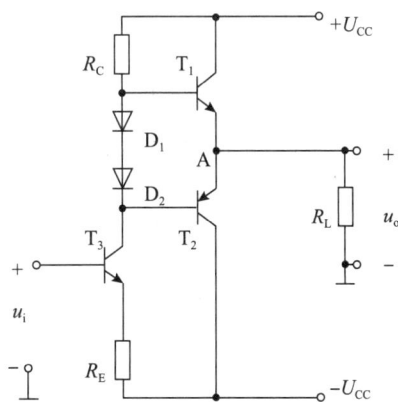

图 5-12 消除交越失真的 OCL 电路

6. OCL 功率放大电路的特点

（1）低频响应好，低端频率可在 10Hz 以下。

（2）由于电路去掉了隔直流作用的输出电容，因此，一定要加扬声器保护电路。

（3）OCL 功率放大电路采用双电源供电，电路结构比 OTL 功率放大电路要复杂一些。

（4）输出端静态时，中性点电压为零。

7. 准互补对称功率放大电路

1）复合管

复合管的构成原则及特点如下：将两只晶体管连成复合管，须保证各极电流都能顺着各管的正常工作方向流动，且复合管各极电流要满足等效晶体管的电流分配关系；复合管的管型和电极性质与第一只管相同；复合管电流放大倍数 $\beta \approx \beta_1\beta_2$。由于复合管由达林顿提出，故又称它为达林顿管。复合管电路如图 5-13 所示。

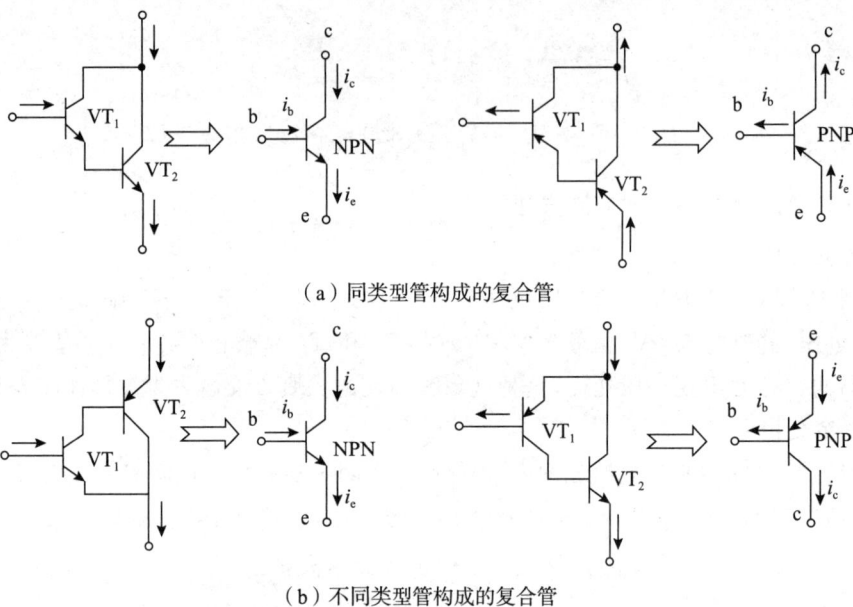

（a）同类型管构成的复合管

（b）不同类型管构成的复合管

图 5-13　复合管电路

2）准互补对称功率放大电路分析

由复合管组成的准互补对称功率放大电路如图 5-14 所示。图中，VT_2、VT_3 复合管为 NPN 型；VT_4、VT_5 复合管为 PNP 型；R_4、R_5 用于减小复合管的穿透电流；R_6、R_7 用于稳定 VT_3、VT_5 管的静态工作点。

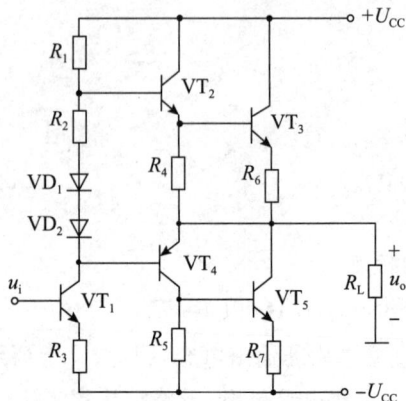

图 5-14　准互补对称功率放大电路

5.2.3　集成功率放大器

1. LM386 集成功率放大器

1）LM386 外形、引脚排列和技术参数

LM386 是一种低电压通用型音频集成功率放大器,具有自身功耗低、电压增益可调整、电源电压范围大、外接元器件少和总谐波失真小等优点,广泛应用于录音机和收音机中。其外形和引脚排列如图 5-15 所示,其主要参数见表 5-2。

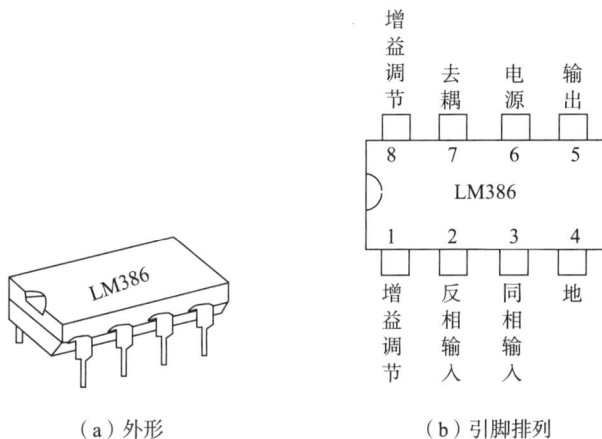

（a）外形　　　　　　（b）引脚排列

图 5-15　LM386 的外形和引脚排列

表 5-2　LM386 主要技术参数

参 数 名 称	测 试 条 件	参考值
电源电压 U_{cc}/V		4～12
静态电流 I/mA	$U_{CC}=6V$	4～8
输出功率 P_o/W	THD=10%,$U_{CC}=6V$,$R_L=8\Omega$	325
谐波失真 THD	$U_{CC}=6V$,$R_L=8\Omega$,$P_o=125$,$f=1kHz$,引脚1、引脚8断开	0.2
输入阻抗 R_i/kΩ		50
电压增益 A_{uf}/dB	引脚1、引脚8接不同电阻	20～46

2）典型应用电路

LM386 音频放大器典型应用电路如图 5-16 所示。此电路采用单电源供电,并通过调整引脚 4 和引脚 8 之间的电阻值来设定增益,图中 R_{p1} 和 R_{p2} 用于设置增益。

使用注意事项如下。

（1）电源选择。确保电源电压在 LM386 的推荐范围内,过高的电压可能会损坏芯片。

（2）散热。虽然 LM386 功耗较低,但在高输出功率时仍需注意散热问题,必要时可加散热片。

（3）耦合电容。C_2 作为耦合电容,用于隔离直流分量,只允许交流音频信号通过。选择

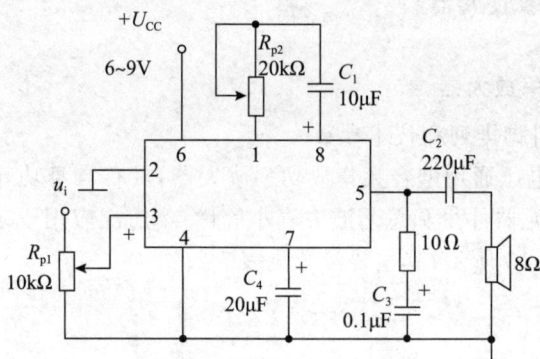

图 5-16　LM386 音频放大器典型应用电路

合适的电容值以匹配音频信号的频率范围。

（4）旁路电容。C_3（可选）用于改善高频响应，其值应根据具体应用选择。

（5）负载匹配。输出负载应与 LM386 的推荐负载阻抗匹配，以获得最佳性能。

2. D2006 集成功率放大电路

D2006 是一种高性能的功率放大电路，专为音频等应用设计，以其大功率输出、内置输出短路保护和过热自动闭锁功能而著称。

1）D2006 外形、引脚排列和技术参数

D2006 属于甲乙类集成功率放大电路，其外形及引脚排列如图 5-17 所示，主要技术参数见表 5-3。各引脚的功能如下。

（1）引脚 1：同相输入端，信号由引脚 1 输入。

（2）引脚 2：反相输入端，负反馈由引脚 2 输入。

（3）引脚 3：负电源 U_{CC} 供给端。

（4）引脚 4：信号输出端，被放大的信号由引脚 4 输出。

（5）引脚 5：正电源 U_{CC} 端。

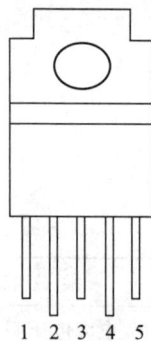

图 5-17　D2006
外形及引脚

表 5-3　D2006 主要技术参数

参　数	测 试 条 件		典型值
电源电压 U_{CC}/V			± 12
静态电流 I/mA	$U_{CC} = \pm 15\text{V}$		40
输出功率 P_o/W	THD$=10\%$, $f=1\text{kHz}$	$R_L=4\Omega$	12
		$R_L=8\Omega$	8
谐波失真 THD	$P_o=0.1\sim 8\text{W}, R_L=4\Omega, f=1\text{kHz}$		0.2
输入阻抗 R_i/MΩ	$f=1\text{kHz}$		5
开环电压增益 A/dB	$f=1\text{kHz}$		75

2）应用特点

（1）大功率输出。D2006 功率放大电路的最大特点是其大功率输出能力。无论是在

OCL 还是 OTL 的模式下,该电路都能提供足够的功率,满足各种音频设备的需求。这使得 D2006 成为音响系统、音频放大器等设备的理想选择。

(2)短路保护与过热自动闭锁。为了确保电路的安全性和可靠性,D2006 内置了输出短路保护和过热自动闭锁功能。当电路发生短路或过热时,这些保护功能会自动启动,切断电路,防止损坏。这种设计不仅保护了电路本身,还延长了设备的使用寿命。

(3)宽带放大。D2006 功率放大电路还具有良好的宽带放大能力。它能够处理从低频到高频的宽带信号,确保信号在放大过程中不失真。这种特性使得 D2006 不仅适用于音频放大,还适用于视频和通信信号的放大。

3)典型应用电路

D2006 典型应用电路如图 5-18 所示,在 OCL 工作模式下,D2006 采用正、负双电源供电,能够有效提高放大器的输出功率。例如,在 ±12V 电压的供电下,当负载阻抗为 4Ω 时,该电路可输出功率高达 12W。这种工作模式不仅提升了功率效率,还减少了失真,使音质更加纯净。

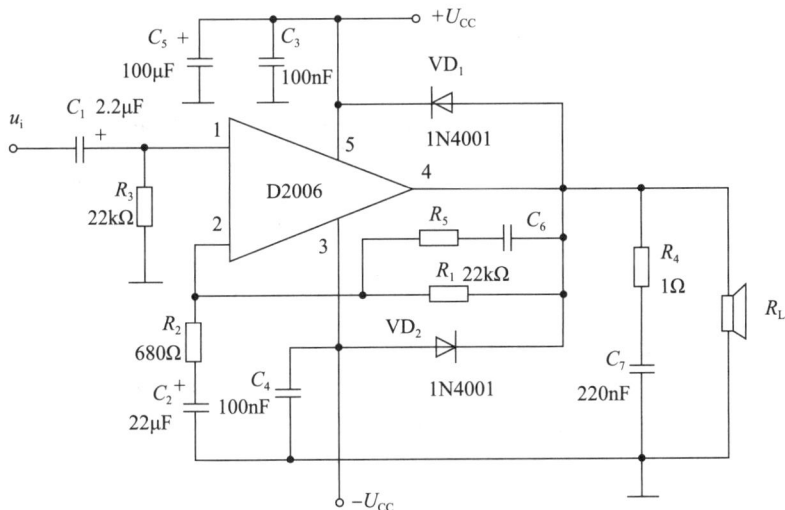

图 5-18　D2006 典型应用电路

5.2.4　功率晶体管的散热问题

晶体管的耗散功率取决于其内部结温 T_j。当 T_j 超过允许值后,电流将急剧增大,使晶体管烧坏。一般情况下,硅管允许结温为 120～200℃,锗管允许结温为 85℃左右。

耗散功率是指在一定条件下,使结温不超过最大允许值时的电流与电压乘积。晶体管消耗的功率越大,结温越高。为了保证晶体管结温不超过允许值,必须将产生的热散发出去。散热条件越好,则对应相同结温允许的耗散功率越大,输出功率也就越大。

表征散热能力的重要参数是热阻,它表示热传输时所受的阻力。

给功率晶体管加装散热装置,有利于提高其最大允许的耗散功率 P_{CM}。

功率晶体管的最大允许耗散功率 P_{CM},取决于总的热阻 R_T、最高允许结温 T_j 和环境温度 T_a。它们之间的关系为

$$P_{CM} = (T_j - T_a)/R_T \tag{5-10}$$

实验证明:散热器的散热情况(热阻)与散热器的材料及散热面积、厚薄、颜色和安装位置等因素有关。散热器垂直或水平放置时,有利于通风,散热效果较好。散热器表面钝化涂黑时,有利于热辐射,可以减小热阻。接触热阻取决于接触面的情况,如面积大小、压紧程度等。若在界面涂导热性能较好的硅脂,可减小热阻。当需要与散热器绝缘时,垫入绝缘层也会形成热阻。绝缘层可以是 $0.05 \sim 0.1\mathrm{mm}$ 厚的云母片,也可以采用阳极氧化法在表面形成绝缘层。

因此,为了使放大电路能输出更大的功率,而不至于损坏晶体管,必须给功率晶体管安装散热器,以散发集电结所产生的热量。否则,将不能充分利用功率晶体管的输出功率。必要时还可以采用风冷、水冷、油冷等方法来散热。

5.2.5 任务实施

1. OTL 功率放大电路仿真测试

OTL、OCL 功率放大器均为互补对称式功率放大器,静态工作点接近截止区,无信号输入时耗散功率小,使其输出效率较高。OCL 无输出电容,采用双电源供电,静态工作点电位接近零,低频响应更好;OTL 无输出变压器,采用单电源供电,可通过调节 R_{w1} 使静态工作点 U_A 电位接近 $1/2U_{CC}$。

1) 绘制仿真电路图

利用 Multisim 14.3 软件,绘制 OTL 功率放大器仿真电路,如图 5-19 所示。

在图 5-19 中,通过改变 R_{w1} 的大小,可调节静态工作点 U_A 电位接近 $1/2U_{CC}$。通过调节 R_{w2},可改变静态工作电流,并消除交越失真。但调节 R_{w1} 或 R_{w2} 会产生一定的相互影响,故应反复进行调节。

OTL 甲乙类功放仿真

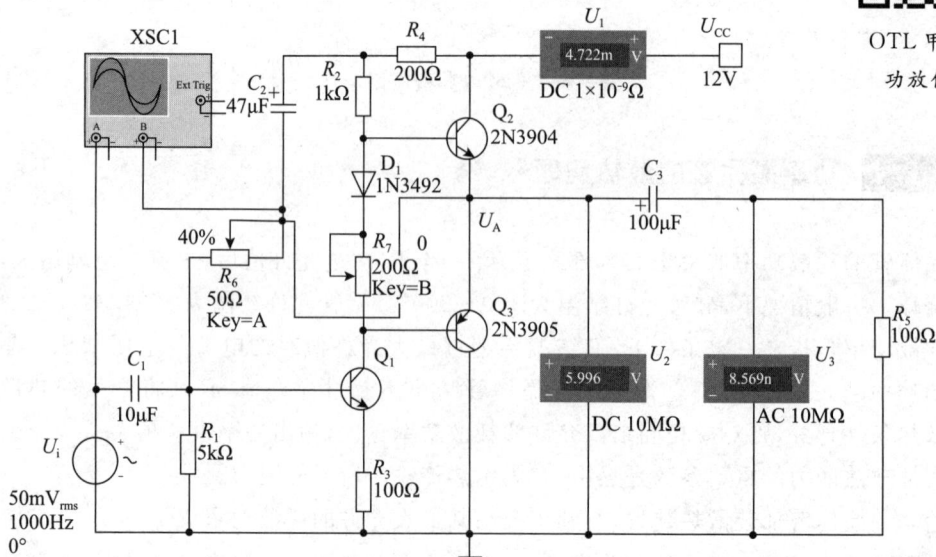

图 5-19 OTL 功率放大器仿真电路

2）调试 OTL 功率放大器

（1）调试静态工作点。进入仿真图 5-19，断开信号源与电路的连接，反复调节 R_6，要求静态 $U_A = 1/2U_{CC}$（R_6 调节到 40%）；再接上信号源，调节 R_7，要求刚好消除交越失真（R_7 调到 0 时交越失真严重，波形如图 5-20 所示），R_7 调到 75% 时交越失真消失波形如图 5-21 所示；这时的 R_6 和 R_7 值作为固定值不再调节，记下 $I_C = 20\text{mA}$。若波形出现削波失真，说明输入信号过大，这里减小至 50mV。

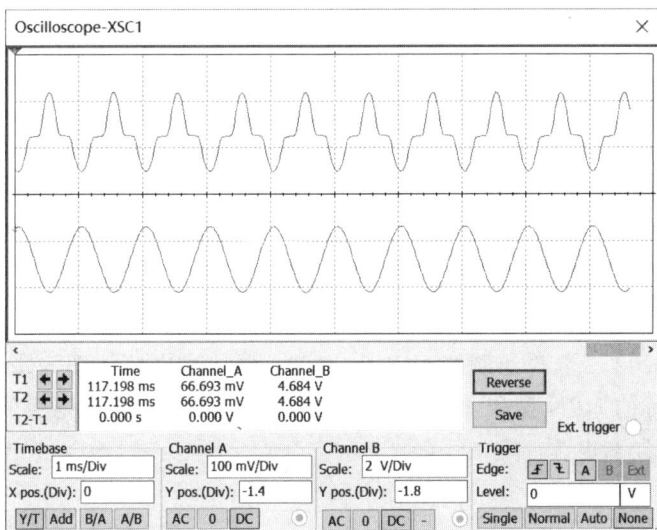

图 5-20　R_7 调到 0 时交越失真波形

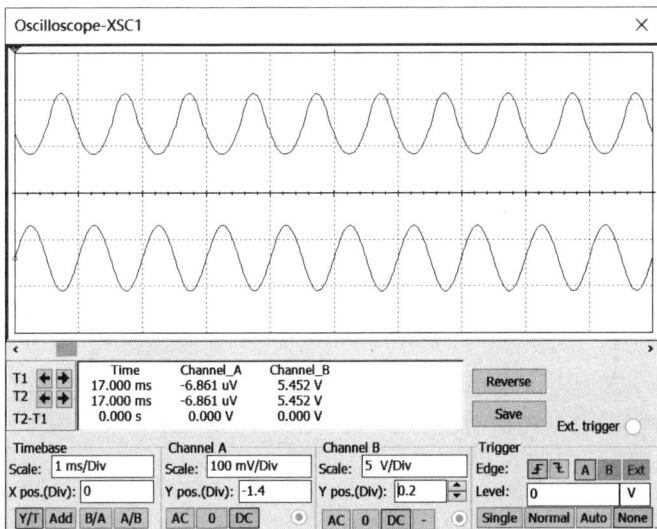

图 5-21　R_7 调到 75% 时消除交越失真后波形

（2）功率放大器的功率参数测试。输入信号选择 80mV（最大不失真输入），从示波器中可以观察到输出电压无明显失真。测量并记录在不同负载时输出电压的最大值，填入表 5-4 中，并且计算出最大输出功率。

（3）测量对应的U_A、I_C值后记录在表 5-4 中。

表 5-4　OTL 功率放大器测量数据

负载 R_5/Ω	1	4	8	100
中点 U_A/V				
电流 I_C/mA				
输出 U_o/V				
功率 $P_o=U_o^2/R_5/W$				
增益 $K_V=U_o/U_i$				

（4）数据分析。各种负载下，U_A值的偏移并不多，说明电路比较稳定（因R_3的作用）。有信号时，I_C数据明显加大（静态只有 4.722mA）。因R_3负反馈的存在，电路整体的增益不高。要想进一步提高功率增益，需对电路的元器件参数进行调整。

2. OCL 功率放大电路仿真测试

1）绘制仿真电路图

利用 Multisim 14.3 软件绘制的 OCL 功率放大器仿真电路如图 5-22 所示。图中，Q_1、Q_2是一对参数对称的 NPN 型和 PNP 型晶体管，由它们组成输出无电容的互补对称输出级（OCL），采用U_2、U_3双电源。

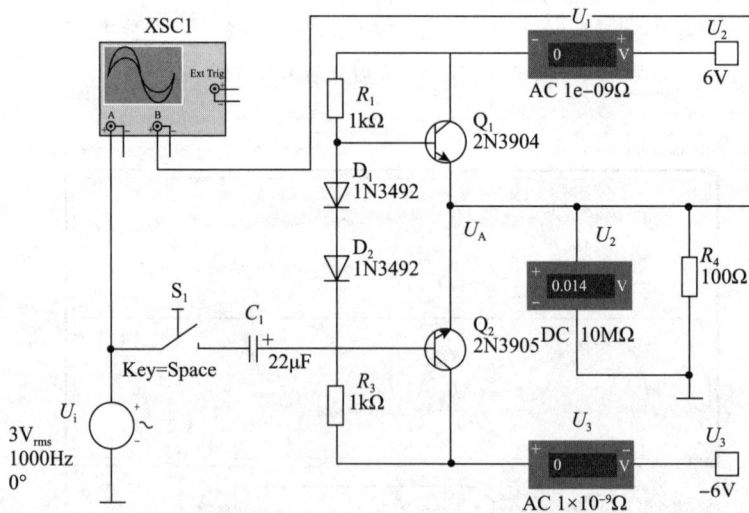

图 5-22　OCL 功率放大器仿真电路

2）测量 OCL 功率放大器

（1）测量静态工作点。进入 OCL 功率放大器仿真电路，将电压表U_2设置为直流状态，断开S_1，此时中点电压U_A接近 0。

（2）动态测量。闭合S_1，将输入电压U_1幅值调节到 3V，将电压表U_2设置为交流状态，如图 5-23 所示，测量出输出电压为 2.865V，电流为 13mA，计算此时的输出功率P_o。同时用示波器测量出输入/输出波形，如图 5-24 所示。

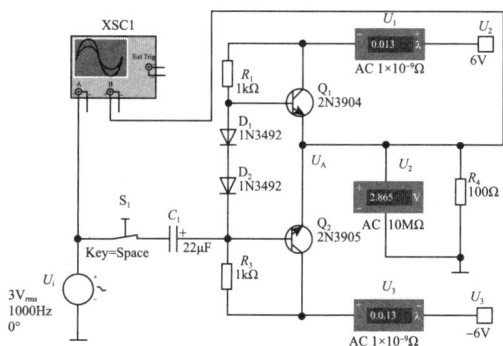

图 5-23 OCL 功率放大电路动态测量

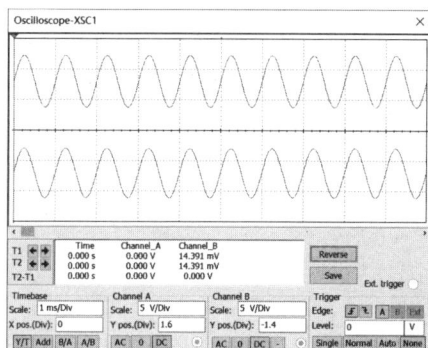

图 5-24 OCL 功率放大电路输入/输出波形

任务5.3 音频功率放大器的制作

■ 想一想：

（1）音频信号的频率范围是多少？

（2）音频功率放大器由什么组成？

带着问题查阅相关资料，请学生以小组为单位进行讨论，得出以上问题的答案后，及时写在项目日志上。

音频功率放大电路

5.3.1 音频功率放大器的制作原理

在现代生活中，耳机放大器、音响设备、电视和计算机都有功率放大电路。功率放大电路通常作为多级放大电路的输出级。在很多电子设备中，要求放大电路的输出级能够带动某种负载，例如，驱动仪表，使指针偏转；驱动扬声器，使之发声；驱动自动控制系统中的执行机构等。

1. 音频功率放大器原理框图

音频功率的放大器原理框图如图 5-25 所示。它由前置音频放大电路、中间推动放大电路和末级功率放大电路组成。其中前置放大电路有两种：分立元器件前置音频放大电路和运放前置音频放大电路，它们都可以将传声器或耳机输出的音频信号进行前置放大。

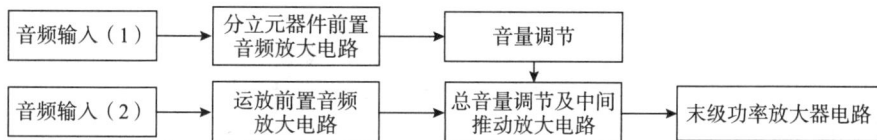

图 5-25 音频功率放大器原理框图

2. 电路原理图

利用 Multisim 14.3 绘制的音频功率放大器电路原理图如图 5-26 所示。

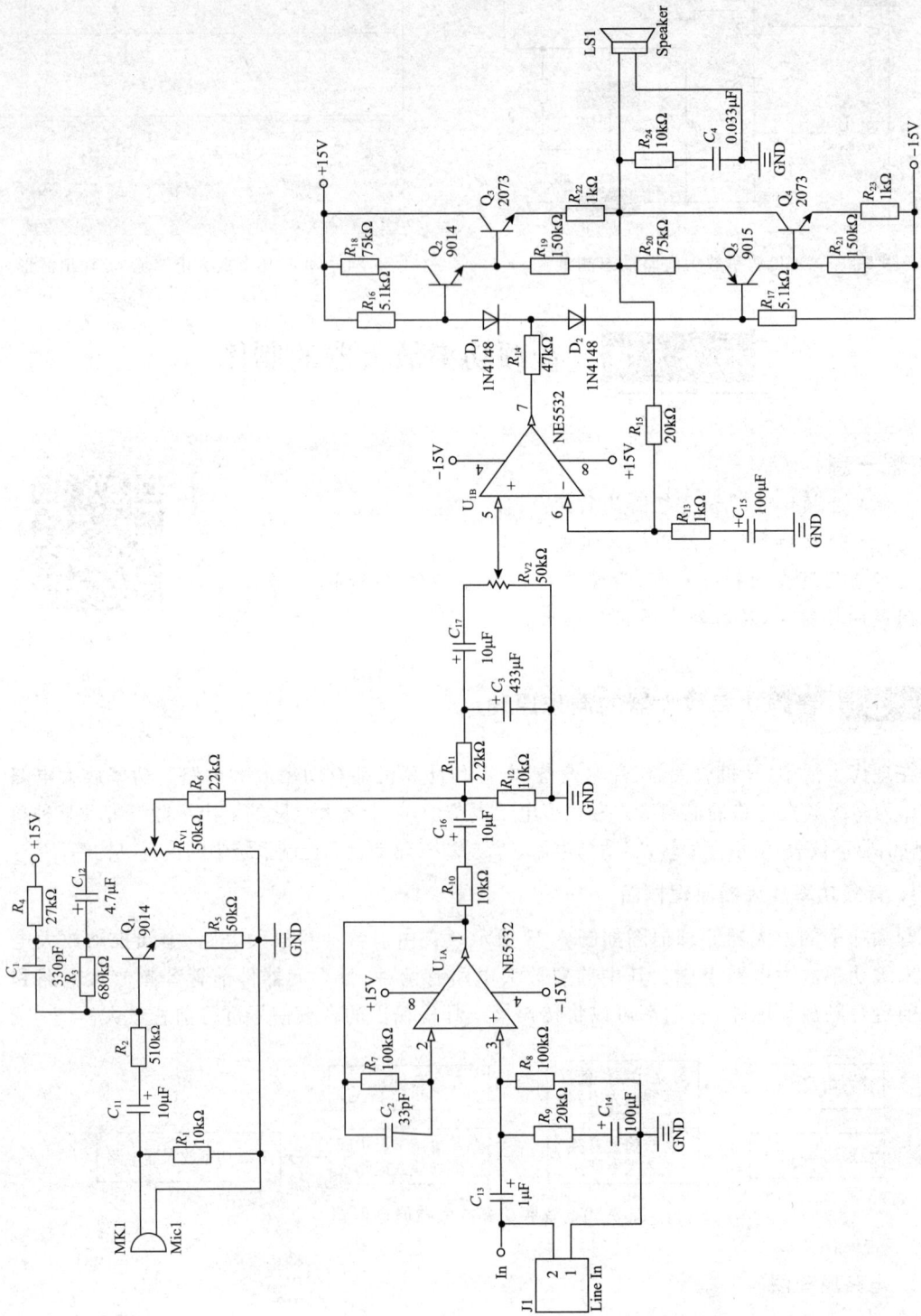

图5-26 音频功率放大器原理图

1) NE5532

NE5532 为双运放结构，其内部电路如图 5-27(a) 所示，内分两个同性能的运放，利用其中一个进行 5～10 倍的前置放大，另一个充当 OCL 的推动级。

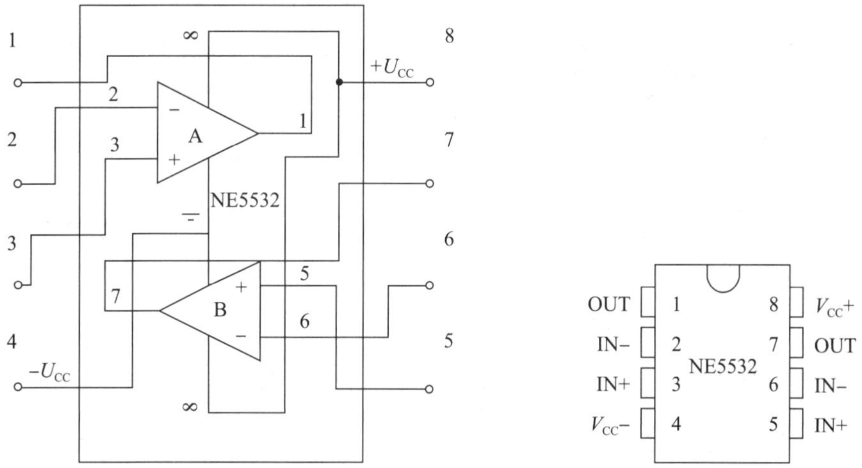

图 5-27　NE5532 内部电路结构及外形

2) 晶体管

(1) 9015 为 PNP 低频管，击穿电压为 50V，电流为 500mA，功率为 600mW，放大倍数为 30～90。

(2) 9014 为 NPN 低频管，击穿电压为 20V，电流为 625mA，功率为 500mW，放大倍数为 40～110。

(3) 2073 为 NPN 大功率晶体管，击穿电压为 100V，电流为 6A，功率为 30W。

3) 末级 OCL 功率放大电路原理

末级 OCL 功率放大电路原理采用双电源供电，输出端不加隔直电容。晶体管 Q_2、Q_3 组成 NPN 复合管，晶体管 Q_4、Q_5 组成 PNP 复合管，这两个复合管组成互补对称电路。D_1、D_2 的作用是在输出级的两个晶体管 Q_2、Q_5 的基极之间产生一个偏压，使静态的输出级的功率晶体管中已有一个较小的集电极电流，即互补对称输出级工作在甲乙类状态，目的是消除输出波形的交越失真。

⚠ 注意：D_1、D_2 极性不能接反或开路，否则会使功率晶体管电流急剧增大，可能会烧坏晶体管。

5.3.2　任务实施

1. 组装 OCL 功率放大电路

1) 布局布线图

(1) 布局图。图 5-28 所示为叠层显示方式下的 PCB 布局布线图。

(2) 底层布线图。图 5-29 所示为 PCB 底层布线图。

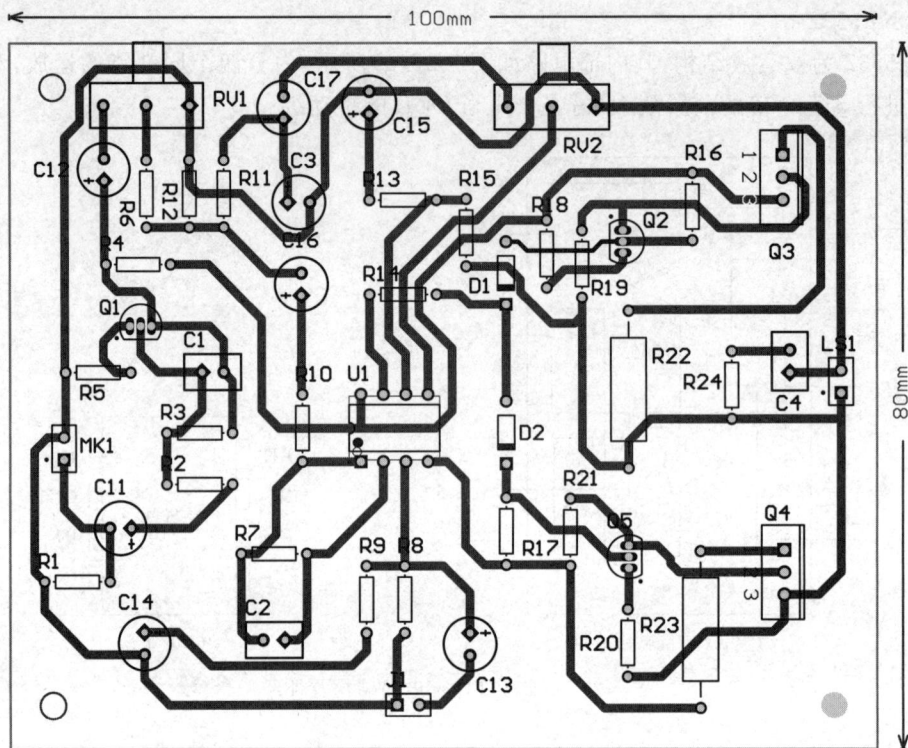

图 5-28 叠层显示方式下的 PCB 布局布线图

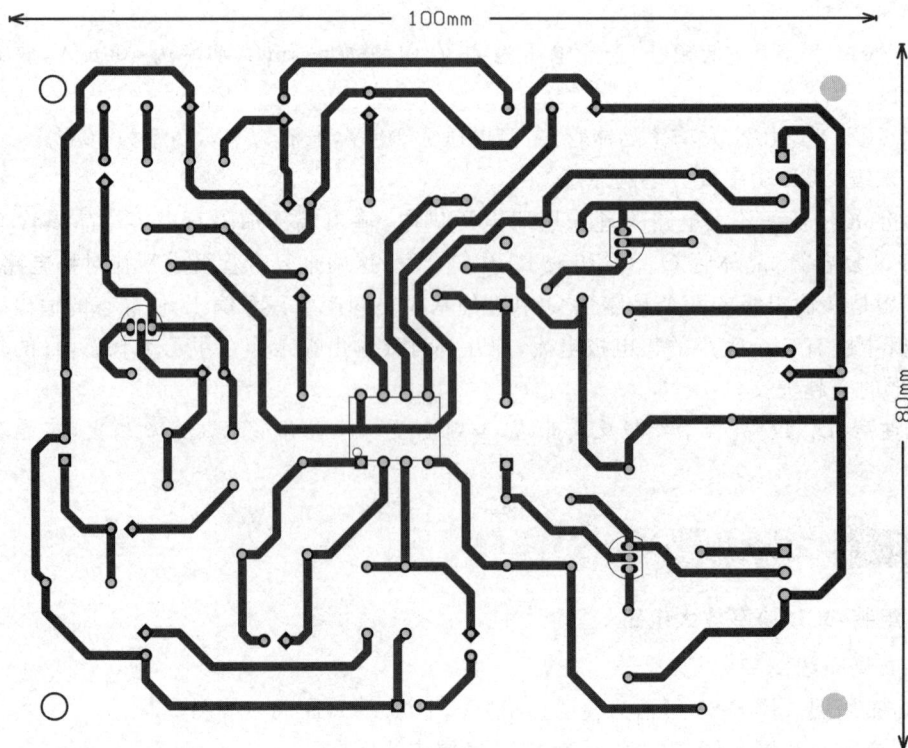

图 5-29 PCB 底层布线图

（3）顶层布线图。图 5-30 所示为 PCB 顶层布线图，需要注意的是，本印制电路板为单面板，因此顶层布线图中的走线可以使用短路线完成接线。

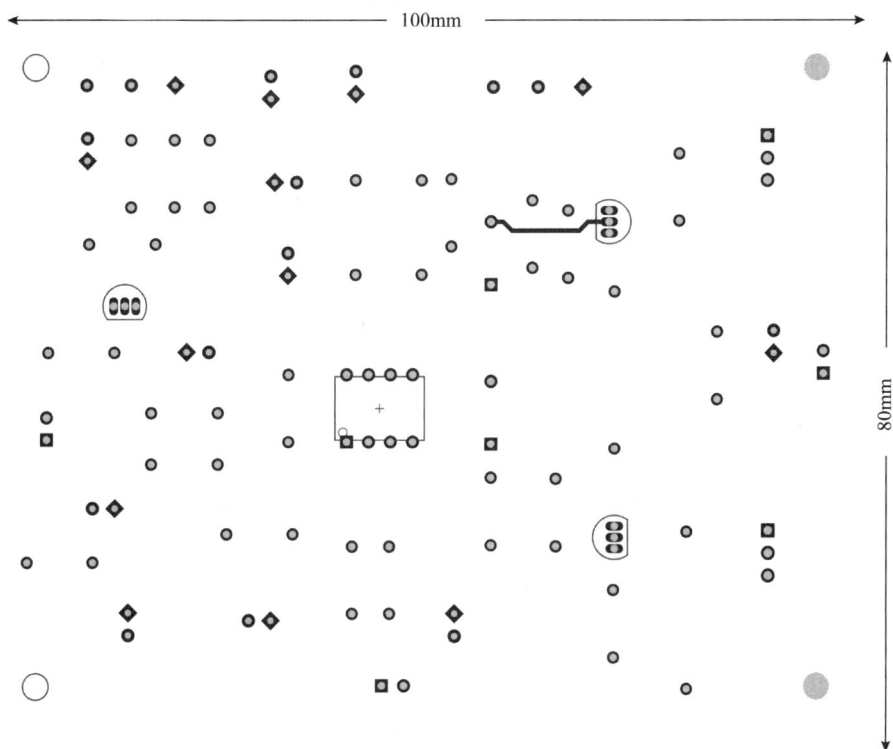

图 5-30　PCB 顶层布线图

2）元器件检测和布局

（1）按照表 5-5 所示材料清单准备好所有元器件，并检测所有元器件备用。

（2）参考图 5-29 布局图，在万能电路板上布局元器件。需要考虑元器件的尺寸和质量，以及测量是否方便，即元器件实物的大小、形状以及散热效果，并需为后续检修测量做出合理安排。

（3）元器件必须安装在同一面上（正面），采用卧式或立式安装。元器件尽量朝同一方向排列，分布尽量均匀，密度一致。所有元器件都应标注引脚识别记号，即元器件代号和极性。

（4）元器件之间的导线不能交叉，不能飞线，也不能迂回太远。各元器件与导线排列应整齐美观，横平竖直，不允许斜排、立体交叉和重叠排列，也不允许外壳或引线相碰。

（5）相邻元器件就近安装，尽量按横向或纵向排列整齐，容易引起干扰的导线应尽量短。输入部分与输出部分应远离，一般输入在左，输出在右。

（6）元器件在印制电路板上的安装高度应合理。将发热、易热损坏及可调的元器件摆放在边缘位置。

（7）正电源、负电源与地要尽量布局于电路板的边缘处并相互远离，以避免短接。

3）元器件安装

（1）按照元器件插装原则插装元器件，注意插装方向和元器件间距。

（2）元器件安装次序应遵循以下原则：先装低矮的小功率卧式元器件，再装立式元器件和大功率卧式元器件,然后装可变元器件和易损元器件,最后装带散热器的元器件和特殊元器件。

表 5-5　材料清单

标　号	参　数	类　型
C_1	330pF	无极性电容
C_2	33pF	无极性电容
C_3	433μF	电解电容
C_4	0.033μF	无极性电容
C_{11}、C_{16}、C_{17}	10μF	电解电容
C_{12}	4.7μF	电解电容
C_{13}	1μF	电解电容
C_{14}、C_{15}	100μF	电解电容
D_1、D_2	1N4148	二极管
J_1	Line In	输入端口
LS1	Speaker	扬声器
MK1	Mic1	传声器
Q_1、Q_2	9014	NPN 晶体管
Q_3、Q_4	2073	大功率 NPN 晶体管
Q_5	9015	PNP 晶体管
R_1、R_{10}、R_{12}	10kΩ	电阻
R_2	510Ω	电阻
R_3	680kΩ	电阻
R_4	27kΩ	电阻
R_5	50Ω	电阻
R_6	22kΩ	电阻
R_7、R_8	100kΩ	电阻
R_9、R_{15}	20kΩ	电阻
R_{11}	2.2kΩ	电阻
R_{13}	1kΩ	电阻
R_{14}	47Ω	电阻
R_{16}、R_{17}	5.1kΩ	电阻
R_{18}、R_{20}	75Ω	电阻
R_{19}、R_{21}	150Ω	电阻
R_{22}、R_{23}	1Ω	大功率电阻
R_{24}	10Ω	电阻
R_{V1}、R_{V2}	50kΩ	电位器
U_1	NE5532	集成运放

4）焊接注意事项

（1）选用合适的焊锡，即选用低熔点的焊锡丝。

（2）用 25% 的松香溶解在 75% 的酒精（重量比）中作为助焊剂。

（3）电烙铁使用前要上锡，具体方法：将电烙铁烧热，待能熔化焊锡时，涂上助焊剂，再用焊锡均匀地涂在烙铁头上。

（4）焊接方法：将焊盘和元器件的引脚用细砂纸打磨干净，涂上助焊剂。用烙铁头蘸取适量焊锡，接触焊点，待焊点上的焊锡全部熔化并浸没元器件引线头后，电铁头沿着元器件的引脚轻轻往上一提离开焊点。

（5）焊接时间不宜过长，否则容易烫坏元器件，必要时可用镊子夹住引脚帮助散热。

（6）焊点应呈正弦波峰形状，表面应光亮圆滑，无锡刺，锡量适中。

（7）焊接完成后，要用酒精将电路板上残余的助焊剂清洗干净，以防炭化后的助焊剂影响电路正常工作。

（8）集成电路应最后焊接，电烙铁要可靠接地，或断电后利用余热焊接；也可采用集成电路专用插座，焊好插座后再将集成电路插入。

（9）电烙铁应放在烙铁架上。

2. 调试 OCL 功率放大电路

1）万用表检查电路

用万用表按一定的顺序逐一检查电路。确认每条线路是否连接牢固，特别要注意检查输入端、输出端和电源接口的连接是否正确，电源与地是否短路，二极管和电解电容的极性是否接反，晶体管的引脚是否接对，并轻轻拔一拔元器件，观察焊点是否牢固等。

2）通电测试

在稳压电源调试好所需要的电源电压数值后断电，给电路板接入双电源。电源一经接通，不要急于观测波形和数据，而是要先观察是否有异常现象，如冒烟、异常气味、放电的声光和元器件发烫等。如果有异常，应立即关断电源，待排除故障后方可重新接通。

3）静态调试

先不加输入信号，不插入 NE5532 集成块，而是用万用表先测量中性点电位是否正常，若不正常，则测量 Q_2、Q_3、Q_4、Q_5 晶体管的静态工作点，找到问题并检修电路。然后正常插入 NE5532 集成块，再测中性点电位是否正常，如不正常，则检查前级运放电路的连接，找出问题并修复，直到中性点电位正常为止。将测量结果填入表 5-6。

表 5-6　静态测量数据　　　　　　　　　　　　　　　　　　单位：V

项目	Q_2	Q_3	Q_4	Q_5	工作状态
U_B					
U_C					
U_E					
中性点电压 U_o					

4）动态调试

从示波器接入输入信号，逐级观测电路输出信号是否符合要求。具体包括：输入信号波形是否加入并正常;集成运放的输出波形是否正常;功放输出波形是否符合要求(无交越失真和削波失真)。

5) 实物测试

将手机耳机输出作为输入信号,功放输出信号接音箱输入端,试听效果,并比较两种前置放大电路的音质效果。

◆ 项目小结 ◆

本项目介绍了功率放大电路的概念、功率放大器的性能指标、常用功率放大电路的组成特点和实用音频功放电路的设计制作,要求掌握功率放大器的电路组成和功率放大电路的测试方法。音频功率放大电路的设计制作过程包括前期规划、电路设计、元器件选型、组装调试以及测试验证等环节,这种环节设计不仅使学生加深了对功率放大原理及电路设计的理解,也提升了他们的实践操作能力和问题解决能力。通过不断优化和调试,最终实现了预期的设计目标。未来,可以进一步探索更高效、更紧凑的功率放大技术,如数字功率放大器的应用。

◆ 习　题 ◆

1.【问答题】OTL 电路和 OCL 电路有什么区别？使用时应注意什么？

2.【问答题】什么是准互补对称功率放大电路？

3.【计算题】一互补对称电路如图 5-31 所示,设已知 $U_{CC}=12V$,$R_L=16\Omega$,u_i 为正弦波。求:

(1) 若忽略 U_{CES},负载上可能得到的最大输出功率 P_{om} 是多少？

(2) 每个晶体管允许的耗散功率 P_{Cm} 至少是多少？

(3) 每个晶体管的耐压 $|U_{(BR)CEO}|$ 应为多大？

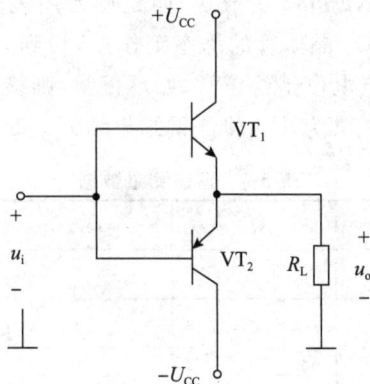

图 5-31　习题 3 图

4.【设计题】分析图 5-32 中复合管接法是否合理,若不合理,将 VT_1 管接法改过来,并标注复合管类型。

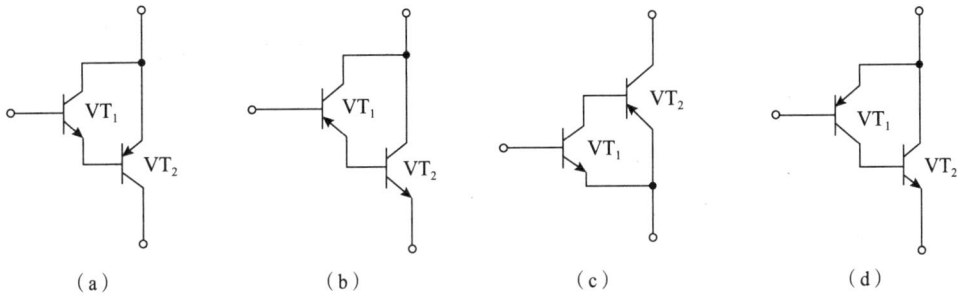

图 5-32　习题 4 图

5.【计算题】图 5-33 所示为准互补对称功放电路。

(1) 试说明复合管 VT_1 和 VT_2、VT_3 和 VT_4 的管型。

(2) 静态时输出电容 C 两端的电压应为多少?

(3) 电阻 R_4 与 R_5 以及 R_6 与 R_7 分别起什么作用?

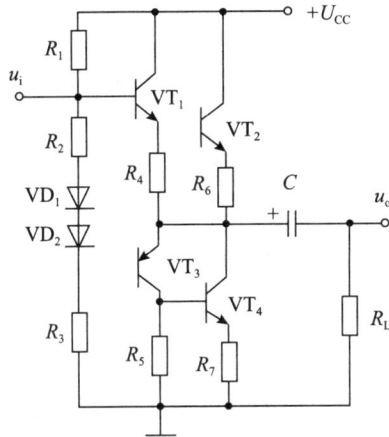

图 5-33　习题 5 图

项目 6

模拟电路典型应用——变频器

项目导读

变频器是现代工业控制系统中不可或缺的电力调节设备,通过改变电动机工作电源的频率来控制交流电动机的转速,从而达到节能、调速等目的。变频器一般是利用电力半导体元器件的通断作用,将固定频率的交流电源转换为频率可调的交流电源的电力转换装置。它通过内部电路的调整,能够精确控制输出电压、频率和电流等参数,从而驱动电动机按照预定的速度运行。

变频器的工作原理主要包括整流、滤波、逆变和控制四个环节。

学习目标

知识目标	1. 了解整流电路的工作原理; 2. 了解逆变电路的工作原理; 3. 熟悉变频器的工作过程
能力目标	1. 学会变频器参数设置方法; 2. 掌握变频器选型、安装与调试
学习重难点	1. 整流器组成及工作过程; 2. 逆变器组成及工作过程; 3. 变频器调试方法

任务 6.1 变频器调试

■ 想一想:

(1) 变频器是如何工作的?

（2）变频器由哪些电路组成？

带着问题查阅相关资料，请学生以组为单位进行讨论，得出以上问题的答案后，及时写在项目日志上。

6.1.1 整流电路

整流电路是二极管的一个重要应用，其功能是将交流电转换为直流电，普通的整流电路基本框图如图 6-1 所示。整流电路主要由二极管整流器、滤波器和稳压器组成。

图 6-1 整流电路基本框图

整流电路是利用二极管的单向导电性，将正负变化的交流电压转换为单向脉动电压的电路。在交流电源的作用下，整流二极管会周期性导通和截止，使负载得到脉动直流电。在电源电压的正半周，二极管导通，使负载上的电流与电压波形形状完全相同；在电源电压的负半周，二极管处于反向静止状态，承受电源负半周电压，负载电压几乎为零。

1. 半波整流电路

半波整流电路是利用二极管的单向导电性进行整流的最常用电路，它常用来将交流电转变为直流电。作为整流器使用的二极管通常都是功率二极管，其功率和最大正弦电流值要比一般作为开关使用的高速二极管大得多，比较常用的功率二极管有 1N4001～1N4007 系列。

半波整流电路原理图如图 6-2 所示。该电路由电源变压器 B、整流二极管 D 和负载电阻 R 组成。变压器负责将市电电压（多为 220V）变换为所需要的交变电压 u_i，D 再将交流电变换为脉动直流电。

在交流电压 u_i 的正半周，二极管将正向偏置，允许电流流过；而在交流电压 u_i 的负半周，二极管将反向偏置，电流被阻断。半波整流波形如图 6-3 所示，可见达到了整流的目的，但是负载电压和负载电流的大小仍随时间变化，因此，通常称这种电流为脉动直流。

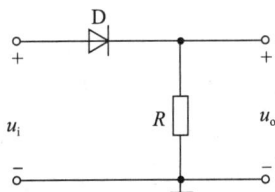

图 6-2 半波整流电路原理图

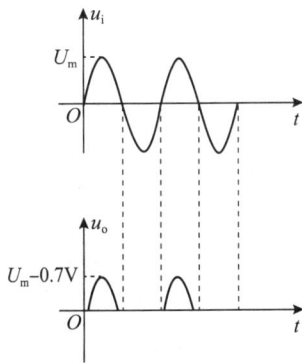

图 6-3 半波整流波形

这种除去交流电压的半周、仅留下另一半周的整流方法称为半波整流。不难看出,半波整流是以"牺牲"一半交流电为代价来换取整流效果的,其电流利用率很低,因此常用在高电压、小电流的场合,而在一般的无线电装置中则很少采用。

2. 全波整流电路

最常用的桥式全波整流电路图如图 6-4 所示。

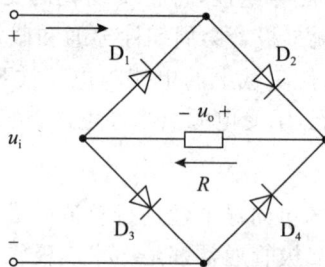

桥式整流电路的工作原理:如图 6-5 所示,u_i 为正半周时,对 D_2、D_3 加正向电压,D_2、D_3 导通;对 D_1、D_4 加反向电压,D_2、D_4 截止。电路中构成 u_i、D_2、R、D_3 通电回路,在 R 上形成上正下负的半波整流电压。如图 6-6 所示,u_i 为负半周时,对 D_1、D_4 加正向电压,D_1、D_4 导通;对 D_2、D_3 加反向电压,D_2、D_3 截止。电路中构成 u_i、D_1、R、D_4 通电回路,同样在 R 上形成上正下负的另外半波的整流电压。全波整流波形图如图 6-7(a)所示,由于流过负载电阻 R 的电流方向始终是从右向左的,因此在 R 上的电压极性始终是一个方向。另外,电流通路要经过两个二极管,所以输出电压会比输入电压下降两个 0.7V(即 1.4V),当输入电压的 $V_m \gg 1.4V$ 时,可以忽略这个 1.4V,近似认为输出电压的波形如图 6-7(b)所示。

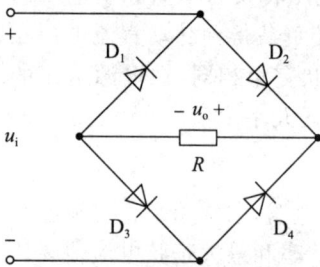

图 6-4 桥式全波整流电路图   图 6-5 正半周电流路径   图 6-6 负半周电流路径

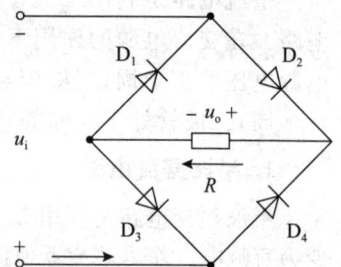

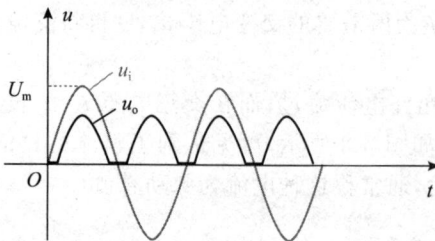

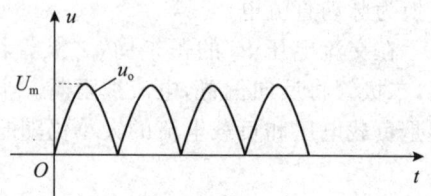

(a)全波整流波形图   (b)近似输出电压波形图

图 6-7 全波整流波形图和近似输出电压波形图

3. 滤波电路

在整流得到的直流电信号中存在一些波动,滤波电路的作用就是滤去这些纹波。滤波电路一般由电抗元器件组成,包括并联在负载电阻两端的电容器 C、与负载串联的电感器 L,以及由电容器、电感器组合而成的多种复式滤波电路。由电容器组成的滤波电路原理图如图 6-8 所示。图中,输出电压 u_o 等于滤波器的电容电压 u_C,通过对比整流器输出电压与峰值 U_m,对电容 C 进行充放电,从而实现滤波功能。由于输出电压 u_o 等于电容电压 u_C,最终输出的电压波形如图 6-9 所示。这种形状的输出电压波形称为波纹电压。一般来讲,电容越大,波纹越小,滤波效果就越好。同时,负载 R_L 的阻值不能太小,否则也会因为放电速度太快而使波纹波动幅度加剧。

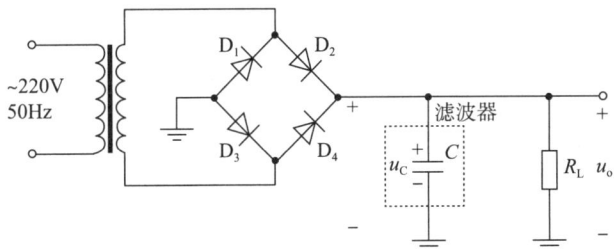

图 6-8　由电容器组成的滤波电路原理图　　　　图 6-9　滤波输出的电压波形图

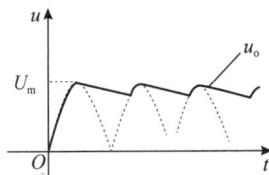

6.1.2 逆变电路

逆变电路与整流电路相对应,将直流电变成交流电的过程称为逆变。逆变电路可用于构成各种交流电源,在工业中已得到广泛应用。根据直流侧储能元器件形式的不同,逆变电路可划分为电流型逆变电路和电压型逆变电路。电流型逆变器给并联负载供电,故称并联谐振逆变器;电压型逆变器给串联负载供电,故称串联谐振逆变器。根据从一个直流电源中获取交流电能的方式不同,单相逆变器有推挽式、半桥式和全桥式三种电路拓扑结构,虽然它们的电路结构不同,但工作原理相似。

电路中都使用具有开关特性的半导体功率元器件,由控制电路周期性地向功率元器件发出开关脉冲控制信号,控制多个功率元器件轮流导通和关断,再经过变压器耦合升压或降压后,整形滤波输出符合要求的交流电。全桥逆变电路是单相逆变电路中应用最多的类型,单相电压型全桥式逆变电路拓扑结构及工作过程如图 6-10 所示。将 T_1 与 D_1 组成的桥臂 1 和 T_4 与 D_4 组成的桥臂 4 作为一对,T_2 与 D_2 组成的桥臂 2 和 T_3 与 D_3 组成的桥臂 3 作为一对,成对的两个桥臂同时导通,两对交替各导通 180°。

步骤 1:当开关 T_1、T_4 闭合,T_2、T_3 断开时,电流途径:$T_1 \rightarrow L \rightarrow R \rightarrow T_4$,该电流方向由左往右,故 R、L 两端的电压 $u_o = u_d$。

步骤 2:当开关 T_1、T_4 断开,T_2、T_3 闭合时,开关 T_2、T_3 不能立即闭合,且在这一瞬间电感电流的方向不能突变,此时电流流过 T_2、T_3 反并联的二极管续流;电流途径:$D_2 \rightarrow L \rightarrow R \rightarrow D_3$,该电流方向仍是由左往右,故 R、L 两端的电压 $u_o = -u_d$。

步骤 3:电感电流过零后,开关 T_2、T_3 闭合,电感电流反向流过开关 T_2、T_3;电流途径:$T_2 \rightarrow R \rightarrow L \rightarrow T_3$,该电流方向由右往左,故 R、L 两端的电压 $u_o = u_d$。

步骤 4:当开关 T_2、T_3 断开,T_1、T_4 再次闭合时,同理开关 T_1、T_4 不能立即闭合。同前述分析电感电流的方向不能突变,电流流过 T_1、T_4 反并联的二极管续流,之后的周期重复上述过程。电流途径:$D_4 \rightarrow R \rightarrow L \rightarrow D_1$,该电流方向仍是由右往左,故 R、L 两端的电压 $u_o = -u_d$。

t_4 时刻以后,电路重复上述工作过程。单相逆变电路输出波形如图 6-11 所示。

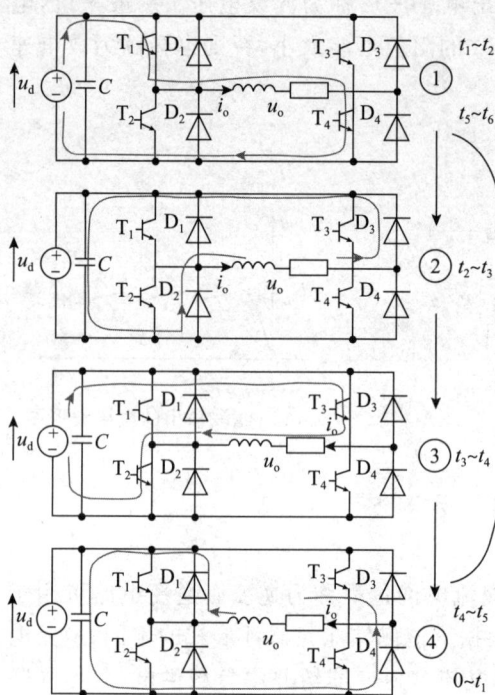

图 6-10　单相电压型全桥式逆变电路拓扑结构及
　　　　工作过程

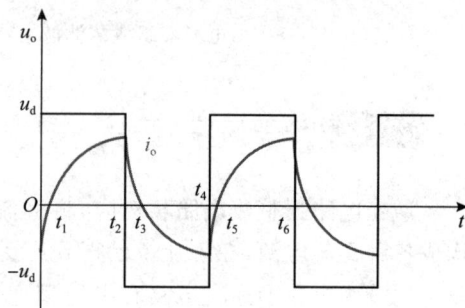

图 6-11　单相逆变电路输出波形

6.1.3　变频器的工作原理

由三相异步电动机的转速公式 $n=60f(1-s)/p$ 可知，电动机的转速 n 随电源频率 f 的变化而变化，改变电源频率 f 就可以改变电动机的转速 n，利用变频器可实现三相异步电动机的无级调速，这就是变频调速的定义。交—直—交变频器原理框图如图 6-12 所示。

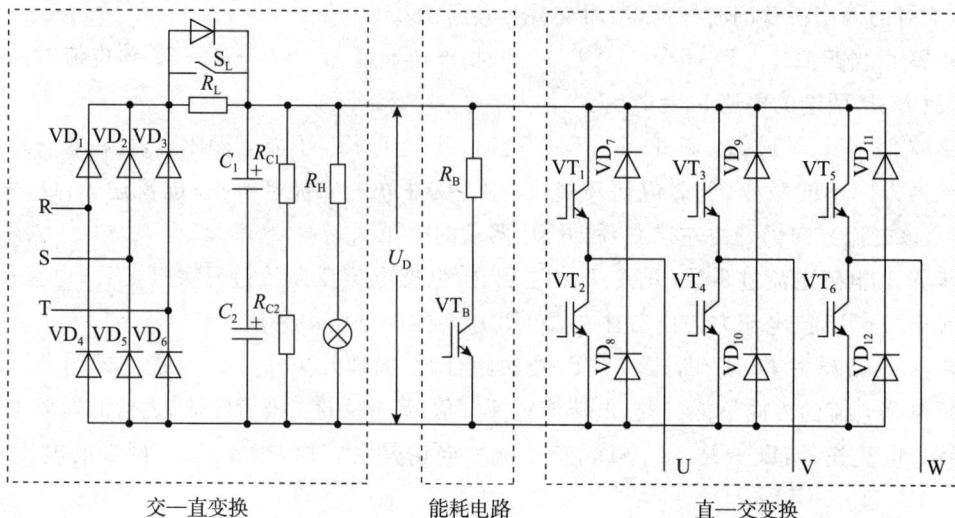

交—直变换　　　能耗电路　　　直—交变换

图 6-12　交—直—交变频器原理框图（由 Multisim 14.3 软件绘制）

1. 全波整流电路

整流电路工作过程同 6.1.1 小节,在中、小容量的变频器中,整流器件采用不可控的整流二极管或二极管模块。当三相线电压为 380V 时,整流后的峰值电压为 537V,平均电压为 515V。

2. 滤波电路

由于电解电容器的电容量和耐压能力受限,滤波电路通常由若干个电容器并联组成一组,再由两个电容器组 C_1 和 C_2 串联而成。因为电解电容器的电容量具有较大的离散性,所以电容器组 C_1 和 C_2 的电容量往往不能完全相等。其结果是各电容器组承受的电压 U_{D1} 和 U_{D2} 不相等,致使承受电压较高一侧的电容器组容易损坏。为了使 U_{D1} 和 U_{D2} 相等,在 C_1 和 C_2 旁各并联一个阻值相等的均压电阻 R_{C1} 和 R_{C2}。

3. 限流电路

限流电路由限流电阻 R_L 和短路开关 S_L 组成。限流电阻 R_L 的作用:变频器在接入电源之前,滤波电容 C 上的直流电压 $U_D = 0$。因此,当变频器刚接入电源的瞬间,将有一个很大的冲击电流经整流桥流向滤波电容,使整流桥可能因此而受到损坏。如果电容器的容量很大,还会使电源电压瞬间下降,从而对电网造成干扰。限流电阻 R_L 就是为了削弱该冲击电流而串接在整流桥和滤波电容之间的。

4. 电源指示灯

电源指示灯除了表示电源是否接通外,还有一个非常重要的功能,即在变频器切断电源后,表示滤波电容器 C 上的电荷是否已经释放完毕。因为 C 的容量较大,且切断电源必须在逆变电路停止工作的状态下进行,所以 C 没有快速放电的回路,其放电时间往往长达数分钟。又因为 C 上的电压较高,如果不放完,将对人身安全构成威胁。所以在维修变频器时,必须等电源指示灯完全熄灭后才能接触变频器内部的导电部分。

5. 直—交变换

三相逆变桥电路:$VT_1 \sim VT_6$,逆变器件使用 IGBT 模块。

续流电路:$VD_7 \sim VD_{12}$ 为电动机绕组的无功电流返回直流电路时提供通路。当频率下降导致同步转速降低时,为电动机的再生电能反馈至直流电路提供通路;主要起到保护逆变模块的作用。

6. 能耗制动电路

在变频调速系统中,电动机的降速和停机是通过逐渐减小频率来实现的。在频率降低的瞬间,电动机的同步转速随之下降,但由于机械惯性的原因,电动机的转速不会立即改变。当同步转速低于转子转速时,转子绕组切割磁力线的方向相反,转子电流的相位几乎改变了 $180°$,使电动机处于发电状态,也称再生制动状态。电动再生的电能经续流二极管 $VD_7 \sim VD_{12}$ 全波整流后反馈到直流电路中,由于直流电路的电能无法回输给电网,只能由电容器 C_1 和 C_2 吸收,使直流电压升高,称为泵升电压。过高的直流电压将使变流器件受到损害。因此,当直流电压超过一定值时,就要求提供一条放电回路来消耗掉再生的电能,而这条放电回路就是能耗制动电路。

7. 变频器的控制部分

变频器的控制部分由驱动控制单元、中央处理单元、保护及报警单元、参数设定和监视单元等组成。

6.1.4 变频器的选型与安装

1. 变频器的类别与特点

变频器的种类很多,分类方式也多种多样,可根据需求按用途、变换方式、电源性质、调压方法和变频控制等进行分类。其中,常用的交—直—交低压变频器主要分为通用型和专用型两大类,各类别及其特点如图 6-13 所示。

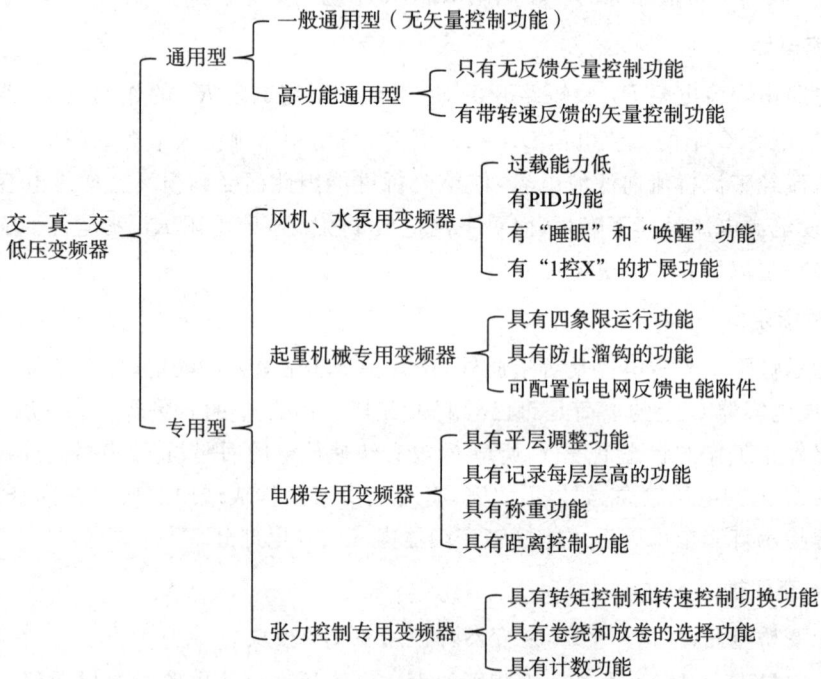

图 6-13　变频器的类别和特点

2. 变频器的选型

变频器的选型是一个综合考量的过程,需要依据多个因素来确定最合适的变频器型号。变频器主要的选型依据和步骤如下。

1)选型依据

(1)电动机功率。变频器的选型首先要考虑驱动的电动机功率。通常应选用比电动机功率略大的变频器,以确保在电动机启动、加速和负载变化时,变频器能够提供足够的电流和电压支持。

(2)电压等级。根据实际电压等级选用合适的变频器,一般常见的电压等级有 220V 和 380V,也有用于特殊用途的更高或更低的电压等级。在选型时需注意变频器的输入电压范围是否与电源电压相匹配。

（3）控制方式。变频器的控制方式主要有 V/F（电压/频率）控制和矢量控制两种。V/F 控制适用于传统的变频器应用，如风机、水泵等；而矢量控制适用于对精度和调速范围要求较高的应用，如数控机床、印刷机械等。

（4）调速范围。根据实际需求的调速范围选用变频器，并应留有一定的裕量以应对可能的负载变化和电动机特性的影响。

（5）负载类型。负载类型对变频器的选择也有重要影响，不同的负载类型（如恒转矩负载、恒功率负载、风机水泵类负载等）对变频器的性能要求不同。在选型时需要根据实际负载类型选择适合的变频器。

（6）操作环境。变频器的使用环境也是选型时需要考虑的因素之一。环境温度、湿度、振动、粉尘等因素都可能对变频器的正常运行产生影响。在选型时需要根据实际环境选择合适的防护等级和散热方式。

2）选型步骤

（1）确定电动机功率和电压等级。根据电动机铭牌或相关技术资料，确定电动机的额定功率和额定电压。

（2）确定负载类型。根据实际应用场景和负载特性确定负载类型。

（3）选择控制方式。根据调速精度和调速范围的需求选择合适的控制方式。

（4）计算所需变频器容量。根据电动机功率、负载类型和控制方式等因素计算所需变频器的容量。通常变频器的容量应略大于电动机功率，并考虑一定的裕量。

（5）选择品牌和型号。在市场上选择知名品牌和型号的变频器，以确保产品质量和售后服务。

（6）考虑其他因素。在选型时，还需考虑变频器的防护等级、散热方式、通信接口等因素，以满足实际使用需求。

6.1.5 变频器外配器件的选择

1. 空气开关

空气开关主要有两个作用：一是隔离，当变频器需要检修时，使变频器与电源隔离；二是保护，当变频器输入侧发生短路时，进行保护。

变频器在刚接通电源的瞬间，对电容器的充电电流可高达额定电流的 $2\sim3$ 倍；变频器的进线电流是脉冲电流，其峰值可能超过额定电流；变频器的额定过载能力为 150%。

空气开关选择原则：$I_{QN} \geq (1.3\sim1.4)I_N$，$I_N$ 为变频器额定电流。

2. 接触器

接触器的主要作用：可通过按钮开关方便地控制变频器的通断；变频器发生故障时，可自动切断电源。

选择原则：$I_{KN} \geq I_N$，I_N 为变频器额定电流。

3. 输出接触器

变频器的输出端一般不接接触器。特殊需要时应满足：$I_{KN} \geq I_N$，I_{KN} 为电动机的额定电流。

4. 主电路线径的选择

电源与变频器之间的导线和同容量普通电动机的电线选择方法相同,变频器外配电抗器的作用如下。

1) 交流输入电抗器

交流输入电抗器原理图和外形图如图 6-14 所示。可将功率因数提高至 $0.75 \sim 0.85$。

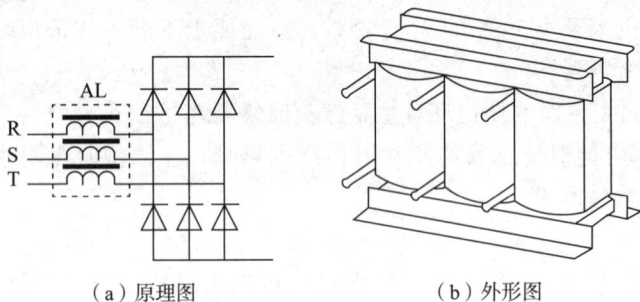

（a）原理图　　　　　　　　（b）外形图

图 6-14　交流输入电抗器原理图和外形图

2) 直流电抗器

直流电抗器原理图和外形图如图 6-15 所示,可将功率因数提高至 0.9。

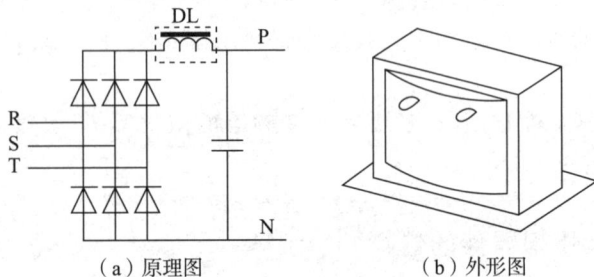

（a）原理图　　　　　　　　（b）外形图

图 6-15　直流电抗器原理图和外形图

3) 输出电抗器

输出电抗器实物图如图 6-16 所示,其主要作用是补偿长线（50~200m）分布电容的影响,并能抑制输出谐波电流,以防止变频器产生的电涌电压对电动机造成绝缘损伤。

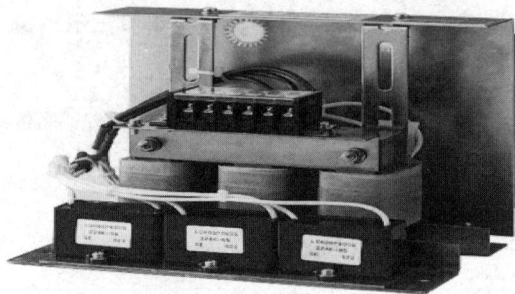

图 6-16　输出电抗器实物图

6.1.6 变频器的安装及接线

1. 安装环境要求

(1) 环境温度。变频器内部包含大功率的电子元器件,极易受到工作温度的影响,产品一般要求工作温度范围为 $-10\sim+40℃$,但为了保证工作安全、可靠,使用时应考虑留有余地,最好将温度控制在 40℃以下。在控制箱中,变频器一般应安装在箱体上部,并严格遵守产品说明书中的安装规则,绝对不允许将发热元器件或易发热的元器件紧靠变频器的底部安装。

(2) 环境湿度。相对湿度不超过 90%。

(3) 其他条件。在变频器的安装位置应满足无直射阳光、无腐蚀性气体及易燃气体、尘埃少及海拔低于 1000m 等要求。

2. 接线要求

(1) 安装接线时,R、S、T(或 L1、L2、L3)输入端接电源,U、V、W 输出端与负载相连,注意千万不要接反,否则会将变频器烧毁。

(2) 接地端子必须良好接地,这不仅可以防止电击或火灾事故的发生,还可以显著降低噪声干扰。接地线要粗而短,变频器系统应连接专用的接地极。

(3) P1、P(+)是用于功率因数改善的、直流电抗器的连接端子,无电抗器时两个端子应短接。

(4) P(+)、N(−)分别为变频器直流母线的正极和负极,注意 N 千万不要作为接地端,更不能接地。

3. 注意事项

(1) 变频器应安装牢固,保护管放置应横平竖直。

(2) 变频器一、二次电缆标识需清晰明了。

(3) 一、二次电缆需隔开铺设且应接地,二次电缆需保证只有一端接地。

6.1.7 变频器设置参数详解

变频器在使用时,需要根据现场控制需求,合理进行参数设置,这样才能达到控制的目的。变频器功能参数很多,一般都有数十甚至上百个参数供用户选择。以 ABB ACS800 系列变频器为例,对实际使用中的常用参数进行介绍,变频器常用参数表见表 6-1。

表 6-1 变频器常用参数表(以 ABB ACS800 系列变频器为例)

组别	参 数 内 容
99 组	基本参数设置
99.01	选择语言:英语
99.04	电动机控制模式:直接转矩控制(DTC)模式,适用于大多数情况;标量控制模式,适用于电动机数量可变且多台电动机的场合
99.05	额定电压:一般设为 380V,与电动机铭牌额定值一致
99.06	电动机额定电流值

组别	参 数 内 容
99.07	额定频率:一般设为50Hz,与电动机铭牌额定数据一致
99.08	额定电动机速度,必须等于电动机铭牌上的值
99.09	额定电动机功率
10组	外部启动、停机和转向控制信号源
10.01	定义外部控制点1:DI1~DI6,一般选DI1停止/启动,DI2正转/反转
10.02	定义外部控制地2:一般只用一个
10.03	转向:正转(Forward)、反转(Reverse)、自定义转向(Request)
11组	频率控制方式
11.03	外部给定:控制盘(Keypad)、AI1~AI3模拟输入
11.04	外部给定最小值:矢量控制(转速)/标量控制(频率)
11.05	外部给定最大值:矢量控制(转速)/标量控制(频率)
13组	模拟输入信号
13.01	模拟输入AI1的最小值,0V,与11.04相对应
13.02	模拟输入AI1的最大值,10V,与11.05相对应
13.06	模拟输入AI1的最小值,0mA/4mA,与11.04相对应
13.07	模拟输入AI1的最大值,20mA,与11.05相对应
14组	继电器输出的状态信号
14.01	继电器R01状态:运行准备好/运行/故障/告警
14.02	继电器R02状态:运行准备好/运行/故障/告警
14.03	继电器R03状态:运行准备好/运行/故障/告警
15组	模拟输出
15.01	AO1模拟输出信号:电动机速度/输出频率/输出电流/输出功率/电动机电压
15.03	模拟输出信号AO1的最小值:0mA/4mA
15.05	模拟输出信号AO1的最大值:比例因子,100%对应20mA
15.06	同15.01,AO2模拟输出信号
15.08	同15.03,AO2模拟输出信号最小值
15.10	同15.05,AO2模拟输出信号最大值

6.1.8 任务实施

功能要求:利用AB400变频器实现现场风机调速控制。

设备参数如下。

(1)电动机铭牌:22kW,43.5A,4级电动机,转数为1490r/min。

(2) 二次原理要求:采用 4～20mA 电流调速,提供 4～20mA 电流反馈,具有故障显示和运行显示功能。

工艺要求:最低频率为 0Hz、最高频率为 50Hz,负载类型为风机。

结合二次原理图、工艺要求以及现场电动机铭牌参数进行相关参数设置。

依据这些要求,利用 Multisim 14.3 软件绘制控制系统原理图设计,如图 6-17 所示。分析电路的工作过程如下:控制电路包含现场控制和分布式控制系统(DCS)控制开关,闭合断路器 QF,若现场控制 SB3 或来自 DCS 的 SB2 闭合,接触器 KM 的线圈将通电并自锁,KM 辅助常闭触头断开,主触头和辅助常开触头吸合,通过接触器 KM 控制变频器启动,从而实现电动机的调速控制。通过变频器触头进行故障显示和运行显示。

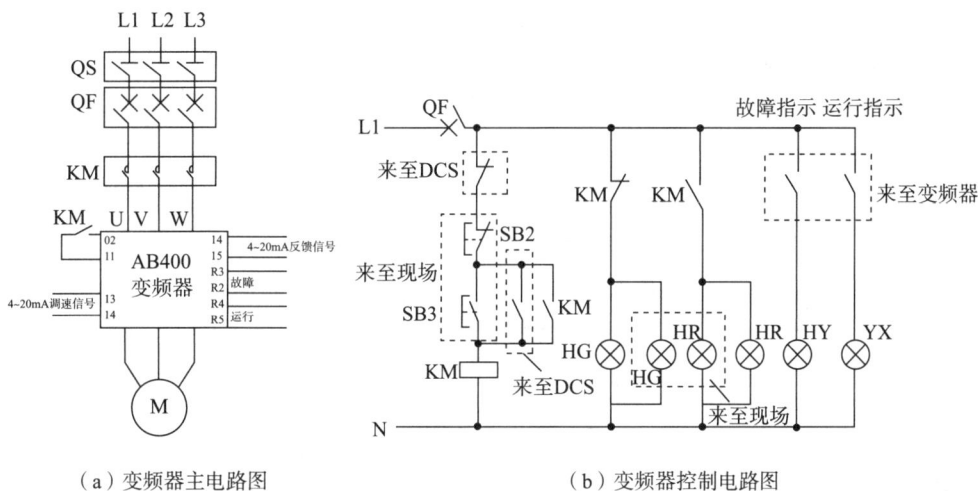

（a）变频器主电路图　　　　　　　　　（b）变频器控制电路图

图 6-17　控制系统原理图

1. 调试前的准备工作

(1) 变频器。要熟读变频器的说明书,进行新变频器的开箱检查,确认应有的配件、说明书是否齐全,并对变频器本体外观进行检查。

(2) 现场设备。了解变频器驱动的设备类型,如油泵、水泵、风机、机械类负载等,要认真记录好电动机铭牌上的额定参数。项目变频器驱动的设备为风机,电动机铭牌参数为 22kW、43.5A,4 级电动机转数为 1490r/min。

(3) 二次控制方式。了解变频器的控制方式,可以通过自身面板操作控制,也可以受 DCS 控制或者是 PLC 控制。要针对不同控制方式制订不同的调试步骤和调试数表。项目变频器受现场面板操作控制和 DCS 控制。

(4) 工艺方面。要与工艺人员沟通,确认变频器在运用过程中是否有特殊要求。例如,确认是否有上下限频率调制、是否禁止反转等。

项目要求最低频率为 0,最高频率为 50Hz。

2. 准备工具及相关资料

(1) 准备万用表、钳形表、对讲机、个人工具、套筒扳手、短接线等工具。

(2) 办理好第二种工作票,并坚持两人工作制。

（3）准备二次原理图、说明书、自编写的调试参数表等资料。

3．通电前的检查

通电前的检查工作很重要，必须仔细、认真，否则会造成设备损坏。

（1）变频器安装接线的检查。对照说明书，检查输入（R、S、T）、输出（U、V、W）电缆接线是否正确且紧固。特别要检查保护接地端子接线是否正确，以及有电抗器的要检查电抗器的接线是否正确。大于 75kW 的电动机需要装直流电抗器，且需接到 P1、P＋端子，同时将短接片拆除。二次控制回路接线要与二次原理图相符，同时也要与仪表、工艺相符。

（2）检查整流模块与逆变模块的好坏。检查整流模块时，使用数字万用表，将挡位调至二极管挡，当红表笔分别接触 R、S、T，而黑表笔接触 P 时，应显示通路；反之，则不通。同理，当红表笔分别接触 R、S、T，而黑表笔接触 N 时，应显示不通；反之，则显示通路。如果测试结果与上述描述一致，说明整流模块正常。检查逆变模块的方法与整流模块相同，模块的检测实际是二极管单向导电性的检测。防干扰措施为：使用屏蔽电缆，并确保一端接地，对变频器主回路进行测试并记录。

（3）整流模块的测量。使用数字式万用表进行测量，整流模块测量方法如图 6-18 所示。

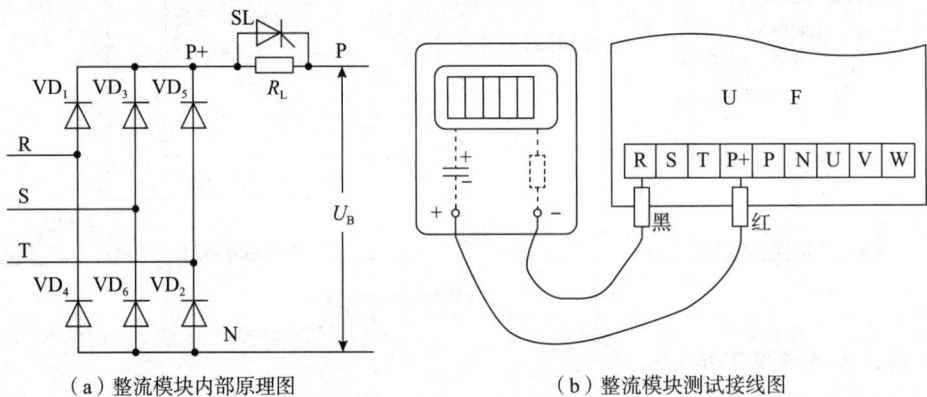

（a）整流模块内部原理图　　　　　　　　（b）整流模块测试接线图

图 6-18　整流模块测量方法

（4）逆变模块的测量（数字式万用表）。逆变模块的测量结果应与表 6-2 所示相符，否则整流模块已损坏。

表 6-2　逆变模块的测量结果

逆变管符号	万用表表笔		测量结果	逆变管符号	万用表表笔		测量结果
	红表笔	黑表笔			红表笔	黑表笔	
V1	U	P	○	V4	U	N	×
	P	U	×		N	U	○
V2	W	N	×	V5	W	P	○
	N	W	○		P	W	×
V3	V	P	○	V6	V	N	×
	P	V	×		N	V	○

注："○"为通，"×"为不通。

（5）检查一次回路的断路器、接触器和电动机容量是否与变频器相匹配,确保电动机绝缘(要与变频器断开)。

（6）上电前,电动机与变频器处于断开状态,先让变频器在完全空载的状态下进行试机。

4. 通电检查与调试

在变频器上电前检查无误的基础上,确定变频器通电检查和调试的内容及步骤。应采取的基本步骤包括上电空载测试、带电动机空载运行、系统联调和带负载试运行。

1）上电空载测试

（1）检查变频器的显示是否正常,散热系统是否正常,以及风机运转是否正常。

（2）确认变频器是由面板控制,还是由外部端子控制。如果是外部端子控制,应参阅说明书,先将其设定为面板控制以便于检查参数。

（3）使用操作面板,并参阅说明书,进入变频器的参数设定界面。项目变频器参数设置见表 6-3。

表 6-3   项目变频器参数设置

序号	参数组	设定值	参 数 释 义	备　　注
1	P031	380	电动机额定电压	
2	P032	50Hz	电动机额定频率	
3	P033	1.5($\times I_e$)	电动机过载电流	1.5 倍额定电流
4	P034	10Hz	最小输入频率	
5	P035	50Hz	最大输入频率	
6	P036	2	二线制	
7	P037	1	惯性停车	
8	P038	2	速度基准值,模拟 1	
9	P039	10s	加速时间	
10	P040	10s	减速时间	
11	P042	0	自动模式:不启用	
12	P043	0	电动机过载保护:禁止	
13	T055	14	继电器输出 1:故障	
14	T069	1	模拟输入 1:4~20mA	
15	T070	0	模拟输入 1 下限	
16	T071	100%	模拟输入 1 上限	
17	T072	0	模拟信号丢失:不使能	
18	T073	1	模拟输入 2:4~20mA	
19	T074	0	模拟输入 2 下限	
20	T075	100%	模拟输入 2 上限	

续表

序号	参数组	设定值	参 数 释 义	备 注
21	T076	0	模拟信号丢失:不使能	
22	T082	14	模拟输出 1 选择:频率	4~20mA
23	T083	100%	模拟输出 1 上限	
24	T084	0	模拟输出 1 设定点	
25	T085	15	模拟输出 1 选择:电流	4~20mA
26	T086	100%	模拟输出 1 上限	
27	T087	0	模拟输出 1 设定点	
28	A174	400	最高电压	
29	A179	1.2	电流限幅(1.2 倍额定电流)	$(1.1\sim1.5)I_e$
30	A199	2	电动机极对数	
31	A220	195	电动机铭牌满载电流	

(4) 将电动机的额定数据输入变频器的相应参数中,如电动机的额定电压、额定电流、极数和功率因数等。特别是额定电压和额定电流的数据一定要与铭牌上的数据相符,因为额定电流的设定直接关系到过电流保护定值设定是否合理。

(5) 根据现场的工艺条件,设定变频器加减速时间、转矩提升量和电子热保护等参数,并确定其上限、下限频率。

(6) 根据二次控制原理,设定变频器上相应的输入、输出端子的功能,包括报警(故障)继电器的定义、频率设定信号的增益。

(7) 参数设定完成后,通过面板启动变频器,使其空载运行,并观察显示屏的显示及变频器的声音是否正常。

2) 带电动机空载运行

(1) 将变频器单机试运行结束后,将电动机接入变频器,通过控制面板手动启动变频器,由操作人员确认电动机的旋转方向。通过使用控制面板调节频率,使电动机在 0~50Hz 范围内运行,观察电动机运行的声音、输出频率和电流是否正常。

(2) 当本机控制调试完毕后,通过改变控制方式,将其设定为外部(端子)控制,使用 4~20mA 的电流信号发生器,模拟 DCS 向变频器发送信号,分别给出 25%、50%、75% 和 100% 的信号量,观察变频器的输出频率是否与给定频率相对应,并检查电动机运转是否正常。

3) 系统联调

电动机试运行完毕,需要联系 DCS 人员进行联调、联试,使 DCS 向变频器发送 4~20mA 信号,分别给出 25%、50%、75% 和 100% 的信号量,以观察输出频率是否与给定频率相对应。

4) 带负载试运行

如果装置条件允许,应进行带负载试机,试机中要观察电动机电流与所带负载的变化,通过合理设定转矩特性参数,优化变频器的运行参数,确保其工作在最佳状态。

调试结束后,要认真写好调试记录。

任务 6.2 拓展与提升——变频器的日常维护与故障处理

6.2.1 变频器的日常维护

变频器有以下日常定期维护(检修)的内容。

(1) 开盖检查,确认充电指示灯已熄灭。

(2) 记录控制板上的连接插头个数,必要时要绘制简图。

(3) 记录控制板上的控制端子对外接线(来自 DCS 的控制信号),必要时要绘制简图。

(4) 依次拔下控制板上的各连接插头,拆除控制端子的对外接线,松开控制板的固定螺栓,取下控制板。

(5) 拆下主回路散热系统的风机,并对风机进行检查,应确保其转动灵活且无缺陷。

(6) 使用吹风机对散热器系统、主回路功率元件和母线进行灰尘清扫。

(7) 使用经过绝缘处理的毛刷对控制板进行灰尘清扫。对于陈年灰尘,应使用专用的清洗剂进行清洗,必要时使用绝缘喷漆对电路板进行绝缘处理。

(8) 对清扫后的主回路功率元件及母线进行检查,应确保其无过热、开裂和松动现象,并应对主回路螺钉进行紧固。

6.2.2 变频器的故障处理方法

1. 变频器的故障处理流程

(1) 弄清楚变频器的故障情况,是启动过程中跳闸,还是在正常运行中跳闸;是新安装的变频器无法启动,还是已安装运行多年的变频器无法启动;同时,要关注其液晶显示器上的内容。

(2) 根据故障现象判断故障类型。

(3) 根据故障类型进行相应的处理。

2. 不同故障类型的处理方法

1) 参数设置类故障

一旦变频器发生参数设置类故障导致不能正常运行,一般可按照说明书修改参数。如果不能修改,最好是将所有参数恢复至出厂值,然后重新进行参数设置。

2) 过电压类故障

(1) 输入交流电源过电压。

(2) 当变频器拖动大惯性负载且其减速时间设置得比较短时,在减速过程中,变频器输出的速度较快,而负载靠自身阻力减速较慢,导致负载拖动电动机的转速高于变频器输出频率所对应的转速,使电动机处于发电状态。由于变频器没有能量回馈单元,因此直流回路电压会升高,且超出保护值,从而出现故障。处理这种故障,可以考虑增加再生制动单元,或者修改变频器参数,如将变频器减速时间延长。

3. 过电流故障

过电流故障可分为加速、减速和恒速过电流故障。可能由以下原因引起：变频器的加减速时间太短、负载发生突变、负荷分配不均或输出短路等。针对这些问题，一般可通过延长加减速时间、减少负荷的突变及对负载进行检查等方法进行解决。

4. 过载故障

过载故障包括变频器过载和电动机过载。可能由加速时间太短、直流制动量过大、电网电压太低和负载过重等原因引起。一般可通过延长加速时间、延长制动时间和检查电网电压等方法进行解决。当负载过重时，所选的电动机和变频器可能无法拖动该负载，也可能是由于机械润滑不良导致。

◆ 项目小结 ◆

本项目通过模拟电子电路中的典型应用——变频器电路的学习，重点掌握变频器电路功能的分析、变频电路技术参数的选择等。通过本项目的学习，读者将能够深入理解电路的应用，并掌握电路设计的基本原理。

◆ 习 题 ◆

【问答题】举例说明变频器应用案例。

第 2 篇

数字电子技术

数字电路导学

项目导读

电子线路中,数字电路是重要的组成单元。它是处理和传输数字信号的电路系统,由逻辑门、触发器等基本逻辑元器件组成,可以实现各种逻辑功能和运算。数字电路可以分为组合逻辑电路和时序逻辑电路两大类。其中,组合逻辑电路由基本逻辑门组成,用于实现各种组合逻辑功能;而时序逻辑电路由触发器和组合逻辑门组成,用于实现各种时序逻辑功能。

数字电路具有稳定性高、抗干扰能力强、易于设计、便于集成、成本低廉、可编程性、高速度和低功耗等优点,广泛应用于计算机、数字通信、数字式家用电器、数字仪表和数字控制装置等领域。数字电路的发展速度很快,随着集成电路技术的不断进步,数字电路的集成度和运行速度不断提高。同时,可编程逻辑元器件和现场可编程门阵列(FPGA)等新技术的应用,使得数字电路的设计更加灵活和方便。

学习目标

知识目标	1. 了解数字电路、数字信号特点; 2. 熟悉数制、码制; 3. 掌握逻辑函数的基本运算; 4. 掌握基本门电路逻辑符号、表达式和逻辑功能
能力目标	1. 学会数制间相互转换; 2. 认识基本门电路的逻辑符号、表达式功能
学习重难点	1. 数制、码制; 2. 基本逻辑运算

任务 7.1　认识数字电路

7.1.1　数字电路的概念

　　数字信号是数字电路处理和传输的离散信号,它们通常是在时间和幅度上都不连续的、离散的信号,多采用0、1 两种数值表示。数字信号只有两种相互对立的状态,我们只关心信号的有无,而不太关心其形状。例如,高电平和低电平、脉冲的有无等,数字信号如图 7-1 所示。自动化生产线上记录零件个数的信号(一般是由微动开关或光电开关来检测)就是这类信号,还有开关的开与闭和灯的亮与灭也是数字信号。在很多情况下,我们可能不

图 7-1　数字信号

太关心灯的明暗程度,而是关心它们的逻辑关系(因果关系)。产生和处理这类数字信号的电路称为数字电路或逻辑电路。

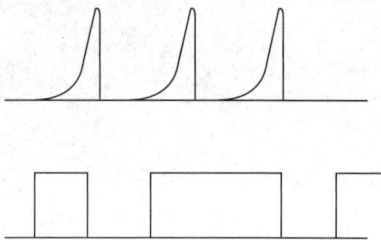

　　电路可以分为模拟电路和数字电路两大类。其中,产生、传输和处理模拟信号的电路称为模拟电路;而产生、传输和处理数字信号的电路称为数字电路。数字电路是由数字信号进行处理和传输的电路系统。

　　数字电路的基本元器件包括逻辑门和触发器等,它们是数字电路的基本组成单元。逻辑门可以组合实现各种逻辑功能,最基本的三个逻辑门分别是与门、或门和非门,它们分别实现逻辑与运算、逻辑或运算和逻辑非运算。此外,还有与非门等其他类型的逻辑门。触发器可以存储一位二进制数,并且具有时钟控制和非破坏性读出等特点。

　　数字电路的类型有很多,包括组合逻辑电路、时序逻辑电路、脉冲单元电路、数模和模数转换电路、半导体存储器和可编程逻辑元器件等。组合逻辑电路由多个基本逻辑门组成,可以实现各种复杂的逻辑功能。时序逻辑电路由触发器和组合逻辑电路组成,可以实现各种复杂的时序逻辑功能。

7.1.2　数字电路的特点

　　数字电路具有以下特点。

　　(1) 同时具有算术运算和逻辑运算功能。数字电路以二进制逻辑代数为数学基础,使用二进制数字信号,既能进行算术运算,又能方便地进行逻辑运算(如与、或、非、判断、比较、处理等)。因此,数字电路极其适合运算、比较、存储、传输、控制和决策等应用。

　　(2) 实现简单,系统可靠。以二进制作为基础的数字电路,可靠性较强。电源电压大小的波动对其没有影响,温度和工艺偏差对其工作的可靠性影响也比模拟电路小得多。

　　(3) 集成度高,功能实现容易。集成度高、体积小和功耗低是数字电路突出的优点。随着集成电路技术的高速发展,数字电路的集成度越来越高,集成电路块的功能随着小规模集成(small scale integration,SSI)电路、中规模集成(medium scale integration,MSI)电路、大

规模集成(large scale integration,LSI)电路和超大规模集成(very large scale integration,VLSI)电路的发展,从元器件级、部件级、板卡级上升到系统级。电路的设计组成只需采用一些标准的集成电路块单元连接而成。

任务 7.2 　数字电器的逻辑运算

7.2.1 　数制

数制的介绍

进位计数制称为数制,是人们利用数字符号按进位原则进行数据大小计算的方法。人们在日常生活中通常以十进制来表达数值并进行计算。另外还有二进制、八进制和十六进制等。

1. 数制的基本概念

在数制中,有三个基本概念:数码、基数和位权。

(1) 数码:一个数制中表示基本数值大小不同的数字符号。例如,在十进制中有十个数码 0、1、2、3、4、5、6、7、8、9;在二进制中有两个数码 0 和 1。

(2) 基数:一个数值所使用数码的个数。例如,十进制的数码有十个,所以基数为 10;二进制数码有两个,所以基数为 2。

(3) 位权:一个数值中某一位上数字的权值大小。例如,十进制的 123:

$$(123)_{10} = 1 \times 10^2 + 2 \times 10^1 + 3 \times 10^0$$

这里,1 的位权是 10^2,也就是 100;2 的位权是 10^1,也就是 10;3 的位权是 10^0,也就是 1。

2. 常用的数制

常用的数制有十进制、二进制、八进制和十六进制,其中二进制、八进制和十六进制为非十进制。

十进制主要用于日常生活中,而二进制、八进制和十六进制主要用于电子技术领域。二进制是数字电路和处理器等最直接的语言,八进制、十六进制便于进行数值的转换和记录,比如处理器中的寄存器、存储器的地址和数据都是使用十六进制表示的。

3. 各数制的特点

常用数制的特点主要从数码、基数、进位规则及按权展开来描述,二进制、八进制和十六进制按权展开后求和即得到其对应的十进制数。

(1) 十进制

数码:共 10 个,分别为 0、1、2、3、4、5、6、7、8、9。

基数:10。

表示方法:$(N)_{10}$ 或 $(N)_D$。

进位规则:逢十进一;借一当十。

按权展开示例:

$$(143.75)_{10} = 1 \times 10^2 + 4 \times 10^1 + 3 \times 10^0 + 7 \times 10^{-1} + 5 \times 10^{-2}$$

（2）二进制

数码：共 2 个，分别为 0、1。

基数：2。

表示方法：$(N)_2$ 或 $(N)_B$。

进位规则：逢二进一；借一当二。

按权展开示例：

$$(101.11)_2 = 1 \times 2^2 + 0 \times 2^1 + 1 \times 2^0 + 1 \times 2^{-1} + 1 \times 2^{-2} = (5.75)_{10}$$

（3）八进制

数码：共 8 个，分别为 0、1、2、3、4、5、6、7。

基数：8。

表示方法：$(N)_8$ 或 $(N)_O$。

进位规则：逢八进一；借一当八。

按权展开示例：

$$(207.04)_8 = 2 \times 8^2 + 0 \times 8^1 + 7 \times 8^0 + 0 \times 8^{-1} + 4 \times 8^{-2} = (135.0625)_{10}$$

（4）十六进制

数码：共 16 个，分别为 0、1、2、3、4、5、6、7、8、9、A、B、C、D、E、F。其中，A 代表 10，B 代表 11，依次类推，F 代表 15。

基数：16。

表示方法：$(N)_{16}$ 或 $(N)_H$。

进位规则：逢十六进一；借一当十六。

按权展开示例：

$$(2F.8)_{16} = 2 \times 16^1 + F \times 16^0 + 8 \times 16^{-1} = (47.5)_{10}$$

7.2.2 数制转换

数制转换

在数制中，通常在数值后面加字母 D、B、O、H 来表示该数是十进制、二进制、八进制和十六进制数，也可以加入数字下角标 10、2、8、16 表示。为了更好地掌握数制的转换，希望大家熟记 2 的 0～10 次方所对应的十进制数：1、2、4、8、16、32、64、128、256、512、1024。

1. 非十进制数转换十进制数

1）二进制数转换十进制数

将二进制数转换为等值的十进制数，又称二-十转换。

⑦方法：乘权求和，即将二进制数按权展开，然后将所有项按十进制数相加即可。

例如，将 $(1101.01)_2$ 转换为十进制数，首先将 1101.01 按权展开，然后对展开式求和，得到的数就是二进制数 1101.01 对应的十进制数 13.25。

$$(1101.01)_2 = 1 \times 2^3 + 1 \times 2^2 + 0 \times 2^1 + 1 \times 2^0 + 0 \times 2^{-1} + 1 \times 2^{-2} = (13.25)_{10}$$

这里，"2"是基数，"2^i"（$i = 3, 2, 1, 0, -1, -2$）为位权。

2）八进制数转换十进制数

将八进制数转换为等值的十进制数。

方法：与二进制数转换成十进制数完全一样，仅基数有所不同。

例如，将 $(28.7)_8$ 转换为十进制数，首先将 28.7 按权展开，然后对展开式求和，得到的数就是八进制数 28.7 对应的十进制数 24.875。

$$(28.7)_8 = 2 \times 8^1 + 8 \times 8^0 + 7 \times 8^{-1} = (24.875)_{10}$$

这里，"8"是基数，"8^i"（$i=1,0,-1$）为位权。

3）十六进制数转换十进制数

将十六进制数转换为等值的十进制数。

说明：转换方法同前，仅基数不同。

例如，将 $(4C.A)_{16}$ 转换为十进制数，首先将 4C.A 按权展开，然后对展开式求和，得到的数就是十六进制数 4C.A 对应的十进制数 76.625。

$$(4C.A)_{16} = 4 \times 16^1 + C \times 16^0 + A \times 16^{-1} = (76.625)_{10}$$

2. 十进制数转换非十进制数

1）十进制数转换二进制数

将十进制数转换为等值的二进制数。

方法：通常采用"除 2 取余法，商为 0 止，倒排列"。

例如，将 $(37)_{10}$ 转换为二进制数，具体转换如图 7-2 所示。

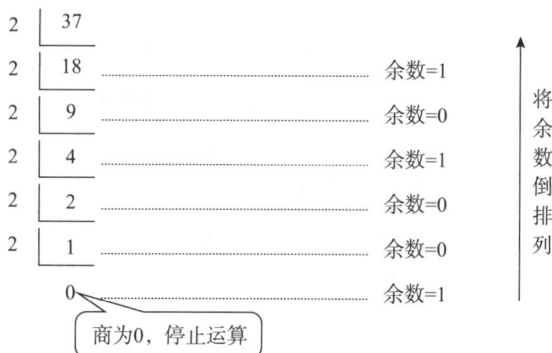

图 7-2　十进制数转化为二进制数过程

故 $(37)_{10} = (100101)_2$。

2）非十进制数之间转换

（1）八进制数转换二进制数

方法：由于八进制的 1 位相当于二进制数的 3 位，因此只需将每 1 位八进制数改写成等值的 3 位二进制数，并保持高低位的次序不变。

例如，将 $(253)_8$ 转换为二进制数。

$$(\quad 2 \qquad\quad 5 \qquad\quad 3 \quad)_8$$
$$(\; 010 \qquad 101 \qquad 011 \;)_2$$

故$(253)_8=(010101011)_2$。

（2）十六进制数转换二进制数

⑦**方法**：由于十六进制数的1位相当于二进制数的4位，因此只需将每1位十六进制数改写成等值的4位二进制数，并保持高低位的次序不变。

例如，将$(4C)_{16}$转换为二进制数。

$$(\quad 4 \qquad C\quad)_{16}$$
$$\downarrow \qquad\quad \downarrow$$
$$(0100 \qquad 1100)_2$$

十六进制数4用4位二进制数表示是0100，十六进制数C用4位二进制数表示是1100，将两组二进制数依次按原4C顺序排列，得到其对应二进制数是01001100。

故$(4C)_{16}=(0100\ 1100)_2=(1001100)_2$。

（3）二进制数转换八进制数

⑦**方法**：以小数为界，将整数部分从右到左每3位二进制数用1个等值的八进制数来替换，最后不足3位时在高位补0凑满3位；小数部分从左到右每3位二进制数用1个等值的八进制数来替换，最后不足3位时在低位补0凑满3位。

例如，将$(10110.01)_2$转换为八进制数。

$$(\quad 010 \qquad 110. \qquad 010\quad)_2$$
$$\downarrow \qquad\quad \downarrow \qquad\quad \downarrow$$
$$(\quad 2 \qquad\quad 6. \qquad 2\quad)_8$$

故$(10110.01)_2=(010110.010)_2=(26.2)_8$。

（4）二进制数转换十六进制数

⑦**方法**：以小数为界，将整数部分从右到左每4位二进制数用1个等值的十六进制数来替换，最后不足4位时在高位补0凑满4位；小数部分从左到右每4位二进制数用1个等值的十六进制数来替换，最后不足4位时在低位补0凑满4位。

例如，将$(11110.01)_2$转换为十六进制数。

$$(0001 \qquad 1110. \qquad 0100)_2$$
$$\downarrow \qquad\quad \downarrow \qquad\quad \downarrow$$
$$(\quad 1 \qquad\quad E. \qquad 4\quad)_{16}$$

故$(11110.01)_2=(0001\ 1110.0100)_2=(1E.4)_{16}$。

常用数制对照表见表7-1，请同学们熟记，便于日后使用。

表7-1　常用数制对照表

十进制	二进制	八进制	十六进制	十进制	二进制	八进制	十六进制
0	0	0	0	6	110	6	6
1	1	1	1	7	111	7	7
2	10	2	2	8	1000	10	8
3	11	3	3	9	1001	11	9
4	100	4	4	10	1010	12	A
5	101	5	5	11	1011	13	B

续表

十进制	二进制	八进制	十六进制	十进制	二进制	八进制	十六进制
12	1100	14	C	15	1111	17	F
13	1101	15	D	16	10000	20	10
14	1110	16	E	17	10001	21	11

7.2.3　码制

码制的介绍

在实际生活中,数码不仅可以表示大小,还可以表示不同的对象或信息。后一种情况的数码称为代码。例如,邮政编码、汽车牌照和房间号码等,它们都没有大小的含义,只是代表一种信息。

码制:为了便于记忆和处理(如查询),在编制代码时总要遵循一定的规则,这些规则称为码制。

编码:用一定位数的二进制数来表示十进制数码、字母、符号等信息,这个过程称为编码。

1. 二-十进制代码

用 4 位二进制数码表示十进制数,有多种不同的码制。这些代码被称为二-十进制代码,简称 BCD(binary coded decimal)码。

由于十进制数有 10 个不同的数码,因此需用 4 位二进制数来表示。而 4 位二进制代码有 16 种不同的组合,从中取出 10 种组合来表示 0~9 可有多种方案,所以二-十进制代码也有多种方案,例如 8421 码、2421 码等。

2. 8421 码

用 4 位自然二进制数码中的前 10 个码字来表示十进制数码,因各位的权值依次为 8、4、2、1,故称 8421 码。

8421 码是一种应用十分广泛的代码。这种代码每位的权值是固定不变的,为恒权码。它取了自然二进制数的前 10 种组合表示一位十进制数 0~9,即 0000(0)~1001(9),从高位到低位的权值分别为 8、4、2、1,去掉了自然二进制数的后 6 种组合 1010~1111。8421 码每组二进制代码各位加权系数的和即为它所代表的十进制数。如 8421 码 0110 按权展开式为

$$0 \times 8 + 1 \times 4 + 1 \times 2 + 0 \times 1 = 6$$

所以,8421 码(0110)表示十进制数 6。

常见 BCD 码见表 7-2。请大家了解,便于日后使用。

表 7-2　常见 BCD 码

十进制数	8421 码	余 3 码	格雷码	2421 码	5421 码
0	0000	0011	0000	0000	0000
1	0001	0100	0001	0001	0001
2	0010	0101	0011	0010	0010
3	0011	0110	0010	0011	0011

十进制数	8421 码	余 3 码	格雷码	2421 码	5421 码
4	0100	0111	0110	0100	0100
5	0101	1000	0111	1011	1000
6	0110	1001	0101	1100	1001
7	0111	1010	0100	1101	1010
8	1000	1011	1100	1100	1011
9	1001	1100	1101	1111	1100

7.2.4 逻辑代数基础

逻辑代数又称为布尔代数、开关代数,是按一定的逻辑关系进行运算的代数,也是分析和设计数字电路的数学工具。它与普通代数有所区别。

两者相同之处:都是用字母 A、B、C、X、Y 表示变量,用代数式描述事物间的因果关系。

逻辑函数基础

$$Y = f(A, B, C, \cdots)$$

两者不同之处:普通代数中,变量在定义域内任意取值;逻辑代数中,逻辑变量取值只有 0 和 1,是一个二值代数。

逻辑代数中的变量称为逻辑变量,用大写字母表示。逻辑变量的取值只有两种,即 0 和 1,它并不表示数量的大小,而是表示两种对立的逻辑状态。

例如,是和非、真和假、有和无、开和关、通和断等,它们之间可以按照某种因果关系进行逻辑运算。这种逻辑运算和算术运算有着本质上的不同,逻辑运算将在下一节进行介绍。

7.2.5 基本逻辑运算

在逻辑代数中,基本的逻辑关系有与逻辑、或逻辑和非逻辑三种,与之对应的基本逻辑运算为与运算、或运算和非运算,还有与非、或非、与或非、异或、同或等导出逻辑运算。

基本逻辑运算

1. 与逻辑

与逻辑又称为与运算或逻辑乘,意为"和"。通过下面的电路实例说明与逻辑。

与逻辑电路如图 7-3 所示。图中,灯 Y 为事件,开关 A 和 B 串联,共同控制灯的亮灭。只有当 A 和 B 同时满足闭合条件时,灯 Y 才能点亮,用逻辑表达式表示:$Y = AB$。当有更多串联开关时,均需满足闭合条件,灯 Y 才可以点亮,这就是与逻辑关系。

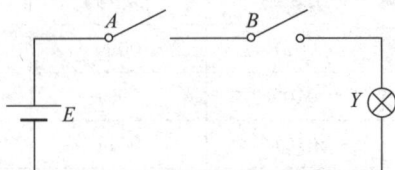

图 7-3 与逻辑电路

1) 与逻辑的定义

仅当决定事件(Y)发生的所有条件(A,B,C,…)均满足时,事件(Y)才能发生。表达式为

$$Y = A \cdot B \cdot C \cdots \quad 或 \quad Y = ABC\cdots \tag{7-1}$$

2) 真值表

根据电路图的工作状态,列出与电路功能表见表 7-3。

表 7-3　与电路功能表

开关 A	开关 B	灯 Y
断开	断开	灭
断开	闭合	灭
闭合	断开	灭
闭合	闭合	亮

将开关闭合记作 1,断开记作 0;灯亮记作 1,灯灭记作 0。可以列出如表 7-4 描述的与逻辑关系。这种将所有可能的条件组合及其对应结果一一列出来的表格称为真值表。

表 7-4　与逻辑真值表

A	B	Y
0	0	0
0	1	0
1	0	0
1	1	1

3) 与门

将能够实现与逻辑的电路称为与门。

(1)与门的逻辑符号

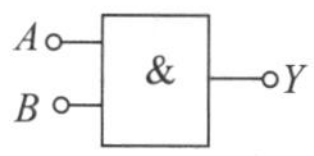

(2)与逻辑表达式

$$Y = AB \quad 或 \quad Y = A \cdot B \tag{7-2}$$

(3)与门逻辑功能:有 0 出 0,全 1 出 1。

2. 或逻辑

或逻辑又称为或运算或逻辑加,意为"或者"。通过下面的电路实例说明或逻辑。

或逻辑电路如图 7-4 所示。图中,灯 Y 为事件,开关 A 和 B 并联,为控制灯亮灭的条件。当 A 和 B 有一个满足闭合或者 A 和 B 同时满足闭合条件时,灯 Y 点亮,用逻辑表达式表示:$Y = A + B$;当有更多并联开关时,至少有一个条件满足时,灯 Y 就可以点亮,这就是或逻辑关系。

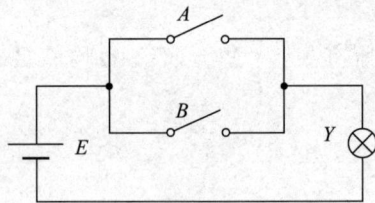

图 7-4 或逻辑电路

1) 或逻辑的定义

决定事件(Y)发生的各种条件($A,B,C,\cdots$)中,只要有一个或多个条件具备,事件(Y)就发生。表达式为

$$Y = A + B + C + \cdots \qquad (7\text{-}3)$$

2) 真值表

根据电路图的工作状态,列出或电路功能表见表 7-5。

表 7-5 或电路功能表

开关 A	开关 B	灯 Y
断开	断开	灭
断开	闭合	亮
闭合	断开	亮
闭合	闭合	亮

将开关闭合记作 1,断开记作 0;灯亮记作 1,灯灭记作 0,可以得到或逻辑真值表见表 7-6。

表 7-6 或逻辑真值表

A	B	Y
0	0	0
0	1	1
1	0	1
1	1	1

3) 或门

将能够实现或逻辑的电路称为或门。

(1) 或门的逻辑符号

(2) 或逻辑表达式

$$Y = A + B \qquad (7\text{-}4)$$

(3) 或门逻辑功能:有 1 出 1,全 0 出 0。

3. 非逻辑

非逻辑又称为非运算或逻辑反,意为"否定"。通过下面的电路实例说明非逻辑。

非逻辑电路如图 7-5 所示。当条件 A 满足闭合时,灯 Y 不亮;当条件 A 断开且不满足闭合条件时,灯 Y 亮。这种当决定事件(Y)发生的条件(A)满足时,事件不发生;而条件不满足时,事件却发生的逻辑关系称为非逻辑关系。

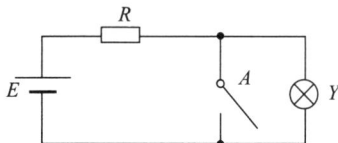

图 7-5 非逻辑电路

1)非逻辑的定义

非逻辑指的是逻辑的否定。当决定事件(Y)发生的条件(A)满足时,事件不发生;条件不满足时,事件反而发生。表达式为

$$Y = \overline{A} \tag{7-5}$$

2)真值表

根据电路图的工作状态,列出非电路功能表见表 7-7。

表 7-7 非电路功能表

开关 A	灯 Y
断开	亮
闭合	灭

将开关闭合记作 1,断开记作 0;灯亮记作 1,灯灭记作 0,可以得到非逻辑真值表见表 7-8。

表 7-8 非逻辑真值表

A	Y
0	1
1	0

3)非门

将实现非逻辑的电路称为非门或反相器。

(1)非门的逻辑符号

(2)非逻辑表达式

$$Y = \overline{A} \tag{7-6}$$

（3）非门逻辑功能：有 0 出 1，有 1 出 0。

非门运算规则为：$\overline{0}=1$，$\overline{1}=0$。

7.2.6 复合逻辑运算

由三种基本的逻辑运算适当组合就构成复合逻辑运算，常用的复合逻辑运算有与非、或非、与或非、异或及同或。

1. 与非运算

与非运算是与逻辑和非逻辑的组合。

（1）运算顺序：先"与"后"非"。

（2）逻辑表达式

$$Y=\overline{AB} \tag{7-7}$$

（3）与非逻辑真值表见表 7-9。

表 7-9　与非逻辑真值表

A	B	Y
0	0	1
0	1	1
1	0	1
1	1	0

（4）结果 Y 同与逻辑真值表相反，由真值表总结逻辑功能为：有 0 出 1，全 1 出 0。

（5）与非门的逻辑符号

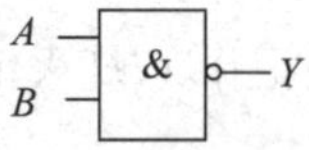

2. 或非运算

或非运算是或逻辑和非逻辑的组合。

（1）运算顺序：先"或"后"非"。

（2）逻辑表达式

$$Y=\overline{A+B} \tag{7-8}$$

（3）或非逻辑真值表见表 7-10。

表 7-10　或非逻辑真值表

A	B	Y
0	0	1
0	1	0
1	0	0
1	1	0

（4）结果 Y 同或逻辑真值表相反,由真值表总结逻辑功能为:有 1 出 0,全 0 出 1。

（5）或非门的逻辑符号

3. 与或非运算

（1）运算顺序:先"与"后"或"再"非"。

（2）逻辑表达式

$$Y=\overline{AB+CD} \tag{7-9}$$

（3）逻辑符号如下所示,门的先后顺序,代表运算的先后顺序。

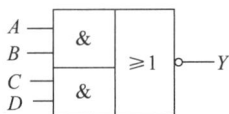

4. 异或运算和同或运算

1) 异或运算

（1）异或逻辑关系:若两个输入变量 A、B 取值相异,则输出 Y 为 1;若取值相同,则 Y 为 0。即 $A=0$、$B=1$ 或 $A=1$、$B=0$ 时,$Y=1$;否则 $Y=0$。

（2）异或逻辑表达式

$$Y=A\oplus B \quad 或 \quad Y=\overline{A}B+A\overline{B} \tag{7-10}$$

（3）异或逻辑真值表见表 7-11。

通过真值表总结异或门的功能:不同为 1,相同为 0。

表 7-11 异或逻辑真值表

A	B	Y
0	0	0
0	1	1
1	0	1
1	1	0

（4）异或逻辑功能:不同为 1,相同为 0。

（5）异或的逻辑符号

2) 同或运算

（1）同或逻辑关系:若两个输入变量 A、B 取值相同,则输出 Y 为 1;若取值相异,则 Y 为 0。即 $A=0$、$B=0$ 或 $A=1$、$B=1$ 时,$Y=1$;否则 $Y=0$。

（2）同或逻辑表达式

$$Y = A \odot B \quad 或 \quad Y = \overline{AB} + AB \tag{7-11}$$

（3）同或逻辑真值表见表 7-12。

表 7-12 同或逻辑真值表

A	B	Y
0	0	1
0	1	0
1	0	0
1	1	1

（4）同或逻辑功能：相同为 1，不同为 0。

（5）同或的逻辑符号

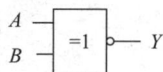

◆ **项目小结** ◆

（1）常用的数制有十进制、二进制、八进制和十六进制，其中二进制、八进制和十六进制为非十进制。

（2）非十进制数转换为十进制数的方法为：采用乘权求和，即将非十进制数按权展开，然后将所有项按十进制数相加即可。

（3）将十进制数转换为非十进制数的方法为：通常将十进制数用"除 2 取余"法转换为二进制数，然后再转换为八进制数或十六进制数，也可以直接用"除 8 取余"或"除 16 取余"法转换。

（4）码制没有大小的含义，只是代表一种信息。

（5）基本的逻辑关系有与逻辑、或逻辑和非逻辑三种，与之对应的基本逻辑运算有与运算、或运算和非运算，还有与非、或非、与或非、异或、同或等导出逻辑运算。

◆ **习 题** ◆

1.【计算题】将下列二进制数转换成十进制数（写出转换步骤）。

（1）$(1011)_2$ （2）$(0110)_2$ （3）$(1001)_2$ （4）$(1100)_2$

2.【计算题】将下列二进制数转换成八进制数和十六进制数。

（1）$(10010110)_2$ （2）$(11010111)_2$ （3）$(10110011)_2$ （4）$(01011000)_2$

3.【计算题】写出下列 8421 码对应的十进制数。

（1）$(1001001101000111)_{8421}$ （2）$(01001000.0011)_{8421}$

项目 8

表决器的制作

项目导读

　　表决器广泛应用于政府机关、企事业单位等需要进行会议表决的场所,用于人员工作成绩评定、投标评选、项目最终成果评定、干部考核选拔、招聘人员评定及知识竞赛等多种场景。

　　本项目是设计制作表决器,主要任务是利用组合逻辑电路设计三人表决器。本项目主要学习逻辑函数的化简、组合逻辑电路的分析和组合逻辑电路的设计等知识,内容由浅入深,层层递进,旨在逐步提升学习者的数字电路知识和技能。

　　另外,本项目还设计了任务拓展与提升内容,旨在帮助学生加深对组合逻辑电路设计的理解和掌握。通过这一系列的步骤和环节,培养学生的实践能力,并提升其在电路设计与制作方面的技能水平。

学习目标

知识目标	1. 熟悉逻辑运算的基本规则和常用公式; 2. 掌握逻辑函数的公式化简法和卡诺图化简法; 3. 掌握组合逻辑电路的分析和设计方法; 4. 掌握小规模门电路外形、引脚排列和使用方法
能力目标	1. 能用基本门电路设计和制作简单的组合逻辑电路; 2. 学会门电路的检测方法; 3. 能完成整体电路调试工作,具备检测、排除故障的能力
学习重难点	1. 逻辑函数的化简方法; 2. 组合逻辑电路的分析方法; 3. 组合逻辑电路的设计方法

任务8.1 表决器电路的设计及制作

■ 想一想：

　　(1) 表决器由哪些门电路组成？

　　(2) 表决器设计过程是怎样的？

　　带着问题查阅相关资料，请学生以组为单位进行讨论，得出以上问题的答案后，及时写在项目日志上。

8.1.1 逻辑函数的表示方法

将各种逻辑关系中输入与输出之间的函数关系称为逻辑函数。表示为

$$Y = F(A, B, C, \cdots) \tag{8-1}$$

变量和输出(函数)的取值只有 0 和 1 两种状态，这种逻辑函数是二值逻辑函数。

逻辑函数的表示方法有逻辑函数式、真值表和逻辑图。

(1) 逻辑函数式：表示输出函数和输入变量逻辑关系的表达式。又称为逻辑表达式，简称逻辑式。

(2) 真值表：列出输入变量的各种取值组合及其对应输出逻辑函数值的表格称为真值表。

(3) 逻辑图：由逻辑符号及相应连线构成的电路图称为逻辑图。

下面我们来学习这几种表示方法的转换。

1. 由逻辑函数式列真值表，画逻辑图

⑦方法：将函数式输入变量取值的所有组合情况逐一代入逻辑函数式，通过计算可求出真值表。用逻辑符号代替逻辑函数式中的运算符号，即可画出逻辑图。

【例 8-1】 已知下列逻辑函数式

$$Y = A + \overline{B}C + \overline{A}B\overline{C} \tag{8-2}$$

求与它对应的真值表和逻辑图。

解析： (1) 由逻辑函数式转换为真值表：逻辑函数 Y 有三个变量 A、B、C，三个变量取值组合有 2 的三次方共八个，从 000 开始，按顺序罗列，直到 111，将 A、B、C 变量八组值分别代入逻辑函数式中，最后得到逻辑函数 Y 的真值表，见表 8-1。

(2) 由表达式转换为逻辑图：从式(8-2)分析可知，在构建逻辑门电路时，使用了三个非门、两个与门(分别是两输入与门和三输入与门)和一个三输入或门，根据运算顺序从左到右画出对应门电路，最终得到逻辑函数 Y 的逻辑图，如图 8-1 所示。

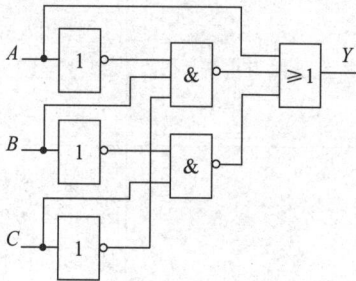

图 8-1 例 8-1 的逻辑图

表 8-1　例 8-1 的真值表

A	B	C	$\overline{B}C$	$\overline{A}B\overline{C}$	Y
0	0	0	0	0	0
0	0	1	1	0	1
0	1	0	0	1	1
0	1	1	0	0	0
1	0	0	0	0	1
1	0	1	1	0	1
1	1	0	0	0	1
1	1	1	0	0	1

2. 由真值表列逻辑函数式,画逻辑图

⑦方法:① 找出真值表中逻辑函数 $Y=1$ 时对应的输入变量取值的组合。

② 针对这些组合,当输入变量取值为 1 时,用原变量表示;当输入变量取值为 0 时,用反变量表示。之后将变量进行逻辑与运算,得到若干个与项。

③ 将对应函数值为 1 的若干项进行逻辑或运算,得出逻辑函数的表达式。

【例 8-2】　已知逻辑函数真值表(见表 8-2),求与它对应的逻辑函数式和逻辑图。

表 8-2　例 8-2 的真值表

A	B	C	Y
0	0	0	0
0	0	1	0
0	1	0	0
0	1	1	0
1	0	0	0
1	0	1	1
1	1	0	1
1	1	1	1

解析:(1)由真值表转换为表达式。由真值表 8-2 可知,函数值为 1 的有三种情况:$A=1,B=0,C=1$;$A=1,B=1,C=0$;$A=1,B=1,C=1$。

根据"取值为 1 写原变量,取值为 0 写反变量"的原则,得到三个乘积项:$AB\overline{C}$、$A\overline{B}C$ 和 ABC。

则逻辑函数式为

$$Y=AB\overline{C}+A\overline{B}C+ABC \tag{8-3}$$

(2)由逻辑函数式转换为逻辑图如图 8-2 所示,方法同例 8-1。

3. 由逻辑图写逻辑函数式,并列真值表

⑦**方法**:根据逻辑图中逻辑门的功能,分别写出每一个逻辑门的输出,最后可写出 Y 函数;再根据逻辑函数式写出真值表。

【**例 8-3**】 已知逻辑函数逻辑图如图 8-3 所示,根据逻辑图写出逻辑函数式及真值表。

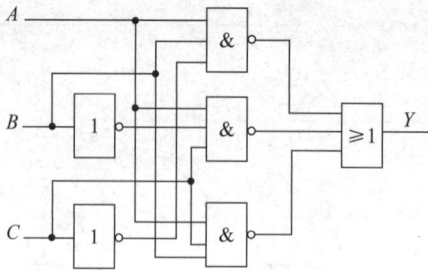

图 8-2 例 8-2 的逻辑图   图 8-3 例 8-3 的逻辑图

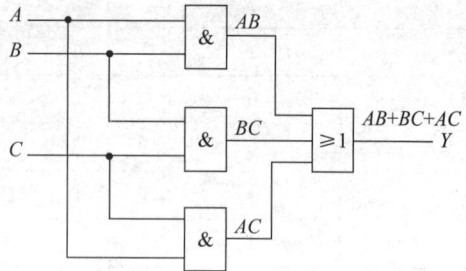

解析:(1) 由逻辑图转换逻辑函数表达式。根据逻辑图从左到右分别写出每一个与门输出,从上到下分别是 AB、BC、AC,最后三输入或门输出为 $AB+BC+AC$,即得

$$Y=AB+BC+AC \tag{8-4}$$

(2) 由逻辑函数式转换为真值表,方法同例 8-1,真值表见表 8-3。

表 8-3 例 8-3 的真值表

A	B	C	Y
0	0	0	0
0	0	1	0
0	1	0	0
0	1	1	1
1	0	0	0
1	0	1	1
1	1	0	1
1	1	1	1

8.1.2 逻辑代数的运算法则

1. 逻辑代数的基本公式

逻辑代数的基本公式是不需要证明的、显而易见的恒等式。这些公式是逻辑代数的基础,它们在逻辑函数的化简过程中起着至关重要的作用。通过运用这些公式,可以将复杂的逻辑函数表示为简单的形式,从而更好地理解和分析逻辑函数的性质和行为。这些公式不仅在理论上有重要的意义,而且在实践中也具有广泛的应用价值。

1）逻辑常量运算公式

逻辑常量只有 0 和 1 两个。常量的与、或、非三种基本逻辑运算公式见表 8-4。

表 8-4　逻辑常量运算公式

与运算	或运算	非运算
$0 \cdot 0 = 0$	$0 + 0 = 0$	
$0 \cdot 1 = 0$	$0 + 1 = 1$	$\overline{0} = 1$
$1 \cdot 0 = 0$	$1 + 0 = 1$	
$1 \cdot 1 = 1$	$1 + 1 = 1$	$\overline{1} = 0$

2）逻辑变量与常量间的运算公式

假设 A 为逻辑变量，则逻辑变量与常量间的运算公式见表 8-5。

表 8-5　逻辑变量与常量间的运算公式

与运算	或运算	非运算
$A \cdot 0 = 0$	$A + 0 = A$	
$A \cdot 1 = A$	$A + 1 = 1$	$\overline{\overline{A}} = A$
$A \cdot A = A$	$A + A = A$	
$A \cdot \overline{A} = 0$	$A + \overline{A} = 1$	

2. 逻辑代数基本定律

逻辑代数的基本定律是分析、设计逻辑电路，化简和变换逻辑函数式的重要工具。这些定律与普通代数有相似之处，也具有独特的特性，因此必须严格区分，不能混淆。逻辑代数基本定律见表 8-6。

表 8-6　逻辑代数基本定律

交换律	$A + B = B + A$ $A \cdot B = B \cdot A$
结合律	$A + B + C = (A + B) + C = A + (B + C)$ $A \cdot B \cdot C = (A \cdot B) \cdot C = A \cdot (B \cdot C)$
分配律	$A(B + C) = AB + AC$ $A + BC = (A + B)(A + C)$
吸收律	$AB + A\overline{B} = A$ $A + AB = A$ $A + \overline{A}B = A + B$ $AB + \overline{A}C + BC = AB + \overline{A}C$
摩根定律	$\overline{A \cdot B} = \overline{A} + \overline{B}$ $\overline{A + B} = \overline{A} \cdot \overline{B}$

8.1.3 逻辑代数的规则

1. 代入规则

在任何一个逻辑等式中，如果用一个函数代替等式两边出现的某变量 A，则等式依然成立。这个规则可以应用于任何逻辑等式，无论是基本的逻辑运算还是复杂的组合逻辑。

例如，一个逻辑等式 $A + \overline{A}B = A + B$，如果用 DC 代替 A，那么等式就变为

$$DC + \overline{DC}B = DC + B \tag{8-5}$$

这个等式依然成立。这是因为将 A 用 DC 代替后，等式的左边和右边都保持了原来的逻辑关系，所以等式仍然成立。表 8-5 和表 8-6 中的公式和定律均满足代入规则。

2. 反演规则

任何一个逻辑函数 Y，如果将其中所有的"·"变为"+"、"+"变为"·"，"0"变为"1"、"1"变为"0"，原变量变为反变量、反变量变为原变量，那么新得到的逻辑函数式就是函数 Y 的反函数，这一规则称为反演规则。利用反演规则可以方便地求出一个函数的反函数。

【例 8-4】 求函数 $Y = A\overline{B} + \overline{A}B$ 的反函数。

解：
$$\begin{aligned}
\overline{Y} &= (\overline{A} + B) \cdot (A + \overline{B}) \\
&= \overline{A}\,\overline{B} + AB \tag{8-6}
\end{aligned}$$

这个例子证明了同或运算的结果等于异或运算取反，也就是同或和异或互为反函数。

使用反演规则时，应注意以下要求。

（1）要保持原函数中的逻辑运算优先顺序，即先进行括号运算，接着是与运算，然后是或运算，最后是非运算。

（2）不属于单个变量上的非号要保留不变。

【例 8-5】 求函数 $Y = A + \overline{B + \overline{C}}$ 的反函数。

解： 根据反演规则得到函数 Y 的反函数为

$$\overline{Y} = \overline{A} \cdot \overline{\overline{B} \cdot C} \tag{8-7}$$

3. 对偶规则

任何一个逻辑函数 Y，如果将其中所有的"·"变为"+"、"+"变为"·"，"0"变为"1"、"1"变为"0"，那么所得到的新的逻辑函数 Y' 就是原函数 Y 的对偶函数。对偶规则也是进行逻辑函数转换的一个重要工具。

【例 8-6】 已知逻辑函数 $Y = A\overline{B} + \overline{C + D} \cdot B$，求其对偶函数。

解：
$$\begin{aligned}
Y' &= (\overline{A} + B) \cdot (\overline{\overline{C} \cdot \overline{D}} + \overline{B}) \\
&= (\overline{A} + B) \cdot (C + D + \overline{B}) \\
&= \overline{A}C + \overline{A}D + \overline{A}\,\overline{B} + BC + BD + B\overline{B} \\
&= \overline{A}C + \overline{A}D + \overline{A}\,\overline{B} + BC + BD \\
&= \overline{A}D + \overline{A}\,\overline{B} + BC + BD \\
&= \overline{A}\,\overline{B} + BC + BD \tag{8-8}
\end{aligned}$$

使用对偶规则时,应注意以下要求。

(1) 变量不改变。

(2) 要保持原函数中的逻辑运算优先顺序。

(3) 若两个函数式相等,则它们的对偶式也一定相等。

8.1.4　逻辑函数的化简

逻辑函数的
标准形式

1. 化简的意义与标准

1) 化简的意义

根据逻辑问题归纳出来的逻辑函数式往往并非最简形式,通过对逻辑函数进行化简和变换,可以得到最简的逻辑函数式和所需要的形式,并设计出最简洁的逻辑电路。这对于节省元器件、优化生产工艺、降低成本、提高系统的可靠性以及提升产品在市场的竞争力是非常重要的。

2) 逻辑函数式的常见形式和变换

逻辑函数常见的形式有与或式、或与式、与非-与非式、或非-或非式及与或非式,见表 8-7。

表 8-7　逻辑函数的几种常见形式

$Y = A\overline{B} + B\overline{C}$	与或式
$Y = (A+B)(\overline{B}+\overline{C})$	或与式
$Y = \overline{\overline{A\overline{B}} \cdot \overline{B\overline{C}}}$	与非-与非式
$Y = \overline{\overline{A+B} + \overline{\overline{B}+\overline{C}}}$	或非-或非式
$Y = \overline{\overline{A}\ \overline{B} + BC}$	与或非式

利用逻辑代教的基本定律,可以实现上述五种逻辑函数式之间的变换。

【例 8-7】　将表 8-7 中与或式 $Y = A\overline{B} + B\overline{C}$ 转换为与非-与非式。

$$Y = A\overline{B} + B\overline{C}$$

$$= \overline{\overline{A\overline{B} + B\overline{C}}} \quad \text{............用还原律}$$

$$= \overline{\overline{A\overline{B}} \cdot \overline{B\overline{C}}} \quad \text{............用摩根定律} \qquad (8\text{-}9)$$

3) 化简的标准

不同形式的逻辑函数式对应着不同的最简形式,一般先求取最简与或式,然后再通过变换得到所需的最简形式。

最简与或式标准包括:

(1) 乘积项(即与项)的个数最少,对应于逻辑电路中与门个数最少。

(2) 每个乘积项中的变量数最少,对应于逻辑电路中与门的输入端数最少。

最简与非-与非式标准包括:

(1) 非号个数最少,对应于逻辑电路用与非门个数最少。

(2) 每个非号中的变量数最少,对应于逻辑电路与非门的输入端数最少。

2. 公式化简法

运用逻辑代数的基本定律和公式对逻辑函数式进行化简,称为公式化简法,也叫代数化简法。能否快速准确地得到最简结果,与对公式掌握的熟练程度及化简经验密切相关。

1) 并项法

运用 $A+\overline{A}=1$ 或 $AB+A\overline{B}=A$ 将两项合并为一项,并消去一个变量。

【例 8-8】 使用并项法化简函数:$Y=\overline{A}BC+\overline{A}B\overline{C}$ 和 $Y=\overline{A}(BC+\overline{BC})+\overline{A}(B\overline{C}+\overline{B}C)$。

$$Y=\overline{A}BC+\overline{A}B\overline{C}$$
$$=\overline{A}B(C+\overline{C})$$
$$=\overline{A}B \tag{8-10}$$

$$Y=\overline{A}(BC+\overline{BC})+\overline{A}(B\overline{C}+\overline{B}C)$$
$$=\overline{A}(\overline{B\overline{C}+\overline{B}C})+\overline{A}(B\overline{C}+\overline{B}C)$$
$$=\overline{A} \tag{8-11}$$

2) 吸收法

运用 $A+AB=A$ 和 $AB+\overline{A}C+BC=AB+\overline{A}C$,消去多余的与项。

【例 8-9】 使用吸收法化简函数:$Y=AB+AB(C+D)=AB$。

$$Y=ABC+\overline{A}D+\overline{C}D+BD$$
$$=ABC+(\overline{A}+\overline{C})D+BD$$
$$=ACB+\overline{AC}D+BD$$
$$=ACB+\overline{AC}D$$
$$=ABC+\overline{A}D+\overline{C}D \tag{8-12}$$

3) 消去法

运用吸收律 $A+\overline{A}B=A+B$,消去多余的因子。

【例 8-10】 使用消去法化简函数:$Y=\overline{A}B+AC+\overline{B}C$ 和 $Y=AB+\overline{AB}C+\overline{C}D(E+F)$。

$$Y=\overline{A}B+AC+\overline{B}C$$
$$=\overline{A}B+(A+\overline{B})C$$
$$=\overline{A}B+\overline{\overline{A}B}C$$
$$=\overline{A}B+C \tag{8-13}$$

$$Y=AB+\overline{AB}C+\overline{C}D(E+F)$$
$$=AB+C+\overline{C}D(E+F)$$
$$=AB+C+D(E+F)$$
$$=AB+C+DE+DF \tag{8-14}$$

4) 配项法

通过乘 $A+A=A$、$A+\overline{A}=1$ 或 $A \cdot \overline{A}=0$ 进行配项,然后再化简。

【例 8-11】 使用配项法化简函数:$Y=\overline{A}B\overline{C}+\overline{A}BC+ABC$ 和 $Y=A\overline{B}+\overline{A}B+B\overline{C}+\overline{B}C$。

$$Y = \overline{A}B\overline{C} + \overline{A}BC + ABC$$
$$= \overline{A}B\overline{C} + \overline{A}BC + ABC + \overline{A}BC$$
$$= \overline{A}B\overline{C} + \overline{A}BC + (ABC + \overline{A}BC)$$
$$= \overline{A}B\overline{C} + \overline{A}BC + BC$$
$$= \overline{A}B\overline{C} + (\overline{A}BC + BC)$$
$$= \overline{A}B\overline{C} + BC$$
$$= B(\overline{A}\,\overline{C} + C)$$
$$= \overline{A}B + BC \tag{8-15}$$

$$Y = A\overline{B} + \overline{A}B + B\overline{C} + \overline{B}C$$
$$= A\overline{B}(C + \overline{C}) + \overline{A}B + (A + \overline{A})B\overline{C} + \overline{B}C$$
$$= A\overline{B}C + A\overline{B}\,\overline{C} + \overline{A}B + AB\overline{C} + \overline{A}B\overline{C} + \overline{B}C$$
$$= (A\overline{B}C + \overline{B}C) + (A\overline{B}\,\overline{C} + AB\overline{C}) + (\overline{A}B\overline{C} + \overline{A}B)$$
$$= \overline{B}C + A\overline{C} + \overline{A}B \tag{8-16}$$

3. 卡诺图化简法

公式化简法简单方便,对逻辑函数式中的变量个数没有限制,适用于变量较多、结构较复杂的逻辑函数的化简,但是需要熟练掌握和灵活运用逻辑函数的基本定律和基本公式,并且需要一定的化简技巧。卡诺图化简是逻辑函数式的图解化简法,它克服了公式化简法难以确定最终化简结果等缺点。卡诺图化简法具有明确的化简步骤,能比较方便地获得逻辑函数的最简与或式。

1) 逻辑函数的标准形式及最小项

逻辑函数的标准形式:逻辑函数的标准与或式就是该函数的标准形式。例如:

$$Y = \overline{A}BC + A\overline{B}C + AB\overline{C} + ABC \tag{8-17}$$

最小项:每个乘积项都包含了函数的所有变量,这些变量可以是原变量,也可以是反变量,将这样的乘积项称为最小项。

最小项表达式:将这种由最小项组成的与或式称为最小项表达式。因为真值表是唯一的,所以这个表达式也是唯一的,因此又称为标准与或式。

两变量最小项:函数 $Y = F(A, B)$,函数 Y 有两个逻辑变量 A 和 B。按最小项定义,写出原变量 A、B 及其反变量 $\overline{A}$、$\overline{B}$ 的所有乘积项:$\overline{A}\,\overline{B}$、$A\overline{B}$、$\overline{A}B$、$AB$。这样两个变量就构成了四个最小项。

三变量最小项:函数 $Y = F(A, B, C)$,函数 Y 有三个逻辑变量 A、B、C。写出原变量及其反变量的所有乘积项:$\overline{A}\,\overline{B}\,\overline{C}$、$\overline{A}\,\overline{B}C$、$\overline{A}B\overline{C}$、$\overline{A}BC$、$A\overline{B}\,\overline{C}$、$A\overline{B}C$、$AB\overline{C}$、$ABC$。这样三个变量就构成了八个最小项。

四变量最小项:函数 $Y = F(A, B, C, D)$,有四个逻辑变量 A、B、C、D。可写出下列 16 个最小项:$\overline{A}\,\overline{B}\,\overline{C}\,\overline{D}$、$\overline{A}\,\overline{B}\,\overline{C}D$、$\overline{A}\,\overline{B}C\overline{D}$、$\overline{A}\,\overline{B}CD$、$\overline{A}B\overline{C}\,\overline{D}$、$\overline{A}B\overline{C}D$、$\overline{A}BC\overline{D}$、$\overline{A}BCD$、$A\overline{B}\,\overline{C}\,\overline{D}$、$A\overline{B}\,\overline{C}D$、$A\overline{B}C\overline{D}$、$A\overline{B}CD$、$AB\overline{C}\,\overline{D}$、$AB\overline{C}D$、$ABC\overline{D}$、$ABCD$。

通过以上分析可知,n 变量共有 2^n 个最小项。

2）最小项特点

以三变量最小项为例，说明最小项的性质。三变量最小项真值表见表 8-8。

表 8-8　三变量最小项真值表

A	B	C	$\overline{A}\,\overline{B}\,\overline{C}$	$\overline{A}\,\overline{B}C$	$\overline{A}B\overline{C}$	$\overline{A}BC$	$A\overline{B}\,\overline{C}$	$A\overline{B}C$	$AB\overline{C}$	ABC
0	0	0	1	0	0	0	0	0	0	0
0	0	1	0	1	0	0	0	0	0	0
0	1	0	0	0	1	0	0	0	0	0
0	1	1	0	0	0	1	0	0	0	0
1	0	0	0	0	0	0	1	0	0	0
1	0	1	0	0	0	0	0	1	0	0
1	1	0	0	0	0	0	0	0	1	0
1	1	1	0	0	0	0	0	0	0	1

由表 8-8 可以看出最小项有如下性质。

（1）任一最小项，只有一组对应的变量取值能使其值为 1。

例如，最小项 $\overline{A}\,\overline{B}C$，只有 ABC 取值为 001 时，其值为 1，其他为 0。

（2）任意两个最小项的乘积为 0。

例如，最小项 $A\overline{B}\,\overline{C}$、$A\overline{B}C$ 两者乘积为 0。

（3）全体最小项之和为 1，也就是三个变量的八个最小项之和为 1。

（4）不同的最小项，使其值为 1 的那组变量取值也不同。

3）最小项的编号

为了书写方便，通常对最小项进行编号。

将最小项对应的变量取值视为二进制数，与之相应的十进制数就是该最小项的编号，用 m_i 表示。

对应规律：原变量为 1，反变量为 0。

例如 $\overline{A}\,\overline{B}\,\overline{C}$，二进制数为 000，对应的十进制数为 0，所以用 m_0 表示；$\overline{A}\,\overline{B}C$，二进制数为 001，对应的十进制数为 1，所以用 m_1 表示；以此类推。三变量最小项及编号见表 8-9。

表 8-9　三变量最小项及编号

A	B	C	最小项	简记符号
0	0	0	$\overline{A}\,\overline{B}\,\overline{C}$	m_0
0	0	1	$\overline{A}\,\overline{B}C$	m_1
0	1	0	$\overline{A}B\overline{C}$	m_2
0	1	1	$\overline{A}BC$	m_3
1	0	0	$A\overline{B}\,\overline{C}$	m_4
1	0	1	$A\overline{B}C$	m_5
1	1	0	$AB\overline{C}$	m_6
1	1	1	ABC	m_7

4）最小项表达式或标准形式

每一个与项都是最小项的与或式，称为标准与或式，又称为最小项表达式。

任何形式的逻辑函数式都可以转化为标准与或式，而且逻辑函数的标准与或式是唯一的。

【例 8-12】　写出 $Y = F(A, B, C) = AB + AC$ 的标准与或式。

解：（1）对每一项加入缺少变量的原变量和非变量

$$Y = F(A, B, C) = AB(C + \overline{C}) + A(B + \overline{B})C \tag{8-18}$$

（2）去掉括号

$$Y = F(A, B, C) = ABC + AB\overline{C} + ABC + A\overline{B}C$$
$$= A\overline{B}C + AB\overline{C} + ABC \tag{8-19}$$

写成最小项形式

$$Y = m_5 + m_6 + m_7 = \sum m(5, 6, 7) \tag{8-20}$$

5）卡诺图化简

（1）卡诺图构成如下。

① 相邻最小项：两个最小项中，只有一个变量为反变量，其余变量均相同，称为相邻最小项，简称相邻项。例如，三变量最小项中，$A\overline{B}\,\overline{C}$ 与 $AB\overline{C}$、$A\overline{B}C$ 与 ABC 是相邻最小项。

② 相邻最小项特点：两个相邻最小项相加可合并为一项，消去互反变量，化简为相同变量相与。例如，$A\overline{B}\,\overline{C} + AB\overline{C} = A\overline{C}(B + \overline{B}) = A\overline{C}$。

（2）卡诺图表示：卡诺图就是将逻辑函数的最小项表达式中的各最小项相应地填到一个特定的方格内，此方格图称为卡诺图。n 个变量，有 2^n 个最小项，需要 2^n 个小格子。

最小项填写规则：各最小项间的排列满足逻辑相邻性。

① 两变量卡诺图：函数有两个变量 A 和 B，共有 $\overline{A}\,\overline{B}$、$\overline{A}B$、$A\overline{B}$、$AB$ 四个最小项，对应最小项编号分别记为 m_0、m_1、m_2、m_3，按相邻原则画出的两变量卡诺图如图 8-4 所示。

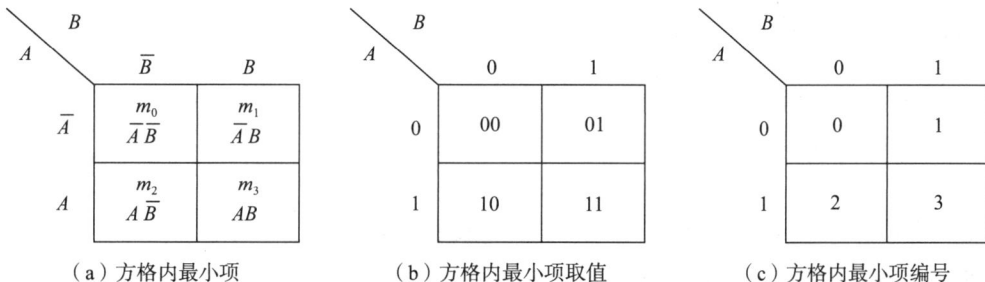

（a）方格内最小项　　　　（b）方格内最小项取值　　　　（c）方格内最小项编号

图 8-4　两变量卡诺图

图 8-4(a)中标出了两个变量所在的位置，变量这样安放的目的是保证卡诺图中最小项的相邻性。某个小方格中的变量组合，就是该方格在横向和纵向所对应的变量之积。如用"0"表示反变量，"1"表示原变量，则方格内最小项取值如图 8-4(b)所示。此时，方格中的数字就是相应最小项的变量取值。方格内最小项编号如图 8-4(c)所示。

② 三变量卡诺图:函数有三个变量 A、B、C,共有 $2^3 = 8$ 个最小项,对应最小项编号分别记为 m_0、m_1、m_2、m_3、m_4、m_5、m_6、m_7,按相邻原则画出的三变量卡诺图如图 8-5 所示。

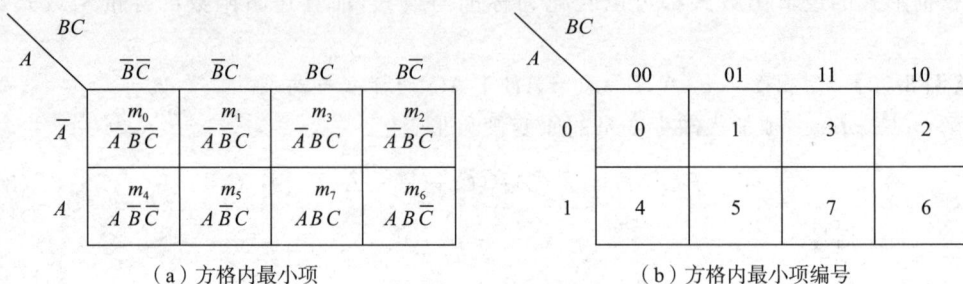

（a）方格内最小项　　　　　　　　　　（b）方格内最小项编号

图 8-5　三变量卡诺图

⚠️ **注意**:图 8-5 中变量 BC 的取值不是按自然二进制(00,01,10,11)的顺序排列的,而是按格雷码(00,01,11,10)的顺序排列的,这样才能保证卡诺图最小项在几何位置上的相邻性。同一行的最左方格和最右方格里的最小项也是相邻的,它表明了卡诺图的循环相邻特性,这也是由格雷码的循环相邻性决定的。

③ 四变量卡诺图:函数有四个变量 A、B、C、D,共有 $2^4 = 16$ 个最小项,对应最小项编号分别记为 m_0,m_1,$\cdots$,m_{15},按相邻原则画出的四变量卡诺图如图 8-6 所示。

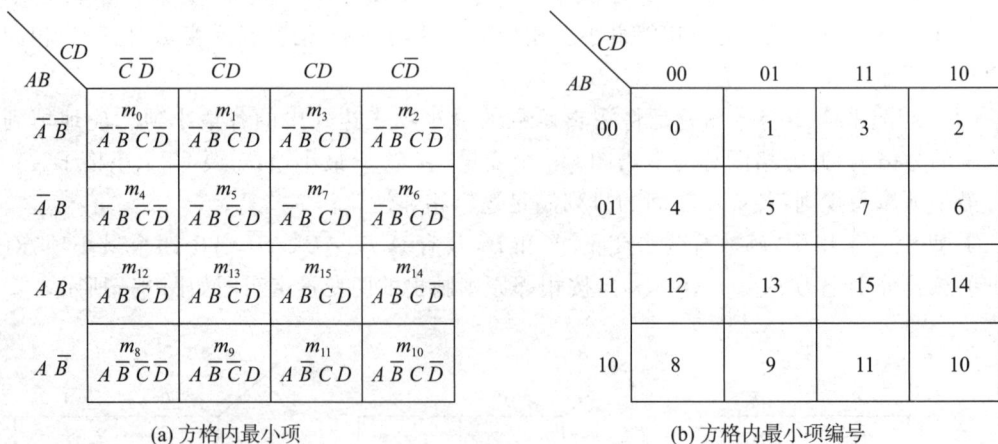

(a)方格内最小项　　　　　　　　　　(b)方格内最小项编号

图 8-6　四变量卡诺图

【**例 8-13**】 画出函数 $Y = \sum m(0,1,6,7)$ 的卡诺图。

解:(1)画出三变量卡诺图,如图 8-7 所示。

(2)将逻辑函数式中的最小项 m_0、m_1、m_6、m_7 对应的方格填"1",其余不填。

6)用卡诺图化简逻辑函数

逻辑函数卡诺图是由逻辑函数最小项按相邻性排列构成。卡诺图化简的依据是逻辑上相邻的最小项合并成一项,消去多余因子,合并规律:两个相邻的最小项合并为一项,并消去一个变量;四个相邻的最小项合并为一项,并消去两个变量;八个相邻的最小项合并为一项,并消去三个变量。

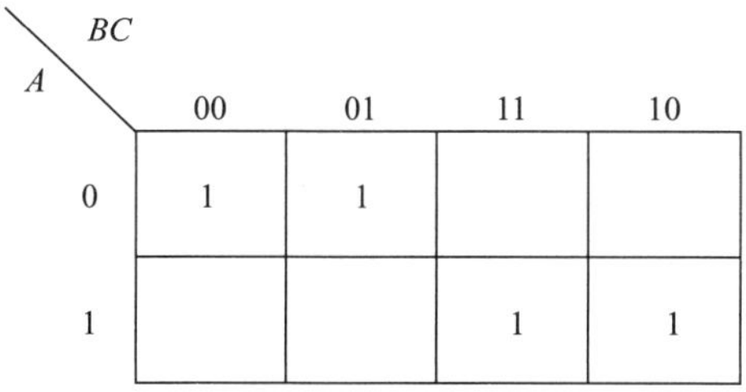

图 8-7　例 8-13 的逻辑函数卡诺图

（1）用卡诺图化简逻辑函数的步骤如下。

① 将逻辑函数转换为标准与或式。

② 构造卡诺框：根据逻辑函数 Y 的变量个数，构造两变量、三变量或四变量卡诺图。

③ 卡诺图填值：将逻辑函数 Y 的所有可能输入组合和对应的输出值（0 或 1）表示在卡诺框上。如果逻辑函数中包含最小项，则对应最小项框内填入 1；如果不包含最小项，则填入 0。

④ 画圈：对填入"1"的相邻最小项方格画包围圈，圈内相邻的最小项个数为 2^n。

⑤ 对各圈分别化简，去掉互为反变量的变量。

⑥ 将各圈化简结果进行逻辑加运算。

（2）卡诺图化简应注意如下几个问题。

① 必须圈完所有的"1"（即最小项）。

② "1"可以重复地圈，但每个圈中必须有至少一个"1"没有被其他圈圈过，否则这个圈就是多余的。为避免画出多余的圈，在画圈时，首先圈出邻居较少的"1"。

③ 圈尽可能地大，圈越大，消去的变量越多，乘积项的因子就越少；圈完所有的"1"所用的圈越少，化简后的乘积项就越少。

【例 8-14】　用卡诺图法化简逻辑函数 $Y = \sum m(0,1,6,7)$。

解：通过例 8-13 可得函数的卡诺图如图 8-8 所示，将相邻最小项 m_0、m_1 画圈，并将 m_6、m_7 画圈，分别化简，最后将化简结果相加。

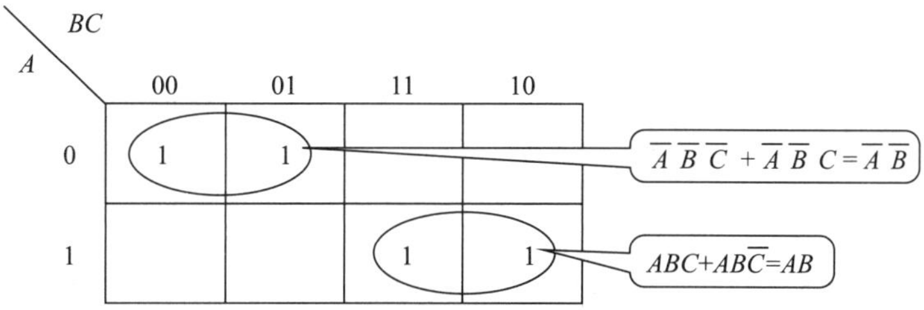

图 8-8　例 8-14 的逻辑函数卡诺图

所以化简后

$$Y = \sum m(0,1,6,7) = \overline{A}\,\overline{B} + AB \tag{8-21}$$

【例 8-15】　用卡诺图法化简逻辑函数：

$$Y(A,B,C,D) = \sum m(0,2,3,4,6,7,10,11,13,14,15) \tag{8-22}$$

解: 画出逻辑函数卡诺图,如图 8-9 所示。

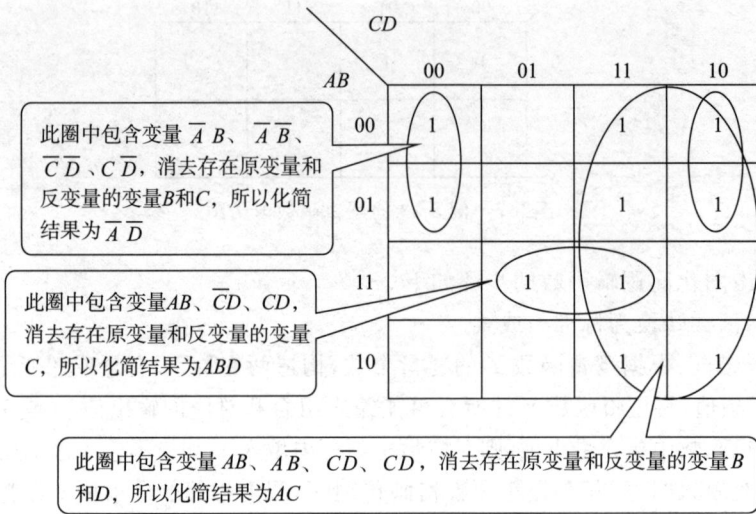

图 8-9　例 8-15 的逻辑函数卡诺图

根据卡诺图圈出相邻最小项,圈内最小项个数为 2^n,圈要大,每个圈内有新的"1",共画三个圈。最终化简结果为

$$Y(A,B,C,D) = \sum m(0,2,3,4,6,7,10,11,13,14,15) = AC + \overline{A}\,\overline{D} + ABD \quad (8\text{-}23)$$

【例 8-16】　用卡诺图法化简逻辑函数为最简与或式。

$$Y = \overline{A}\,\overline{B} + AC + \overline{B}C \quad (8\text{-}24)$$

解: ① 画出三变量卡诺图,如图 8-10 所示。

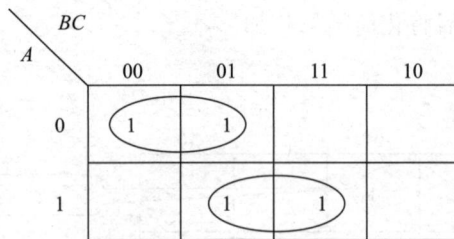

图 8-10　例 8-16 的逻辑函数卡诺图

② 根据每个与项填写卡诺图。

第一个与项 $\overline{A}\,\overline{B}$,缺少变量 C,共有两个最小项,$\overline{A}\,\overline{B}$ 可用 $A=0$、$B=0$ 表示,$A=0$ 对应卡诺图第 1 行,$\overline{B}=0$ 对应卡诺图第 1 列和第 2 列,此行和列相交的方格便为 $\overline{A}\,\overline{B}$ 对应的两个最小项,即 0 号和 1 号方格(见图 8-5(b))。

第二个与项 AC,缺少变量 B,也有两个最小项,AC 可用 $A=1$、$C=1$ 表示,$A=1$ 对应卡诺图第 2 行,$C=1$ 对应卡诺图第 2 列和第 3 列,此行和列相交的方格便为 AC 对应的两个最小项,即 5 号和 7 号方格(见图 8-5(b))。

第三个与项 $\overline{B}C$，缺少变量 A，也有两个最小项，$\overline{B}C$ 可用 $B=0$、$C=1$ 表示，$B=0$ 对应卡诺图第 1 列和第 2 列，$C=1$ 对应卡诺图第 2 列和第 3 列，此四列相交的方格便为 $\overline{A}\,\overline{B}$ 对应的两个最小项，即 1 号和 5 号方格（见图 8-5(b)），方格 1 和 5 已经在第一个和第二个与项填写，无须重复填写。

③ 画圈，合并最小项，得化简后逻辑函数为

$$Y = \overline{A}\,\overline{B} + AC \tag{8-25}$$

用卡诺图化简逻辑函数方法时，应根据实际情况灵活选用不同方法。

8.1.5 组合逻辑电路的分析方法

1. 组合逻辑电路

数字电路根据逻辑功能的不同特点，可分为两大类：一类是组合逻辑电路（简称组合电路）；另一类是时序逻辑电路（简称时序电路）。

输入信号 $I_0 \sim I_{n-1}$ 经过某一组合逻辑电路后，输出信号为 $Y_0 \sim Y_{n-1}$，其表述形式为

$$\begin{cases} Y_0 = f_0(I_0, I_1, \cdots, I_{n-1}) \\ Y_1 = f_1(I_0, I_1, \cdots, I_{n-1}) \\ \vdots \\ Y_{m-1} = f_{m-1}(I_0, I_1, \cdots, I_{n-1}) \end{cases} \tag{8-26}$$

组合逻辑电路由门电路组合而成，具有以下特点：输出仅由输入决定，与电路当前的状态无关；电路中无记忆功能，既无带有记忆功能的元器件，也无反馈环路。组合逻辑电路框图如图 8-11 所示。

图 8-11　组合逻辑电路框图

时序逻辑电路在逻辑功能上有所不同，其任意时刻的输出不仅取决于当时的输入信号，还取决于电路原来的状态，或者说，与以前的输入有关。

2. 组合逻辑电路分析方法

分析组合逻辑电路的目的是找出输入与输出之间的逻辑关系。

组合逻辑电路分析步骤如下。

（1）由给定的逻辑图写出逻辑函数式。

（2）用逻辑代数或卡诺图对逻辑函数式进行化简。

（3）列真值表。

（4）列出输入和输出的状态表并得出结论。

▲注意：以上步骤并非固定不变，应视具体情况而定，可略去某些步骤。

【例 8-17】 分析图 8-12 所示电路图的逻辑功能。

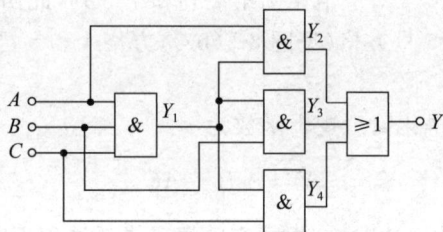

图 8-12 例 8-17 逻辑图

解：分析逻辑功能图步骤如下。

逻辑图 →（从输入到输出逐级写）→ 表达式 →（化简）→ 最简与或式 → 真值表 → 逻辑功能

（1）写逻辑函数式

$$Y_1 = \overline{ABC}$$
$$Y_2 = Y_1 A = \overline{ABC}A$$
$$Y_3 = Y_1 B = \overline{ABC}B \implies Y = Y_2 + Y_3 + Y_4 = \overline{ABC}A + \overline{ABC}B + \overline{ABC}C \tag{8-27}$$
$$Y_4 = Y_1 C = \overline{ABC}C$$

（2）化简逻辑函数式为最简与或式

$$Y = \overline{ABC}A + \overline{ABC}B + \overline{ABC}C = \overline{ABC}(A + B + C)$$
$$= \overline{ABC} + \overline{\overline{A + B + C}} = \overline{ABC} + \overline{\overline{A}\ \overline{B}\ \overline{C}} \tag{8-28}$$

（3）列真值表：由逻辑函数式可得真值表，见表 8-10。

表 8-10 例 8-17 的真值表

A	B	C	Y
0	0	0	0
0	0	1	1
0	1	0	1
0	1	1	1
1	0	0	1
1	0	1	1
1	1	0	1
1	1	1	0

（4）分析逻辑功能：当 A、B、C 三个变量不一致时，输出为"1"，因此这个电路称为不一致电路。

8.1.6　组合逻辑电路的设计方法

组合逻辑电路
设计方法

1. 组合逻辑电路的设计目的

根据给定的任务要求,设计最简单的逻辑电路以实现特定的逻辑功能。

2. 组合逻辑电路的设计原则

用门电路设计的原则:确保所有门的个数尽量少,而且各门的输入端数也尽量少;另外,尽量减少所有集成元器件(门)的种类。

用功能模块设计的原则:确保功能模块个数少,品种也少;另外,功能模块之间的连线也应尽可能少。

3. 组合逻辑电路设计的流程

逻辑抽象 → 真值表 → 写出表达式最简与或式 → 画出逻辑图

(1)逻辑抽象。根据因果关系确定输入、输出变量;并为变量赋值,用0和1表示信号的不同状态;然后根据功能要求列出真值表。

(2)根据真值表写出输出逻辑函数式或者画出卡诺图。

(3)化简逻辑函数式。对输出逻辑函数进行化简与变换,化为最简与或式,并变换为适当的形式。

(4)根据最简函数式画出逻辑图。

【例 8-18】　设计十字路口交通报警控制电路,在路口交通信号灯有红、绿、黄三种,三种灯分别单独工作,黄、绿灯同时工作时属正常情况,其他情况均属故障,出现故障时输出报警信号。

解: (1)电路功能描述根据因果关系设定,红、绿、黄灯分别用 A、B、C 表示,灯亮时其值为1,灯灭时其值为0;输出报警信号用 F 表示,灯正常工作时其值为0,灯出现故障时其值为1。根据逻辑要求列出真值表,如表 8-11 所示。

表 8-11　例 8-18 的真值表

A	B	C	F
0	0	0	1
0	0	1	0
0	1	0	0
0	1	1	0
1	0	0	0
1	0	1	1
1	1	0	1
1	1	1	1

(2)根据真值表写出逻辑函数式。在罗列函数式过程中,罗列出所有"1"对应输入的与运算,所有"1"的输出是或运算,其逻辑函数式为

$$F = \overline{A}\,\overline{B}\,\overline{C} + A\overline{B}C + AB\overline{C} + ABC \tag{8-29}$$

（3）利用公式化简法或者卡诺图法写出最简与或式,此逻辑设计可以逻辑变换为与非-与非式。

$$
\begin{aligned}
F &= \overline{A}\,\overline{B}\,\overline{C} + ABC + AB\overline{C} + A\overline{B}C + ABC \\
&= \overline{A}\,\overline{B}\,\overline{C} + AB(C+\overline{C}) + AC(\overline{B}+B) \\
&= \overline{A}\,\overline{B}\,\overline{C} + AB + AC
\end{aligned}
\tag{8-30}
$$

（4）逻辑变换

$$F = \overline{\overline{\overline{A}\,\overline{B}\,\overline{C}}\ \overline{AB}\ \overline{AC}} \tag{8-31}$$

（5）根据逻辑函数式画出逻辑图,需要 3 个非门、2 个两输入与非门和 2 个三输入与非门,如图 8-13 所示。

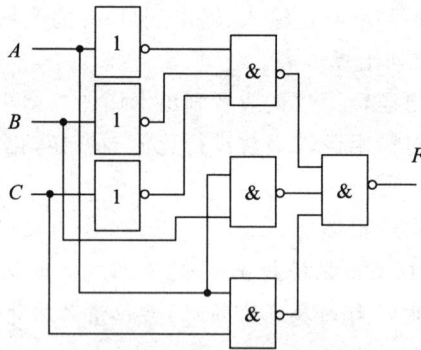

图 8-13　例 8-18 的逻辑图

8.1.7　表决器电路设计

设计三人表决器,对某件事进行表决,要求当两个或两个以上人同意时,表决结果为通过,否则表决结果为不通过。还要求用集成电路完成实际电路设计。

根据功能分析,设计三人表决电路步骤如下。

（1）A、B、C 为三个人,赞同为 1,不赞同为 0。Y 为决议,通过为 1,不通过为 0。三人表决器真值表见表 8-12。

表 8-12　三人表决器真值表

A	B	C	Y
0	0	0	0
0	0	1	0
0	1	0	0
0	1	1	1
1	0	0	0

续表

A	B	C	Y
1	0	1	1
1	1	0	1
1	1	1	1

（2）根据真值表写出逻辑函数式。列出真值表输出 Y 为 1 所对应输入变量 ABC 的与逻辑，然后将这些与项进行或运算，得逻辑函数式为

$$Y = \overline{A}BC + A\overline{B}C + AB\overline{C} + ABC \tag{8-32}$$

（3）对逻辑函数式进行化简，用卡诺图化简为

$$Y = AC + AB + BC = \overline{\overline{AC + AB + BC}} = \overline{\overline{AB}\ \overline{BC}\ \overline{AC}} \tag{8-33}$$

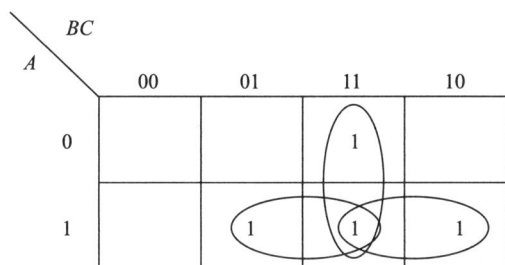

（4）根据逻辑函数式画出逻辑图。根据逻辑函数式选用 3 个两输入与非门、1 个三输入与非门，以实现电路设计，三人表决器逻辑图如图 8-14 所示。

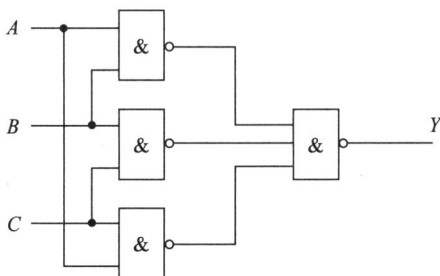

图 8-14　三人表决器逻辑图

8.1.8　任务实施

1. 元器件选择

根据三人表决器逻辑图，选用集成电路：二输入四与非门 74LS00、三输入三与非门 74LS10，引脚排列图如图 8-15 所示。按集成芯片真值表，完成集成芯片的功能测试，确保所需与非门正常工作，然后再进行电路测试。

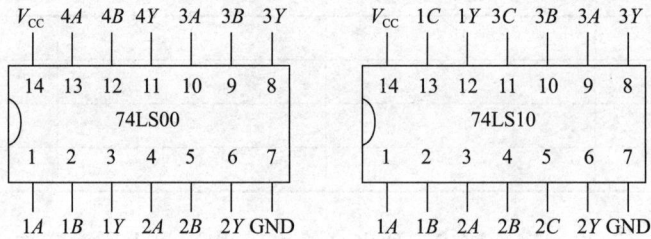

图 8-15　74LS00 和 74LS10 引脚排列图

1）集成电路封装

（1）从正面（上面）看，元器件一端有一个半圆的缺口，这是正方向的标识。缺口左边的引脚号为 1，引脚号按逆时针方向增加。图 8-15 中的数字表示引脚号。双列直插封装集成电路（IC）引脚数有 14、16、20、24、28 等若干种。

（2）74 系列元器件一般右下角的最后一个引脚是 GND，左上角的引脚是 V_{CC}。例如，14 引脚元器件引脚 7 是 GND，引脚 14 是 V_{CC}；20 引脚元器件引脚 10 是 GND，引脚 20 是 V_{CC}。但也有一些例外，例如，16 引脚的双 JK 触发器 74LS76，引脚 13（不是引脚 8）是 GND，引脚 5（不是引脚 16）是 V_{CC}。所以使用集成电路元器件时要先看清它的引脚图，找对电源和地，避免因接线错误造成元器件损坏。

2）74LS00 功能测试

（1）将 74LS00 芯片两输入端分别与逻辑电平开关连接，输出端接发光二极管（LED）。引脚 14、7 分别接 +5V 电源和地端。

（2）检查电路连接无误后，打开电源开关。

（3）按表 8-13 给输入端输入相应逻辑电平，用万用表测量对应的输出端电压值，观察发光二极管的亮暗显示情况，并填入表 8-13 中。

表 8-13　与非门逻辑功能测试

输　入		输　出	
A	B	$1Y$	输出端电压
0	0		
0	1		
1	0		
1	1		

（4）按以上操作顺序测试 74LS00 其余三个门的功能，判断其逻辑功能是否正确。

3）74LS10 功能测试

与 74LS00 功能测试方法相同，完成 74LS10 功能测试，并记录测试结果。

2. 实际逻辑图设计

根据原理图设计实际逻辑图，请根据芯片引脚图和原理图标明芯片引脚号，结果如图 8-16 所示。

3. 三人表决器电路仿真测试

编者利用 Multisim 14.3 软件,按照图 8-17 已标注好的电路图绘制抢答器仿真电路。集成块 V_{CC}(14 脚)接入+5V 直流电源,GND(7 脚)接入电源 GND 端。按设计真值表完成测试表决器功能。

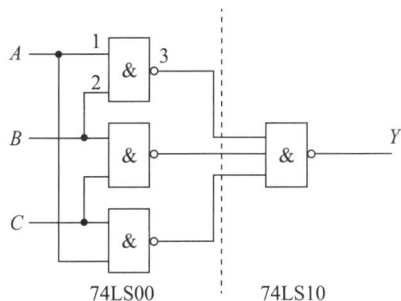

图 8-16 实际逻辑图

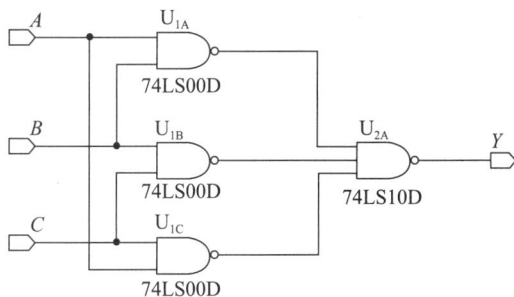

图 8-17 三人表决器仿真电路

4. 绘制印制电路板图

利用 Altium Designer 22.1 软件绘制印制电路板图,如图 8-18 所示。

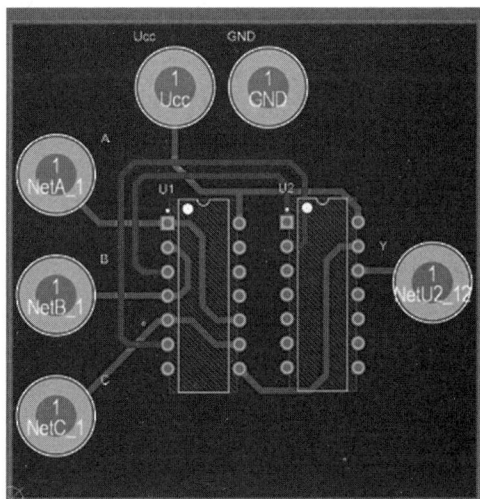

图 8-18 三人表决器印制电路板图

5. 元器件焊接搭建

按照元器件清单,利用万能印制电路板,焊接搭建电路。

任务 8.2 拓展与提升——火灾报警系统的设计

有一火灾报警系统,设有烟感、温感和紫外光感三种类型的火灾探测器。为了防止误报警,只有当其中两种或两种以上类型的探测器发出火灾探测信号时,报警系统才产生报警控制信号。试设计一个产生报警控制信号的电路。

若想深入了解电路设计的具体过程,请下载相关资料学习参考。

◆ 项 目 小 结 ◆

(1) 逻辑函数有逻辑函数式、真值表和逻辑图等表示方法,熟悉这几种表示方法之间的转换。

(2) 逻辑代数的运算法则和规则是逻辑代数进行运算和转换的基础。

(3) 逻辑函数常见的形式有与或式、或与式、与非-与非式、或非-或非式及与或非式。利用公式化简法和卡诺图化简法对其化简。

(4) 组合逻辑电路分析步骤:

① 由给定的逻辑图写出逻辑函数式。

② 用公式化简法或卡诺图化简法对逻辑函数式进行化简。

③ 列真值表。

④ 列出输入和输出状态表并得出结论。

(5) 组合逻辑电路设计的流程是:逻辑抽象→真值表→写出表达式最简与或式→画出逻辑图。

◆ 习 题 ◆

1.【计算题】分析图 8-19 的逻辑功能(写出逻辑函数式、列出真值表并说明功能)。

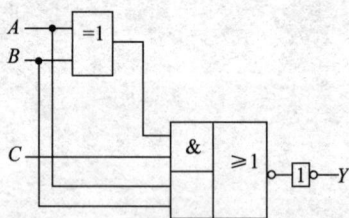

图 8-19

2.【计算题】用公式化简法化简下列逻辑函数。

(1) $Y=A+ABD+ACD+(C+D)F$

(2) $Y=A\overline{B}C+\overline{A}+B+\overline{C}$

(3) $Y=\overline{\overline{A}BC}+\overline{A\overline{B}}$

3.【计算题】用卡诺图化简法化简下列逻辑函数。

$Y=\overline{A}B+AB\overline{D}+\overline{CD}+\overline{B}C\overline{D}$

4.【计算题】将下列各逻辑函数式化为最小项之和的形式。

(1) $Y=\overline{A}BC+AC+\overline{B}C$

(2) $Y=A\overline{B}\overline{C}D+BCD+\overline{A}D$

按键显示电路的原理与制作

项目导读

　　按键显示电路是一种用于检测按键状态,并将其状态以数字、符号或指示灯等形式显示出来的电路。这种电路广泛应用于计算器、键盘和遥控器等电子设备中。它通常由按键、控制电路、显示元器件和电源等基本部分组成。

　　本项目旨在设计制作按键显示电路,主要包括按键电路、编码电路、译码电路和显示电路等部分,重点讲解数字电子技术中的组合逻辑电路设计方法,以及集成电路的使用方法。

　　此外,本项目还设计了任务拓展与提升内容,旨在帮助读者加深对基本电路的理解和掌握。通过这一系列的步骤和环节,培养读者的实践能力,并提升其在电路设计与制作方面的技能水平。

学习目标

知识目标	1. 熟悉编码器的逻辑功能和使用方法; 2. 熟悉译码器的逻辑功能和使用方法; 3. 熟悉数码显示器的使用方法
能力目标	1. 会用数字集成电路进行逻辑设计; 2. 会对集成电路进行功能测试; 3. 能完成整体电路调试工作,具备检测、排除故障的能力
学习重难点	1. 编码器使用方法; 2. 译码器使用方法; 3. 用集成电路设计数字电路

任务9.1 按键显示电路的制作

想一想：

（1）按键显示电路由哪些部分组成？

（2）按键显示电路逻辑功能有哪些？

带着问题查阅相关资料，请学生以组为单位进行讨论，得出以上问题的答案后，及时写在项目日志上。

9.1.1 编码器

人类在生活中常用十进制、文字及符号等表达事物，进行信息交流。而计算机等数字电路只能以二进制信号工作。

用二进制代码表示文字、符号或者数码等特定对象的过程，称为编码。实现编码功能的逻辑电路，称为编码器。简言之，编码就是将具有特定含义的信息转化为相应的二进制代码的过程，编码器就是实现编码功能的电路。

☆思考：若有 N 条信息需要编码，那么需要几位二进制代码呢？

例如，一个班级有 42 名同学，需要几位二进制代码表示呢？前面我们已经学习 n 位二进制代码表示 2^n 个信号，当对 m 个信号进行编码时，应该满足 $2^n \geqslant m$。此例有 42 条信息，因为 $2^6 = 64 > 42$，所以需要 6 位二进制编码表示。

编码器主要分为两类：普通编码器和优先编码器。

1. 普通编码器

普通编码器在任何时刻只允许输入一个有效编码请求信号，否则将造成输出混乱。常见的有二进制编码器和二-十进制编码器。

普通编码器

1）二进制编码器

二进制编码器是用 n 位二进制数码对 2^n 个输入信号进行编码的电路。

二进制编码器的真值表如表 9-1 所示。

表 9-1 二进制编码器的真值表

I_0	I_1	I_2	I_3	I_4	I_5	I_6	I_7	Y_2	Y_1	Y_0
1	0	0	0	0	0	0	0	0	0	0
0	1	0	0	0	0	0	0	0	0	1
0	0	1	0	0	0	0	0	0	1	0
0	0	0	1	0	0	0	0	0	1	1
0	0	0	0	1	0	0	0	1	0	0

I_0	I_1	I_2	I_3	I_4	I_5	I_6	I_7	Y_2	Y_1	Y_0
0	0	0	0	0	1	0	0	1	0	1
0	0	0	0	0	0	1	0	1	1	0
0	0	0	0	0	0	0	1	1	1	1

　　输入端 $I_0 \sim I_7$，输出端 $Y_0 \sim Y_2$，从表 9-1 可知，被编信号高电平有效，其他信号端用低电平标注，对应的编码用原码输出，由真值表写出输出端逻辑函数式为

$$\begin{cases} Y_0 = I_1 + I_3 + I_5 + I_7 = \overline{\overline{I_1}\ \overline{I_3}\ \overline{I_5}\ \overline{I_7}} \\ Y_1 = I_2 + I_3 + I_6 + I_7 = \overline{\overline{I_2}\ \overline{I_3}\ \overline{I_6}\ \overline{I_7}} \\ Y_2 = I_4 + I_5 + I_6 + I_7 = \overline{\overline{I_4}\ \overline{I_5}\ \overline{I_6}\ \overline{I_7}} \end{cases} \tag{9-1}$$

　　由逻辑函数式画出逻辑图，如图 9-1 所示，八个信号输入端为 $I_0 \sim I_7$，其中 I_0 的信号编码为 000，因此 I_0 可省略，只考虑 $I_1 \sim I_7$。该编码器为 3 位编码输出，即 8 线-3 线编码器，是典型的二进制编码器。

　　2）二-十进制编码器

　　二-十进制编码器是将 0～9 这十个十进制数转换为二进制

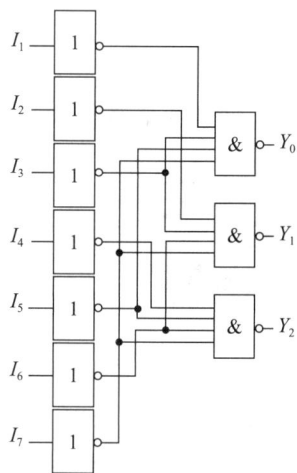

图 9-1　二进制编码器逻辑电路图

代码，其真值表如表 9-2 所示。输入端为 $I_0 \sim I_9$，输出端为 $Y_0 \sim Y_3$。从表 9-2 可知，被编信号端高电平有效，其他信号端用低电平标注，对应的编码用原码输出，由真值表写出输出端逻辑函数式为

表 9-2　二-十进制编码器真值表

I_0	I_1	I_2	I_3	I_4	I_5	I_6	I_7	I_8	I_9	Y_3	Y_2	Y_1	Y_0
1	0	0	0	0	0	0	0	0	0	0	0	0	0
0	1	0	0	0	0	0	0	0	0	0	0	0	1
0	0	1	0	0	0	0	0	0	0	0	0	1	0
0	0	0	1	0	0	0	0	0	0	0	0	1	1
0	0	0	0	1	0	0	0	0	0	0	1	0	0
0	0	0	0	0	1	0	0	0	0	0	1	0	1
0	0	0	0	0	0	1	0	0	0	0	1	1	0
0	0	0	0	0	0	0	1	0	0	0	1	1	1
0	0	0	0	0	0	0	0	1	0	1	0	0	0
0	0	0	0	0	0	0	0	0	1	1	0	0	1

$$\begin{cases} Y_0 = I_1 + I_3 + I_5 + I_7 + I_9 = \overline{\overline{I_1}\,\overline{I_3}\,\overline{I_5}\,\overline{I_7}\,\overline{I_9}} \\ Y_1 = I_2 + I_3 + I_6 + I_7 = \overline{\overline{I_2}\,\overline{I_3}\,\overline{I_6}\,\overline{I_7}} \\ Y_2 = I_4 + I_5 + I_6 + I_7 = \overline{\overline{I_4}\,\overline{I_5}\,\overline{I_6}\,\overline{I_7}} \\ Y_3 = I_8 + I_9 = \overline{\overline{I_8}\,\overline{I_9}} \end{cases} \qquad (9\text{-}2)$$

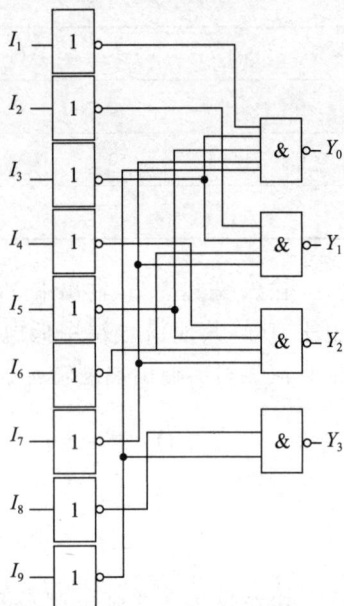

图 9-2　二-十进制编码器
逻辑电路图

画出逻辑图如图 9-2 所示，十个信号输入端为 $I_0 \sim I_9$，其中 I_0 的信号编码为 0000，因此 I_0 可省略，只考虑 $I_1 \sim I_9$，该编码器为 4 位编码输出，即 10 线-4 线编码器，也称为 8421 码。

2. 优先编码器

优先编码器

优先编码器允许同时输入数个编码信号，并只对其中优先权最高的信号进行编码输出。

1）二-十进制优先编码器

74LS147（10 线-4 线）是一种常用的二-十进制优先编码器。该编码器十个被编信号输入端为 $\overline{I_0} \sim \overline{I_9}$，四个编码信号输出端为 $\overline{Y_3}$、$\overline{Y_2}$、$\overline{Y_1}$、$\overline{Y_0}$，被编信号优先级别从高到低依次为 $\overline{I_9}$、$\overline{I_8}$、$\overline{I_7}$、$\overline{I_6}$、$\overline{I_5}$、$\overline{I_4}$、$\overline{I_3}$、$\overline{I_2}$、$\overline{I_1}$、$\overline{I_0}$，输入端和输出端都是低电平有效。

74LS147（10 线-4 线）引脚排列图如图 9-3 所示。被编信号加入反逻辑，低电平有效，$\overline{I_0}$ 信号省略，编码信号位也加入反逻辑，反码输出。

其真值表见表 9-3。$\overline{I_0}$ 无编码；$\overline{Y_3}\,\overline{Y_2}\,\overline{Y_1}\,\overline{Y_0} = 1111$。$\overline{I_9} = 0$ 时，无论其他 $\overline{I_i}$ 为 0 还是 1，电路都只对 $\overline{I_9}$ 进行编码，输出 $\overline{Y_3}\,\overline{Y_2}\,\overline{Y_1}\,\overline{Y_0} = 0110$，该码为反码，其原码为 1001。$\overline{I_9} = 1$，$\overline{I_8} = 0$ 时，无论 $\overline{I_0} \sim \overline{I_7}$ 为 0 还是 1，电路都只对 $\overline{I_8}$ 进行编码，输出反码为 0111。其他编码以此类推。

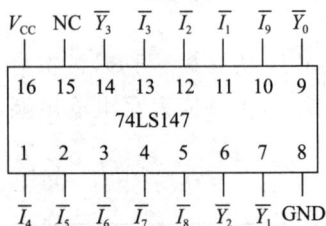

图 9-3　74LS147 引脚排列图

表 9-3　74LS147 真值表

$\overline{I_1}$	$\overline{I_2}$	$\overline{I_3}$	$\overline{I_4}$	$\overline{I_5}$	$\overline{I_6}$	$\overline{I_7}$	$\overline{I_8}$	$\overline{I_9}$	$\overline{Y_3}$	$\overline{Y_2}$	$\overline{Y_1}$	$\overline{Y_0}$
1	1	1	1	1	1	1	1	1	1	1	1	1
×	×	×	×	×	×	×	×	0	0	1	1	0
×	×	×	×	×	×	×	0	1	0	1	1	1
×	×	×	×	×	×	0	1	1	1	0	0	0
×	×	×	×	×	0	1	1	1	1	0	0	1
×	×	×	×	0	1	1	1	1	1	0	1	0
×	×	×	0	1	1	1	1	1	1	0	1	1
×	×	0	1	1	1	1	1	1	1	1	0	0

续表

$\overline{I_1}$	$\overline{I_2}$	$\overline{I_3}$	$\overline{I_4}$	$\overline{I_5}$	$\overline{I_6}$	$\overline{I_7}$	$\overline{I_8}$	$\overline{I_9}$	$\overline{Y_3}$	$\overline{Y_2}$	$\overline{Y_1}$	$\overline{Y_0}$
×	0	1	1	1	1	1	1	1	1	1	0	1
0	1	1	1	1	1	1	1	1	1	1	1	0
1	1	1	1	1	1	1	1	1	1	1	1	1

2) 优先编码器 74LS148(8 线-3 线)

优先编码器 74LS148(8 线-3 线)引脚排列图和逻辑功能示意图如图 9-4 所示。其中，$\overline{ST}$ 为使能输入端，低电平有效；Y_S 为使能输出端，通常接至低位芯片端，Y_S 和 $\overline{ST}$ 配合可以实现多级编码器之间的优先级别的控制。$\overline{Y_{EX}}$ 为扩展输出端，是控制标识。$\overline{Y_{EX}}=0$ 表示编码输出；$\overline{Y_{EX}}=1$ 表示不是编码输出。

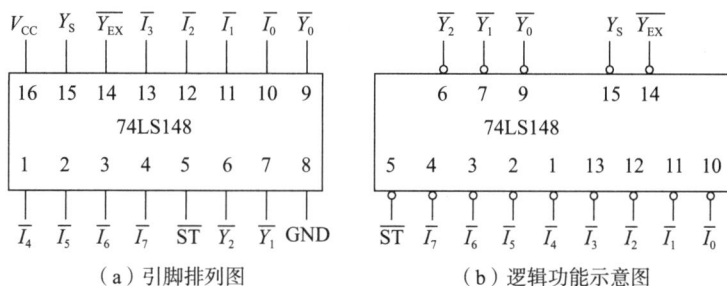

（a）引脚排列图　　　　　（b）逻辑功能示意图

图 9-4　74LS148 引脚排列图和逻辑功能示意图

优先编码器 74LS148 的真值表见表 9-4。输入是逻辑 0(低电平)有效，输出也是逻辑 0(低电平)有效。从表 9-4 可知，当输入使能端 $\overline{ST}$ 为 0，且输入 $\overline{I_0} \sim \overline{I_7}$ 为 0 时，该编码器对相应输入信号进行编码。当 $Y_S=1$ 时，表示编码器进行反码编码输出；当 $\overline{Y_{EX}}=0$ 时，表示编码器进行编码输出。

表 9-4　74LS148 真值表

$\overline{ST}$	$\overline{I_7}$	$\overline{I_6}$	$\overline{I_5}$	$\overline{I_4}$	$\overline{I_3}$	$\overline{I_2}$	$\overline{I_1}$	$\overline{I_0}$	$\overline{Y_2}$	$\overline{Y_1}$	$\overline{Y_0}$	$\overline{Y_{EX}}$	Y_S
1	×	×	×	×	×	×	×	×	1	1	1	1	1
0	1	1	1	1	1	1	1	1	1	1	1	1	0
0	0	×	×	×	×	×	×	×	0	0	0	0	1
0	1	0	×	×	×	×	×	×	0	0	1	0	1
0	1	1	0	×	×	×	×	×	0	1	0	0	1
0	1	1	1	0	×	×	×	×	0	1	1	0	1
0	1	1	1	1	0	×	×	×	1	0	0	0	1
0	1	1	1	1	1	0	×	×	1	0	1	0	1
0	1	1	1	1	1	1	0	×	1	1	0	0	1
0	1	1	1	1	1	1	1	0	1	1	1	0	1

☼**思考：**如何实现 16 线-4 线优先编码器呢？

可以利用两个 8 线-3 线优先编码器级联实现，其实现的逻辑电路如图 9-5 所示，即用两个 74LS148 优先编码器串行扩展，两个编码器 $\overline{Y_0}$ 相与得到 16 线-4 线优先编码器逻辑输出 $\overline{Y_0'}$，同理，$\overline{Y_1}$、$\overline{Y_2}$ 相与作为 16 线-4 线优先编码器逻辑输出 $\overline{Y_1'}$、$\overline{Y_2'}$，$\overline{Y_{EX}}$ 作为 $\overline{Y_3'}$ 的逻辑输出。高位 $\overline{ST}$ 接地，其高位片 Y_S 与低位片 $\overline{ST}$ 连接在一起，实现优先级从 $\overline{I_{15}}$ 到 $\overline{I_0}$ 的递降。

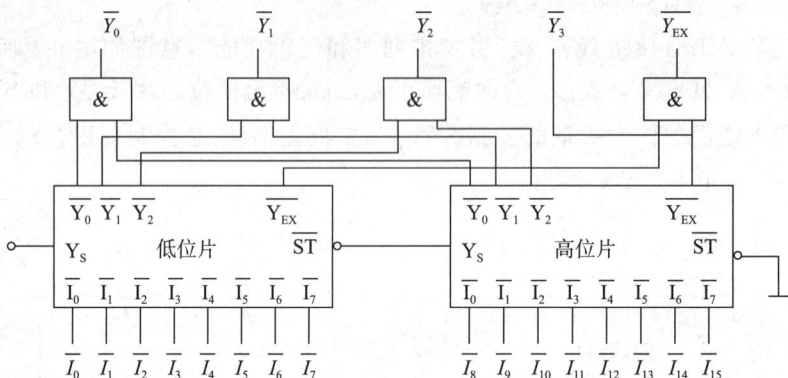

图 9-5　两个 8 线-3 线优先编码器级联实现的 16 线-4 线优先编码器

9.1.2　译码器

译码是编码的逆过程，它负责翻译具有特定意义信息的二进制代码。译码器是实现译码功能的电路。译码过程是将二进制代码的各种状态，通过译码器输出与输入代码对应的特定信息。

典型的译码器包括二进制译码器、二-十进制译码器和数码显示译码器。

1. 二进制译码器

1）二进制译码器

二进制译码器是将输入的二进制代码译成相应输出信号的电路，如图 9-6 所示。

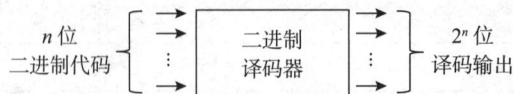

图 9-6　二进制译码器工作示意图

若二进制代码的输入端有 n 位，则对应输出端 $N=2^n$ 个。

2 位二进制译码器真值表见表 9-5。该真值表对应于输入代码的每一种状态。表中，A_0、A_1 是 2 位二进制译码输入，译码输出为 2^2，即共四个译码输出，分别为 Y_0、Y_1、Y_2、Y_3，左侧译码输出高电平有效。右侧译码输出低电平有效。

2）二进制译码器举例

3 位二进制译码器真值表见表 9-6，译码输出信号高电平有效，并对应列出其输出函数。二进制译码器能译出输入变量的全部取值组合，因此又称变量译码器或全译码器。其输出

端能提供输入变量的全部最小项。

表 9-5　2 位二进制译码器真值表

(a) 译码输出高电平有效

译码输入		译码输出			
A_1	A_0	Y_0	Y_1	Y_2	Y_3
0	0	1	0	0	0
0	1	0	1	0	0
1	0	0	0	1	0
1	1	0	0	0	1

(b) 译码输出低电平有效

译码输入		译码输出			
A_1	A_0	Y_0	Y_1	Y_2	Y_3
0	0	0	1	1	1
0	1	1	0	1	1
1	0	1	1	0	1
1	1	1	1	1	0

表 9-6　3 位二进制译码器真值表

译码输入			译码输出							
A_2	A_1	A_0	Y_0	Y_1	Y_2	Y_3	Y_4	Y_5	Y_6	Y_7
0	0	0	1	0	0	0	0	0	0	0
0	0	1	0	1	0	0	0	0	0	0
0	1	0	0	0	1	0	0	0	0	0
0	1	1	0	0	0	1	0	0	0	0
1	0	0	0	0	0	0	1	0	0	0
1	0	1	0	0	0	0	0	1	0	0
1	1	0	0	0	0	0	0	0	1	0
1	1	1	0	0	0	0	0	0	0	1

由真值表得二进制译码器逻辑函数式为

$$\begin{cases} Y_0 = \overline{A_2}\,\overline{A_1}\,\overline{A_0} = m_0 & \quad Y_4 = A_2\overline{A_1}\,\overline{A_0} = m_4 \\ Y_1 = \overline{A_2}\,\overline{A_1}A_0 = m_1 & \quad Y_5 = A_2\overline{A_1}A_0 = m_5 \\ Y_2 = \overline{A_2}A_1\overline{A_0} = m_2 & \quad Y_6 = A_2A_1\overline{A_0} = m_6 \\ Y_3 = \overline{A_2}A_1A_0 = m_3 & \quad Y_7 = A_2A_1A_0 = m_7 \end{cases} \tag{9-3}$$

根据逻辑函数式画出逻辑图,如图 9-7 所示,输入 3 位二进制码,输出八个译码信号。

3)3 线-8 线译码器 74LS138

3 线-8 线译码器 74LS138 的引脚排列和逻辑功能示意如图 9-8 所示。

译码器 74LS138 有 3 位二进制码输入端,从高位到低位依次为 A_2、A_1 和 A_0;使能端 ST_A 高电平有效,ST_B、ST_C 低电平有效,即当 $ST_A=1$,$ST_B=ST_C=0$ 时译码有效,否则禁止译码。八个译码输出端低电平有效。

译码器 74LS138 真值表见表 9-7,$\overline{ST_B}+\overline{ST_C}=1$ 时,不译码,输出信号都为高电平;$ST_A=1$,且 $\overline{ST_B}+\overline{ST_C}=0$ 时,译码输出。

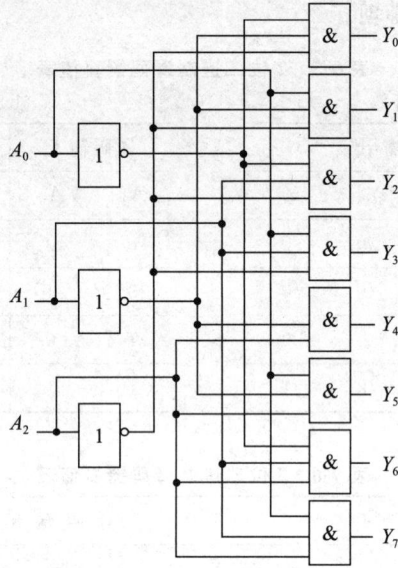

图 9-7　二-十进制编码器逻辑电路图

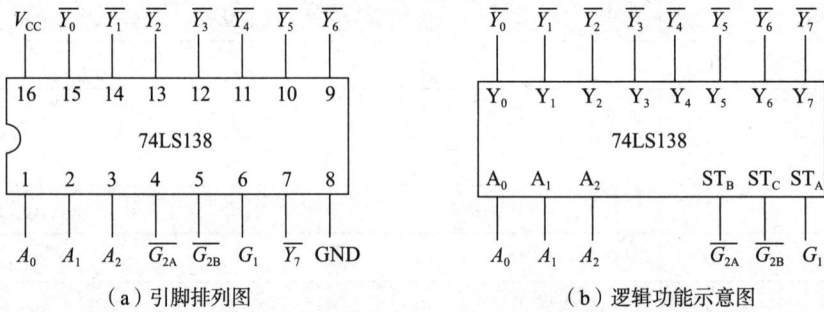

（a）引脚排列图　　　　　　　　　　（b）逻辑功能示意图

图 9-8　3 线-8 线译码器 74LS138

表 9-7　译码器 74LS138 真值表

	译 码 输 入				译 码 输 出							
ST_A	$\overline{ST_B}+\overline{ST_C}$	A_2	A_1	A_0	$\overline{Y_0}$	$\overline{Y_1}$	$\overline{Y_2}$	$\overline{Y_3}$	$\overline{Y_4}$	$\overline{Y_5}$	$\overline{Y_6}$	$\overline{Y_7}$
$\times$	1	$\times$	$\times$	$\times$	1	1	1	1	1	1	1	1
0	$\times$	$\times$	$\times$	$\times$	1	1	1	1	1	1	1	1
1	0	0	0	0	0	1	1	1	1	1	1	1
1	0	0	0	1	1	0	1	1	1	1	1	1
1	0	0	1	0	1	1	0	1	1	1	1	1
1	0	0	1	1	1	1	1	0	1	1	1	1
1	0	1	0	0	1	1	1	1	0	1	1	1
1	0	1	0	1	1	1	1	1	1	0	1	1
1	0	1	1	0	1	1	1	1	1	1	0	1
1	0	1	1	1	1	1	1	1	1	1	1	0

书写输出逻辑函数式为

$$\begin{cases} \overline{Y_0} = \overline{\overline{A_2}\,\overline{A_1}\,\overline{A_0}} = \overline{m_0} & \overline{Y_4} = \overline{A_2\,\overline{A_1}\,\overline{A_0}} = \overline{m_4} \\ \overline{Y_1} = \overline{\overline{A_2}\,\overline{A_1}A_0} = \overline{m_1} & \overline{Y_5} = \overline{A_2\,\overline{A_1}A_0} = \overline{m_5} \\ \overline{Y_2} = \overline{\overline{A_2}A_1\overline{A_0}} = \overline{m_2} & \overline{Y_6} = \overline{A_2A_1\overline{A_0}} = \overline{m_6} \\ \overline{Y_3} = \overline{\overline{A_2}A_1A_0} = \overline{m_3} & \overline{Y_7} = \overline{A_2A_1A_0} = \overline{m_7} \end{cases} \tag{9-4}$$

由此译出了八个最小项的反函数,即八个输出为与非式。

☼**思考:** 如何利用两片 74LS138 组成 4 线-16 线译码器?

如图 9-9 所示,4 线-16 线译码器有四个编码输入端,16 个信号输出端。其中,低位码 A_2、A_1、A_0 从各译码器的输入端输入,高位码 A_3 与高位片 ST_A 端和低位片 ST_B 反端相连。因此,$A_3 = 0$ 时低位片工作,$A_3 = 1$ 时高位片工作,低位片 ST_A 不用,应接有效电平 1,将 ST_C 作为 4 线-16 线译码器使能端,低电平有效,由此实现 16 个译码输出端。

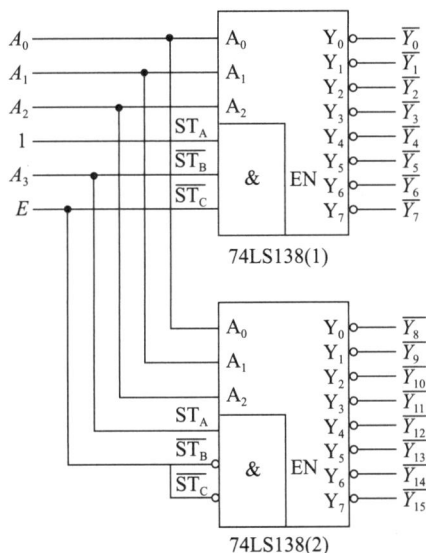

图 9-9 74LS138 组成的 4 线-16 线译码器

由 74LS138 组成的 4 线-16 线译码器工作原理为:$\overline{E} = 1$ 时,两个译码器都不工作,输出 $Y_0 \sim Y_{15}$ 都为高电平 1;$\overline{E} = 0$ 时,允许译码。

(1) $A_3 = 0$ 时,高位片不工作,低位片工作,译出与输入 0000～0111 分别对应的八个输出信号 $Y_0 \sim Y_7$。

(2) $A_3 = 1$ 时,低位片不工作,高位片工作,译出与输入 1000～1111 分别对应的八个输出信号 $Y_8 \sim Y_{15}$。

2. 二-十进制译码器

将 8421 码的十个代码(0～9)译成十个对应的输出信号的电路,称为二-十进制译码器,又称 4 线-10 线译码器。

图 9-10 所示为 4 线-10 线译码器 74LS42 逻辑示意图。

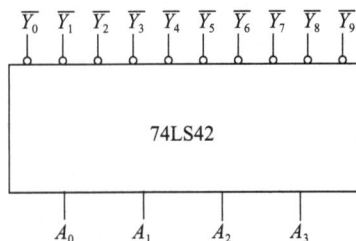

图 9-10 74LS42 逻辑示意图

8421 码输入端从高位到低位依次为 A_3、A_2、A_1 和 A_0。$\overline{Y_0}$～$\overline{Y_9}$ 为十个译码输出端,低电平 0 有效。

4 线-10 线译码器 74LS42 真值表见表 9-8。此表中,输出端 $\overline{Y_8}$、$\overline{Y_9}$ 不使用,将 A_3 作为使能端时,该译码器可用作 3 线-8 线译码器。

表 9-8　译码器 74LS42 真值表

十进制数	输入				输出									
	A_3	A_2	A_1	A_0	$\overline{Y_0}$	$\overline{Y_1}$	$\overline{Y_2}$	$\overline{Y_3}$	$\overline{Y_4}$	$\overline{Y_5}$	$\overline{Y_6}$	$\overline{Y_7}$	$\overline{Y_8}$	$\overline{Y_9}$
0	0	0	0	0	0	1	1	1	1	1	1	1	1	1
1	0	0	0	1	1	0	1	1	1	1	1	1	1	1
2	0	0	1	0	1	1	0	1	1	1	1	1	1	1
3	0	0	1	1	1	1	1	0	1	1	1	1	1	1
4	0	1	0	0	1	1	1	1	0	1	1	1	1	1
5	0	1	0	1	1	1	1	1	1	0	1	1	1	1
6	0	1	1	0	1	1	1	1	1	1	0	1	1	1
7	0	1	1	1	1	1	1	1	1	1	1	0	1	1
8	1	0	0	0	1	1	1	1	1	1	1	1	0	1
9	1	0	0	1	1	1	1	1	1	1	1	1	1	0
伪码	1	0	1	0										
	1	0	1	1										
	1	1	0	0										
	1	1	0	1										
	1	1	1	0										
	1	1	1	1										

9.1.3　七段数码显示器

显示译码器

在数字测量仪表和各种数字系统中,都需要将数据直观地显示出来,一方面供人们直接读取测量和运算的结果,另一方面用于监视数字系统的工作情况。数字显示电路是数字设备不可缺少的部分,它通常由显示译码器、驱动器和显示器等组成。数字显示器是用来显示数字、文字或者符号的器件,常见的有辉光数码管、荧光数码管、液晶显示器、发光二极管、场致发光数字板和等离子体显示板等。本任务重点讨论数码管显示器。

数字设备中用得较多的数码管显示器(LED)为七段数码显示器,又称数码管。

七段数码显示器是一种常见的电子显示装置,通常用于显示数字和一些字符等信息。它由七个独立控制的 LED 灯组成,根据不同的控制信号可以点亮相应的 LED 灯来显示需要显示的数字或字符。常见的七段数码显示器有发光二极管数码显示器(LED)和液晶显示器(LCD)等。

1. 发光二极管数码显示器

数码显示器外观如图 9-11(a)所示,引脚图如图 9-11(b)所示,发光字段由引脚 $a\sim g$ 电平控制是否发光(小数点 DP)。显示的数字形式如图 9-11(c)所示。

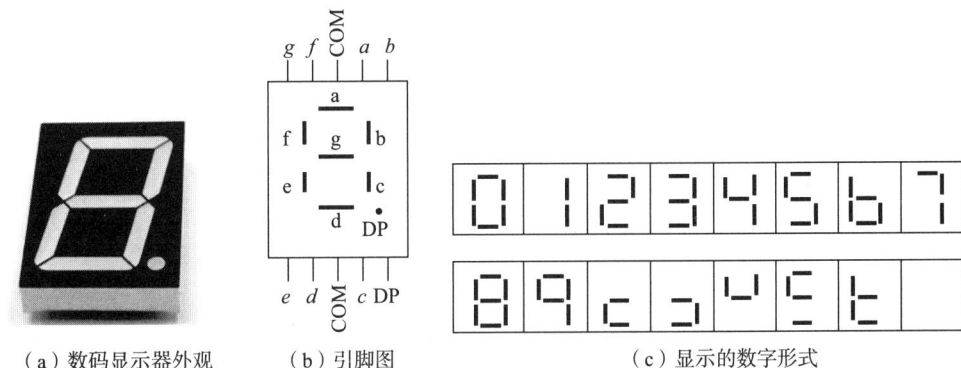

（a）数码显示器外观　　　（b）引脚图　　　　　　（c）显示的数字形式

图 9-11　七段发光二极管数码显示器及显示的数字

七段发光二极管数码显示器工作原理见表 9-9。D、C、B、A 是所显示数字的二进制代码,$a\sim g$ 是七段数码管显示引脚,其中每一段为高电平时所对应 D、C、B、A 端的发光二极管亮。如显示数字 0,$DCBA$ 是 0000,$a\sim g$ 所对应的输入是 1111110;显示数字 1,$a\sim g$ 所对应的输入是 0110000,其他同理。

表 9-9　七段发光二极管数码显示器工作原理

数码	D	C	B	A	a	b	c	d	e	f	g	数码显示
0	0	0	0	0	1	1	1	1	1	1	0	0
1	0	0	0	1	0	1	1	0	0	0	0	1
2	0	0	1	0	1	1	0	1	1	0	1	2
3	0	0	1	1	1	1	1	1	0	0	1	3
4	0	1	0	0	0	1	1	0	0	1	1	4
5	0	1	0	1	1	0	1	1	0	1	1	5
6	0	1	1	0	0	0	1	1	1	1	1	6
7	0	1	1	1	1	1	1	0	0	0	0	7
8	1	0	0	0	1	1	1	1	1	1	1	8
9	1	0	0	1	1	1	1	0	0	1	1	9

七段发光二极管数码显示器内部的发光二极管连接方式有共阳极和共阴极两种,如图 9-12 所示。

共阳极:二极管的所有阳极接 5V 电源上,其阴极作为 $a\sim g$ DP 的接线引脚,此种接法是共阳极接法。只有 $a\sim g$ 和 DP 为低电平时,才能点亮相应发光段。共阳极接法数码显示器需要配用输出低电平有效的译码器。

共阴极：二极管的所有阴极接地，此种接法是共阴极接法。只有 $a\sim g$ 和 DP 为高电平时，才能点亮相应发光段。共阴极接法数码显示器需要配用输出高电平有效的译码器。在实践电路中需串联限流电阻。

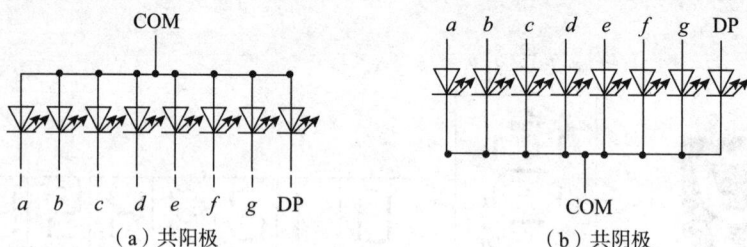

图 9-12　七段发光二级管数字显示器的内部接法

七段发光二级管数码显示器具有工作电压较低（1.5～3V）、体积小、寿命长、亮度高、响应速度快和工作可靠性高的优点。其缺点是工作电流大，每个字段的工作电流约为 10mA。

2. 液晶显示器

液晶显示器（liquid crystal display，LCD）最大的优点是功耗小，每平方厘米的功率不到 1μW，同时其工作电压也很低，在 1V 以下即可工作。因此，它广泛应用于便携式的仪器仪表中。

此外，液晶显示器使用了七段字符显示，其公共极也称为背电极，是 a 段的简单驱动电路，如图 9-13 所示，其他段的驱动电路与 a 段完全一样。u_{com} 是加在公共极（COM）的脉冲信号，$A=0$ 时，两个电极间电压 $u_a=0$，a 段不显示；$A=1$ 时，两个电极间电压 u_a 为交变电压，a 段显示。

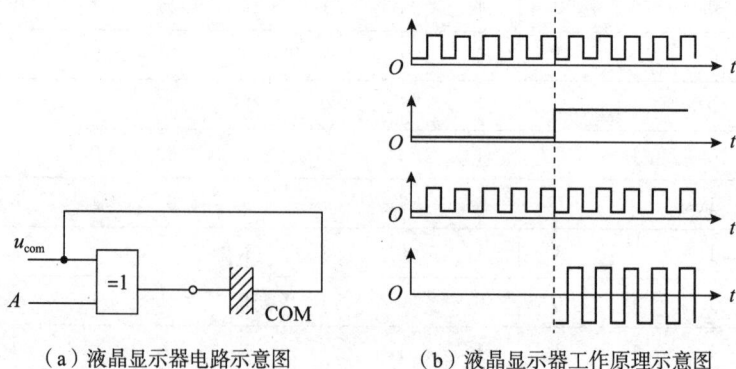

（a）液晶显示器电路示意图　　（b）液晶显示器工作原理示意图

图 9-13　液晶显示器工作示意图

9.1.4　七段显示译码器

七段显示译码器是一种常见的数字电路，用于将输入的数字信号进行解码，产生与该数字相对应的七个片段输出信号。这些片段输出信号分别控制着数码管上不同位置和形状的 LED 灯亮灭，实现对特定数字或字符的可视化展示。

典型的七段显示译码器 74LS48 是 4 线-七段译码器,74LS48 的逻辑功能示意图如图 9-14 所示。A～D 是显示数字的 8421 码输入端,Y_a～Y_g 是译码器驱动输出端,且高电平有效。另外,74LS48 还引入了灯测试输入端($\overline{LT}$)、动态灭零输入端($\overline{RBI}$),以及既有输入功能又有输出功能的消隐输入/动态灭零输出($BI/\overline{RBO}$)端。

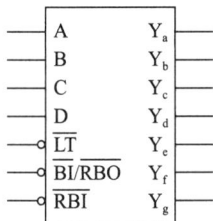

图 9-14　74LS48 的逻辑功能示意图

74LS48 功能表见表 9-10,具体功能如下。

1. 七段译码功能($\overline{LT}=1,\overline{RBI}=1$)

当灯测试输入端($\overline{LT}$)和动态灭零输入端($\overline{RBI}$)都接无效电平 1 时,输入 DCBA 经 74LS48 译码后,输出高电平有效的七段数码显示器的驱动信号,并显示相应字符。除 $DCBA=0000$ 外,$\overline{RBI}$ 也可以接低电平,见表 9-10 中 1～16 行。

2. 消隐功能($\overline{BI}=0$)

此时 $BI/\overline{RBO}$ 端作为输入端,该端输入低电平信号时,表 9-10 中倒数第 3 行,无论 $\overline{LT}$ 和 $\overline{RBI}$ 输入什么电平信号,也无论输入 DCBA 为什么状态,输出全为"0",七段数码显示器熄灭。该功能主要用于多显示器的动态显示。

3. 灯测试功能($\overline{LT}=0$)

此时 $BI/\overline{RBO}$ 端作为输出端,$\overline{LT}$ 端输入低电平信号,表 9-10 中最后一行,与 $\overline{RBI}$ 及 DCBA 输入无关,输出全为"1",显示器七个字段都点亮。该功能用于七段数码显示器的测试,以判别是否有损坏的字段。

4. 动态灭零功能($\overline{LT}=1,\overline{RBI}=1$)

此时 $BI/\overline{RBO}$ 端作为输出端,$\overline{LT}$ 端输入高电平信号,$\overline{RBI}$ 端输入低电平信号,若 $DCBA=0000$,表 9-10 倒数第 2 行输出全为"0",则显示器熄灭,不显示这个 0。若 $DCBA \neq 0$,则对显示无影响。该功能主要用于多个七段数码显示器同时显示时熄灭高位的 0。

表 9-10　74LS48 功能表

功能输入	输　　入						$BI/\overline{RBO}$	输　　出							数码显示
	$\overline{LT}$	$\overline{RBI}$	D	C	B	A		a	b	c	d	e	f	g	
0	1	1	0	0	0	0	1	1	1	1	1	1	1	0	𝟢
1	1	×	0	0	0	1	1	0	1	1	0	0	0	0	𝟣
2	1	×	0	0	1	0	1	1	1	0	1	1	0	1	𝟤
3	1	×	0	0	1	1	1	1	1	1	1	0	0	1	𝟥
4	1	×	0	1	0	0	1	0	1	1	0	0	1	1	𝟦
5	1	×	0	1	0	1	1	1	0	1	1	0	1	1	𝟧
6	1	×	0	1	1	0	1	0	0	1	1	1	1	1	𝟨
7	1	×	0	1	1	1	1	1	1	1	0	0	0	0	𝟩

功能输入	输入						$\overline{BI}/\overline{RBO}$	输出							数码显示
	$\overline{LT}$	$\overline{RBI}$	D	C	B	A		a	b	c	d	e	f	g	
8	1	×	1	0	0	0	1	1	1	1	1	1	1	1	
9	1	×	1	0	0	1	1	1	1	1	0	0	1	1	
10	1	×	1	0	1	0	1	0	0	0	0	0	0	0	
11	1	×	1	0	1	1	1	0	0	0	0	0	0	0	
12	1	×	1	1	0	0	1	0	0	0	0	0	0	0	
13	1	×	1	1	0	1	1	0	0	0	0	0	0	0	
14	1	×	1	1	1	0	1	0	0	0	0	0	0	0	
15	1	×	1	1	1	1	1	0	0	0	0	0	0	0	
灭灯	×	×	×	×	×	×	0	0	0	0	0	0	0	0	
灭零	1	0	0	0	0	0	0	0	0	0	0	0	0	0	
试灯	0	×	×	×	×	×	1	1	1	1	1	1	1	1	

显示译码器与共阴极数码管的接线图如图 9-15 所示。显示译码器与共阳极数码管的接线图如图 9-16 所示。

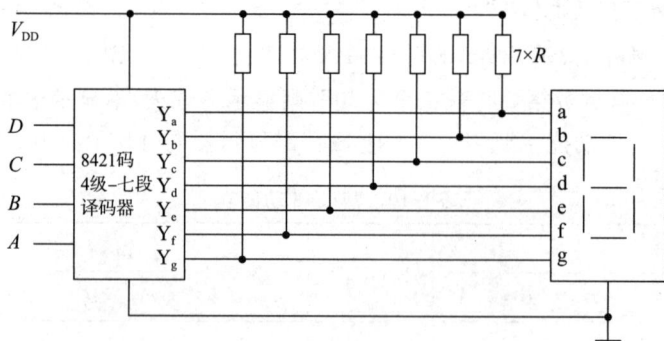

图 9-15　显示译码器与共阴极数码管接线图

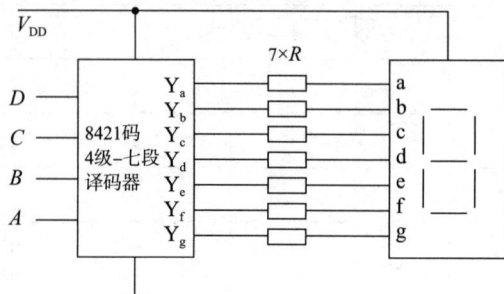

图 9-16　显示译码器与共阳极数码管接线图

9.1.5 按键显示电路的设计

设计一个数码显示电路,有十个按键,当按下某一按键时,显示器能够显示其对应数码。

功能分析:对十个按键进行编码,分别为 S_0、S_1、S_2、$\cdots$、S_9,当按下某一按键时,将该信号送给编码电路进行编码,然后由显示译码器进行译码,再经 LED 数码管进行显示。按键显示电路设计框图如图 9-17 所示。

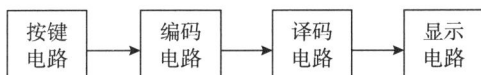

图 9-17 按键显示电路设计框图

下面根据功能分析设计按键显示电路。

1. 按键电路

按键电路由十个按键开关及其对应的上拉电阻组成,一个开关控制实现一个数码的显示,按下按键能够显示其数码,松开就不显示。

2. 编码电路

编码电路主要由编码器实现,对十个按键进行编码,由于共有十个输入信号,且 $2^3 < 10 < 2^4$,因此应该选择 10 线-4 线十进制编码器。在此采用具有优先级的十进制编码器 74LS147。

3. 译码电路

译码电路对编码器输出信号进行译码,以便显示电路能正确显示数码。十进制编码器 74LS147 输出的是 8421 码,由此选择 8421 码七段显示译码器 74LS48 进行译码。

4. 显示电路

显示电路采用 LED 数码管,因为译码电路选择 8421 码七段显示译码器 74LS48,输出高电平有效,所以选择共阴极 LED 数码管。

5. 中间器件

由于十进制编码器 74LS147 是反码输出,只有将其还原成原码,再由 8421 码七段显示译码器 74LS48 进行译码,然后通过数码显示器进行显示,才能得到正确的显示结果。需要选用反相器将 74LS147 输出信号进行反码还原,项目选用反相器 74LS04。

9.1.6 任务实施

1. 元器件选择

根据按键显示电路功能分析,电路设计所需集成芯片有十进制编码器 74LS147 一块、七段显示译码器 74LS48 一块、反相器 74LS04 一块、1kΩ 电阻十个和 300Ω 限流电阻七个。引脚排列图如图 9-18 所示。按集成块真值表完成集成块功能测试,确保所需与非门可用,然后再完成电路测试。

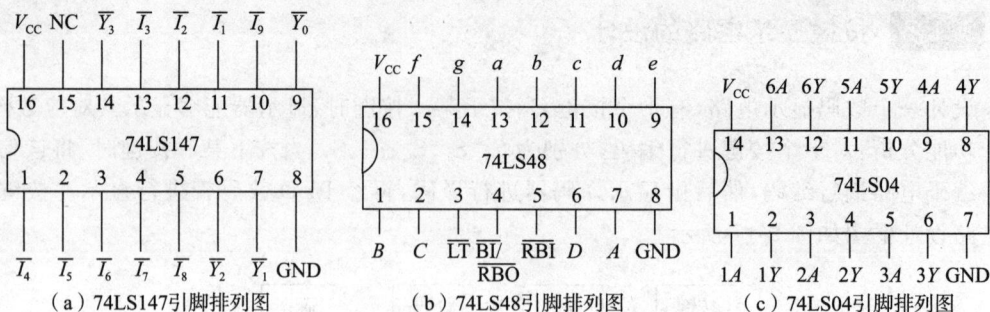

（a）74LS147引脚排列图　　（b）74LS48引脚排列图　　（c）74LS04引脚排列图

图 9-18　74LS147、74LS48 和 74LS04 引脚排列图

1）74LS147 集成编码器逻辑功能测试

利用 Multisim 14.3 软件绘制 74LS147 集成编码器逻辑功能测试图如图 9-19 所示。输入端分别加低电平且均为低电平或高电平时,观察并记录输出端 A、B、C、D 的逻辑状态,功能表格自拟。

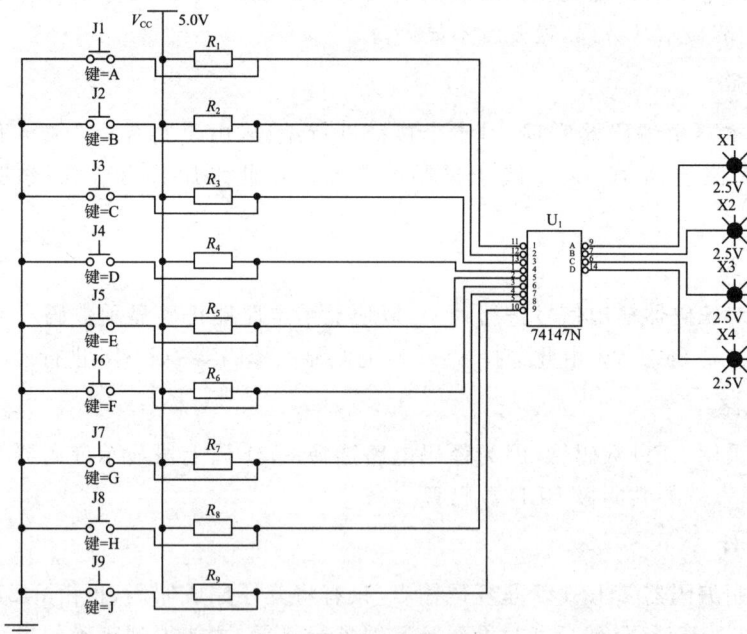

图 9-19　74LS147 集成编码器逻辑功能测试图

2）74LS48 集成编码器逻辑功能测试

利用 Multisim 14.3 软件绘制 74LS48 集成编码器逻辑功能测试图,如图 9-20 所示,改变输入端 A、B、C、D 的逻辑开关状态(0000～1110),显示并记录输出结果,然后将结果记入表中,功能表格自拟。

3）74LS04 反相器功能测试

与项目 7 中 74LS00 功能测试方法相同,完成 74LS04 功能测试,并自行记录测试结果。

2. 实际电路图设计

根据设计要求,完成按键显示电路设计,利用 Multisim 14.3 软件绘制,如图 9-21 所示。

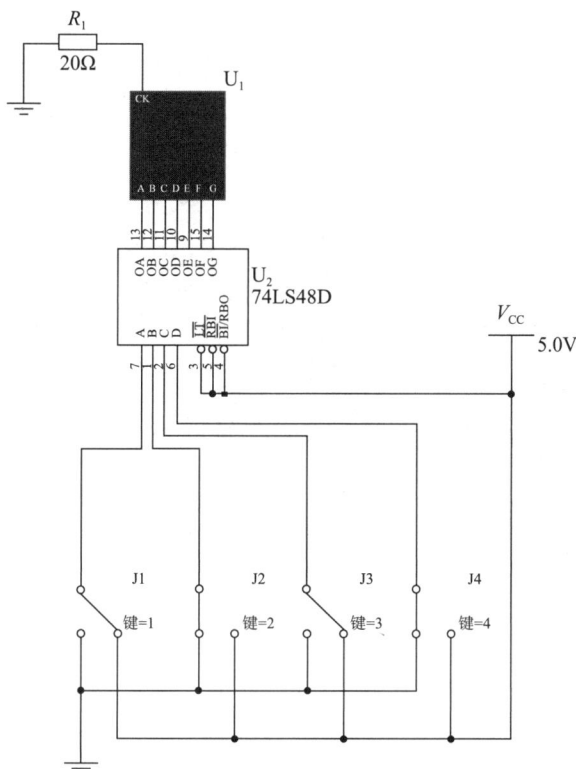

图 9-20　74LS48 集成编码器逻辑功能测试图

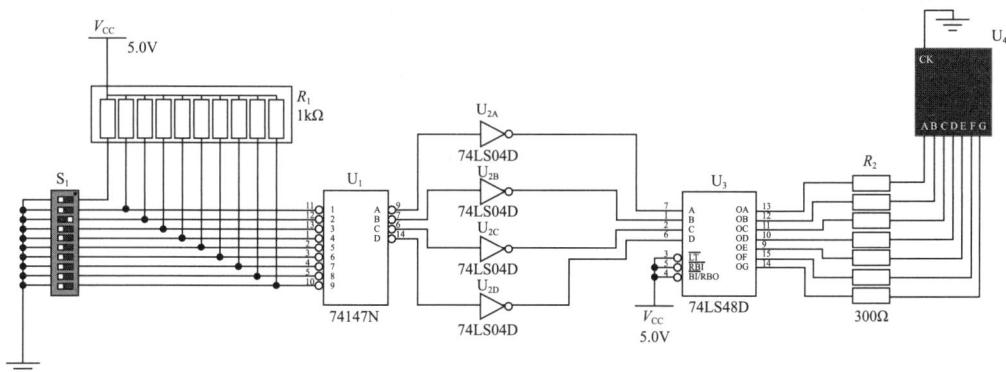

图 9-21　按键显示电路原理图

3. 按键显示电路仿真测试

编者利用 Multisim 14.3 软件,对电路进行仿真测试(其具体的仿真过程见视频资源)。集成块 74LS147 和 74LS48 中,V_{CC}(16 脚)接入+5V 直流电源,GND(8 脚)接入电源 GND端;74LS04 中 V_{CC}(14 脚)接入+5V 直流电源,GND(7 脚)接入电源 GND 端。

4. 绘制印制电路板图

利用 Altium Designer 22.1(AD)软件绘制印制电路板图,如图 9-22 所示(其绘制过程

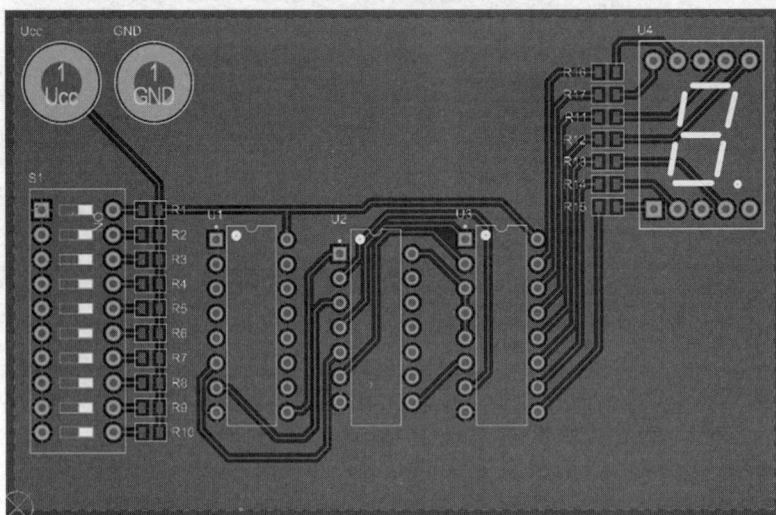

图 9-22　按键显示电路印制电路板图

及注意事项详见视频资源)。

5. 元器件焊接搭建

按照元器件清单,利用万能电路板,焊接搭建电路,具体焊接过程及注意事项详见视频资源。

任务 9.2　拓展与提升——译码器 74LS138 和与非门 74LS20 设计实现三人表决电路

用译码器 74LS138 和与非门 74LS20 设计实现三人表决电路。若要深入了解电路设计的具体过程,请下载相关资料学习参考。

◆ 项目小结 ◆

(1) N 位二进制代码表示 2^N 个信号,对 M 个信号进行编码时,应该 $2^N \geqslant M$。

(2) 编码器有普通编码器和优先编码器。常用的普通编码器有 74LS147,优先编码器有 74LS48。

(3) 译码过程是将二进制代码的各种状态,通过译码器输出与输入代码对应的特定信息。典型的译码器有二进制译码器、二-十进制译码器和数码显示译码器。

(4) 七段发光二极管数码显示器内部发光二极管的连接方式有共阳极和共阴极两种。

◆ 习　题 ◆

【计算题】用译码器实现逻辑函数: $Y = AC + AB + BC$。

交通信号灯监控器的制作

项目导读

交通信号灯监控电路是一种用于监测交通信号灯状态的电路系统,它能够实时监测交通信号灯的工作情况,并在发生故障时及时发出警报,以确保交通信号灯的正常运行和道路交通安全。

交通信号灯监控电路设计方法多种多样,每种方法各有优缺点,因此选择最适合项目需求的设计方案至关重要。在本项目中,采用集成芯片数据选择器来设计交通信号灯监控器,这一方法相较于传统的逻辑门电路设计而言,具有设计更简洁、调试更方便以及成本可能更低等优点。

此外,本项目还设计了任务拓展与提升内容,旨在帮助学生加深对基本电路的理解和掌握。通过这一系列的步骤和环节,培养学生的实践能力,并提升其在电路设计与制作方面的技能水平。

学习目标

知识目标	1. 熟悉数据选择器的逻辑功能和使用方法; 2. 熟悉数据分配器的逻辑功能和使用方法
能力目标	1. 会用集成芯片数据选择器进行逻辑设计; 2. 会对集成电路进行功能测试; 3. 能完成整体电路调试工作,具备检测、排除故障的能力
学习重难点	1. 数据选择器逻辑使用; 2. 数据分配器逻辑使用

任务 10.1 交通信号灯监控器的原理与制作

■ 想一想：

（1）交通信号灯监控器由哪些部分组成？

（2）交通信号灯监控器用到哪些逻辑电路？

带着问题查阅相关资料，请学生以组为单位进行讨论，得出以上问题的答案后，及时写在项目日志上。

10.1.1 数据选择器

数据选择器是一种多路输入、单路输出的数字逻辑电路。它根据给定的选择信号，从多个输入信号中选择一个对应的信号进行输出。这种电路广泛应用于计算机、通信、网络和自动控制等领域。例如，在计算机内存系统和总线系统中，数据选择器用于实现高速数据传输；在通信和网络领域，数据选择器用于实现信号的灵活路由和交换；在工业自动控制系统中，数据选择器用于实现控制信号的选择和输出。

根据地址码的要求，从多路输入数据中选择其中一路输出的电路，称为数据选择器。

1. 4 选 1 数据选择器

数据选择器类似一个多路开关。选择哪一路信号由相应的一组控制信号决定。4 选 1 数据选择器工作原理示意图如图 10-1 所示，由控制信号 A_0、A_1 控制并选择输入信号 D_0、D_1、D_2、D_3 中某一路进行传输。数据选择器的输入信号个数 N 与地址码个数 n 的关系为 $N = 2^n$。

4 选 1 数据选择器的逻辑图如图 10-2 所示。$D_0 \sim D_3$ 为数据输入端，A_0、A_1 为地址信号（控制信号）输入端，Y 为数据输出端，输入低电平有效，其功能表见表 10-1。例如，当地址编号是 01 时，选择数据 D_1 进行传输，此时输出端数据为 D_1。

根据功能表可写出逻辑函数式为

$$Y = (\overline{A_1}\,\overline{A_0}D_0 + \overline{A_1}A_0D_1 + A_1\overline{A_0}D_2 + A_1A_0D_3) \tag{10-1}$$

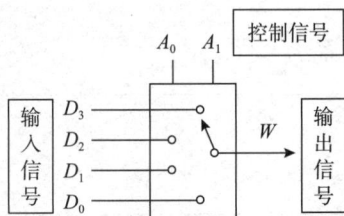

图 10-1 4 选 1 数据选择器工作原理示意图

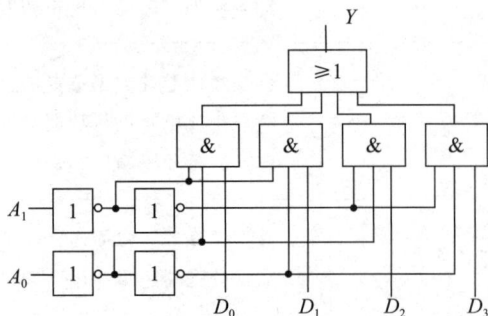

图 10-2 4 选 1 数据选择器的逻辑图

表 10-1　4 选 1 数据选择器功能表

输　　　　入			输出
数据输入	地址输入		
D	A_1	A_0	Y
D_0	0	0	D_0
D_1	0	1	D_1
D_2	1	0	D_2
D_3	1	1	D_3

2. 双 4 选 1 数据选择器 74LS153

双 4 选 1 数据选择器 74LS153 的引脚图和功能示意图如图 10-3 所示。它包含两个独立的 4 选 1 数据选择器。这种数据选择器在计算机系统和电子设备中有广泛的应用,可以实现多路输入、单路输出的功能。

74LS153 的引脚排列包括两个使能端 $1\overline{ST}$ 和 $2\overline{ST}$,两个地址输入端 A_0 和 A_1,八个数据输入端 $1D_0 \sim 1D_3$ 和 $2D_0 \sim 2D_3$,以及两个输出端 $1Y$ 和 $2Y$。

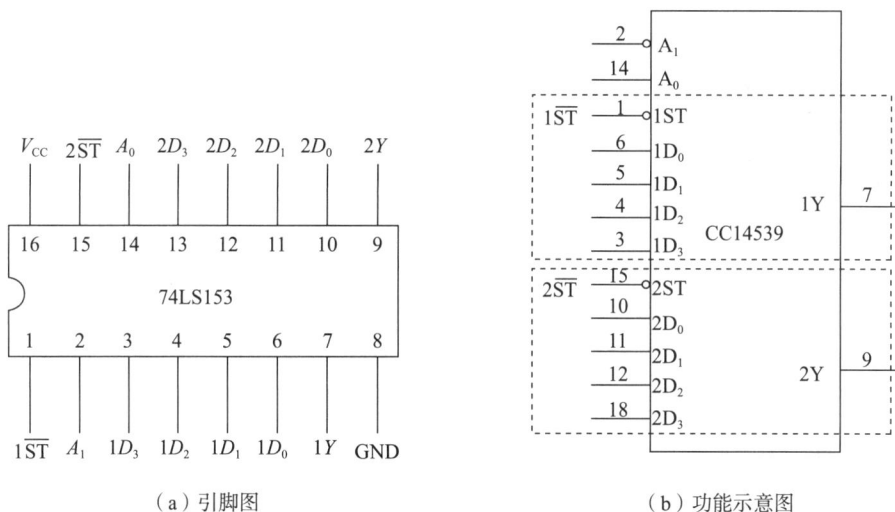

（a）引脚图　　　　　　　　　　　（b）功能示意图

图 10-3　双 4 选 1 数据选择器 74LS153 的引脚图和功能示意图

74LS153 的功能表见表 10-2。当使能端 $1\overline{ST}$、$2\overline{ST}$ 为高电平时,多路开关被禁止,且无输出。当使能端 $1\overline{ST}$、$2\overline{ST}$ 为低电平时,多路开关被打开,根据地址输入端的值选择对应的数据输入端输出。数据选择器 2 的逻辑功能同理。

表 10-2　74LS153 功能表

输　　　　入							输　出
使能端	地址输入		数据输入				
$1\overline{ST}$	A_1	A_0	$1D_3$	$1D_2$	$1D_1$	$1D_0$	$1Y$
1	×	×	×	×	×	×	0

输　入							输　出	
使能端	地址输入		数据输入					
$1\overline{ST}$	A_1	A_0	$1D_3$	$1D_2$	$1D_1$	$1D_0$	$1Y$	
0	0	0	×	×	×	0	0	$1D_0$
0	0	0	×	×	×	1	1	
0	0	1	×	×	0	×	0	$1D_1$
0	0	1	×	×	1	×	1	
0	1	0	×	0	×	×	0	$1D_2$
0	1	0	×	1	×	×	1	
0	1	1	×	×	×	×	0	$1D_3$
0	1	1	×	×	×	×	1	

根据功能表可写出 $1Y$ 逻辑函数式为

$$1Y = (\overline{A_1}\,\overline{A_0}1D_0 + \overline{A_1}A_01D_1 + A_1\overline{A_0}1D_2 + A_1A_01D_3)\overline{\overline{1ST}} \tag{10-2}$$

$1\overline{ST} = 1$ 时，$Y = 0$

$1\overline{ST} = 0$ 时，$1Y = (\overline{A_1}\,\overline{A_0}1D_0 + \overline{A_1}A_01D_1 + A_1\overline{A_0}1D_2 + A_1A_01D_3)$

$\qquad = m_01D_0 + m_11D_1 + m_21D_2 + m_31D_3$

$2Y$ 逻辑函数式与 $1Y$ 同理。

3. 8 选 1 数据选择器 74LS151

8 选 1 数据选择器 74LS151 的引脚图和功能示意图如图 10-4 所示。八个数据输入端为 $D_0 \sim D_8$，互补输出端为 Y 和 $\overline{Y}$。

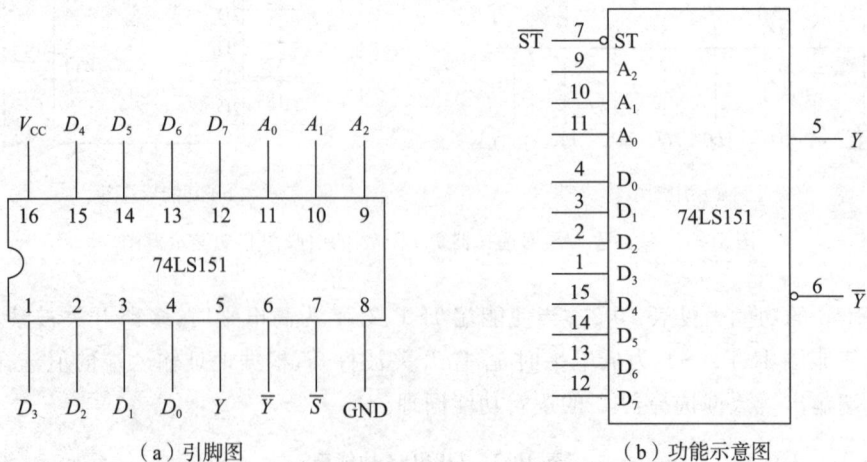

（a）引脚图　　　　　（b）功能示意图

图 10-4　8 选 1 数据选择器 74LS151 的引脚图和功能示意图

74LS151 的功能表见表 10-3。使能端 $\overline{ST}$ 低电平有效，当 $\overline{ST} = 0$ 时，数据选择器工作，选择哪一路信号输出由地址码决定；当 $\overline{ST} = 1$ 时，禁止数据选择器工作。

表 10-3　74LS151 功能表

输　入				输　出	
$\overline{ST}$	A_2	A_1	A_0	Y	$\overline{Y}$
1	×	×	×	0	1
0	0	0	0	D_0	$\overline{D_0}$
0	0	0	1	D_1	$\overline{D_1}$
0	0	1	0	D_2	$\overline{D_2}$
0	0	1	1	D_3	$\overline{D_3}$
0	1	0	0	D_4	$\overline{D_4}$
0	1	0	1	D_5	$\overline{D_5}$
0	1	1	0	D_6	$\overline{D_6}$
0	1	1	1	D_7	$\overline{D_7}$

根据功能表可写出 1Y 逻辑函数式为

$$Y = \overline{A_2}\,\overline{A_1}\,\overline{A_0}D_0 + \overline{A_2}\,\overline{A_1}A_0D_1 + \overline{A_2}A_1\overline{A_0}D_2 + \overline{A_2}A_1A_0D_3 + A_2\overline{A_1}\,\overline{A_0}D_4$$
$$+ A_2\overline{A_1}A_0D_5 + A_2A_1\overline{A_0}D_6 + A_2A_1A_0D_7$$
$$= m_0D_0 + m_1D_1 + m_2D_2 + m_3D_3 + m_4D_4 + m_5D_5 + m_6D_6 + m_7D_7 \qquad (10\text{-}3)$$

10.1.2　数据分配器

在数字电路中,数据分配器是一种非常重要的逻辑器件,用于将一个输入信号分配到多个输出路径中。通过接收选择信号,数据分配器能够决定将输入信号传输到哪个输出端,从而实现多路输出。数据分配器在计算机、通信、网络和自动化控制等领域有着广泛的应用,是构建复杂数字系统的重要器件之一。

根据地址码的要求,将一路数据分配到指定输出端的电路,称为数据分配器。数据分配器工作原理示意图如图 10-5 所示。

图 10-5　数据分配器工作原理示意图

用 3 线-8 线译码器 74LS138 构成 8 路数据分配器,有输出原码和输出反码两种接法,如图 10-6 所示。$A_2 \sim A_0$ 为地址信号输入端,$\overline{Y_0} \sim \overline{Y_7}$ 为数据输出端,三个使能 ST_A、$\overline{ST_B}$、$\overline{ST_C}$ 中的任何一个都可作为数据 D 的输入端。

用 3 线-8 线译码器 74LS138 构成 8 路数据分配器功能表见表 10-4。

表 10-4　74LS138 功能表

输　入					输　出							
ST_A	$\overline{ST_B}+\overline{ST_C}$	A_2	A_1	A_0	$\overline{Y_0}$	$\overline{Y_1}$	$\overline{Y_2}$	$\overline{Y_3}$	$\overline{Y_4}$	$\overline{Y_5}$	$\overline{Y_6}$	$\overline{Y_7}$
×	1	×	×	×	1	1	1	1	1	1	1	1
0	×	×	×	×	1	1	1	1	1	1	1	1

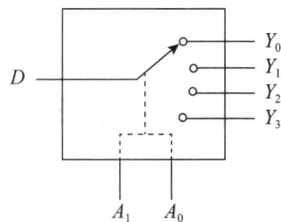

续表

输　入					输　出							
ST_A	$\overline{ST_B}+\overline{ST_C}$	A_2	A_1	A_0	$\overline{Y_0}$	$\overline{Y_1}$	$\overline{Y_2}$	$\overline{Y_3}$	$\overline{Y_4}$	$\overline{Y_5}$	$\overline{Y_6}$	$\overline{Y_7}$
1	0	0	0	0	0	1	1	1	1	1	1	1
1	0	0	0	1	1	0	1	1	1	1	1	1
1	0	0	1	0	1	1	0	1	1	1	1	1
1	0	0	1	1	1	1	1	0	1	1	1	1
1	0	1	0	0	1	1	1	1	0	1	1	1
1	0	1	0	1	1	1	1	1	1	0	1	1
1	0	1	1	0	1	1	1	1	1	1	0	1
1	0	1	1	1	1	1	1	1	1	1	1	0

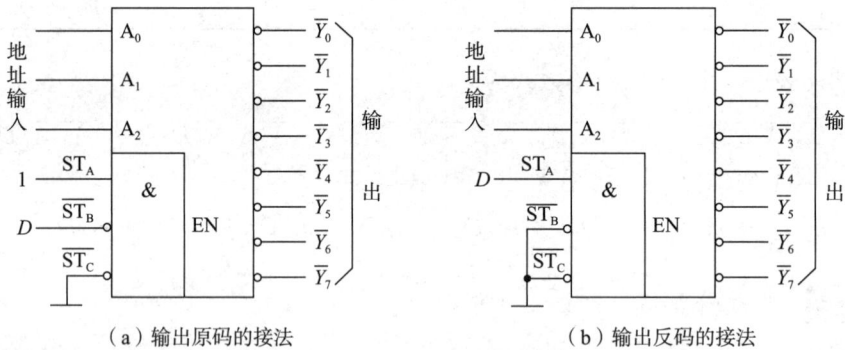

（a）输出原码的接法　　　　　　（b）输出反码的接法

图 10-6　输出原码和输出反码的接法

10.1.3　交通信号灯监控器的设计

设计一个交通信号灯的报警电路,若出现信号灯的无效组合(同一时间只有一个灯亮为有效),则属于故障情况,出现故障时输出报警信号。

功能分析:电路功能描述基于因果关系,设红、绿、黄灯分别用 A、B、C 表示,输出报警信号用 F 表示。灯亮时 F 值为 1,灯灭时 F 值为 0。

用数据选择器设计逻辑电路原理如下。

(1) 数据选择器在输入数据全部为 1 时,输出为地址输入变量全体最小项的和。由于任何一个逻辑函数都可表示成最小项表达式,因此用数据选择器可实现任何组合逻辑函数。

(2) 当逻辑函数的变量个数和数据选择器的地址输入变量个数相同时,可直接将逻辑函数输入变量有序地加到数据选择器的地址输入端。

(3) 当逻辑函数的变量个数多于数据选择器的地址输入变量个数时,应分离出多余的变量并用数据替代,将其余变量有序地加到数据选择器的地址输入端。

下面我们根据功能分析和数据选择器设计逻辑电路的原理,利用数据选择器设计交通信号灯监控电路。

第 1 步:根据交通信号灯监控器因果关系逻辑要求列出真值表,见表 10-5。

表 10-5 交通信号灯监控器真值表

A	B	C	F
0	0	0	1
0	0	1	0
0	1	0	0
0	1	1	1
1	0	0	0
1	0	1	1
1	1	0	1
1	1	1	1

第 2 步：根据真值表写出逻辑函数式，并罗列出真值表输出为 1 所对应输入的与逻辑，所有 1 输出是或运算，其表达式（逻辑函数标准与或式）为

$$F = \overline{A}\,\overline{B}\,\overline{C} + \overline{A}BC + A\overline{B}C + AB\overline{C} + ABC \tag{10-4}$$

第 3 步：由真值表可知，交通信号灯监控器为三输入变量电路，故选用 8 选 1 数据选择器，项目选用 74LS151。

第 4 步：写出数据选择器的输出表达式为

$$Y' = \overline{A_2}\,\overline{A_1}\,\overline{A_0}D_0 + \overline{A_2}\,\overline{A_1}A_0D_1 + \overline{A_2}A_1\overline{A_0}D_2 + \overline{A_2}A_1A_0D_3$$
$$+ A_2\overline{A_1}\,\overline{A_0}D_4 + A_2\overline{A_1}A_0D_5 + A_2A_1\overline{A_0}D_6 + A_2A_1A_0D_7 \tag{10-5}$$

第 5 步：比较 Y 和 F 两式中最小项的对应关系

令 $A = A_2, B = A_1, C = A_0$，则

$$Y' = \overline{A}\,\overline{B}\,\overline{C}D_0 + \overline{A}\,\overline{B}CD_1 + \overline{A}B\overline{C}D_2 + \overline{A}BCD_3$$
$$+ A\overline{B}\,\overline{C}D_4 + A\overline{B}CD_5 + AB\overline{C}D_6 + ABCD_7 \tag{10-6}$$

若使 $Y = F$，则需 $D_1 = D_2 = D_4 = 0, D_0 = D_3 = D_5 = D_6 = D_7 = 1$。

第 6 步：根据上述关系画出数据选择器 74LS151 实现交通信号灯监控器的接线图，如图 10-7 所示。

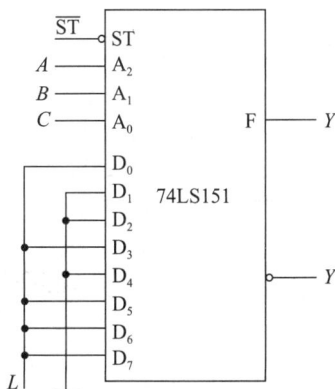

图 10-7 数据选择器 74LS151 实现交通信号灯监控器接线图

10.1.4 任务实施

1. 元器件选择

根据交通信号灯监控器设计原理图,电路设计所需集成芯片有 8 选 1 数据选择器 74LS151 一块、指示灯一个、代替信号灯检测传感器的开关三个和 $10k\Omega$ 电阻三个。按集成芯片 74LS151 功能表完成功能测试。

74LS151 数据选择器逻辑功能测试图如图 10-8 所示,地址输入端为 $A_0 \sim A_2$,数据输入端为 $D_0 \sim D_7$,使能端分别加低电平,按功能表操控各端为低电平或高电平时,观察并记录输出端 Y 的逻辑状态,功能表格自拟。

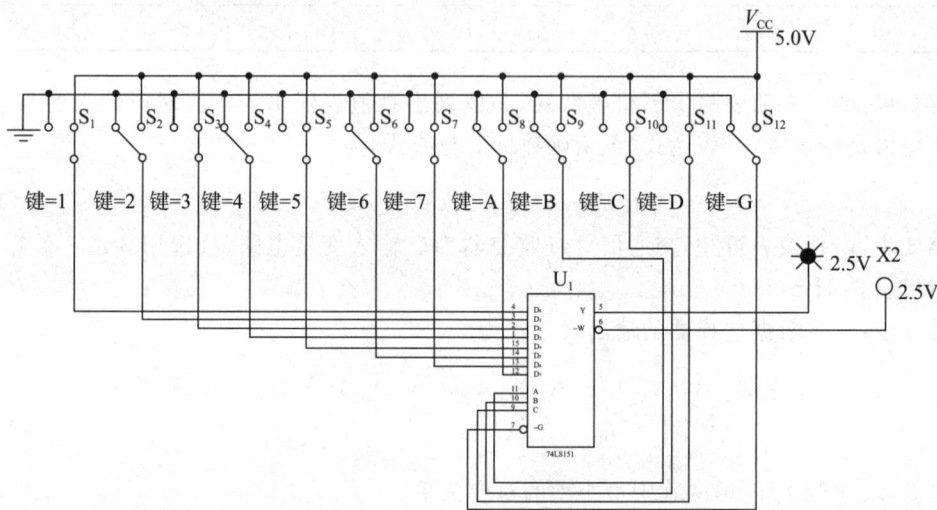

图 10-8　74LS151 数据选择器逻辑功能测试图

2. 实际电路图设计

根据设计要求,完成交通信号灯监控器电路图设计,如图 10-9 所示。

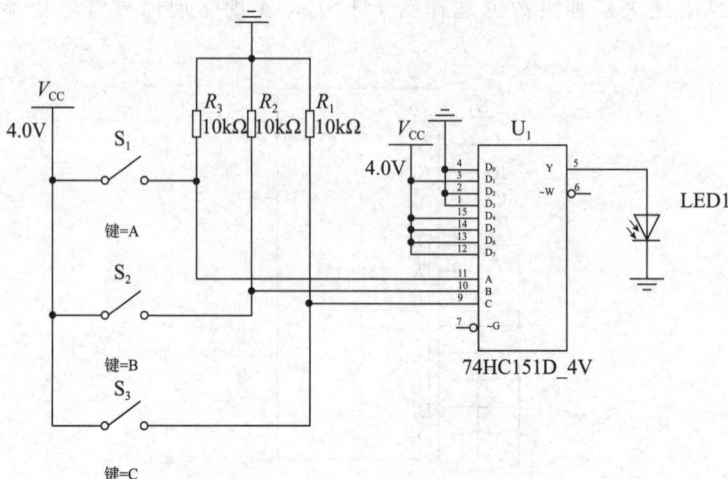

图 10-9　交通信号灯监控器电路图

226

3. 按键显示电路仿真测试

编者利用 Multisim 14.3 软件对电路进行仿真测试。集成块 V_{CC}(16 脚)接入＋4V 直流电源,GND(8 脚)接入电源 GND 端。

4. 绘制印制电路板图

利用 Altium Designer 22.1(AD)软件绘制印制电路板图,如图 10-10 所示。

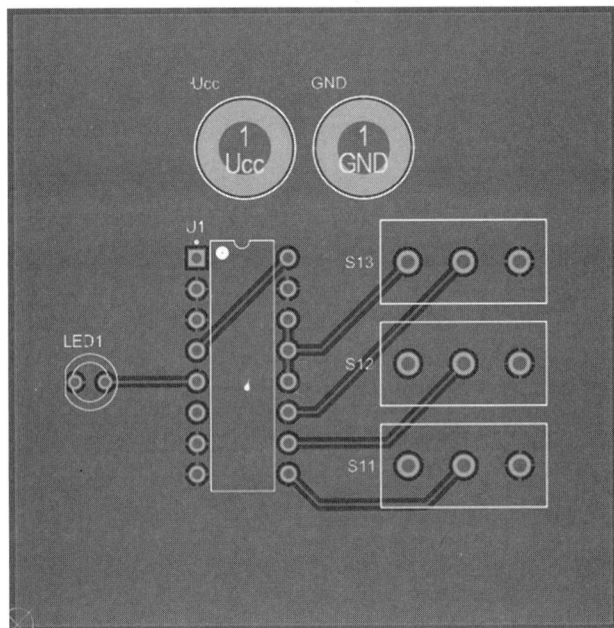

图 10-10　交通信号灯监控器印制电路板图

5. 元器件焊接搭建

按照元器件清单,利用万能电路板,焊接搭建电路。

任务 10.2　拓展与提升——8 选 1 数据选择器 74LS151 实现三人表决电路

用 8 选 1 数据选择器 74LS151 实现三人表决电路,若要深入了解电路设计的具体过程,请下载相关资料学习。

◆ 项目小结 ◆

(1) 根据地址码要求,从多路输入数据中选择其中一路输出的电路,称为数据选择器。数据选择器的输入信号个数 N 与地址码个数 n 的关系为 $N=2^n$。

(2) 根据地址码的要求,将一路数据分配到指定输出端的电路,称为数据分配器。

（3）利用数据选择器输出端为输入变量最小项特性，可以实现逻辑函数设计。

◆ 习　　题 ◆

1.【计算题】用 74LS151 数据选择器实现逻辑函数 $Y=\sum(1,3,4,6)$。

2.【计算题】用 74LS151 数据选择器实现逻辑函数 $Y=\sum(1,3,5,7)$。

倒计时控制电路的设计与仿真

倒计时控制电路在数字电子系统中扮演着至关重要的角色,它是一种用于定时器和计时器中的应用电路,可以根据设定的时间进行倒计时操作。该电路被广泛应用于各种场景中,例如,包装线上控制包装机械的开启和关闭时间;游泳比赛中记录选手的比赛成绩;电子闹钟提醒用户特定的时间点;医疗设备中的药物提醒器;厨房电器(如微波炉)中用于控制食物烹饪或加热时间的提醒器等。

在倒计时控制电路的设计中,主要用到的关键器件有计数器、555 定时器、译码器和显示器等。这些器件中,译码器和显示器属于组合逻辑电路(在前面项目中已讲述),这里不再赘述。555 定时器的内部结构包含模拟和数字电路组件,它既不是组合逻辑电路,也不是时序逻辑电路,而是用于产生特定波形的专用集成电路。计数器是时序逻辑电路中一种非常重要的组成部分,它由触发器和门电路组成,而触发器是构成时序逻辑电路的单元电路。

本项目旨在设计倒计时控制电路,使其具有直接复位、启动、暂停、连续计时和报警的功能。其任务设置遵循以下逻辑思路:首先,进行基础模块的设计(计数器),确保电路的基本功能得以实现;其次,在基础模块实现的基础上进行优化改善,增加译码显示电路,以便提高电路的可读性,增强交互性;最后,增加控制电路和报警电路,以提高倒计时控制电路的准确性,增加灵活性,提醒用户,并增强倒计时电路的安全性。

学习目标

知识能力	1. 了解倒计时控制电路的应用; 2. 熟悉倒计时控制电路的组成电路; 3. 掌握倒计时控制电路的设计方法和功能
能力目标	1. 具备仪器仪表使用能力; 2. 具备元器件的识别、检测能力; 3. 具备电路图识图能力;

续表

能力目标	4. 具备电路原理图搭接能力； 5. 具备实验电路分析、测试能力
学习重难点	1. 基本 RS 触发器的电路组成、逻辑符号和逻辑功能； 2. 基本 RS 触发器、JK 触发器、D 触发器及 T 和 T′触发器的逻辑符号、逻辑功能和特性方程； 3. 时序逻辑电路的分析和设计方法； 4. 集成计数器及其功能扩展； 5. 555 定时器的应用； 6. 倒计时控制电路的设计思路

任务 11.1　双稳态触发器

想一想：

（1）什么是双稳态触发器？

（2）双稳态触发器有哪些基本类型？

（3）触发器如何存储 1 位二进制信息？

（4）触发器逻辑功能的表示方法有哪些？

（5）不同类型触发器的逻辑功能是什么？

（6）触发器如何响应输入信号？

（7）什么是电平触发和边沿触发？

（8）不同触发器的具体电路实现是什么样的？

（9）测试触发器时需要关注哪些关键点？

（10）触发器在实际电子系统中的具体应用实例有哪些？

带着以上问题查阅相关资料，学生以小组为单位进行讨论，概述他们对上述问题的理解和研究结果后，及时写在项目日志上。

触发器

11.1.1　了解双稳态触发器

在倒计时控制电路的设计中，计数器是关键器件，它主要由触发器构成，因此，我们首先学习触发器相关知识。

1. 双稳态触发器的概念及特征

组合逻辑电路在任一时刻的输出信号仅取决于该时刻的输入信号，与电路原来的状态无关，它没有记忆功能。在各种复杂的数字电路中，为了保存二进制信息（数字信息），需要具有记忆功能的电路。能够存储 1 位二进制信息的基本单元电路统称为触发器。触发器是数字电路设计的基础，用于信息存储、时序逻辑处理以及信号处理，几乎所有的现代电子设备都离不开使用触发器。为了实现记忆 1 位二进制信息的功能,双稳态触发器必须具备以下两个基本特性。

(1) 具有两个稳定状态,通常被称为置位(Set)状态和复位(Reset)状态,可分别用来表示二进制数的 0 和 1,或者逻辑状态的 0 和 1。

(2) 根据不同的输入信号,触发器可以置为 0 或 1 状态。即在无外部输入信号(触发信号)时,触发器可以维持稳定状态;在有外部输入信号(触发信号)时,触发器的两个稳定状态可以相互转换(称为翻转),即从一个稳定状态转换到另一个稳定状态。当触发信号消失后,已转换的稳定状态可以长期保存,从而使触发器能够记忆、存储二值信号。因此,触发器是一个具有记忆功能的基本逻辑单元。

2. 双稳态触发器的框图及状态表示

双稳态触发器有一个或多个输入端,以及两个互补输出端,分别用 Q 和 $\overline{Q}$ 表示。触发器框图如图 11-1 所示。

触发器的状态通常用 Q 端的输出状态来表示。即当 $Q=1$、$\overline{Q}=0$ 时,触发器的状态为 1 态;当 $Q=0$、$\overline{Q}=1$ 时,触发器的状态为 0 态。触发器的两个状态与二进制数的 1 和 0 对应。

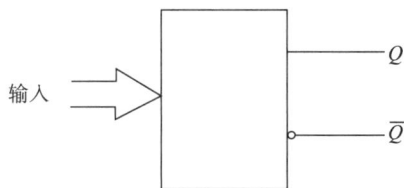

图 11-1 触发器的框图

3. 双稳态触发器的类型

迄今为止,人们已经研制出了多种双稳态触发器电路,它们可以根据不同的分类标准进行分类:

(1) 根据电路结构形式的不同,可分为基本 RS 触发器、同步 RS 触发器、主从触发器、维持阻塞触发器和边沿触发器等。

(2) 根据触发方式的不同,可分为上升沿触发器、下降沿触发器、高电平触发器和低电平触发器等。

(3) 根据触发器逻辑功能的不同,可分为 RS 触发器、JK 触发器、D 触发器、T 触发器和 T′ 触发器等。触发器的逻辑功能可用特性表、激励表(又称驱动表)、特征方程、状态转换图和波形图(又称时序图)来描述。

(4) 根据触发器存储数据原理的不同,可分为静态触发器和动态触发器。静态触发器是靠电路状态的自锁来存储数据的,而动态触发器是通过 MOS 管栅极输入电容上存储电荷来存储数据的。例如,当输入电容上存储电荷时为 0 状态,没有存储电荷时则为 1 状态。本项目只介绍静态触发器。

双稳态触发器是数字电子学中的一个基本概念,它可以存储 1 位二进制的信息,具有两种稳定状态:置位(1 态)和复位(0 态)。触发器可以分为 RS 触发器、JK 触发器、D 触发器和 T 触发器等几种类型,下面详细介绍每种触发器的工作原理。

11.1.2 RS 触发器

RS 触发器可以按照不同的标准进行分类,主要按逻辑功能和电路结构两个方面来区分。

按逻辑功能不同,可以分为基本 RS 触发器和同步 RS 触发器。

按电路结构不同,可以分为基本 RS 触发器、同步 RS 触发器、主从触发器和边沿触发器。

1. 基本 RS 触发器

基本 RS 触发器是各种触发器电路中结构形式最简单的一种,同时也是构成各种复杂电路结构的基础。基本 RS 触发器没有时钟控制,直接由输入信号 R 和 S 控制其状态。

1) 由与非门组成的基本 RS 触发器

(1) 电路结构。基本 RS 触发器的电路结构如图 11-2(a)所示,它由两个与非门(或者或非门)的输入和输出交叉耦合连接而成,有两个输入端 R 和 S(又称触发信号端),它们上面的非号表示低电平有效,在逻辑符号中用小圆圈表示。RS 触发器逻辑符号如图 11-2(b)所示,方框下面的两个小圆圈表示输入端 R 与 S 均为低电平有效,可使触发器的输出状态转换为相应的 0 或 1。Q 和 $\overline{Q}$ 为互补输出端,在触发器处于稳定状态时,两个输出端状态相反。

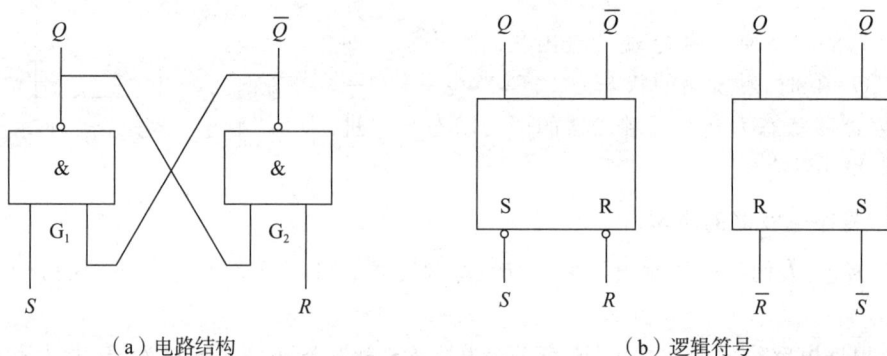

图 11-2 与非门组成的 RS 触发器电路结构和逻辑符号

(2) 逻辑功能。下面通过分析与非门 G_1、G_2 的逻辑功能来讨论基本 RS 触发器的工作原理。

当 $R=0$、$S=1$ 时,触发器置 0。因为 $R=0$,与非门 G_2 输出 $Q=1$,此时与非门 G_1 的两个输入都为高电平 1,所以输出 $Q=0$,触发器置 0。当 $R=0$ 的信号消失后,电路保持 0 态不变。使触发器处于 0 态的输入端 R 称为置 0 端,也称为复位端,低电平有效。

当 $R=1$、$S=0$ 时,触发器置 1。因为 $S=0$,与非门 G_1 输出 $Q=1$,此时与非门 G_2 的两个输入都为高电平 1,所以输出 $\overline{Q}=0$,触发器置 1。当 $S=0$ 的信号消失后,电路保持 1 态不变。使触发器处于 1 态的输入端 S 称为置 1 端,也称为置位端,低电平有效。

当 $R=1$、$S=1$ 时,触发器保持原状态不变。当触发器处于 $Q=0$、$\overline{Q}=1$ 的 0 态时,$Q=0$ 会反馈到与非门 G_2 的输入端,与非门 G_2 因输入有低电平 0,输出 $Q=1$,$Q=1$ 又反馈到与非门 G_1 的输入端,G_1 的两个输入都为高电平 1,输出 $Q=0$。电路保持 0 态不变。同理,当触发器处于 $Q=1$、$\overline{Q}=0$ 的 1 态时,电路也能保持 1 态不变。即原来的状态被触发器存储起来,体现了触发器的记忆功能。

当 $R=0$、$S=0$ 时,触发器状态不定。因为 $R=S=0$,这时与非门 G_1 和 G_2 的输出都为高电平 1,即 $Q=\overline{Q}=1$,这既不是 1 态也不是 0 态,破坏了触发器的互补关系,应当避免出现。而且在 R 和 S 同时从 0 回到 1 后,由于与非门 G_1 和 G_2 电气性能上的差异,其输出状态无法预知,即触发器的输出可能是 0 态,也可能是 1 态。因此,在正常工作时不允许输入 $R=S=0$ 的信号,为此输入信号应遵守 $R+S=1$(R、S 不能同时为 0)的约束条件。

(3)特性表。将上述输出与输入逻辑关系列成表格,就得到基本 RS 触发器的特性表,见表 11-1。

表 11-1　与非门组成的基本 RS 触发器的特性表

输　　入			输出	逻辑功能
R	S	Q^n	Q^{n+1}	
0	0	0	×	不确定
		1	×	
0	1	0	0	置 0
		1	0	
1	0	0	1	置 1
		1	1	
1	1	0	0	保持不变
		1	1	

下面介绍两个名词:现态和次态。现态是指触发器输入信号(R、S 端)变化前的状态,也叫原态,用 Q^n 表示;次态(触发器新状态)指触发器输入信号变化后的状态,用 Q^{n+1} 表示。因为触发器的状态 Q^{n+1} 不仅与输入信号有关,而且与触发器的现态 Q^n 有关,所以将 Q^n 作为一个变量列入真值表中。触发器次态 Q^{n+1} 与输入信号和现态 Q^n 之间关系的真值表称为触发器的特性表。

(4)状态转换图。触发器的状态转换图也是描述触发器逻辑功能的又一种表示方法。根据基本 RS 触发器的特性表,可得状态转换图,如图 11-3 所示。

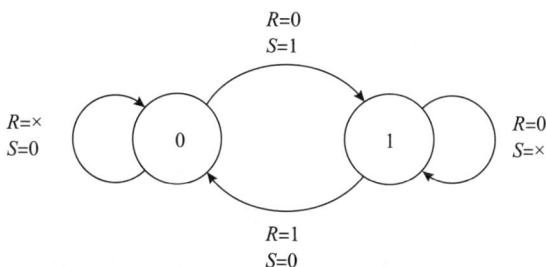

图 11-3　与非门组成的 RS 触发器状态转换图

(5)波形图。触发器的波形图又称为时序图,它是描述触发器逻辑功能的另一种表示方法。基本 RS 触发器工作波形图如图 11-4 所示。波形图可直观地表示触发器的工作情况。在画波形图时,对应某个时刻,该时刻以前记为 Q^n,该时刻以后则记为 Q^{n+1},故波形图上只标注 Q 与 $\overline{Q}$,因为其有不确定状态,所以 Q 与 $\overline{Q}$ 要同时画出。

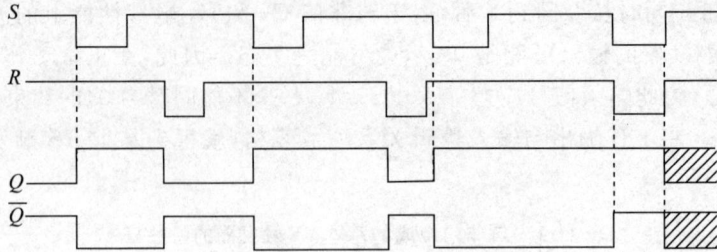

图 11-4 基本 RS 触发器工作波形图

画图时,应根据功能表(特性表)来确定各个时间段 $\overline{Q}$ 的状态。当触发器的输入信号 $R=S=0$ 时,输出 $Q=\overline{Q}=1$。当 R 和 S 同时从 0 变为 1 时,触发器输出 Q 和 $\overline{Q}$ 的状态不能确定,可能为 0 态,也可能为 1 态,如图 11-4 中阴影部分所示,一直到下一次输入信号 R、S 输入不同状态时,输出 Q 和 $\overline{Q}$ 的状态才能确定。

综上所述,基本 RS 触发器特点如下:具有两个稳定状态,分别为 1 态和 0 态,因此称为双稳态触发器;如果没有外加触发信号作用,触发器将保持原有状态不变,且具有记忆功能;在外加触发信号作用下,触发器的输出状态才可能发生变化,输出状态直接受输入信号的控制,因此也称为直接复位置位触发器。

当 R、S 端输入均为低电平时,输出状态不确定。即 $R=S=0$ 时,输出 $Q=\overline{Q}=1$,不符合触发器输出互补关系。当 RS 从 00 变为 11 时,则 $Q(\overline{Q})=1(0)$,$\overline{Q}(Q)=0(1)$,触发器的状态不能确定。

与非门组成的基本 RS 触发器的简易功能表见表 11-2。

表 11-2 与非门组成的基本 RS 触发器的简易功能

R	S	Q^{n+1}	功　能
0	0	×	不确定
0	1	0	置 0
1	0	1	置 1
1	1	Q^n	保持不变

(6) 应用举例。

【例 11-1】 在图 11-5(a)的基本 RS 触发器电路中,已知 $\overline{R_D}$ 和 $\overline{S_D}$ 的电压波形图如图 11-5(b)所示,试画出输出端 Q 和 $\overline{Q}$ 端对应的波形图。

解:根据已知 $\overline{R_D}$ 和 $\overline{S_D}$ 的状态来确定 Q 和 $\overline{Q}$ 的状态(波形图),只要按照每个时间区间内 $\overline{R_D}$ 和 $\overline{S_D}$ 的状态查 RS 触发器的特性表,即可找出输出端 Q 和 $\overline{Q}$ 的对应状态,从而画出波形图。

从图 11-5(b)波形图上可以看到,$t_3 \sim t_4$ 和 $t_7 \sim t_8$ 期间,输入端出现了 $\overline{R_D}=\overline{S_D}=0$ 的状态,但是由于 $\overline{S_D}$ 首先回到了高电平 1,因此触发器的状态仍可以确定。

2) 由或非门组成的基本 RS 触发器

由或非门组成的基本 RS 触发器的电路结构如图 11-6(a)所示,它是由两个或非门的输入和输出交叉耦合连接而成。其逻辑符号如图 11-6(b)所示,该触发器的两个输入信号为高

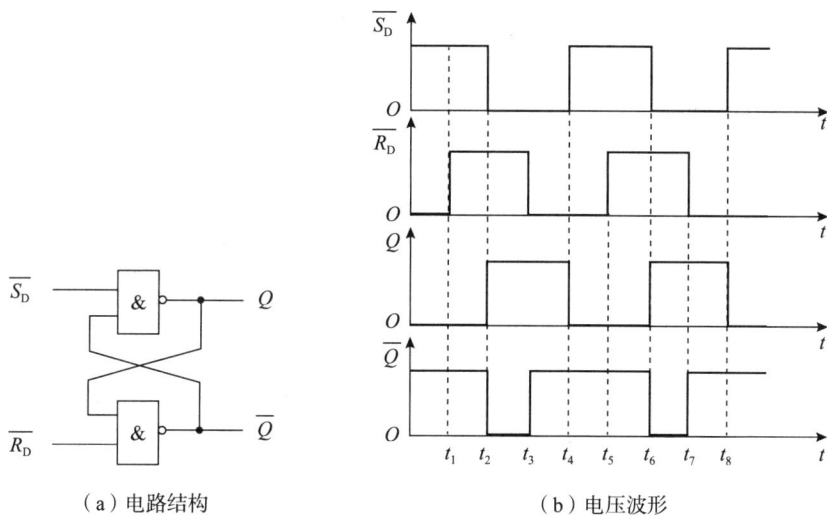

（a）电路结构　　　　　　　　　　（b）电压波形

图 11-5　例 11-1 的基本 RS 触发器的电路结构和波形图

电平触发,也称为高电平有效。根据或非门的逻辑功能分析基本 RS 触发器的工作原理,可以得出如下结论:当 $R=0$、$S=1$ 时,触发器置 1;当 $R=1$、$S=0$ 时,触发器置 0;当 $R=S=0$ 时,触发器保持原状态不变;当 $R=S=1$ 时,$Q=\overline{Q}=0$,这既不是 1 态,也不是 0 态,因为当 R 和 S 同时由高电平 1 变为低电平 0 时,触发器的输出 $Q(\overline{Q})$ 的状态是不确定的。在正常工作时,不允许这种情况发生,所以同样要遵守 $RS=0$ 的约束条件,即不应该加入 $R=S=1$ 的输入信号。

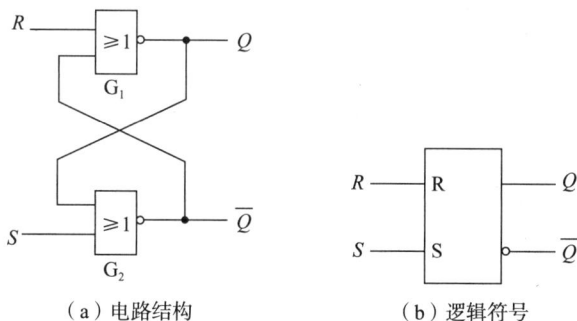

（a）电路结构　　　　　　　　　（b）逻辑符号

图 11-6　或非门组成的基本 RS 触发器和逻辑符号

3) 四 RS 锁存器

四 RS 锁存器 74LS2109 由四个独立的基本 RS 触发器组成,集成芯片中集成了两个图 11-7(a)所示的电路和两个图 11-7(b)所示的电路。它们的逻辑功能与基本 RS 触发器相同,这里不再赘述。图 11-7(c)为 74LS2109 的逻辑符号,图 11-7(d)为 74LS2109 引脚排列图,图 11-7(e)为 74LS2109 功能表。

2. 同步 RS 触发器

上面介绍的基本 RS 触发器的输出状态是由输入信号 R、S 直接控制的。在实际工作中,触发器的工作状态不仅由输入信号 R、S 来决定,还要求其按照一定的节拍翻转,因此,

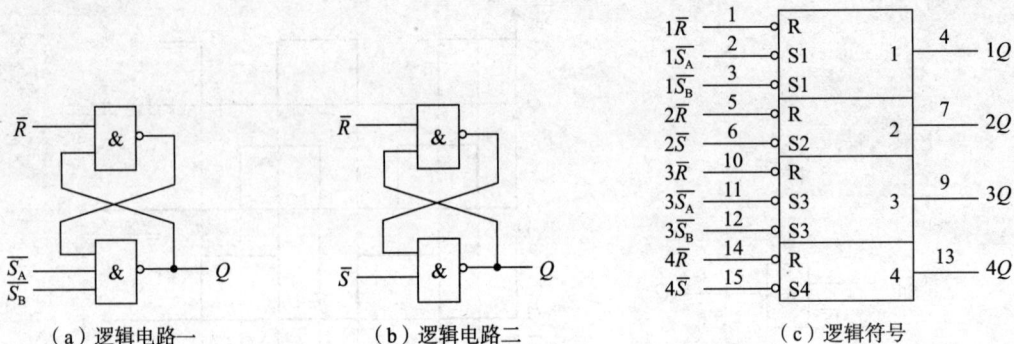

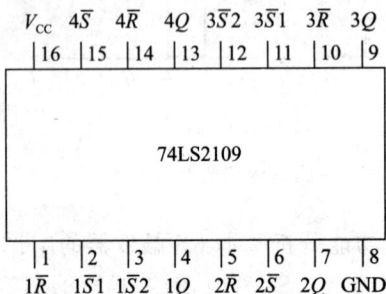

（a）逻辑电路一　　　　　　　（b）逻辑电路二　　　　　　（c）逻辑符号

输　入		输　出
$\overline{S}(1)$	$\overline{R}$	Q
0	0	1(2)
0	1	1
1	0	0
1	1	Q_{n-1}

（d）引脚排列图　　　　　　　　　　（e）功能表

图 11-7　四 RS 锁存器 74LS2109 引脚排列图和功能表

需要引入一个时钟控制端 CP。触发器只有在时钟脉冲信号 CP 到达时，才按输入信号改变状态。这种受时钟脉冲信号控制的触发器统称为时钟触发器，又称为同步触发器或钟控触发器，因为触发器状态的改变与时钟信号同步。

1）电路结构

同步 RS 触发器是在基本 RS 触发器的基础上增加了两个与非门 G_3 和 G_4，即电路由两部分组成：一部分是由与非门 G_1、G_2 组成的基本 RS 触发器；另一部分是由时钟 CP 控制的与非门 G_3、G_4。电路结构如图 11-8(a)所示，其逻辑符号如图 11-8(b)所示。图中，CP 是时钟脉冲输入端(钟控端)，R 和 S 是信号输入端。

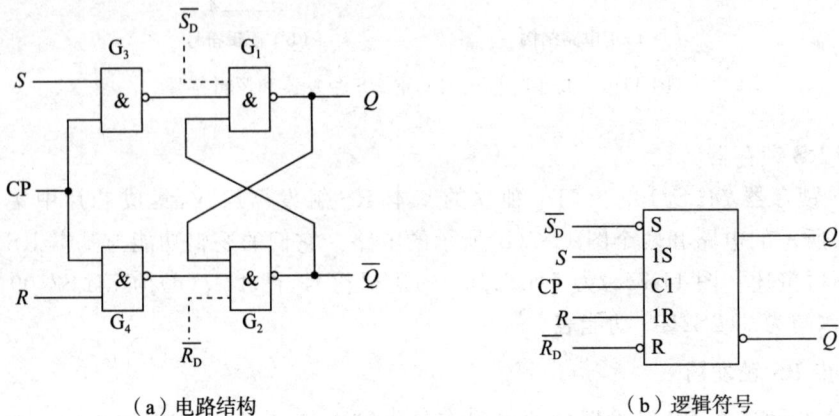

（a）电路结构　　　　　　　　　　　（b）逻辑符号

图 11-8　同步 RS 触发器电路结构和逻辑符号

2）逻辑功能及特性表

根据图 11-8(a)所示同步 RS 触发器的逻辑电路,可得在 $R_D = S_D = 1$ 时,触发器正常工作,分析其逻辑功能如下:

当 CP=0 时,$\overline{R_D} = \overline{S_D} = 1$,$G_3$、$G_4$ 被封锁,且都输出 1,这时不管 R 端和 S 端的输入信号如何变化,触发器的状态都保持不变,即 $Q^{n+1} = Q^n$。

当 CP=1 时,G_3、G_4 解除封锁,R、S 端的输入信号通过这两个门控制基本 RS 触发器的状态。其输出状态仍由 R、S 端的输入信号和电路原来状态 Q^n 决定。同步 RS 触发器的特性表见表 11-3。

由表 11-3 可以看出,在 $R = S = 1$ 时,触发器的输出状态不确定,为避免出现这种情况,应使 $RS = 0$。

表 11-3　同步 RS 触发器的特性表

R	S	Q^n	Q^{n+1}	说　明
0	0	0	0	触发器保持原状态不变
0	0	1	1	
0	1	0	1	触发器状态和 S 相同(置 1)
0	1	1	1	
1	0	0	0	触发器状态和 R 相同(置 0)
1	0	1	0	
1	1	0	×	触发器状态不确定
1	1	1	×	

在图 11-8(a)中,虚线所示 $\overline{R_D}$ 和 $\overline{S_D}$ 为直接置 0(复位)端和直接置 1(置位)端,如 $\overline{R_D} = 0$、$\overline{S_D} = 1$,且 $Q = 0$、$\overline{Q} = 1$ 时,触发器置 0;如 $\overline{R_D} = 1$、$\overline{S_D} = 0$ 时,触发器置 1,由于置 0 和置 1 不受时钟脉冲 CP 的控制,因此 $\overline{S_D}$ 和 $\overline{R_D}$ 端又称为异步置 0 端和异步置 1 端。

由以上分析可以看出:在同步 RS 触发器中,R、S 端的输入信号决定了电路翻转的状态,而时钟脉冲 CP 决定了电路状态翻转的时刻,因此便实现了对电路状态翻转时刻的控制。

3）驱动表

根据触发器的现态 Q^n 和次态 Q^{n+1} 的取值来确定输入信号取值的关系表,称为触发器的驱动表,又称为激励表。由表 11-3 可列出表 11-4 所示同步 RS 触发器的驱动表。表中的"×"号表示任意值,可以是 0,也可以是 1。驱动表对时序逻辑电路的分析和设计是很有帮助的。

4）特性方程

触发器次态 Q^{n+1} 与 R、S 及现态 Q^n 之间关系的逻辑函数式称为触发器的特性方程。由表 11-3 可写出同步 RS 触发器的特性方程为

$$\begin{cases} Q^{n+1} = S + \overline{R}Q^n \\ RS = 0(约束条件) \end{cases} （CP=1 期间有效） \tag{11-1}$$

表 11-4　同步 RS 触发器的驱动表

Q^n	Q^{n+1}	R	S
0	0	×	0
0	1	0	1
1	0	1	0
1	1	0	×

5）状态转换图

状态转换图表示触发器从一个状态变化到另一个状态或保持原状态不变时，对输入信号(R、S)提出的要求。图 11-9 所示的状态转换图是根据表 11-4 画出来的。图中的两个圆圈分别表示触发器的两个稳定状态，箭头表示在输入时钟信号 CP 时的状态转换情况，箭头线旁标注的 R、S 值表示触发器状态转换的条件。例如，当触发器从 0 态转换到 1 态时，由图 11-9 可知，应取输入信号 $R=0$、$S=1$。

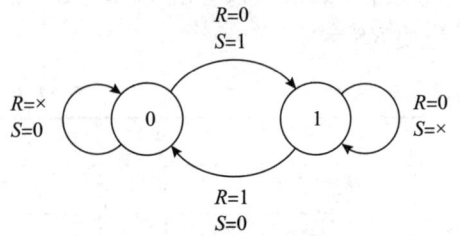

图 11-9　同步 RS 触发器状态转换图

6）波形图

同步 RS 触发器的工作波形如图 11-10 所示，该图根据表 11-3 同步 RS 触发器的特性表绘制。在 CP＝0 时，触发器保持原状态不变。在 CP＝1 时，触发器接收 R、S 端输入的信号，这时如输入 $R=S=1$ 时，输出 $Q=\overline{Q}=1$。当 R 和 S 同时由 1 变为 0 时，输出 Q 和 $\overline{Q}$ 的状态难以确定，可能为 0 态，也可能为 1 态，如图 11-10 中阴影部分所示，直到下一次 R、S 输入不同状态时，输出 Q 和 $\overline{Q}$ 才有确定的状态。

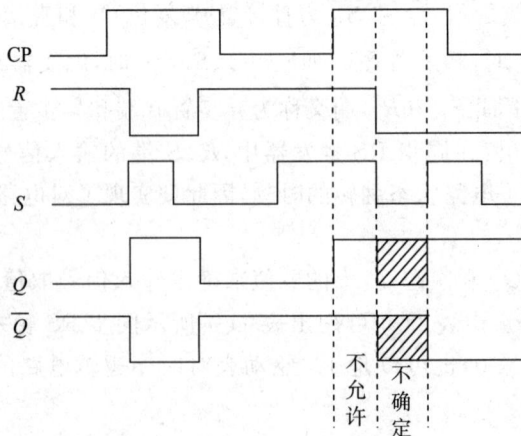

图 11-10　同步 RS 触发器工作波形

11.1.3　JK 触发器

JK 触发器通常包括一个或多个基本 RS 触发器，它是基本 RS 触发器的改进版本，允许置位、复位、保持和翻转四种操作。J 和 K 是两个输入端,当 $J=K=1$ 时,触发器会在时钟脉冲到来时翻转其状态,其他输入组合则对应 RS 触发器的功能。

1. 同步 JK 触发器

为了克服同步 RS 触发器在 $R=S=1$ 时出现的不确定状态,通常采用的方法是将同步 RS 触发器输出端 $\overline{Q}$ 的状态反馈到输入端,这样,G_3 和 G_4 的输出就不会同时出现 0,从而避免了不确定状态的出现。

1)电路结构

在同步 RS 触发器的基础上,将触发器输出端 $\overline{Q}$ 返回到 G_3 输入端,Q 端返回到 G_4 输入端,从而构成同步 JK 触发器,其电路结构和逻辑符号如图 11-11 所示。

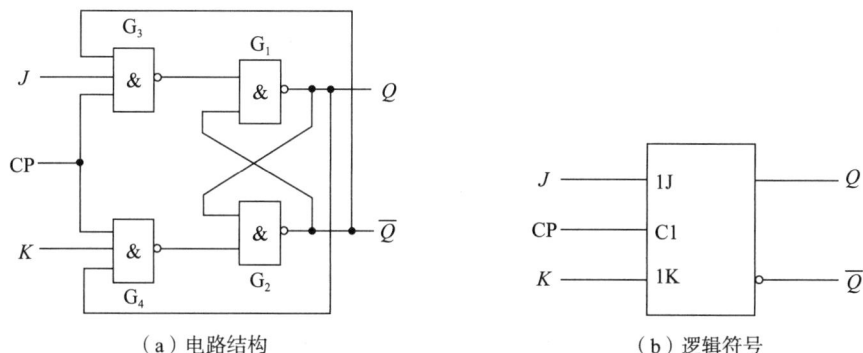

（a）电路结构   （b）逻辑符号

图 11-11 同步 JK 触发器电路结构和逻辑符号

2)逻辑功能及特性表

同步 JK 触发器的功能分析如下。

当 CP=0 时,G_3、G_4 被封锁,且都输入 1,触发器保持原状态不变。当 CP=1 时,G_3、G_4 解除封锁,触发器的状态可由输入 J、K 和 Q、$\overline{Q}$ 端的信号来控制。

当 $J=K=0$ 时,G_3 和 G_4 都输出 1,触发器保持原状态不变,即 $Q^{n+1}=Q^n$。

当 $J=1$,$K=0$ 时,若触发器为 $Q^n=0$、$\overline{Q^n}=1$ 的 0 态,则在 CP=1 时,G_3 输入全为 1,输出为 0,G_1 输出 $Q^{n+1}=1$。由于 $K=0$,G_4 输出 1,这时 G_2 输入全为 1,输出 $\overline{Q^{n+1}}=0$。触发器翻转到 1 态,即 $Q^{n+1}=1$。若触发器为 $Q^n=1$、$\overline{Q^n}=0$ 的 1 态,在 CP=1 时,G_3 和 G_4 的输入分别为 $\overline{Q^n}=0$ 和 $K=0$,这两个门都输出 1,触发器保持原状态不变,即 $Q^{n+1}=Q^n$。

可见,在 $J=1$、$K=0$ 时,触发器无论原来处于哪种状态,在 CP 由 0 变为 1 后,都翻转到和 J 相同的 1 态。

当 $J=0$,$K=1$ 时,用同样的分析方法可知,在 CP 由 0 变为 1 后,触发器翻转到 0 态,即翻转到和 J 相同的 0 态。

当 $J=K=1$ 时,在 CP 由 0 变为 1 后,触发器的状态由 Q 和 $\overline{Q}$ 端的反馈信号决定。若触发器的状态为 $Q^n=0$、$\overline{Q^n}=1$,在 CP=1 时,G_3 输入有 $\overline{Q^n}=1$,$J=1$,即输入全为 1,输出为 0;G_4 输入有 $Q^n=0$,输出 1。因此,G_1 输出 $Q^{n+1}=1$,G_2 输出 $\overline{Q^{n+1}}=0$,触发器翻转到 1 态,和电路原来的状态相反。

若触发器的状态为 $Q^n=1$、$\overline{Q^n}=0$，在 CP$=1$ 时，G_4 输入全为 1，输出为 0；G_3 输入 $\overline{Q^n}=0$，输出为 1，因此，G_2 输出 $\overline{Q^{n+1}}=1$，G_1 输出 $Q^{n+1}=0$，触发器翻转到 0 态。

可见，在 $J=K=1$ 时，每输入一个时钟脉冲 CP，触发器的输出状态变化一次，电路处于计数状态，这时 $Q^{n+1}=\overline{Q^n}$。

同步 JK 触发器在 CP$=1$ 时的特性表见表 11-5。

表 11-5 同步 JK 触发器的特性表

J	K	Q^n	Q^{n+1}	说　明
0	0	0	0	输出保持原状态不变
0	0	1	1	
0	1	0	0	输出状态和 J 相同（置 0）
0	1	1	0	
1	0	0	1	输出状态和 J 相同（置 1）
1	0	1	1	
1	1	0	1	每输入一个时钟脉冲，输出状态变化一次
1	1	1	0	

根据表 11-5 可得到在 CP$=1$ 时的同步 JK 触发器的驱动表，见表 11-6。

表 11-6 同步 JK 触发器的驱动表

Q^n	Q^{n+1}	J	K
0	0	0	$\times$
0	1	0	$\times$
1	0	$\times$	1
1	1	$\times$	0

3）特性方程

根据表 11-5 画出同步 JK 触发器 Q^{n+1} 的卡诺图，如图 11-12 所示，由此可得同步 JK 触发器的特性方程为

$$Q^{n+1}=J\overline{Q^n}+\overline{K}Q^n \quad \text{（CP}=1\text{ 期间有效）} \tag{11-2}$$

4）状态转换图

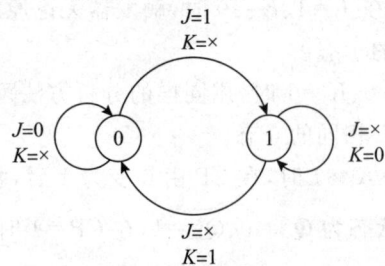

根据表 11-6 画出同步 JK 触发器的状态转换图，如图 11-13 所示。

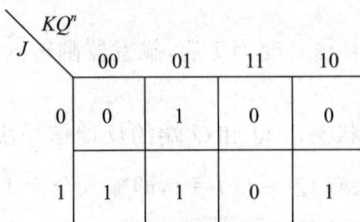

图 11-12 同步 JK 触发器 Q^{n+1} 的卡诺图　　　图 11-13 同步 JK 触发器的状态转换图

2. 边沿 JK 触发器

边沿 JK 触发器仅在时钟脉冲 CP 的上升沿或下降沿到来时刻接收输入信号,此时电路会根据输入信号改变状态。而在其他时间内,电路的状态不会发生变化,从而提高了触发器的工作可靠性和抗干扰能力。

1) 电路结构及逻辑功能

边沿 JK 触发器的逻辑符号如图 11-14 所示,J、K 为信号输入端,框内">"左边加个小圆圈表示逻辑非的动态输入,它实际上表示该触发器由时钟脉冲 CP 的下降沿触发。边沿 JK 触发器的逻辑功能和同步 JK 触发器的功能相同,因此它们的特性表、驱动表和特性方程也相同。但边沿 JK 触发器只有在 CP 下降沿到达时才有效。它的特性方程为

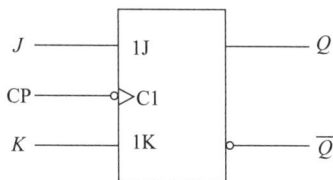

图 11-14　边沿 JK 触发器
逻辑符号

$$Q^{n+1} = J\overline{Q^n} + \overline{K}Q^n \quad (\text{CP 下降沿到达时有效})(11\text{-}3)$$

下面举例说明边沿 JK 触发器的工作状态。

【例 11-2】 图 11-15 为边沿 JK 触发器的 CP、J、K 端的输入波形,试画出输出端 Q 的波形。设触发器的初始状态为 $Q=0$。

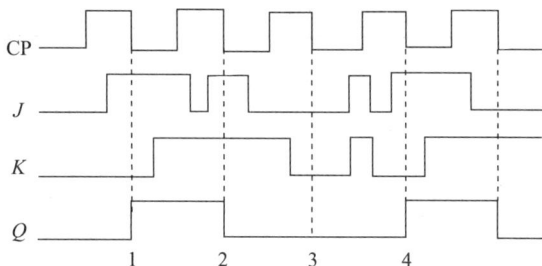

图 11-15　边沿 JK 触发器的输入和输出波形

解:第 1 个时钟脉冲 CP 下降沿到达时,由于 $J=1$、$K=0$,在 CP 下降沿作用下,触发器由 0 态翻转到 1 态,$Q^{n+1}=1$,此 1 态维持至下一个时钟脉冲 CP 下降沿到来前。

第 2 个时钟脉冲 CP 下降沿到达时,由于 $J=K=1$,触发器由 1 态翻转到 0 态,$Q^{n+1}=0$,此 0 态维持至下一个时钟 CP 下降沿到来。

第 3 个时钟脉冲 CP 下降沿到达时,由于 $J=K=0$,触发器保持原来的 0 态不变,$Q^{n+1}=Q^n=0$,此 0 态维持至下一个时钟脉冲 CP 下降沿到来。

第 4 个时钟脉冲 CP 下降沿到达时,由于 $J=1$、$K=0$,触发器由 0 态翻转到 1 态,$Q^{n+1}=1$,此 1 态维持至下一个时钟 CP 下降沿到来。

第 5 个时钟脉冲 CP 下降沿到达时,由于 $J=0$、$K=1$,触发器由 1 态再翻转到 0 态,$Q^{n+1}=0$,此 0 态维持至下一个时钟脉冲 CP 下降沿到来。

通过该例分析可知,边沿 JK 触发器是用时钟脉冲 CP 下降沿触发的,也就是说,只有在 CP 下降沿到达时,电路才会接收 J、K 端的输入信号而改变状态,而在 CP 为其他值时,不管 J、K 为何值,触发器的状态都不会改变。

在一个时钟脉冲 CP 作用时间内，只有一个下降沿，电路状态最多也只能改变一次。因此，它没有空翻问题。

2）集成边沿 JK 触发器 74LS112 介绍

集成边沿 JK 触发器 74LS112 芯片由两个独立的下降沿触发的边沿 JK 触发器组成，其逻辑符号如图 11-16 所示，其功能表见表 11-7。

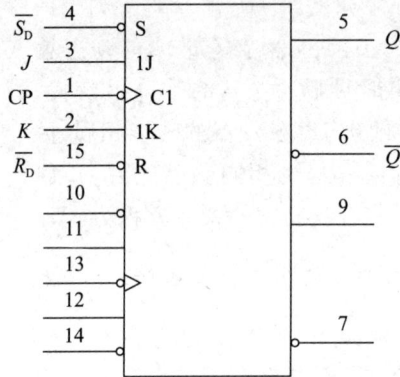

图 11-16　集成边沿 JK 触发器 74LS112 的逻辑符号

表 11-7　74LS112 的功能表

	输　　入				输　　出		功能说明
$\overline{R_D}$	$\overline{S_D}$	J	K	CP	Q^{n+1}	$\overline{Q^{n+1}}$	
0	1	×	×	×	0	1	异步置 0
1	0	×	×	×	1	0	异步置 1
1	1	0	0	↓	Q^n	$\overline{Q^n}$	保持
1	1	0	1	↓	0	1	置 0
1	1	1	0	↓	1	0	置 1
1	1	1	1	↓	$\overline{Q^n}$	Q^n	计数
1	1	×	×	1	Q^n	$\overline{Q^n}$	保持
0	0	×	×	×	1	1	不允许

由该表可看出 74LS112 有以下主要功能。

(1) 异步置 0。当 $\overline{R_D}=0$、$\overline{S_D}=1$ 时，触发器置 0，它与时钟脉冲 CP 及 J、K 的输入信号无关。

(2) 异步置 1。当 $\overline{R_D}=1$、$\overline{S_D}=0$ 时，触发器置 1，它与时钟脉冲 CP 及 J、K 的输入信号也无关。

(3) 保持。取 $\overline{R_D}=\overline{S_D}=1$，当 $J=K=0$ 时，触发器保持原来的状态不变。即使在 CP 下降沿作用下，电路状态也不会改变，$Q^{n+1}=Q^n$。

(4) 置 0。取 $\overline{R_D}=\overline{S_D}=1$，当 $J=0$、$K=1$ 时，在 CP 下降沿作用下，触发器翻转到 0 态，即置 0，$Q^{n+1}=0$。

(5) 置 1。取 $\overline{R_D}=\overline{S_D}=1$，当 $J=1$、$K=0$ 时，在 CP 下降沿作用下，触发器翻转到 1 态，即置 1，$Q^{n+1}=1$。

（6）计数。取 $\overline{R_D}=\overline{S_D}=1$，当 $J=1$、$K=1$ 时，每输入一个时钟脉冲 CP 的下降沿，触发器的状态变化一次，$Q^{n+1}=\overline{Q^n}$，这种情况常用于计数。

11.1.4　D 触发器

D 触发器是一种实用的双稳态触发器，它简化了输入逻辑，只有一个数据输入端，通常用于存储或传递数据。其输出 Q 跟随 D 输入，但仅在时钟脉冲的高电平（或低电平）及时钟脉冲的边缘（上升沿或下降沿）才发生变化。这使得 D 触发器成为构建移位寄存器和其他时序电路的理想选择。下面介绍两种 D 触发器，分别是同步 D 触发器和边沿 D 触发器。

1. 同步 D 触发器

1）电路结构

为了避免同步 RS 触发器同时出现 R 和 S 都为 1 的情况，可在 R 和 S 之间接入非门 G_5，如图 11-17（a）所示，这种单输入的触发器称为 D 触发器。其逻辑符号如图 11-17（b）所示。D 为信号输入端。

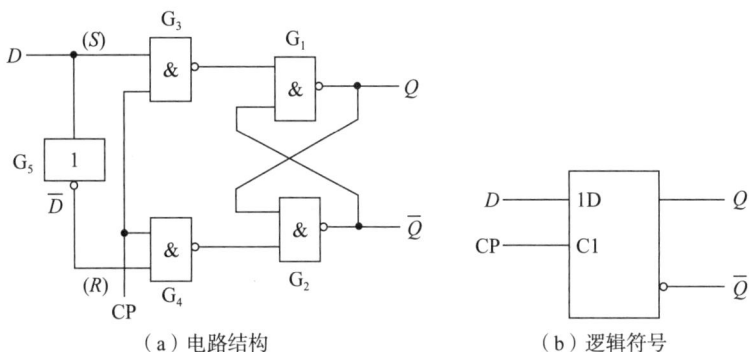

（a）电路结构　　　　　　　（b）逻辑符号

图 11-17　同步 D 触发器

2）逻辑功能及特性表

在 CP=0 时，G_3、G_4 被封锁，且都输出 1，触发器保持原状态不变，不受 D 端输入信号的控制。

在 CP=1 时，G_3、G_4 解除封锁，可接收 D 端输入的信号。当 $D=1$ 时，$\overline{D}=0$，触发器翻转到 1 态，即 $Q^{n+1}=1$；当 $D=0$ 时，$\overline{D}=1$，触发器翻转到 0 态，即 $Q^{n+1}=0$。由此可列出同步 D 触发器的特性表，见表 11-8。

表 11-8　同步 D 触发器的特性表

D	Q^n	Q^{n+1}	说　明
0	0	0	输出状态和 D 相同
0	1	0	输出状态和 D 相同
1	0	1	输出状态和 D 相同
1	1	1	输出状态和 D 相同

由上述分析可知,同步 D 触发器的逻辑功能如下:当 CP 由 0 变为 1 时,触发器的状态翻转到和 D 相同的状态;当 CP 由 1 变为 0 时,触发器保持原状态不变。

根据表 11-8 同步 D 触发器的特性表,可得到在 CP=1 时的同步 D 触发器的驱动表,见表 11-9。

表 11-9 同步 D 触发器的驱动表

Q^n	Q^{n+1}	D	Q^n	Q^{n+1}	D
0	0	0	1	0	0
0	1	1	1	1	1

3) 特性方程

根据表 11-8 可画出 D 触发器的卡诺图,如图 11-18 所示。由该图可得同步 D 触发器的特性方程为

$$Q^{n+1}=D \quad (\text{CP}=1 \text{ 期间有效}) \tag{11-4}$$

4) 状态转换图

根据表 11-8 可画出同步 D 触发器的状态转换图,如图 11-19 所示。

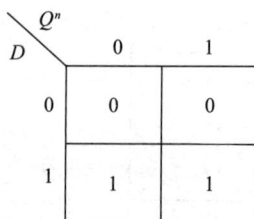

图 11-18 同步 D 触发器 Q^{n+1} 的卡诺图

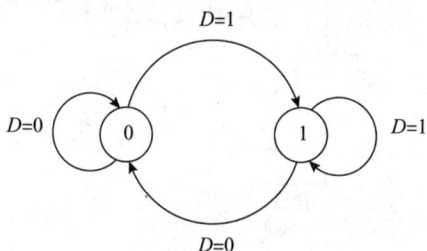

图 11-19 同步 D 触发器的状态转换图

5) 波形图

根据表 11-8 可画出同步 D 触发器的工作波形,如图 11-20 所示。当 CP=0 时,触发器保持原状态不变。在 CP=1 时,触发器接收 D 端的输入信号,并翻转到和 D 端信号相同的状态。

图 11-20 同步 D 触发器工作波形

2. 维持阻塞 D 触发器（边沿 D 触发器）

维持阻塞 D 触发器是一种特殊的 D 触发器类型，它可以避免"空翻"现象，即在时钟持续时间内防止触发器状态的多次翻转。通过其内部的逻辑设计，维持阻塞 D 触发器在时钟脉冲边沿到来时锁定输入信号，从而确保在时钟信号有效期间，触发器的状态不会因为输入信号的任何波动而发生变化，该状态也会保持不变，直到下一个时钟脉冲边沿。由于输入路径在时钟脉冲边沿之后立即被阻断，因此维持阻塞 D 触发器能有效地防止在时钟高电平期间的任何输入波动导致的状态变化，这在有噪声或不稳定输入信号的环境中尤为重要。

1）逻辑功能

维持阻塞 D 触发器的逻辑符号如图 11-21 所示。D 为信号输入端，框内">"表示动态输入，它表明该触发器由时钟脉冲 CP 的上升沿触发，因此维持阻塞 D 触发器又称为边沿 D 触发器。其逻辑功能与同步 D 触发器相同，所以它们的特性表、驱动表和特性方程也都相同，但边沿 D 触发器只有 CP 上升沿到达时才有效。其特性方程为

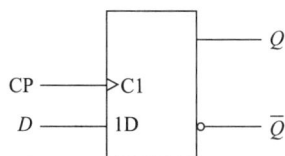

图 11-21 维持阻塞 D 触发器逻辑符号

$$Q^{n+1}=D \quad \text{（CP 上升沿到达时才有效）} \tag{11-5}$$

下面举例说明维持阻塞 D 触发器的工作情况。

【例 11-3】图 11-22 为维持阻塞 D 触发器的时钟脉冲 CP 和 D 端输入信号的波形，试画出该触发器输出 Q 和 $\overline{Q}$ 的波形。设触发器的初始状态为 $Q=0$。

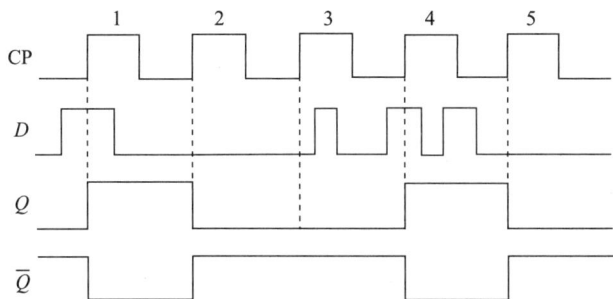

图 11-22 维持阻塞 D 触发器的输入和输出波形

解：第 1 个时钟脉冲 CP 上升沿到达时，D 端输入信号为 1，触发器由 0 态翻转到 1 态，$Q^{n+1}=1$。而在 CP=1 期间，D 端输入信号虽然由 1 变为 0，但触发器的输出状态仍保持 1 态不变。直到下一个时钟脉冲 CP 上升沿到达。

第 2 个时钟脉冲 CP 上升沿到达时，D 端输入信号仍为 0，触发器由 1 态翻转到 0 态，$Q^{n+1}=0$，此 0 态一直持续到下一个时钟脉冲 CP 上升沿到达。

第 3 个时钟脉冲 CP 上升沿到达时，D 端输入信号仍为 0，触发器保持 0 态不变。在 CP=1 期间，D 端虽然出现了一个正脉冲，但触发器的状态不会改变。

第 4 个时钟脉冲 CP 上升沿到达时，D 端输入信号为 1，触发器由 0 态翻转到 1 态，$Q^{n+1}=1$。在 CP=1 期间，D 端虽然出现了负脉冲，但触发器的状态同样不会改变。

第 5 个时钟脉冲 CP 上升沿到达时，D 端输入信号为 0，触发器由 1 态翻转到 0 态，

$Q^{n+1}=0$。

根据上述分析可画出输出端 Q 的波形,输出端 $\overline{Q}$ 的波形为 Q 的反相波形。

通过例 11-3 分析可以看到:维持阻塞 D 触发器是用时钟脉冲 CP 上升沿触发的,也就是说,只有在 CP 上升沿到达时,电路才会接收 D 端的输入信号而改变状态,而在 CP 为其他值时,不管 D 端输入为 0 还是为 1,触发器的状态都不会改变。

在一个时钟脉冲 CP 作用时间内,只有一个上升沿,电路状态最多也只能改变一次。因此,它没有空翻问题。

2) 集成维持阻塞 D 触发器 74LS104 介绍

集成维持阻塞 D 触发器 74LS104 芯片由两个独立的上升沿触发的触发器组成,其逻辑符号如图 11-23 所示。其功能表见表 11-10。

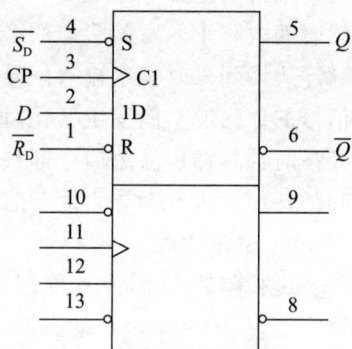

图 11-23 集成维持阻塞 D 触发器
74LS104 的逻辑符号

表 11-10 74LS104 的功能表

输入				输出		功能说明
$\overline{R_D}$	$\overline{S_D}$	D	CP	Q^{n+1}	$\overline{Q^{n+1}}$	
0	1	×	×	0	1	异步置 0
1	0	×	×	1	0	异步置 1
1	1	0	↑	0	1	置 0
1	1	1	↑	0	1	置 1
1	1	×	0	Q^n	$\overline{Q^n}$	保持不变
0	0	×	×	1	1	不允许

由表 11-10 可看出 74LS104 有如下主要功能。

(1) 异步置 0。当 $\overline{R_D}=0$、$\overline{S_D}=1$ 时,触发器置 0,$Q^{n+1}=0$,它与时钟脉冲 CP 及 D 端的输入信号没有关系,这也是异步置 0 的原因。$\overline{R_D}$ 称为异步置 0 端。异步置 0 又称为直接置 0。

(2) 异步置 1。当 $\overline{R_D}=1$、$\overline{S_D}=0$ 时,触发器置 1,$Q^{n+1}=1$。它同样与时钟脉冲 CP 及 D 端的输入信号没有关系,这也是异步置 1 的原因。$\overline{S_D}$ 称为异步置 1 端。异步置 1 又称为直接置 1。

由此可见,$\overline{R_D}$ 和 $\overline{S_D}$ 端的信号对触发器的控制作用优先于时钟脉冲 CP 信号。

(3) 置 0。取 $\overline{R_D}=\overline{S_D}=1$,如 $D=0$,则在 CP 由 0 正跃到 1 时(即上升沿),触发器置 0,$Q^{n+1}=0$。由于触发器的置 0 和 CP 到达同步,因此,又称为同步置 0。

(4) 置 1。取 $\overline{R_D}=\overline{S_D}=1$,如 $D=1$,则在 CP 由 0 正跃到 1 时(即上升沿),触发器置 1,$Q^{n+1}=1$。触发器的置 1 和 CP 到达同步,因此又称为同步置 1。

(5) 保持。取 $\overline{R_D}=\overline{S_D}=1$,在 CP=0 时,这时不论 D 端输入信号为 0 还是为 1,触发器都保持原来的状态不变。

下面举例说明集成维持阻塞 D 触发器 74LS104 的工作情况。

【例 11-4】 图 11-24 所示为集成维持阻塞 D 触发器 74LS104 的 CP、D、$\overline{R_D}$、$\overline{S_D}$ 的输入波形,试画出其输出端 Q 的波形。设触发器的初始状态为 $Q=0$。

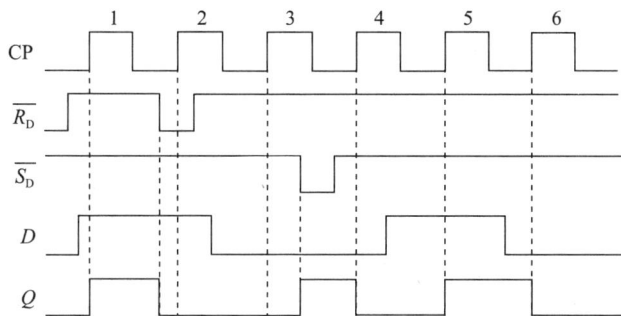

图 11-24 具有异步输入的维持阻塞 D 触发器的工作波形

解： 第 1 个时钟脉冲 CP 上升沿到达时，因为 $\overline{R_D} = \overline{S_D} = 1$ 和 $D = 1$，所以触发器由 0 态翻转到 1 态。

第 2 个时钟脉冲 CP 上升沿到达时，虽然 $D = 1$，但因为 $\overline{R_D} = 0$、$\overline{S_D} = 1$，所以触发器被强迫置 0。

第 3 个时钟脉冲 CP 上升沿到达时，因为 $\overline{R_D} = \overline{S_D} = 1$，$D = 0$，所以触发器仍为 0 态，随后 $\overline{R_D} = 1$，$\overline{S_D} = 0$ 时，触发器又被强迫置 1。

第 4 个时钟脉冲 CP 上升沿到达时，因为 $\overline{R_D} = \overline{S_D} = 1$，$D = 0$，所以触发器由 1 态翻转为 0 态。

第 5 个时钟脉冲 CP 上升沿到达时，因为 $\overline{R_D} = \overline{S_D} = 1$，$D = 1$，触发器由 0 态翻转为 1 态。

第 6 个时钟脉冲 CP 上升沿到达时，因为 $\overline{R_D} = \overline{S_D} = 1$，$D = 0$，触发器由 1 态翻转为 0 态。

根据以上分析，可画出图 11-24 所示的集成维持阻塞 D 触发器 74LS104 输出端 Q 的波形。

通过上例分析可得以下结论。

(1) 带有异步置 0 端 $\overline{R_D}$ 和置 1 端 $\overline{S_D}$ 的触发器，根据功能表，在 $\overline{R_D}$ 或 $\overline{S_D}$ 端上加入低电平置 0 或置 1 信号时，触发器便立刻被置 0 或置 1，而与 CP 和 D 端的输入信号无关。

(2) 要使触发器在 CP 上升沿到来时接收 D 端的输入信号，$\overline{R_D}$ 和 $\overline{S_D}$ 端上必须同时接高电平 1。

11.1.5 T 触发器

T 触发器本质上是特殊配置的 JK 触发器，其中 J 和 K 总是连接在一起。T 触发器的特性在于，其输出状态会随着输入信号（通常是 T 输入）的变化而翻转，即它是根据输入信号 T 的值决定是否翻转状态。当 $T = 1$ 时，触发器在每个时钟脉冲的边沿翻转状态；当 $T = 0$ 时，触发器保持当前状态不变。T 触发器在数字电子学中被广泛用于时序逻辑电路的设计，如计数器、分频器和序列信号发生器等。其逻辑功能可以通过不同的基础触发器以及逻辑门来实现，其中最常见的是基于 D 触发器、JK 触发器或 RS 触发器来实现。若要深入了解 T 触发器的相关知识，请下载相关资料学习参考。

11.1.6 任务实施

JK 触发器的应用——彩灯循环电路。首先利用仿真软件测试各触发器的功能。

1. 集成 JK 触发器的功能仿真测试

1）软件绘制仿真电路图

利用 Multisim 14.3 软件绘制集成双 JK 触发器 74LS106 功能测试仿真电路,如图 11-25 所示。U_{1A} 是双 JK 触发器,具有异步置 0 和异步置 1 的功能,其引脚排列如图 11-26 所示。$\overline{S}$ 为异步置 1 端,$\overline{R}$ 为异步置 0 端,J、K 为信号输入端,CLK 为时钟脉冲输入端,下降沿触发,Q、$\overline{Q}$ 为互补输出端。输入信号 J、K 和异步置 0、置 1 信号端 $\overline{R}$、$\overline{S}$ 分别接到按键 $K_1 \sim K_4$ 一端,按键另一端接地。时钟脉冲 CLK 接到单刀多掷开关 SW1 上,当开关拨到上面时,输入的是连续脉冲;当开关拨到下面时,输入的是单次脉冲。Q、$\overline{Q}$ 输出端分别接到发光二极管 D_1 和 D_2 上,同时用示波器可以直接观察触发器输出状态值或者波形。

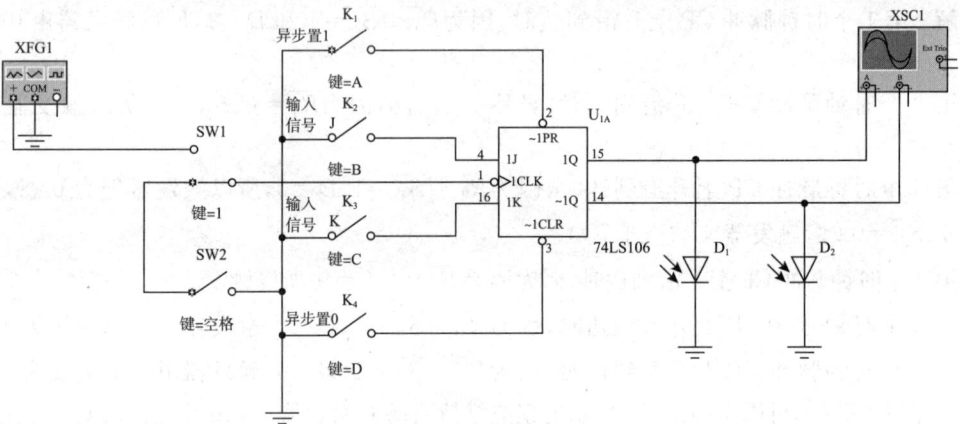

图 11-25　集成双 JK 触发器 74LS106 功能测试仿真电路

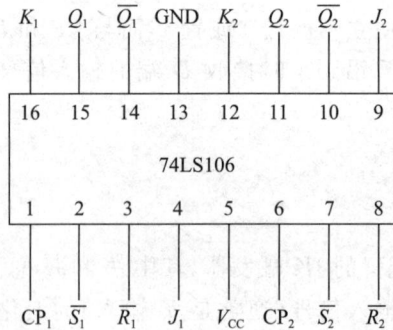

图 11-26　集成双 JK 触发器引脚排列图

2）仿真软件测试触发器功能

（1）异步置 0 端和异步置 1 端功能测试

按照图 11-25 接法连接好输入和输出信号,将时钟脉冲 CP 拨到下面(输入单次脉冲)。

使 $\overline{R}=0$、$\overline{S}=1$,观察 Q 端状态,改变 J、K 的输入信号和时钟脉冲 CP,并观察 Q 端状态是否变化,将结果填入表 11-11 中。

使 $\overline{R}=1$、$\overline{S}=0$,观察 Q 端状态,改变 J、K 的输入信号和时钟脉冲 CP,并观察 Q 端状态

是否变化,将结果也填入表 11-11 中。

表 11-11 异步置 0 端和置 1 端功能测试表

输 入					输出
$\overline{R}$	$\overline{S}$	CP	J	K	Q
0	1	*	*	*	
1	0	*	*	*	

(2) JK 触发器逻辑功能测试

按照图 11-25 接法连接好输入和输出信号,将时钟脉冲 CP 拨到下面(输入单次脉冲)。

使 $\overline{R}=1$、$\overline{S}=1$,即异步置 0 和异步置 1 信号无效。按照双 JK 触发器逻辑功能输入逻辑电平,单次脉冲 CP 端触发,观察 Q 端状态,并将测试结果填入表 11-12 中。根据测试结果判断 JK 触发器功能是否正常。

表 11-12 JK 触发器逻辑功能测试表

输 入					输出
J	K	Q^n	CP	Q^{n+1}	说明
0	0	0			
0	0	1			
0	1	0			
0	1	1			
1	0	0			
1	0	1			
1	1	0			
1	1	1			

2. JK 触发器的应用——彩灯循环电路

1) 软件绘制仿真电路图

利用 Multisim 14.3 软件绘制双 JK 触发器 74LS106 构成的彩灯仿真电路,如图 11-27 所示。将第一个 JK 触发器 U_{1A} 的输入端 J、K 连接在一起并接逻辑高电平 1,输出 Q 端接到发光二极管 D_2 上;将第二个 JK 触发器 U_{1B} 的输入端 J、K 连接在一起并接到 D_2 上,其输出端 Q 分别接到发光二极管 D_1 和 D_3 上,D_1、D_2、D_3 的另一端接地,U_{1A} 和 U_{1B} 的时钟脉冲 CLK 输入端连接在一起并接到单刀多掷开关 SW1 上。当开关拨到上面时,输入的是连续脉冲;当开关拨到下面时,输入的是单次脉冲。两个触发器的异步置 0 端和异步置 1 端 $\overline{R}$、$\overline{S}$ 都接逻辑高电平 1。

2) 观察彩灯效果

仿真电路绘制好后,将时钟脉冲 CP 端接入 1Hz 脉冲信号或者单次脉冲信号,加电观察并将观察结果填入表 11-13 中(发光二极管 1 亮)。

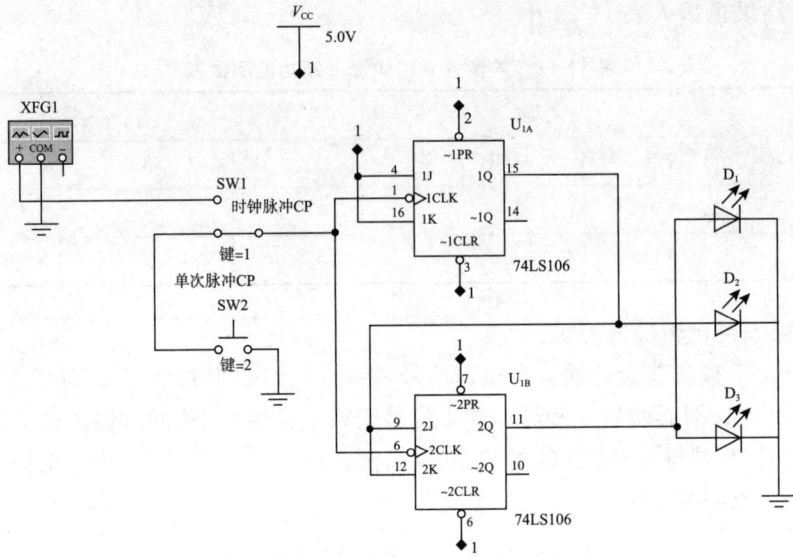

图 11-27　JK 触发器构成的彩灯仿真电路

表 11-13　JK 触发器构成的彩灯电路功能测试

CP	D_1	D_2	D_3
0			
1			
2			
3			
4			

任务 11.2　认识时序逻辑电路

■ **想一想：**

（1）什么是时序逻辑电路？

（2）时序逻辑电路和组合逻辑电路有什么区别？

（3）时序逻辑电路的基本组成部分是什么？

（4）什么是时钟信号？时钟信号如何影响时序逻辑电路的操作？

（5）如何分析时序逻辑电路的功能？

（6）有哪些常见的时序逻辑电路元器件？

（7）时序逻辑电路设计中的难点是什么？

（8）实际应用中的时序逻辑电路示例有哪些？

带着以上问题查阅相关资料，学生以小组为单位进行讨论，概述他们对上述问题的理解和研究结果后，及时写在项目日志上。

时序逻辑电路的基础知识

倒计时控制电路的核心元器件是计数器,而计数器是时序逻辑电路中常用的元器件。因此,为更好地设计倒计时器,首先要认识时序逻辑电路,同时熟悉并掌握时序逻辑电路的分析和设计方法。

1. 时序逻辑电路的概念及特点

时序逻辑电路是数字电路的一个重要分支,与组合逻辑电路相对应。时序逻辑电路又称时序电路,与组合逻辑电路不同,它在任何时刻的输出状态不仅取决于当时的输入信号,还取决于电路原来的状态,即历史信息。这意味着时序逻辑电路具有记忆功能,能够存储信息并在后续时刻影响输出。

2. 时序逻辑电路的组成

时序逻辑电路主要由两部分组成:存储电路(触发器)和组合逻辑电路,这两部分共同构成了时序逻辑电路的核心结构,如图 11-28 所示。

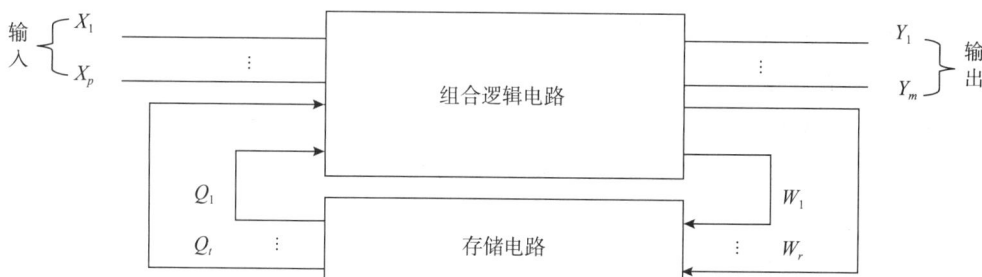

图 11-28　时序逻辑电路的结构框图

1) 存储电路(触发器)

存储电路通常由触发器组成,负责记忆和表示时序逻辑电路的状态。在时序逻辑电路中,触发器是必不可少的组件,因为它们提供了电路的记忆功能,使得电路能够在不同的时间点保持和更新其状态。

2) 组合逻辑电路

组合逻辑电路则负责处理输入信号,并根据当前的状态和输入信号产生输出。在某些时序逻辑电路中,组合逻辑电路可能不是必需的,但在大多数情况下,它与存储电路协同工作,以实现复杂的逻辑功能。

3) 反馈机制

从图 11-28 中可以看出,存储电路的输出状态$(Q_1 \cdots Q_t)$必须反馈到组合电路的输入端。这种反馈机制与输入信号$(X_1 \cdots X_p)$一起,共同决定了组合逻辑电路的输出$(Y_1 \cdots Y_m)$,同时,组合电路的输出状态$(W_1 \cdots W_r)$作用到存储电路中。从而形成了时序逻辑电路的动态行为。

4) 输入与输出

时序逻辑电路的输入包括外部输入信号和存储电路的反馈信号。输出则由组合逻辑电路根据输入和存储电路的状态决定。这种结构使得时序逻辑电路能够根据输入信号和内部状态的变化,产生相应的输出,实现复杂的时序控制和数据处理功能。

3. 时序逻辑电路的类型

由于时序逻辑电路的存储电路中触发器的触发脉冲输入方式不同,时序逻辑电路可分为同步时序逻辑电路和异步时序逻辑电路。

1) 同步时序逻辑电路

同步时序逻辑电路是指各触发器状态的变化均受同一个时钟脉冲控制,凡具有翻转条件的触发器都会在同一时刻进行状态翻转。也就是说,触发器状态的更新和时钟脉冲 CP 同步。

2) 异步时序逻辑电路

异步时序逻辑电路是指各触发器状态的变化不受同一个时钟脉冲控制,凡具有翻转条件的触发器,其状态翻转有先有后,并不都与时钟脉冲 CP 同步。

11.2.2 时序逻辑电路的分析

时序逻辑电路的分析是根据给定的电路写出其方程,然后画出状态转换真值表、状态转换图和时序图,最后分析出其逻辑功能。具体地说,就是要求找出电路的状态和输出的状态在输入变量和时钟信号作用下的变化规律。

1. 同步时序逻辑电路的分析

由于同步时序逻辑电路中所有的触发器都由同一个时钟脉冲信号触发,该信号只控制触发器的翻转时刻,而不影响翻转状态。因此,在分析同步时序逻辑电路时,可以不考虑时钟条件,使得分析方法相对简单。

1) 时序逻辑电路的分析方法

分析时序逻辑电路的目的是确定已知电路的逻辑功能和工作特点。具体分析步骤如下。

(1) 写方程式。根据给定的逻辑图,写出电路中各个触发器的输出方程、驱动方程和状态方程。

输出方程是时序逻辑电路的输出逻辑函数式,它通常是状态和输入信号的函数,若无输出,则此方程可省略。

驱动方程是时序电路中各个触发器输入端的逻辑函数式。如 JK 触发器 J 和 K 的逻辑函数式、D 触发器 D 的逻辑函数式。

状态方程是将驱动方程代入相应触发器的特性方程中得到的。时序逻辑电路的状态方程由各触发器次态的逻辑函数式组成。

(2) 列状态转换真值表。将电路输入信号和触发器状态的所有取值组合代入相应的状态方程和输出方程中进行计算,求出相应的状态和输出,从而列出状态转换真值表。时序逻辑电路的输出由电路中触发器的状态来决定。

(3) 逻辑功能的说明。根据状态转换真值表说明电路的逻辑功能。

(4) 画状态转换图和时序图。状态转换图是反映时序逻辑电路状态转换规律及相应输入、输出信号取值情况的几何图形,即电路由现态转换到次态的示意图。电路的时序图是时钟脉冲 CP 作用下各触发器状态变化的波形图。它通常根据时钟脉冲 CP 和状态转换真值表绘制。

2）分析实例

【例 11-5】 试分析图 11-29 所示时序逻辑电路的逻辑功能，并画出状态转换图和时序图。

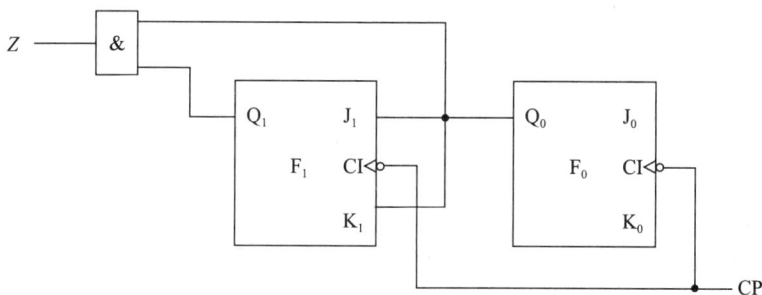

图 11-29 例 11-5 的时序逻辑电路

解： 由图 11-29 所示电路可看出，时钟脉冲 CP 加在每个触发器的时钟脉冲输入端上。因此，它是一个同步时序逻辑电路，时钟方程可以不写。

（1）写方程式。

输出方程为

$$Z = Q_1^n Q_0^n \tag{11-6}$$

驱动方程为

$$\begin{cases} J_0 = 1, K_0 = 1 \\ J_1 = Q_0^n, K_1 = Q_0^n \end{cases} \tag{11-7}$$

JK 触发器的特性方程为 $Q^{n+1} = J\overline{Q^n} + \overline{K}Q^n (\text{CP}\downarrow)$，将对应驱动方程分别代入 JK 触发器的特性方程，进行化简变换可得状态方程为

$$\begin{aligned} Q_0^{n+1} &= J_0\overline{Q_0^n} + \overline{K_0}Q_0^n = 1 \cdot \overline{Q_0^n} + \overline{1} \cdot Q_0^n = \overline{Q_0^n} \\ Q_1^{n+1} &= J_1\overline{Q_1^n} + \overline{K_1}Q_1^n = Q_0^n\overline{Q_1^n} + \overline{Q_0^n} \cdot Q_1^n \end{aligned} \tag{11-8}$$

（2）列状态转换真值表。列出电路输入信号和触发器现态的所有取值组合，并代入相应的状态方程，求得相应的触发器状态及输出，列表得到状态转换真值表，如表 11-14 所示。

表 11-14 例 11-5 的状态转换真值表

CP	Q_1^n	Q_0^n	Q	Q_0^{n+1}	Z
↓	0	0	0	1	0
↓	0	1	1	0	0
↓	1	0	1	1	1
↓	1	1	0	0	0

（3）画状态转换图和波形图。根据表 11-14 可画出状态转换图，如图 11-30 所示。图中的圆圈内表示电路的一个状态，即两个触发器的状态；箭头表示电路状态转换的方向。箭头线上方标注的 X/Z 为转换条件，X 为电路状态转换前输入变量的取值，Z 为输出值，由于本

例中没有输入变量,因此 X 未标数值。

根据表 11-14 可画出电路的时序图(或称工作波形图),如图 11-30(b)所示。

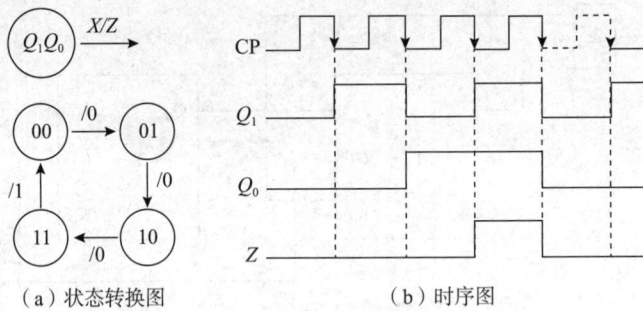

图 11-30 例 11-5 的状态转换图和时序图

（4）逻辑功能说明。归纳上述分析结果,确定该时序逻辑电路的逻辑功能。从时钟方程可知,该电路是同步时序逻辑电路。

由图 11-30(a)可知,随着 CP 脉冲的递增,无论从电路输出的哪种状态开始,触发器输出 Q_1Q_0 的变化都会进入同一个循环过程。此循环过程中包括四种状态,且状态之间是递增变化的。当 $Q_1Q_0=11$ 时,输出 $Z=1$;当 Q_1Q_0 取其他值时,输出 $Z=0$。在 Q_1Q_0 变化的一个循环过程中,$Z=1$ 只出现一次,故 Z 为进位输出信号。

综上所述,此电路是带进位输出的同步四进制加法计数器电路。

2. 异步时序逻辑电路的分析

异步时序逻辑电路的分析方法和同步时序逻辑电路的分析方法基本相同。所不同的是,在异步时序逻辑电路中,当电路状态变化时,并非所有的触发器都有时钟信号。因此,在分析异步时序逻辑电路时,应考虑各个触发器的时钟条件,即应写出时钟方程。只有那些加有效时钟脉冲信号的触发器,才能使用其特性方程,而其他触发器则维持现态。因此,在分析异步时序逻辑电路时,我们必须判定哪些触发器加有效时钟信号,哪些没有。相比于分析同步时序逻辑电路,分析异步时序逻辑电路的过程更复杂。

下面结合一个实例,具体说明这种分析方法和步骤。

【例 11-6】 试分析图 11-31 所示电路的逻辑功能,并画出状态转换图和时序图。

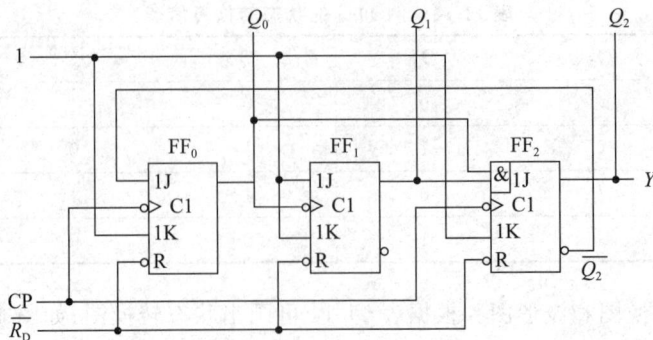

图 11-31 例 11-6 的时序逻辑电路

解： 由图 11-31 可看出，FF_1 的时钟信号输入端未和输入时钟信号源 CP 相连，它由 FF_0 的 Q_0 端输出的负跃变信号触发，是异步时序逻辑电路，因此时钟方程必须写。具体分析如下：

（1）写方程式。

时钟方程为

$$\begin{cases} CP_0 = CP_2 = CP \\ CP_1 = Q_0 \end{cases} \tag{11-9}$$

输出方程为

$$Y = Q_2^n \tag{11-10}$$

驱动方程为

$$\begin{cases} J_0 = \overline{Q_2^n}, K_0 = 1 \\ J_1 = 1, K_1 = 1 \\ J_2 = Q_1^n Q_0^n, K_2 = 1 \end{cases} \tag{11-11}$$

状态方程为

$$\begin{cases} Q_0^{n+1} = J_0 \overline{Q_0^n} + \overline{K_0} Q_0^n = \overline{Q_2^n}\,\overline{Q_0^n} & （CP\ 下降沿有效） \\ Q_1^{n+1} = J_1 \overline{Q_1^n} + \overline{K_1} Q_1^n = \overline{Q_1^n} & （Q_0\ 下降沿有效） \\ Q_2^{n+1} = J_2 \overline{Q_2^n} + \overline{K_2} Q_2^n = Q_1^n Q_0^n \overline{Q_2^n} & （CP\ 下降沿有效） \end{cases} \tag{11-12}$$

（2）列状态转换真值表。只有在满足时钟条件后（时钟有效），将现态的各种取值代入状态方程中计算才是有效的。设现态为 $Q_2^n Q_1^n Q_0^n = 000$，将式（11-12）代入式（11-11）中进行计算，由此可列出状态转换真值表，如表 11-15 所示。

表 11-15　例 11-6 的状态转换真值表

现　　态			次　　态			输出	时　钟　脉　冲		
Q_2^n	Q_1^n	Q_0^n	Q_2^{n+1}	Q_1^{n+1}	Q_0^{n+1}	Y	CP_2	CP_1	CP_0
0	0	0	0	0	1	0	↓	↑	↓
0	0	1	0	1	0	0	↓	↓	↓
0	1	0	0	1	1	0	↓	↑	↓
0	1	1	1	0	0	0	↓	↓	↓
1	0	0	0	0	0	1	↓	—	↓

表中的第一行取值，在 $Q_2^n Q_1^n Q_0^n = 000$ 时，先计算 Q_2 和 Q_0 的次态为 $Q_2^{n+1} Q_0^{n+1} = 01$，由于 $CP_1 = Q_0$，其由 0 跃受到 1 为正跃变，因此 FF_1 保持 0 态不变，这时 $Q_2^{n+1} Q_1^{n+1} Q_0^{n+1} = 001$。表中的第二行取值，在 $Q_2^n Q_1^n Q_0^n = 001$ 时，得 $Q_2^{n+1} Q_0^{n+1} = 00$，这时 $CP_1 = Q_0$。由 1 跃变到 0 为负跃变，使 FF_1 由 0 态翻转到 1 态，这时 $Q_2^{n+1} Q_1^{n+1} Q_0^{n+1} = 010$。其余以此类椎。

（3）画状态转换图和时序图。根据表 11-15 可画出时序逻辑电路的状态转换图和时序图,如图 11-32 所示。

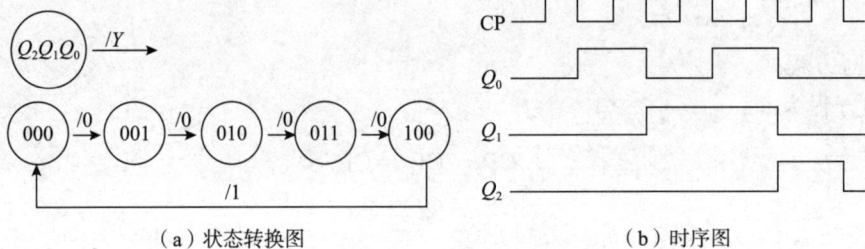

（a）状态转换图 　　　　　　　　（b）时序图

图 11-32　例 11-6 的时序逻辑电路状态转换图和时序图

（4）逻辑功能说明。由表 11-15 可看出,在输入第 5 个时钟脉冲时,该电路返回初始的 000 状态,同时输出端 Y 输出一个负跃变的进位信号,因此,该电路为异步五进制加法计数器。

11.2.3　任务实施

前面介绍了由触发器和门电路构成的时序逻辑电路,其输出由内部状态和输入信号的变化来决定,该电路具有记忆功能。如何分析和设计一个实用的时序逻辑电路呢? 本小节将对时序逻辑电路功能进行分析,并以同步时序逻辑电路为例来对其功能进行仿真。

1. 软件仿真

利用 Multisim 14.3 软件绘制同步时序逻辑电路仿真电路图,如图 11-33 所示。U_{1A}、U_{1B}、U_{2A} 是双 JK 触发器 74LS106,具有异步置 0 和异步置 1 功能,其引脚排列中,$\overline{S}$ 为异步置 1 端,$\overline{R}$ 为异步置 0 端,J、K 为信号输入端,CLK 为时钟脉冲输入端,下降沿触发,Q、$\overline{Q}$ 为互补输出端。异步置 1 端 $\overline{S}$ 接逻辑高电平 1,异步置 0 端 $\overline{R}$ 接按键 K_4,按键另一端接地。时钟脉冲 CLK 接到单刀多掷开关 SW1 上,当开关拨到上面时,输入的是连续脉冲;当开关拨到下面时,输入的是单次脉冲。U_3、U_4、U_5、U_6 是两输入的与门,其输入和输出按着图 11-33 连接,时序逻辑电路总输出为 Y,即 U_3 与门的输出,U_{1A}、U_{1B}、U_{2A} 三个触发器的输出 Q_0、Q_1、Q_2 分别连接 LED 发光二极管 D_1、D_2、D_3,二极管输出为"1"时亮。也可以接示波器观察输出波形。

2. 功能测试

按照图 11-33 接法连接好输入和输出信号,将时钟脉冲 CP 拨到下面(输入单次脉冲)。通过发光二极管亮灭来观察时序逻辑电路的输出和三个触发器的状态变化情况,从而得出时序逻辑电路的逻辑功能。

每输入一个单次时钟脉冲时,观察 $Q_2Q_1Q_0$ 输出状态和 Y 输出端的状态,将测试结果填写在表 11-16 中。也可加入连续脉冲观察时序逻辑电路的状态和输出情况。首先按下 K_4 键,即 $\overline{R}=0$,$\overline{S}=1$,各触发器清零,$Q_2Q_1Q_0=000$。

将开关 SW1 拨到下面,即输入单次时钟脉冲。每按下一次按键(输入一个脉冲 CP),触发器状态发生一次变化。

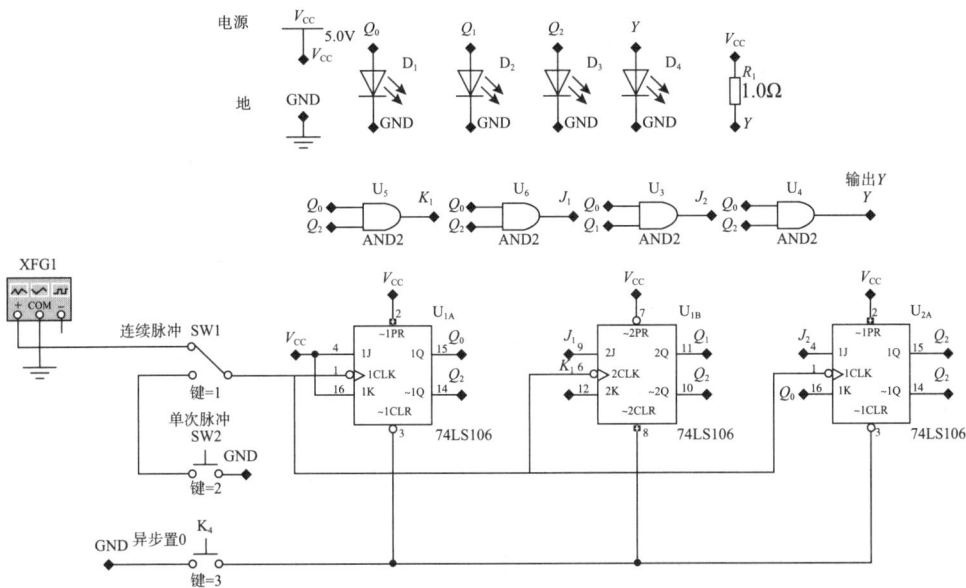

图 11-33 同步时序逻辑电路仿真电路

表 11-16 时序逻辑电路功能表

输　　入			输　　出			
$\overline{R}$	CP	CP	Q_2	Q_1	Q_0	Y
0	0	*				
1	1	↓				
1	2	↓				
1	3	↓				
1	4	↓				
1	5	↓				
1	6	↓				

根据 $Q_2Q_1Q_0$ 输出状态和 Y 输出值的变化规律,得出时序逻辑电路具有什么逻辑功能?

任务 11.3　倒计时电路的设计与仿真

■ 想一想

(1) 什么是计数器? 它有哪些主要应用场景?

(2) 计数器的基本组成单元是什么?

(3) 计数器的工作原理是什么? 它是如何通过翻转状态来计数的?

(4) 集成计数器与分立元件计数器的区别是什么? 集成计数器的优势是什么?

（5）实现一个具有具体功能的计数器需要哪些步骤？

（6）常用的集成计数器型号有哪些？

（7）计数器功能的扩展和组合有哪些？

（8）如何用集成计数器设计倒计时电路？

（9）如何设计具有直接复位、启动、暂停、连续计时和报警功能的倒计时电路？

带着以上问题查阅相关资料，学生以小组为单位进行讨论，将上述问题的理解和研究结果写在项目日志上。

11.3.1 倒计时控制电路的应用

1. 倒计时控制电路应用场景及要求

倒计时控制电路有着广泛的应用领域，特别是在需要精确计时的场合中显得尤为重要。

定时器：在厨房电器（如烤箱、微波炉）和洗衣机等家用电器中，倒计时控制电路用于控制烹饪或清洗时间。如在微波炉中，用户可以根据食物类型设置加热时间，倒计时控制电路会精确控制加热过程，确保食物得到恰当的加热；在烤箱中，用户可以设置烘焙时间，倒计时控制电路会在到达设定时间后自动关闭加热元器件。

计时器：在闹钟、计时器等产品中，倒计时控制电路用于设定特定的时间点以触发警报。例如在游泳、田径等比赛中，倒计时控制电路用于准确记录运动员的成绩。在游泳比赛中，在游泳池终点处安装倒计时控制电路，当运动员触碰终点时，倒计时控制电路会停止并记录成绩。在马拉松比赛中，倒计时控制电路用于记录参赛者的完赛时间。

倒计时控制电路不仅可以递减计数，还可以任意计数，即从任意不同的初值开始倒计时。同时，要求倒计时器具有直接复位、启动/停止、连续计时以及报警功能。

2. 倒计时控制电路的组成

倒计时控制电路通常由计数器、译码显示器、秒脉冲发生器、控制电路和报警电路五个主要部分组成，其电路组成框图如图 11-34 所示。

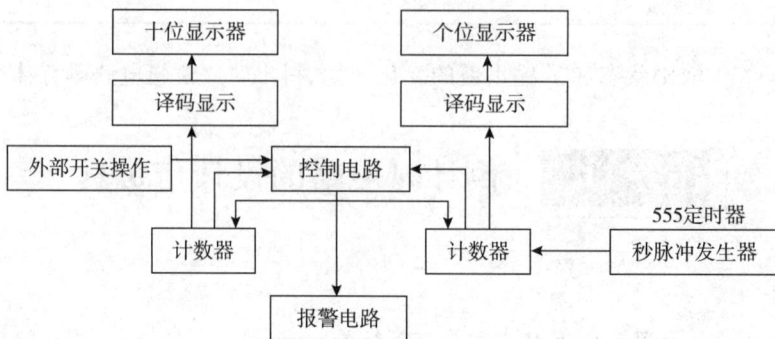

图 11-34　倒计时控制电路组成框图

倒计时控制电路可以实现以下功能。

（1）倒计时显示功能，采用数码管显示。

（2）设置外部控制电路，能够实现计时器的直接复位、启动、暂停、连续计时和重置任意倒计时初值等功能。

（3）计时开始和计时终止，即递减至 0 时，数码管显示"00"，同时发出报警信号。

由图 11-34 可知，倒计时控制电路的关键器件是计数器，计数器是数字电子系统中一种重要的组件，在数字系统中使用最多的时序逻辑电路就是计数器。计数器不仅用于记录和处理数字信号中的脉冲数量，还用于分频、定时、产生节拍脉冲序列以及进行数字运算等。译码显示器电路将计数器输出的代码进行翻译，并通过数码管显示器显示出来，便于直观查看结果。秒脉冲发生器用 555 定时器产生 1Hz 的脉冲，作为递减计数器的触发脉冲。控制电路由控制开关组成，可以控制倒计时器启动、暂停、清零、置数、计时等功能。报警电路由蜂鸣器和门电路组成，也可加上发光二极管，当倒计时减到 0 时，控制蜂鸣器和发光二极管工作，实现声光报警。

11.3.2　倒计时控制电路的工作原理

倒计时器在日常生活中随处可见，例如，篮球比赛的 24 秒倒计时器已被广泛采用。在篮球比赛中，当某队获得球权时，24 秒倒计时器随之启动，拥有球权的队伍必须在获得球后的 24 秒内投篮，否则就是 24 秒违例。下面将详细介绍倒计时控制电路的工作原理。

1. 倒计时控制电路关键元器件

1）计数器

倒计时控制电路中，计数器选用双脉冲加/减计数器 74LS192，如图 11-35（a）所示。

2）译码器

倒计时控制电路中，译码器选用 4 线-10 线 BCD 译码器 74LS247，如图 11-35（b）所示。

3）秒脉冲发生器

倒计时控制电路中，秒脉冲发生器选用 555 定时器，如图 11-35（c）所示。

4）报警电路

倒计时控制电路中，报警电路选用 BUZZER 蜂鸣器，如图 11-35（d）所示。

5）显示电路

倒计时控制电路中，显示电路选用七段数码管显示器，如图 11-35（e）所示。

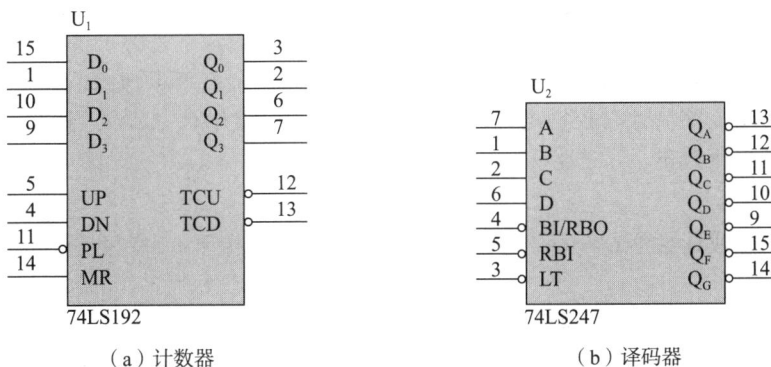

（a）计数器　　　　　　　　　　　　（b）译码器

图 11-35　倒计时控制电路组件

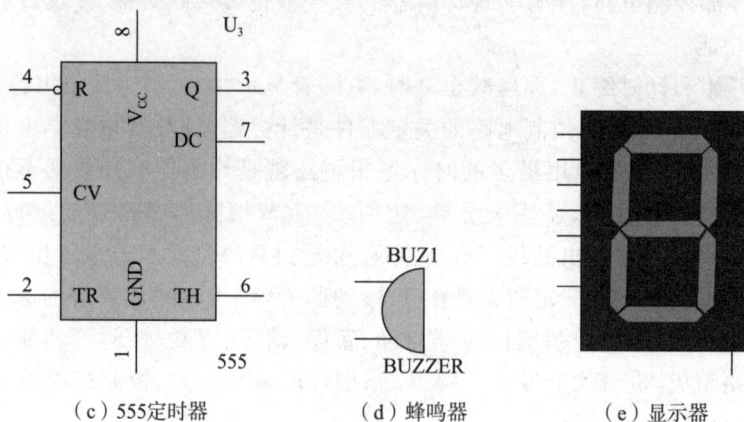

（c）555定时器 　　　（d）蜂鸣器 　　　（e）显示器

图　11-35（续）

2. 工作原理

倒计时控制电路的工作原理是利用时序控制信号控制计数器的工作，从而实现倒计时功能。该电路通常由计数器、时钟信号源、时序逻辑电路、显示电路和报警电路等关键部件组成。

1）计数器

计数器是倒计时控制电路的核心，负责记录和计算时间。计数器的输入端接收来自时钟信号源的脉冲，每个脉冲代表一段时间间隔（如一分钟）；计数器的输出端连接到显示电路，用于显示剩余时间。当计数器的计数值达到预设的初始值时，会触发一个时序控制信号。

2）时钟信号源

时钟信号源提供稳定的时钟信号作为计数器的驱动信号，这是倒计时控制电路的基础。这个信号可以由外部电路提供，也可以由内部电路产生。时钟信号的频率决定了倒计时的精度。

3）时序逻辑电路

时序逻辑电路负责管理计数器的操作。它根据倒计时的设置（如时间长度、是否需要暂停等）来决定何时启动、停止或重置计数器。

4）显示电路

显示电路将计数器的输出信号转换为可视化的时间显示，可以是数字显示（如 LED 数码管）或 LED 灯。在倒计时控制电路中，显示电路会实时显示计数器的当前计数值，从而实现倒计时的可视化效果。

5）报警电路

在计数开始或计数终止时会产生报警信号，驱动蜂鸣器和 LED 发光二极管，从而实现声光报警。

具体的工作流程为：当接通电源后，若未按下启动按钮，振荡器不工作，计数器处于准备状态。按下启动按钮后，振荡器开始产生秒时基脉冲，这些脉冲被输送到计数器的输入端，计数器开始倒计时，直到达到预设的结束时间。在这个过程中，显示电路会实时更新并显示剩余时间,直到倒计时结束。计数期间可进行"暂停/继续"和"复位"操作,当计数器由初始值变为 00 时,计时终止,计时器发出报警。

综上所述,倒计时控制电路通过计数器、时钟信号源、时序逻辑电路、显示电路和报警电路的协同工作,实现了倒计时功能。通过调整初始值和控制信号的触发条件,可以灵活设置不同的倒计时时间。

11.3.3 倒计时控制电路的设计

在了解了倒计时控制电路的应用场景和要求,掌握了倒计时控制电路的组成和工作原理后,下面介绍倒计时器各模块电路的设计。

1. 计数与控制电路设计

倒计时控制电路中起核心作用的是减法计数器。为了简化设计、易于使用和调试,同时提高倒计时控制电路的稳定性和可靠性,计数器通常选用集成计数器。

1) 计数器概述

(1) 计数器的概念和组成。计数器是一种数字电路,它能够接收一系列的脉冲信号,并根据这些脉冲的变化更新其内部的状态,以表示不同的数值。简单来说,计数器就是用来统计输入计数脉冲 CP 个数的电路。

计数器累计输入脉冲的最大数目称为计数器的模,用 M 表示。例如,$M=6$ 的计数器又称六进制计数器。因此,计数器的模实际上是电路的有效状态数。

计数器通常由一组触发器构成,每个触发器可以存储 1 位二进制信息(0 或 1)。计数器的输出通常是动态的函数。

(2) 计数器的类型。计数器的种类很多,特点各异。它的主要分类如下。

按计数进制划分,计数器可分为二进制计数器、十进制计数器和任意进制计数器。

① 二进制计数器:按二进制运算规律进行计数的电路称为二进制计数器。其状态经过 2^n 个状态后回到初始状态,即 $N=2^n$,其中 N 代表计数器的进制数,n 代表计数器触发器的个数。

② 十进制计数器:按十进制运算规律进行计数的电路称为十进制计数器。它为非二进制计数器,即 $N\neq 2^n$。

③ 任意进制计数器:除二进制计数器和十进制计数器之外的其他进制计数器统称为任意进制计数器。如五进制计数器、六十进制计数器等。

按数字的增减趋势划分,计数器可分为加法计数器、减法计数器和加/减计数器(可逆计数器)。

① 加法计数器:随着计数脉冲的输入进行递增计数的电路称作加法计数器。

② 减法计数器:随着计数脉冲的输入进行递减计数的电路称作减法计数器。

③ 加/减计数器:在加减控制信号作用下,既可递增计数,也可递减计数的电路称作加/减计数器,又称可逆计数器。

按计数器中的触发器翻转是否与计数脉冲同步,可分为同步计数器和异步计数器。

① 同步计数器:计数脉冲同时加到所有触发器的时钟脉冲输入端,触发器的状态更新由统一的时钟信号控制,通过组合逻辑电路确定各触发器的翻转条件,实现所有位同时变

化,消除 3 级联延迟,从而提高计数速度和工作稳定性。

② 异步计数器:计数脉冲只加到部分触发器的时钟脉冲输入端,而其他触发器的触发信号则由电路内部提供,应翻转的触发器状态更新有先有后的计数器称作异步计数器。显然,它的计数速度要比同步计数器慢得多。

例如,十进制计数器最多能记录 10 个输入的时钟脉冲,有 10 个有效状态数,即计数器的模 $M=10$。如果是加法计数器,随着输入时钟脉冲个数的增加,计数状态递增,直到第 10 个时钟脉冲输入时,计数器回到初始状态,同时有进位输出信号。如果再继续输入时钟脉冲,就会重复以前的循环过程。

不论是同步十进制计数器还是异步十进制计数器,状态转换图和时序图都一样,所不同的是各触发器翻转有先有后,其状态转换表见表 11-17,其波形图如图 11-36 所示。

表 11-17 十进制计数器的状态转换表

计数顺序	计数器状态			
	Q_3	Q_2	Q_1	Q_0
0	0	0	0	0
1	0	0	0	1
2	0	0	1	0
3	0	0	1	1
4	0	1	0	0
5	0	1	0	1
6	0	1	1	0
7	0	1	1	1
8	1	0	0	0
9	1	0	0	1
10	0	0	0	0

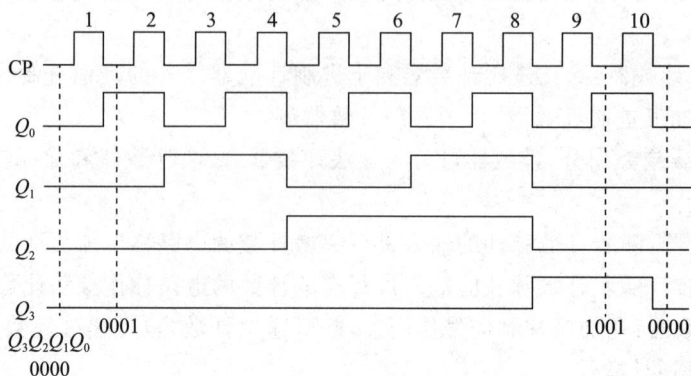

图 11-36 十进制计数器波形图

(3) 计数器的应用。计数器是一种常见的工具,用于记录和显示特定事件发生的次数,在电子工程与计算机科学、工业自动化与制造、通信与网络、医疗与健康、安全与环境保护、交通管理、商业与服务以及日常生活等多个领域都有广泛的应用。

2）集成计数器

集成计数器是指采用集成电路技术设计和制造的计数器,这类计数器通常具有较高的集成度,可以实现复杂的计数逻辑,并且具有体积小、功耗低和可靠性高的特点。集成计数器可用于多种应用,如时钟、定时器、频率计数器等。常用的集成计数器有异步二-五-十进制计数器(74LS290)、同步四位二进制加法计数器(74LS161/74LS163)以及同步十进制双脉冲可逆计数器(74LS192)。为满足倒计时控制电路工作任务的需要,常选用同步十进制双脉冲可逆计数器,它具有置数、清零、计数和保持等功能,并支持加法和减法计数,这意味着,只需将计数器设置为减法模式即可很容易地实现倒计时功能,而且集成计数器 74LS192 具有简单易用、高速度、低功耗和兼容性好等特点,所以能满足倒计时控制电路的设计要求。

(1)芯片介绍。集成同步十进制双脉冲可逆计数器有两个时钟脉冲,既可以进行递增计数,也可以进行递减计数,并具有清除和置数等功能,其逻辑功能示意图和引脚排列图如图 11-37 所示。图中,$\overline{\text{LD}}$ 为异步置数控制端,低电平 0 有效;CR 为异步置 0 控制端,高电平 1 有效;CP_D 和 CP_U 分别为双脉冲输入端,上升沿触发;$D_0 \sim D_3$ 为并行数据输入端;$Q_0 \sim Q_3$ 为输出端;$\overline{\text{CO}}$ 为进位输出端;$\overline{\text{BO}}$ 为借位输出端。

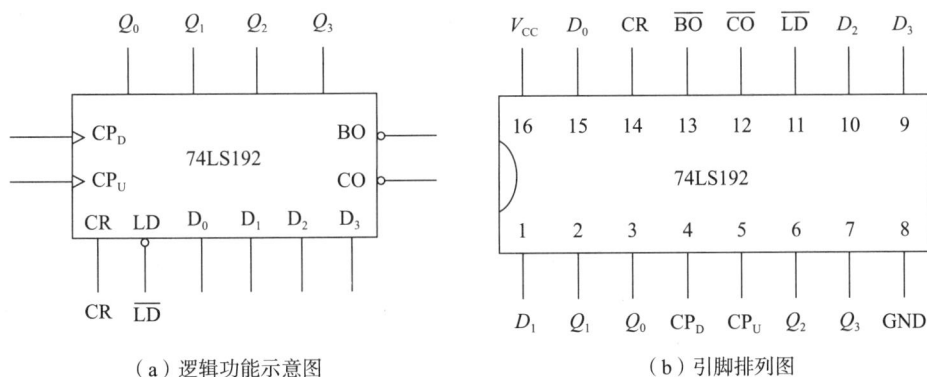

（a）逻辑功能示意图　　　　　　　（b）引脚排列图

图 11-37　74LS192 逻辑功能示意图和引脚排列图

(2)逻辑功能。集成计数器 74LS192 的功能表见表 11-18。由表 11-18 可知 74LS192 有以下主要功能。

表 11-18　74LS192 的功能表

输　　入								输　　出			
CR	$\overline{\text{LD}}$	CP_U	CP_D	D_0	D_1	D_2	D_3	Q_0	Q_1	Q_2	Q_3
1	×	×	×	×	×	×	×	0	0	0	0
0	0	×	×	d_0	d_1	d_2	d_3	d_0	d_1	d_2	d_3
0	1	↑	1	×	×	×	×	加计数			
0	1	1	↑	×	×	×	×	减计数			
0	1	1	1	×	×	×	×	保持			

异步置 0 功能：当 CR＝1 时，无论有无时钟脉冲 CP_D、CP_U 和其他信号输入，计数器都被置 0，即 $Q_3Q_2Q_1Q_0=0000$。

异步并行置数功能：当 CR＝0、$\overline{LD}$＝0 时，无论有无时钟脉冲 CP_D、CP_U，并行输入的数据 $d_3 \sim d_0$ 都被置入计数器，即 $Q_3Q_2Q_1Q_0=d_3d_2d_1d_0$。

计数功能：当 CR＝0、$\overline{LD}$＝1、CP_D＝1，且 CP_U 端输入的计数脉冲上升沿到达时，计数器进行十进制加法计数，此时进位输出 $\overline{CO}=\overline{CP_U Q_3^n Q_0^n}$；当 CR＝0、$\overline{LD}$＝1，$CP_U$＝1，且 CP_D 端输入的计数脉冲上升沿到达时，计数器进行十进制减法计数，此时借位输出 $\overline{BO}=\overline{CP_D \overline{Q_3^n} \overline{Q_2^n} \overline{Q_1^n} \overline{Q_0^n}}$。

保持功能：当 CR＝0、$\overline{LD}$＝1 且 $CP_U=CP_D$＝1 时，计数器保持原来的状态不变。这时，$\overline{BO}=\overline{CO}=1$。

（3）利用异步清零功能和异步置数功能获得任意进制计数器。利用集成计数器 74LS192 的异步清零端 CR 和异步置数端 $\overline{LD}$，可以获得 $M<10$ 的任意进制计数器。实现的方法同集成计数器 74LS290、74LS161 和 74LS163，具体步骤已在抢答器项目中讲述，这里不再赘述。

（4）利用计数器的级联获得大容量任意进制的计数器。为了构建结构更加复杂、功能更加强大以及实现更大计数范围的倒计时控制电路，在设计中选用两片 74LS192 计数器。两片 74LS192 计数器可以通过级联的方式连接起来，以形成更大计数范围的计数器。计数器的级联是将多个集成计数器串接起来，一般集成计数器都设有级联用的输入端和输出端，只要正确连接这些级联端，就可获得所需任意进制的计数器。

两片 74LS192 计数器级联方法和步骤如下。

① 选择主从配置：通常选择一个计数器作为个位计数器，另一个作为十位计数器。

② 个位计数器配置：个位计数器负责计数 0～9。CP_U/CP_D 为时钟输入端，根据需要选择加法或减法计数；$\overline{CO}$ 为进位输出端，在计数器从 9 到 0 时会输出一个进位脉冲；$\overline{BO}$ 为借位输出端，在计数器从 0 到 9 时会输出一个借位脉冲；$\overline{LD}$ 为负边沿有效的异步预置数据输入端；CR 为异步清零输入端。

③ 十位计数器配置：十位计数器在个位计数器进位时开始计数。CP_U/CP_D 为时钟输入端，根据需要选择加法或减法计数；$\overline{CO}$ 为进位输出端，在计数器从 9 到 0 时会输出一个进位脉冲；$\overline{BO}$ 为借位输出端，在计数器从 0 到 9 时会输出一个借位脉冲；$\overline{LD}$ 为负边沿有效的异步预置数据输入端；CR 为异步清零输入端。

④ 连接个位计数器和十位计数器：将个位计数器的进位/借位输出端 $\overline{CO}/\overline{BO}$ 连接到十位计数器的时钟脉冲输入端 CP_U/CP_D，当个位计数器从 9(0) 到 0(9) 时，会触发十位计数器计数，即将个位计数器进位/借位端输出信号作为十位计数器的触发脉冲信号，从而实现两位数计数。个位计数器的输出 $Q_3Q_2Q_1Q_0$ 可以直接连接到显示器的个位部分，十位计数器的输出 $Q_3Q_2Q_1Q_0$ 可以直接连接到显示器的十位部分。

⑤ 异步预置和复位：如果需要异步预置，可以将 $\overline{LD}$ 端连接到一起，并连接到适当的控制信号；如果需要异步复位，可以将 CR 端连接到一起，并连接到适当的控制信号。根据计数器 74LS192 的功能，采用减法计数时，加法计数的脉冲输入端 UP 接高电平 1，减法计数的

脉冲输入端 DOWN 接到秒信号脉冲,实现计数器的减法计数。显示电路选用带有译码的七段数码显示器。

【例 11-7】 试用两片 74LS192 级联构成二十四进制减法计数器。

解: 通过关于集成计数器级联扩展容量方法的分析,两片 74LS192 可以实现一百进制以内加/减法计数器。本例中要想实现二十四进制减法计数器,应将个位计数器的 CP_D 接时钟信号 CLK,CP_U 不使用,需接高电平 1(+5V),$\overline{LD}$ 异步置数输入端接控制开关 S,CR 异步清零输入端不使用,需接低电平 0,$\overline{BO}$ 借位输出端接到十位计数器的 CP_D 输入端,并行数据预置端接 0100,即 $D_3D_2D_1D_0=0100$。十位计数器的 CP_D 接个位计数器的 $\overline{BO}$ 端,CP_U 不使用,需接高电平 1(+5V),$\overline{LD}$ 端也接到控制开关 S 上,CR 端不使用,需接低电平 0,并行数据预置端接 0010,即 $D_3D_2D_1D_0=0010$。这样就构成了二十四进制减法计数器,如图 11-38 所示。

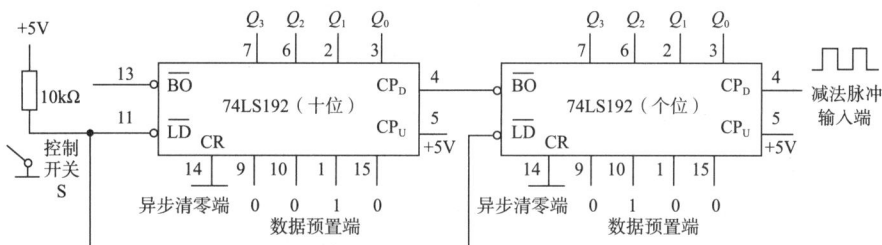

图 11-38 两片 74LS192 构成二十四进制减法计数器(由 Multisim 14.3 绘制的仿真电路图)

(5) 倒计时控制电路设计。在利用计数器级联实现二十四进制减法计数器的基础上,增加一些开关和门电路,以便对倒计时控制电路进行启动、手动复位、暂停/继续和计数终止等操作。例如,开关 SW1 接计数器 74LS192 的 CR 端,可以使计数器强制清零;开关 SW4 为电源总开关,闭合后可使计数器置数到 24;开关 SW2 和门电路组合,打破置数状态,计数器开始计数,从而实现启动功能;开关 SW3 和门电路组合,与个位计数器脉冲 CP_D 连接,开关闭合后切断时钟脉冲,计数器暂停工作,开关断开后,计数器和时钟脉冲都正常工作,从而实现暂停/继续功能。以上电路设计可以灵活地控制倒计时控制电路使其按照自己想要的方式工作。另外,为了使倒计时计数器能够任意置数,而不是只能置数为 24,可以在原来设计的电路基础上,再增加独立按键和编码器两个电路模块。大家可以自行设计控制电路,这里只增加了一个强制清零开关,无论倒计时控制电路处于何种状态,只要断开异步清零开关,个位和十位计数器就会立刻清零,即 $Q_3Q_2Q_1Q_0=0000$。倒计时控制电路如图 11-39 所示。

2. 译码显示电路设计

译码显示电路由两片 74LS247 译码器芯片和两个七段数码显示器构成,二十四进制倒计时电路如图 11-39(a)所示。其中两个 74LS247 的 A_3、A_2、A_1、A_0 四个代码输入端分别与两个 74LS192 的四个输出端 Q_3、Q_2、Q_1、Q_0 相连,每个译码器 74LS247 的输出 $\overline{Y_a} \sim \overline{Y_g}$ 与一个数码显示器的 $a \sim g$ 相连,这样就构成了译码显示电路,并将倒计时的状态通过数码管直观地显示出来。

3. 秒脉冲发生器的电路设计

在倒计时控制电路设计中,个位计数器的时钟脉冲 CP_D 输入端需要接入 1s 的时钟脉

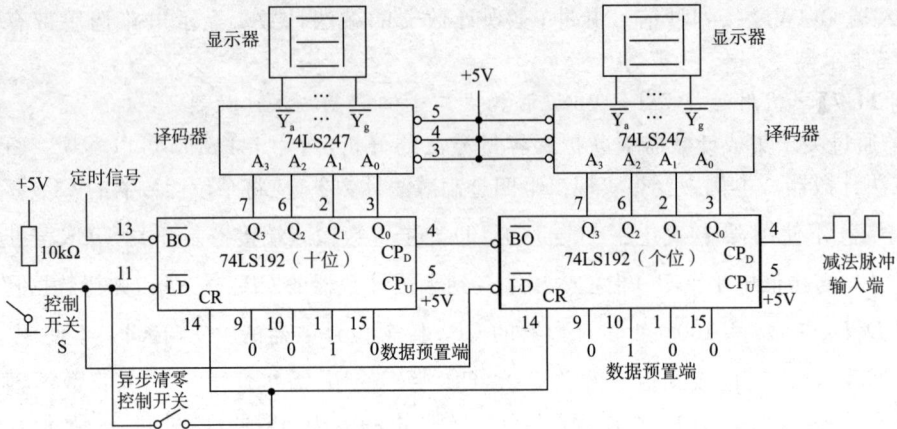

（a）二十四进制倒计时控制电路

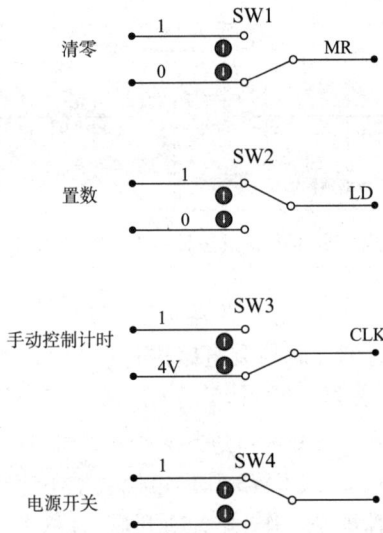

（b）控制电路

图 11-39 倒计时控制电路（由 Multisim 14.3 绘制的仿真电路图）

冲，所以需要设计一个秒脉冲发生器。常用的秒脉冲发生器是通过 555 定时器及少量电阻、电容构成的多谐振荡器来实现的。

1）555 定时器概述

555 定时器又称时基电路。它按照内部元器件可分为双极型（又称 TTL 型）和单极型两种。双极型内部采用的是晶体管，单极型内部采用的是场效应晶体管。555 定时器具有结构简单、使用方便灵活和用途广泛的特点，是一种多功能电路。只要外部配接少数几个阻容元器件，便可组成施密特触发器、单稳态触发器和多谐振荡器等电路。555 定时器的电源电压范围宽，双极型 555 定时器电源电压为 $5\sim16\mathrm{V}$，CMOS555 定时器电源电压为 $3\sim18\mathrm{V}$。它可以提供与双极型及 CMOS 数字电路兼容的接口电平。

2）555 定时器电路结构

双极型 555 定时器的电路结构如图 11-40（a）所示，其逻辑功能示意图如图 11-40（b）所示。双极型 555 定时器主要由电阻分压器、电压比较器 C_1 和 C_2 及与非门 G_1 和 G_2 组成的基本 RS 触发器、放电管 V 以及输出缓冲级 G_3 等部分组成。图中,TH 为电压比较器 C_1 的阈值输入端,$\overline{TR}$ 为电压比较器 C_2 的触发输入端,CO 为控制端,$\overline{R}_D$ 为直接置 0 端,DIS 为放电端,OUT 为输出端。

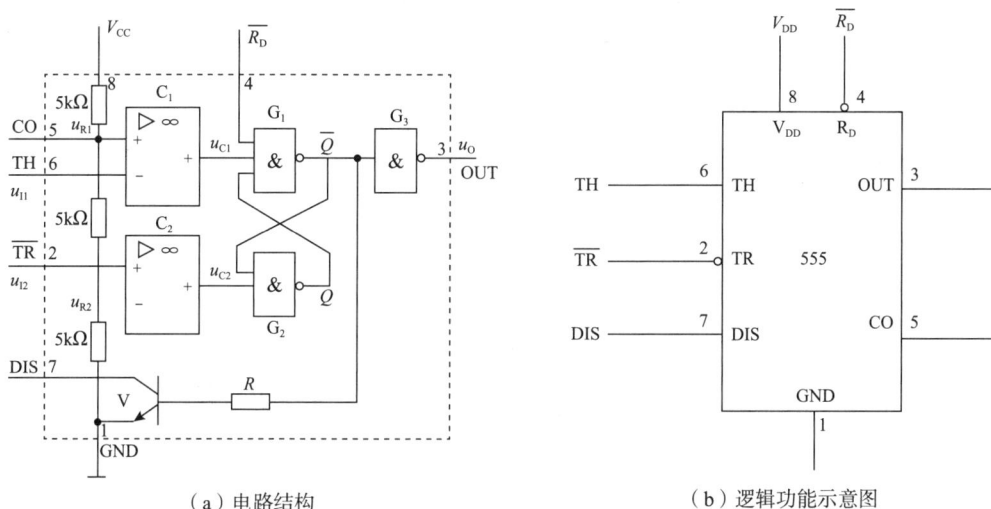

（a）电路结构 （b）逻辑功能示意图

图 11-40 555 定时器的电路结构和逻辑功能示意图

3）555 定时器的基本逻辑功能

下面根据图 11-40(a)分析 555 定时器的逻辑功能。设 TH 和 $\overline{TR}$ 端的输入电压分别为 u_{I1} 和 u_{I2},555 定时器的工作情况如下。

当 $u_{I1} > 2V_{CC}/3$、$u_{I2} > V_{CC}/3$ 时,电压比较器 C_1 和 C_2 的输出 $u_{C1} = 0$、$u_{C2} = 1$,基本 RS 触发器被置 0,$Q = 0$,$\overline{Q} = 1$,输出 $u_O = 0$,同时 V 导通。

当 $u_{I1} < 2V_{CC}/3$、$u_{I2} < V_{CC}/3$ 时,电压比较器输出 $u_{C1} = 1$、$u_{C2} = 0$,基本 RS 触发器被置 1,$Q = 1$,$\overline{Q} = 0$,输出 $u_O = 1$,同时 V 截止。

当 $u_{I1} < 2V_{CC}/3$、$u_{I2} > V_{CC}/3$ 时,电压比较器输出 $u_{C1} = 0$、$u_{C2} = 1$,基本 RS 触发器保持原状态不变,输出 u_O 和 V 的状态不变,即电路保持原状态不变。

综上所述,555 定时器的功能表见表 11-19。

表 11-19 555 定时器的功能表

输　入			输　出	
u_{I1}	u_{I2}	$\overline{RD}$	u_O	V 的状态
×	×	0	0	导通
$> 2V_{CC}/3$	$> V_{CC}/3$	1	0	导通
$< 2V_{CC}/3$	$< V_{CC}/3$	1	1	截止
$< 2V_{CC}/3$	$> V_{CC}/3$	1	不变	不变

4）555 定时器的应用

555 定时器的应用非常广泛，主要有三种基本形式：施密特触发器、单稳态触发器和多谐振荡器。这里主要介绍 555 定时器组成的多谐振荡器。

多谐振荡器的功能是产生具有一定频率和幅度的矩形波信号，其输出状态在"1"和"0"之间不断变换，因此它又称为无稳态电路。当要求输出振荡频率很稳定的矩形脉冲时，可采用石英晶体多谐振荡器。由于矩形脉冲信号中含有丰富的谐波分量，因此常将产生这种信号的电路称为多谐振荡器。

（1）电路结构。将放电管 V 的集电极经 R_1 接到 V_{CC} 上，便组成了一个反相器。其输出经 DIS 端对地接 R_2、C 积分电路，积分电容 C 再接 TH 和 $\overline{TR}$ 端，便组成了多谐振荡器，如图 11-41 所示。R_1、R_2 和 C 为定时元器件。

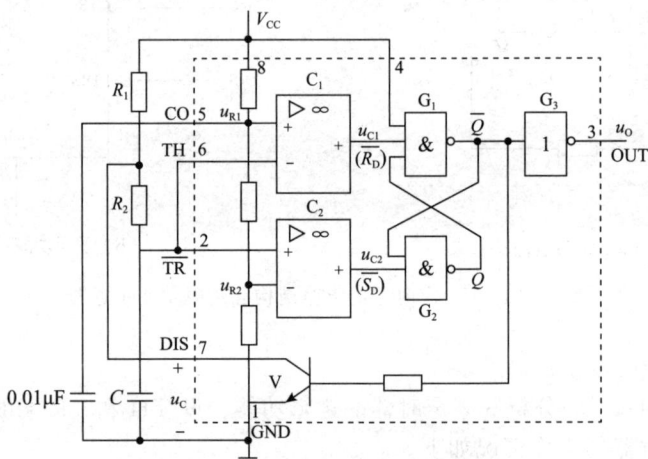

图 11-41　用 555 定时器组成的多谐振荡器

（2）工作原理。下面参照图 11-42 所示的波形讨论多谐振荡器的工作原理。

接通电源 V_{CC} 后，V_{CC} 经电阻 R_1 和 R_2 对电容 C 充电，其电压 u_C 由 0 按指数规律上升。当 $u_C \geqslant 2V_{CC}/3$ 时，电压比较器 C_1 和 C_2 的输出分别为 $u_{C1}=0$、$u_{C2}=1$，基本 RS 触发器被置 0，$Q=0$，$\overline{Q}=1$，输出 u_O 到低电平 U_{OL}。与此同时，放电管 V 导通，电容 C 经电阻 R_2 和放电管 V 放电，电路进入暂稳态。

随着电容 C 的放电，u_C 随之下降。当 u_C 下降到 $u_C \leqslant V_{CC}/3$ 时，电压比较器 C_1 和 C_2 的输出为 $u_{C1}=1$、$u_{C2}=0$，基本 RS 触发器被置 1，$Q=1$，$\overline{Q}=0$，输出 u_O 由低电平 U_{OL} 跃到高电平 U_{OH}。同时，因 $\overline{Q}=0$，放电管 V 截止，电源 V_{CC} 又经电阻 R_1 和 R_2 对电容 C 充电。电路又返回到前一个暂稳态。

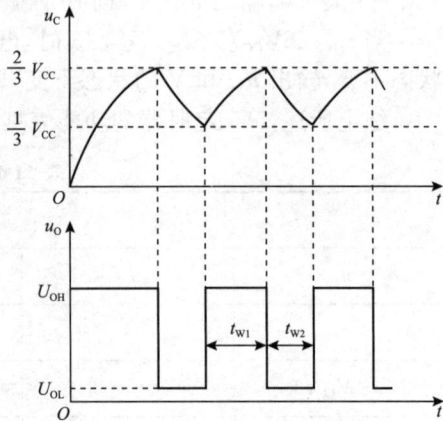

图 11-42　多谐振荡器的工作波形

因此，电容 C 上的电压 u_C 将在 $V_{CC}/3 \sim 2V_{CC}/3$ 之间来回充电和放电，从而使电路产生振荡,并输出矩形脉冲。

由图 11-42 可得多谐振荡器的振荡周期 T 为

$$T = t_{W1} + t_{W2} \tag{11-13}$$

式中:t_{W1} 为电容 C 上的电压由 $V_{CC}/3$ 充到 $2V_{CC}/3$ 所需的时间,充电回路的时间常数为 $(R_1 + R_2)C$。t_{W2} 为电容 C 上的电压由 $2V_{CC}/3$ 下降到 $V_{CC}/3$ 所需的时间,放电回路的时间常数为 $R_2 C$。

t_{W1} 可用式(11-14)估算

$$t_{W1} = \ln 2(R_1 + R_2)C \approx 0.7(R_1 + R_2)C \tag{11-14}$$

t_{W2} 可用式(11-15)估算

$$t_{W2} = \ln 2 R_2 C \approx 0.7 R_2 C \tag{11-15}$$

因此,多谐振荡器的振荡周期 T 为

$$T = t_{W1} + t_{W2} \approx 0.7(R_1 + R_2)C \tag{11-16}$$

振荡频率为

$$f = \frac{1}{T} = \frac{1}{0.7(R_1 + 2R_2)C} \tag{11-17}$$

(3) 占空比可调的多谐振荡器。用 555 定时器组成占空比可调的多谐振荡器如图 11-43 所示。在放电管 V 截止时,电源 V_{CC} 经 R_1 和 VD_1 对电容 C 充电;当 V 导通时,C 经 VD_1、R_2 和放电管 V 放电。调节电位器 R_W 可改变 R_1 和 R_2 的比值,从而改变了输出脉冲的占空比 q。由图 11-43 可得

$$t_{W1} = 0.7 R_1 C \tag{11-18}$$

$$t_{W2} = 0.7 R_2 C \tag{11-19}$$

振荡周期 T 为

$$T = t_{W1} + t_{W2} = 0.7(R_1 + R_2)C \tag{11-20}$$

因此,占空比 q 为

$$q = \frac{t_{W1}}{t_{W1} + t_{W2}} = \frac{0.7 R_1 C}{0.7 R_1 C + 0.7 R_2 C} = R_1/(R_1 + R_2) \tag{11-21}$$

当取 $R_1 = R_2$ 时,$q = 50\%$,此时 $t_{W1} = t_{W2}$,多谐振荡器输出方波。

欲了解 555 定时器各部分电路及应用案例,请自行下载资源学习。

5) 秒脉冲发生器电路设计

由 555 定时器构成多谐振荡器,用作秒脉冲发生器电路,如图 11-44 所示。电路中,定时元器件包括电容 C 和电阻 R_1、R_2,要求 $T \approx 1s$,根据式(11-20)可知振荡周期 $T = t_{W1} + t_{W2} = 0.7(R_1 + R_2)C \approx 1s$,可计算出电阻和电容值,$R_1 = 15k\Omega$,$R_2 = 68k\Omega$,$C = 10\mu F$。这样,在 555 定时器引脚 3 输出一个周期为 1s 的方波,作为 74LS192 芯片的时钟脉冲信号。

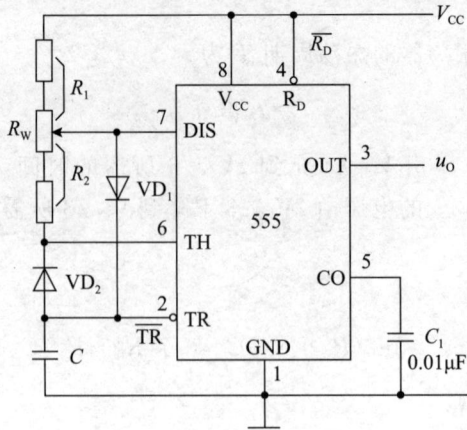

图 11-43　用 555 定时器组成占空比可调的多谐振荡器

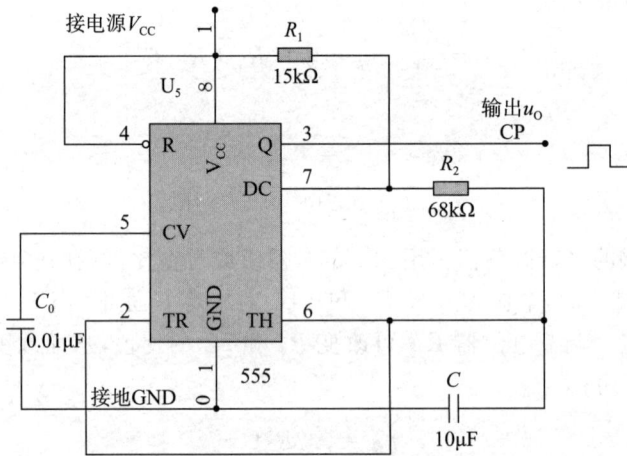

图 11-44　用 555 定时器组成秒脉冲发生器电路

4. 报警电路设计

报警电路由发光二极管和蜂鸣器组成。蜂鸣器的一端接低电平,另一端接到 U_{7A} 的输出端。当十位计数器的借位输出端输出信号低电平时,通过非门 U_{8A}、与门 U_{7A} 后,U_{7A} 输出高电平,即计时终止,从而控制蜂鸣器 BUZZER 和发光二极管工作,实现声光报警,如图 11-45 所示。

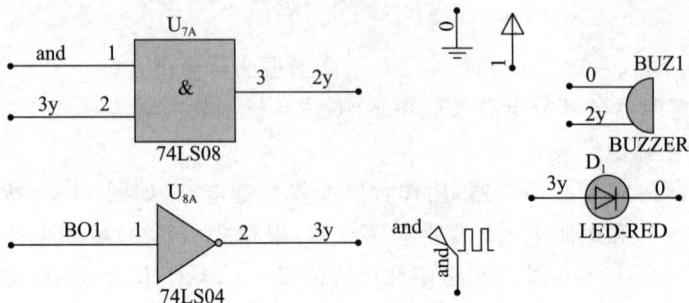

图 11-45　报警电路

270

11.3.4 任务实施

前面介绍了常用集成计数器74LS192的工作原理,以及如何利用集成计数器的复位/清除功能(置0)、预置数功能(置数)实现任意进制的计数器。除此之外,还对倒计时控制电路的每一个构成模块进行了分析设计。本小节将讲解如何对倒计时电路进行软件仿真和设计。

1. 软件仿真

利用 Multisim 14.3 软件,绘制24s倒计时仿真电路,如图11-46所示。通过仿真电路对倒计时整体电路进行调试和仿真测试,以检验电路设计的正确性和合理性。现将倒计时总电路的设计、仿真、调试与分析如下。

在图11-46中,U_1、U_2 分别为计数器的十位和个位,U_3、U_4 分别为译码器的十位和个位,U_5 为555定时器构成的多谐振荡器,其引脚3输出1s的时钟脉冲,U_{6A} 为两输入的与非门,U_{7A} 为两输入的与门,U_{8A}、U_{8B} 为两个非门,BUZZER 为蜂鸣器,LED1 为 LED 发光二极管。

首先,两个74LS192D的LD(图中PL)端输入低电平,即SW2开关接地,数码管显示数字24,然后,两个74LS192D的LD端输入高电平,同时SW3开关拨到下面,相当于加入1s时钟脉冲,此时数码管显示的数字开始倒计时,即每隔1s数码管显示的数字减1。当数码管显示的数字为00时,即倒计时结束,数码管显示的数字不变,表示报警灯的输出端开始高低电平不断转换,所连的发光二极管忽亮忽灭,仿真过程中用来代替发光二极管不断进行高低电平转换(之前一直是低电平)。

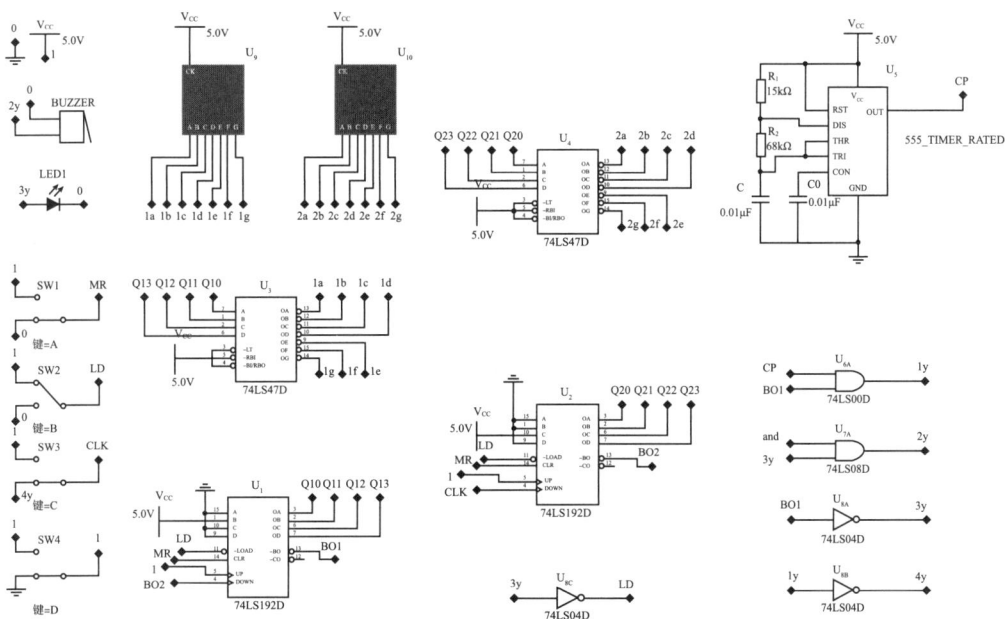

图 11-46　24s倒计时仿真电路图

2. 绘制电子线路板图

利用 Altium Designer 22.1 软件绘制印制电路板图,绘制过程中注意所画电路的约束条件,其参考图如图 11-47 所示。

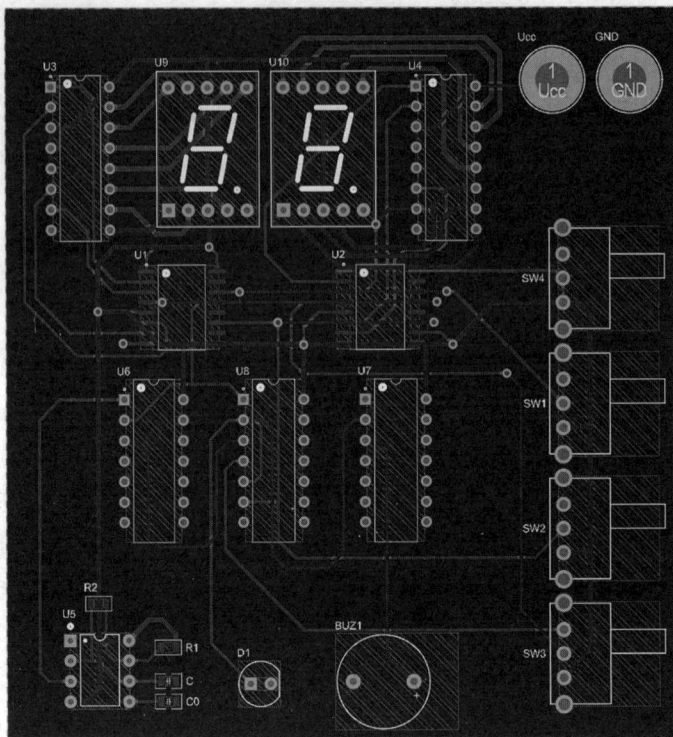

图 11-47　24s 倒计时印制电路板图

◆ 项 目 小 结 ◆

本项目旨在设计一个倒计时控制电路,该电路能够从设定的时间开始倒计时至零,并在到达预定时间时触发报警。通过完成该项目,学生们能够学习并掌握以下技能和知识。

(1) 数字逻辑与计数器设计:理解并应用基本的数字逻辑概念,如触发器、加法器等设计计数器。

(2) 模拟电路设计:了解如何使用 555 定时器等模拟元器件构建稳定的时钟信号源。

(3) 数字显示技术:学习如何将数字信号转换为物理显示,例如使用七段显示器。

(4) 电路仿真工具的使用:熟悉并使用电路仿真软件(如 Multisim、LTspice 等)验证电路的功能和性能。

(5) 电路调试与故障排查:掌握基本的电路调试技巧,学会识别和解决硬件电路中的常见问题。

(6) 系统集成:了解不同模块之间的接口要求,学会如何将各个部分集成在一起形成完整的系统。

(7) 安全意识与规范操作:培养在设计过程中遵循安全规范的习惯,确保电路安全可靠。

这个项目不仅让学生掌握了电子电路的基本原理和技术,还让他们学会了如何将理论知识应用于实际工程项目中,增强了他们的动手能力和解决问题的能力。此外,通过团队合作完成项目,学生也提高了沟通协作的能力。

◆　习　　题　◆

1.【设计题】试用 74LS192 的异步清零或者异步置数功能以及门电路构成一个三十六进制减法计数器电路,要求从预设值开始倒计时,每秒钟减 1,直到减至 0。

2.【设计题】设计一个使用 555 定时器的秒脉冲发生器电路,要求输出周期为 1s 的方波信号。分析并计算 555 定时器在产生 1s 周期方波信号时,其充电电阻和放电电容的值。

项目 12

抢答器电路的设计与制作

项目导读

　　八路抢答器通常是指在竞赛或课堂互动中用于多人抢答的一种设备。它结合了数字逻辑和时序电路的设计原理，利用了时序逻辑电路、触发器、计数器和 555 定时器等多种技术，适用于教学演示、学生实践以及小型竞赛活动中。这种设备一般设计为支持 8 位参与者，当主持人提出一个问题后，8 位参与者按下自己的按钮，系统能够准确地识别出第一个按下按钮的人并锁定该结果，同时通过声光或者其他指示器显示出获胜者的信息。最先按下按钮的参与者可以获得回答问题的机会。这样的设备广泛应用于学校、比赛和其他需要快速反应的场合。

　　在抢答器电路设计中，主要用到的器件有计数器、555 定时器、译码显示器、编码器和锁存器等。电路中既包括触发器、计数器等时序逻辑电路，又包括编码器、译码显示器等组合逻辑电路。

　　本项目是设计抢答器电路，具有主持人复位、倒计时控制、选手序号显示锁存、优先抢答和报警功能。本项目任务设置遵循以下逻辑思路：首先，进行基础模块的设计（抢答器），确保电路的基本功能得以实现；然后，在基础模块实现的基础上进行优化改善，增加倒计时控制电路，以便控制比赛节奏、规范抢答过程并增加游戏紧张感；最后，增加控制电路和报警电路，以提高抢答器电路的可靠性和灵活性，增强系统的安全性，提升系统的响应性和用户体验感。

学习目标

知识能力	1. 了解抢答器电路的应用； 2. 熟悉八路抢答器的电路组成； 3. 掌握抢答器电路的设计方法和功能

能力目标	1. 具备仪器仪表使用能力； 2. 具备元器件的识别、检测能力； 3. 具备电路图识图能力； 4. 具备电路原理图搭接能力； 5. 具备实验电路分析、测试能力
学习重难点	1. 时序逻辑电路的设计方法； 2. 集成计数器及其功能扩展； 3. 集成寄存器； 4. 555 定时器的应用； 5. 集成单稳态触发器 74LS121； 6. 八路抢答器电路的设计思路

任务 12.1　同步时序逻辑电路的设计方法

■ **想一想:**

(1) 时序逻辑电路的设计步骤是什么？

(2) 如何使用状态转换图和状态转换表描述时序逻辑电路？

(3) 状态最小化和化简的意义是什么？

(4) 如何设计一个简单的时钟控制的减法计数器？

(5) 时序逻辑电路设计中的难点是什么？

带着以上问题查阅相关资料,学生以小组为单位进行讨论,将对上述问题的理解和研究结果后,及时写在项目日志上。

在设计时序逻辑电路时,要求设计者根据给出的具体逻辑问题,实现这一逻辑功能的逻辑电路,所得到的设计结果应力求简单。当选用中小规模数字集成电路设计时,电路最简的标准是所用的触发器和门电路的数目最少,且它们的输入端数目也最少。当使用大规模集成电路设计时,电路最简的标准是使用的集成电路数目最少、种类最少,而且互相连线也最少。后者本任务暂不涉及。

时序逻辑电路的设计包括同步时序逻辑电路设计和异步时序逻辑电路设计,本任务主要讨论同步时序逻辑电路设计。

12.1.1　同步时序逻辑电路的设计步骤

设计同步时序逻辑电路时,一般按以下步骤进行。

1. 逻辑抽象

得出电路的状态转换真值表或者状态转换图就是将要求实现的时序逻辑功能表示为时

序逻辑函数。可以用状态转换表的形式,也可以用状态转换图的形式。要求如下。

(1) 分析给定的逻辑问题,确定输入变量、输出变量以及电路的状态数。通常都是将原因或条件作为输入变量,将结果作为输出变量。

(2) 定义输入、输出逻辑状态和每个电路状态的含义,并将全部的电路状态顺序编号。

(3) 按照题意列出电路的状态转换表或者画出电路的状态转换图,即可将给定的逻辑问题抽象为一个时序逻辑函数了。

2. 状态化简

若两个电路状态在相同的输入条件下有相同的输出,并且转换到同样的次态,则称这两个状态为等价状态。重复的等价状态可以合并为一个状态。电路的状态数越少,设计出来的电路也就越简单。状态化简的目的在于将等价状态合并,以获得最简的状态转换图。

3. 状态分配

状态分配又称状态编码。时序逻辑电路的状态是所用的全部触发器不同状态的组合。

首先,需要确定触发器的个数 n。因为 n 个触发器最多有 2^n 种状态组合,所以为获得时序电路所需的 M 个状态,必须取

$$2^{n-1} M \leqslant 2^n \tag{12-1}$$

其次,要给每个电路状态规定对应的触发器状态组合。每种触发器状态组合都是一组二进制代码,因此这项工作又称为状态编码。在 $M < 2^n$ 的情况下,从 2^n 个状态中选出 M 个状态的方案很多,每个方案中 M 个状态的排列顺序也多种多样。如果编码方案选择得当,设计结果可以很简单;反之,如果编码方案选择不当,设计出来的电路就会复杂得多,这其中有一定的技巧。

此外,为便于记忆和识别,一般选用的状态编码和它们的排列顺序要遵循一定的规律。

4. 选定触发器的类型

因为不同逻辑功能的触发器驱动方式不同,所以用不同类型触发器设计出的电路也不一样。为此,在设计具体的电路前,必须选定触发器的类型。选择触发器类型时,应该考虑元器件的供应情况,并应力求减少使用触发器的种类。

根据状态转换图(或者状态转换表)和选定的状态编码、触发器的类型,即可写出电路的状态方程、驱动方程和输出方程。

5. 根据得到的方程式画出逻辑图

6. 检查设计的电路能否自启动

如果电路不能自启动,就需采取相应的措施加以解决。一种方法是在电路开始工作时,通过电路预置数将电路的状态设置成有效循环状态中的一个;另一种方法是通过修改逻辑设计加以解决。

12.1.2　设计实例

【例 12-1】　设计一个具有进位输出的十三进制计数器。

解:根据给定的逻辑问题,求出电路的状态方程、驱动方程和输出方程,根据得到的方

程式画出逻辑电路(逻辑图)。

1. 逻辑抽象

得出电路的状态转换表或状态转换图。因为计数器的工作特点是在时钟信号作用下,依次从一个状态自动转为下一个状态,所以它没有输入变量,只有进位输出信号(输出变量或函数)。取进位信号为输出变量 C,同时规定有进位输出时,$C=1$;无进位输出时,$C=0$。

十三进制计数器有 13 个有效状态,若分别用 S_0,S_1,$\cdots$,S_{12} 表示,则按照题意可以画出电路状态转换图,如图 12-1 所示。

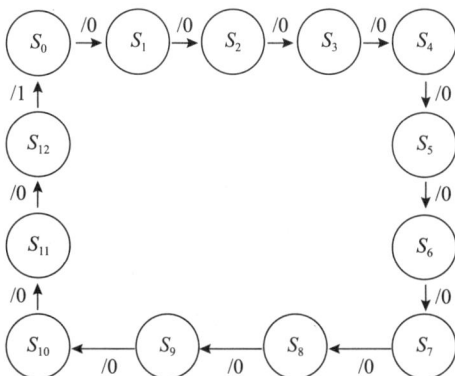

图 12-1 例 12-1 的状态转换图

由于十三进制计数器必须用 13 个状态表示已经输入的时钟脉冲数,因此状态转换图已不能再化简(状态化简略)。

2. 状态分配

根据式(12-1)可知,现要求 $M=13$,且满足 $2^{n-1} M \leqslant 2^n$,故应取触发器个数为 $n=4$。

如果对状态分配没有特殊要求,状态编码可取自然二进制数的 0000~1100 分别作为 $S_0 \sim S_{12}$ 的编码,于是得到了表 12-1 所示的状态编码(状态转换表)。

表 12-1 例 12-1 中电路的状态转换表

状态变化顺序	状 态 编 码				进位输出 C	等效十进制数
	Q_3	Q_2	Q_1	Q_0		
S_0	0	0	0	0	0	0
S_1	0	0	0	1	0	1
S_2	0	0	1	0	0	2
S_3	0	0	1	1	0	3
S_4	0	1	0	0	0	4
S_5	0	1	0	1	0	5
S_6	0	1	1	0	0	6
S_7	0	1	1	1	0	7
S_8	1	0	0	0	0	8

续表

状态变化顺序	状 态 编 码				进位输出 C	等效十进制数
	Q_3	Q_2	Q_1	Q_0		
S_9	1	0	0	1	0	9
S_{10}	1	0	1	0	0	10
S_{11}	1	0	1	1	0	11
S_{12}	1	1	0	0	1	12
S_0	0	0	0	0	0	13

3. 选定触发器类型

由于电路的次态 $Q_3^{n+1}Q_2^{n+1}Q_1^{n+1}Q_0^{n+1}$ 和进位输出 C 都取决于电路的现态 $Q_3^n Q_2^n Q_1^n Q_0^n$ 的取值,故可根据表 12-1 画出表示次态逻辑函数和进位输出的卡诺图,如图 12-2 所示。为简化书写,将现态 Q_3^n、Q_2^n、Q_1^n、Q_0^n 简写成 Q_3、Q_2、Q_1、Q_0。此外,因为计数器正常工作时不会出现 1101、1110 和 1111 三个状态,所以将相应的状态作无关项处理,用×表示。

$Q_3^n Q_2^n$ \ $Q_1^n Q_0^n$	00	01	11	10
00	0001/0	0010/0	0100/0	0011/0
01	0101/0	0110/0	1000/0	0111/0
11	0000/1	××××/×	××××/×	××××/×
10	1001/0	1010/0	1100/0	1011/0

图 12-2 例 12-1 的状态转换图电路次态逻辑函数和进位输出的卡诺图

为清晰起见,将图 12-2 所示的卡诺图分解为图 12-3 中的五个卡诺图,分别表示各个触发器次态 Q_3^{n+1}、Q_2^{n+1}、Q_1^{n+1}、Q_0^{n+1} 和进位输出 C 这五个函数。对卡诺图进行化简得到电路的状态方程(次态方程)和输出方程如下。

(1)状态方程为

$$\begin{cases} Q_3^{n+1}=Q_3^n \overline{Q_2^n}+Q_2^n Q_1^n Q_0^n \\ Q_2^{n+1}=\overline{Q_3^n}Q_2^n \overline{Q_1^n}+\overline{Q_3^n}Q_2^n \overline{Q_0^n}+Q_2^n Q_1^n Q_0^n \\ Q_1^{n+1}=\overline{Q_1^n}Q_0^n+Q_1^n \overline{Q_0^n} \\ Q_0^{n+1}=\overline{Q_3^n}\,\overline{Q_0^n}+\overline{Q_2^n}\,\overline{Q_0^n} \end{cases} \tag{12-2}$$

(2)输出方程为

$$C=Q_3 Q_2 \tag{12-3}$$

如果选用 JK 触发器组成这个电路,应该将式(12-2)变换成 JK 触发器特性方程的标准形式,即 $Q^{n+1}=J\overline{Q^n}+\overline{K}Q^n$ 的形式,然后就可以对应地找到驱动方程(J 和 K 的函数)了。

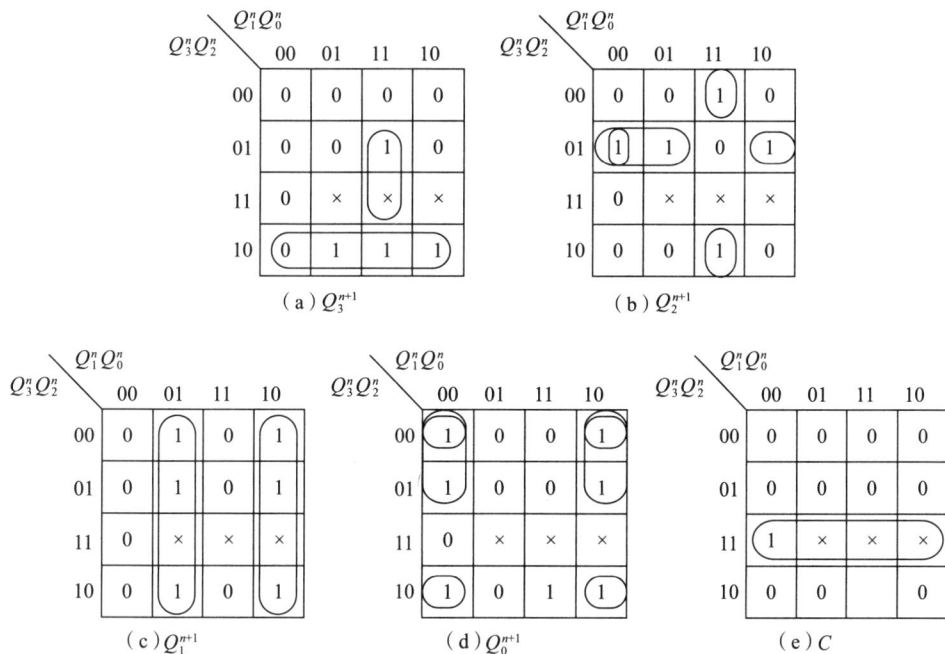

图 12-3 图 12-2 卡诺图的分解

$$\begin{cases} Q_3^{n+1}=Q_3^n\overline{Q_2^n}+Q_2^nQ_1^nQ_0^n\left(Q_3^n+\overline{Q_3^n}\right)=\left(Q_2^nQ_1^nQ_0^n\right)\overline{Q_3^n}+\overline{Q_2^n}Q_3^n \\ Q_2^{n+1}=\left(Q_1^nQ_0^n\right)\overline{Q_2^n}+\left(\overline{Q_3^n}\;\overline{Q_1^nQ_0^n}\right)Q_2^n \\ Q_1^{n+1}=\overline{Q_1^n}Q_0^n+Q_1^n\overline{Q_0^n} \\ Q_0^{n+1}=\left(\overline{Q_3^n}+\overline{Q_2^n}\right)\overline{Q_0^n}+\overline{1}Q_0^n=\left(\overline{Q_3^nQ_2^n}\right)\overline{Q_0^n}+\overline{1}Q_0^n \end{cases}\qquad(12\text{-}4)$$

对照式(12-4)和 JK 触发器的特性方程,可得到各触发器的驱动方程为

$$\begin{cases} J_3=Q_2^nQ_1^nQ_0^n, & K_3=Q_2^n \\ J_2=Q_1^nQ_0^n, & K_2=\overline{\overline{Q_3^n}\;\overline{Q_1^nQ_0^n}} \\ J_1=Q_0^n, & K_1=Q_0^n \\ J_0=\overline{Q_3^nQ_2^n}, & K_0=1 \end{cases}\qquad(12\text{-}5)$$

4. 根据得到的方程式画出逻辑图

根据式(12-3)和式(12-5)可画出该计数器的逻辑图,如图 12-4 所示。

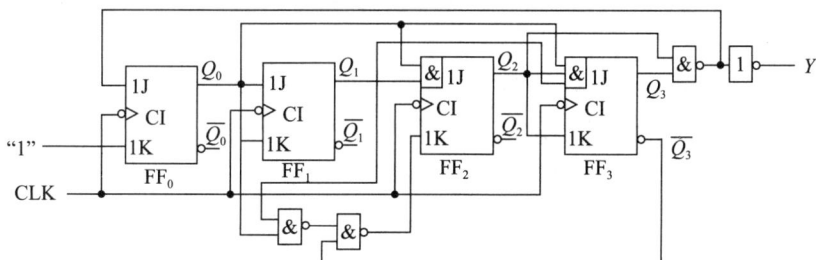

图 12-4 十三进制同步计数器

为了验证电路的逻辑功能是否正确,可将 0000 作为初始状态代入式(12-2)的状态方程,然后依次计算出次态值,所得到的结果应该与表 12-1 相同。

5. 检查设计的电路能否自启动

最后检查设计的电路能否自启动。将三个无效状态 1101、1110 和 1111 作为现态,分别代入状态方程式(12-2)中进行计算,所得次态分别为 0010、0010 和 0000,状态转换如图 12-5 所示,故电路具有自启动能力。

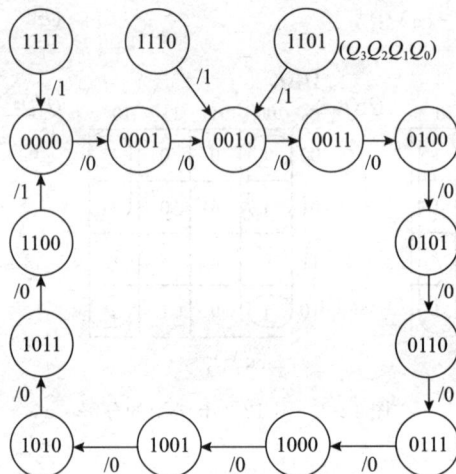

图 12-5 例 12-1 电路的状态转换图

任务 12.2 八路抢答器的设计与制作

■ **想一想:**

(1) 抢答器的基本功能是什么? 如何检测谁最先按下按钮?

(2) 抢答器由哪些模块组成? 每个模块的功能和作用是什么?

(3) 如何识别哪个按钮被按下? 如何实现抢答锁定机制?

(4) 在基本抢答器的基础上可以添加哪些额外功能?

(5) 如何用集成计数器设计定时电路?

(6) 如何通过 LED 显示抢答结果? 怎样添加声音提示功能?

(7) 如何设计一个具有系统清除、抢答控制、锁存与显示功能、定时抢答和报警功能的智能抢答器?

带着以上问题查阅相关资料,学生以小组为单位进行讨论,将对上述问题的理解和研究结果后,及时写在项目日志上。

12.2.1　八路抢答器的设计分析步骤

1. 抢答器电路的应用场景及要求

抢答器电路通常应用于需要通过快速反应来决定谁最先响应的场合。这种电路广泛应用于各种竞赛场景,如学校的知识竞赛、电视游戏节目以及一些团队建设活动。

学校竞赛:在学术竞赛或知识问答比赛中,抢答器用于判断哪位学生或哪支队伍首先按下按钮。

电视节目:在智力问答或游戏类电视节目中,抢答器可以帮助确定哪位参赛者最快做出反应。

企业培训:在企业的内部培训或团建活动中,抢答器可以用来增加活动的趣味性和竞争性。

家庭娱乐:在家庭聚会或朋友间的娱乐活动中,自制或购买的抢答器可以让游戏更加有趣。

抢答器电路不仅可以实现优先抢答的功能,还可以锁存抢答者的编号,并在显示器上直观地显示出来。同时,抢答器还具有可预置时间的定时电路以及报警功能。

2. 抢答器电路的组成

八路数字抢答器框图如图 12-6 所示。由图可知,本框图由两部分组成:一部分为主体电路;另一部分为扩展电路。主体电路包括抢答按钮、优先编码电路、锁存器、译码显示电路、主持人控制开关、控制电路以及报警电路。扩展电路包括秒脉冲发生器、定时电路、译码电路以及显示电路。

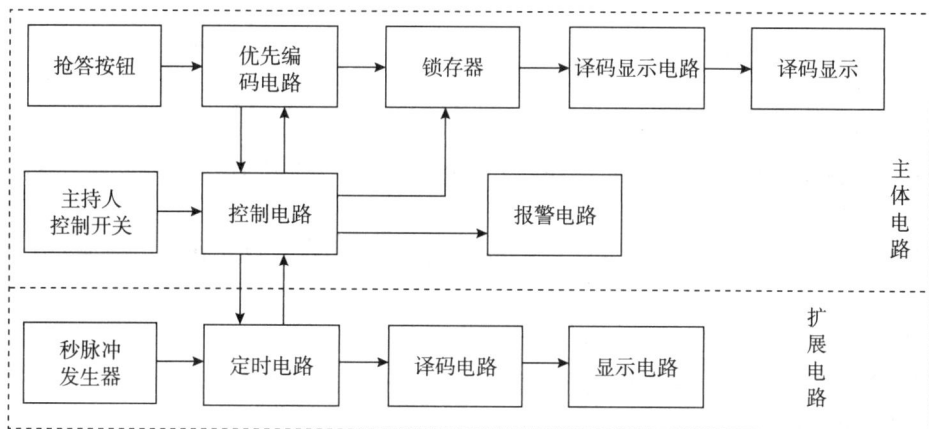

图 12-6　八路数字抢答器框图

八路抢答器可以完成以下功能。

(1) 抢答器同时供 8 名选手或 8 个代表队比赛,分别用 8 个按钮 $S_0 \sim S_7$ 表示。

(2) 设置一个系统清除和抢答控制开关 S,该开关由主持人控制。

(3) 抢答器具有锁存与显示功能。即选手按动按钮,锁存相应的编号,并在 LED 数码管上显示,同时扬声器发出报警声提示。选手抢答实行优先锁存,优先抢答选手的编号一直保持到主持人将系统清除为止。

(4) 抢答器具有定时抢答功能,且一次抢答的时间由主持人设定(如 30s)。当主持人按下"开始"键后,定时器进行倒计时,同时扬声器发出短暂的声响,声响持续的时间为 0.5s 左右。

(5) 如果参赛选手在设定的时间内进行抢答,则抢答有效,定时器停止工作,显示器上显示选手的编号和抢答的时间,并保持到主持人将系统清除为止。

(6) 如果定时时间已到,无人抢答,则本次抢答无效,系统报警并禁止抢答,定时显示器上显示 00。

12.2.2 八路抢答器的电路设计

八路抢答器是利用前面所学知识进行综合应用的设计项目,也是一个有趣的工程项目。抢答器电路通常用于赛事或教育环境中,以公平地决定谁首先按下按钮,并锁定该结果。下面详细介绍抢答器电路的设计。

1. 抢答器电路关键元器件

1) 优先编码器

抢答器电路中,编码器选用的是集成优先编码器 74LS148,实现判断哪个参赛选手或代表队优先按下按钮功能。

2) 锁存器

抢答器电路中,锁存器选用的是集成双锁存器 74LS279,实现锁存最先抢答者编号的功能,封锁其他按键的输入。

3) 译码器

抢答器电路中,译码器选用 4 线-7 线 8421 译码器 74LS247,实现翻译最先抢答者编号并在显示器上显示的功能。

4) 定时电路

抢答器电路中,定时电路选用集成同步十进制可逆计数器 74LS192,限制一次抢答的时间。

5) 秒脉冲发生器

抢答器电路中,秒脉冲发生器选用 555 定时器,产生 1Hz 秒脉冲用于定时器的时钟脉冲输入。

6) 控制电路

抢答器电路中,控制电路选用集成单稳态触发器 74LS121 和门电路。

7) 报警电路

抢答器电路中,报警电路选用 555 定时器、晶体管和 BUZZER 蜂鸣器。

2. 抢答器的工作原理

抢答器工作过程如下:当接通电源后,主持人将开关拨到"清除"状态,抢答器处于禁止抢答状态,显示器不显示选手编号(灭灯),定时器显示初始设定时间;当主持人将开关拨到"开始"状态,宣布开始抢答时,定时器进入倒计时,扬声器给出声响提示;当选手在规定时间内抢答时,抢答器完成优先判断、编号锁存、编号显示以及扬声器提示;当一轮抢答之后,定时器停止计时,禁止二次抢答,定时器显示剩余时间;如果再次抢答,主持人必须再次操作

"清除"和"开始"状态开关,从而实现新一轮的抢答功能。

综上所述,抢答器电路通过优先编码、序号锁存、译码显示电路、定时电路、时钟信号源、时序控制电路和报警电路的协同工作,实现了抢答功能。通过调整定时器初始值和控制信号的触发条件,可以设置一次抢答时间。

在了解了抢答器电路的应用场景和要求,掌握了抢答器电路的组成和工作原理后,下面进行抢答器各模块电路的设计。

3. 数字抢答器电路

数字抢答器电路如图 12-7 所示。图中,74LS148 为 8 线-3 线优先编码器,其引脚排列图如图 12-8(a)所示,功能表见表 12-2。74LS247 为 4 线-7 线译码器,输入 $A_3 A_2 A_1 A_0$ 为 8421 码(0000~1001),输出驱动数码管显示数字 0~9。74LS279 为四锁存器(寄存器),集成块内部有四个 RS 触发器,每个锁存器都有两个输入端(S 和 R)以及一个输出端 Q。74LS279 和 74LS247 引脚排列图如图 12-8(b)、图 12-8(c)所示,锁存器的功能表见表 12-3。集成芯片 74LS148 和 74LS247 在前面项目中已讲述,这里不再赘述。74LS279 四锁存器(寄存器)具有数据存储、信号处理以及对数据锁存的功能,其如何实现数据存储和信号处理功能,将在任务拓展与提升部分详细介绍。

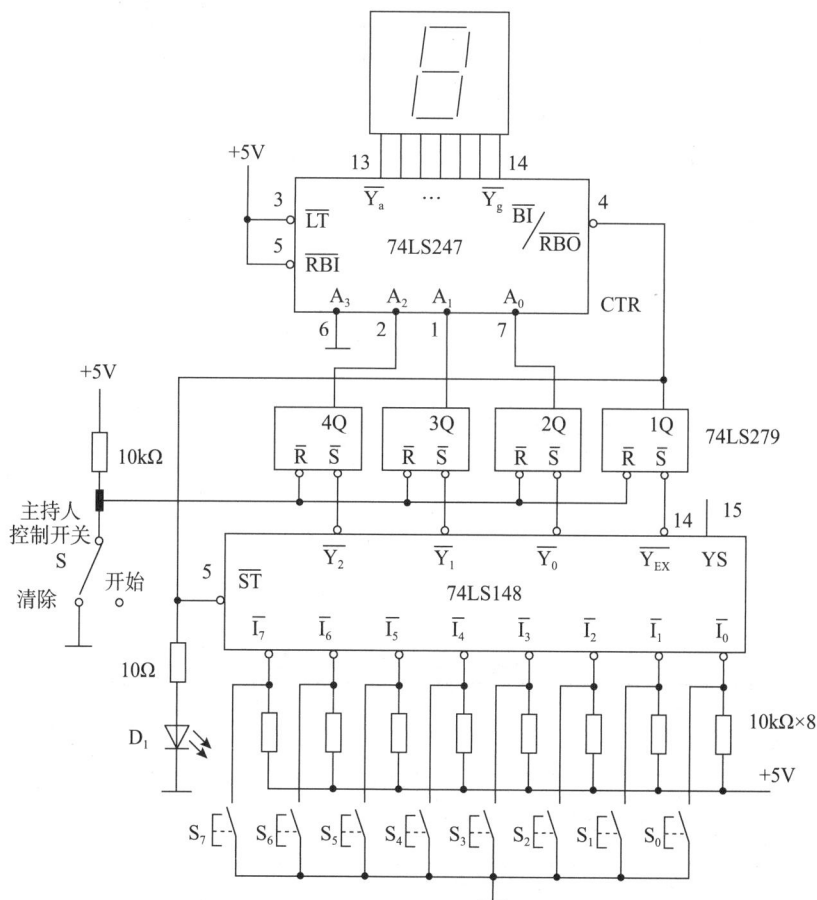

图 12-7 数字抢答器电路(由 Multisim 14.3 仿真软件绘制)

表 12-2 74LS148 的功能表

输　　入									输　　出				
$\overline{ST}$	$\overline{I_0}$	$\overline{I_1}$	$\overline{I_2}$	$\overline{I_3}$	$\overline{I_4}$	$\overline{I_5}$	$\overline{I_6}$	$\overline{I_7}$	$\overline{Y_1}$	$\overline{Y_2}$	$\overline{Y_0}$	$\overline{Y_{EX}}$	$\overline{Y_S}$
1	×	×	×	×	×	×	×	×	1	1	1	1	1
0	1	1	1	1	1	1	1	1	1	1	1	1	0
0	×	×	×	×	×	×	×	0	0	0	0	0	1
0	×	×	×	×	×	×	0	1	0	0	1	0	1
0	×	×	×	×	×	0	1	1	0	1	0	0	1
0	×	×	×	×	0	1	1	1	0	1	1	0	1
0	×	×	×	0	1	1	1	1	1	0	0	0	1
0	×	×	0	1	1	1	1	1	1	0	1	0	1
0	×	0	1	1	1	1	1	1	1	1	0	0	1
0	0	1	1	1	1	1	1	1	1	1	1	0	1

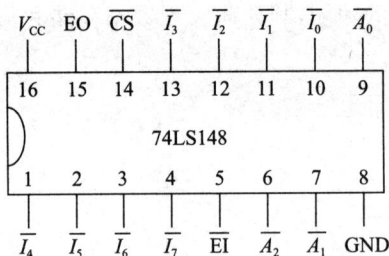

（a）74LS148引脚排列图　　　　　　（b）74LS279引脚排列图

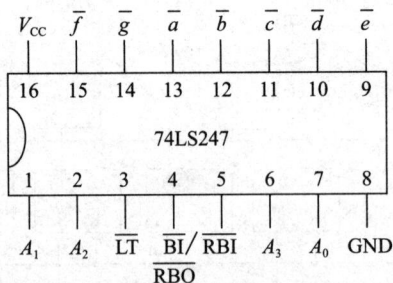

（c）74LS247引脚排列图

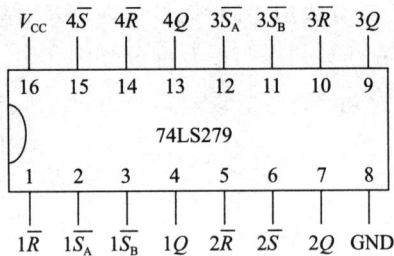

图 12-8　74LS148、74LS279、74LS247 引脚排列图

表 12-3　74LS279 的功能表

输　　入		输　　出
$\overline{R}$	$\overline{S}$	Q
0	0	不确定
0	1	复位(0)
1	0	置位(1)
1	1	保持

抢答器电路应完成两个功能:一是分辨出选手按键的先后顺序,并锁存优先抢答者的编号,译码显示电路显示选手编号;二是同时禁止其他选手按键操作。抢答电路工作过程如下。

(1) 主持人将开关 S 拨到"清除"状态,抢答器处于禁止抢答状态,显示器不显示选手编号(灭灯),定时器显示初始设定时间。

(2) 主持人将开关 S 拨到"开始"时,抢答器处于等待工作状态,当有选手按下按键时(如按下 S_5),74LS148 的输出经基本 RS 触发器锁存后,$1Q=1$,译码器 74LS247 处于工作状态,$4Q3Q2Q=101$,经译码显示为"5"。此外,$1Q=1$,使 74LS148 的 $\overline{ST}=1$,处于禁止状态,封锁其他按键的输入。

(3) 当按键松开即未按下时,74LS148 的 $\overline{ST}=1$,此时由于基本 RS 触发器处于保持状态,故 $1Q=1$,因此 74LS148 仍处于禁止状态,确保不会出现二次按键时输入信号,保证了抢答者的优先性。

(4) 如需再次抢答,由主持人将 S 开关重新置 0"清除",然后再进行下一轮抢答。

4. 定时电路

定时电路如图 12-9 所示。由主持人根据抢答题的难易程度,设定一次抢答的时间,通过预制时间电路对计数器进行预制,计数器的时钟脉冲由秒脉冲电路提供。可预制时间的电路选用十进制同步加减计数器 74LS192 进行设计。

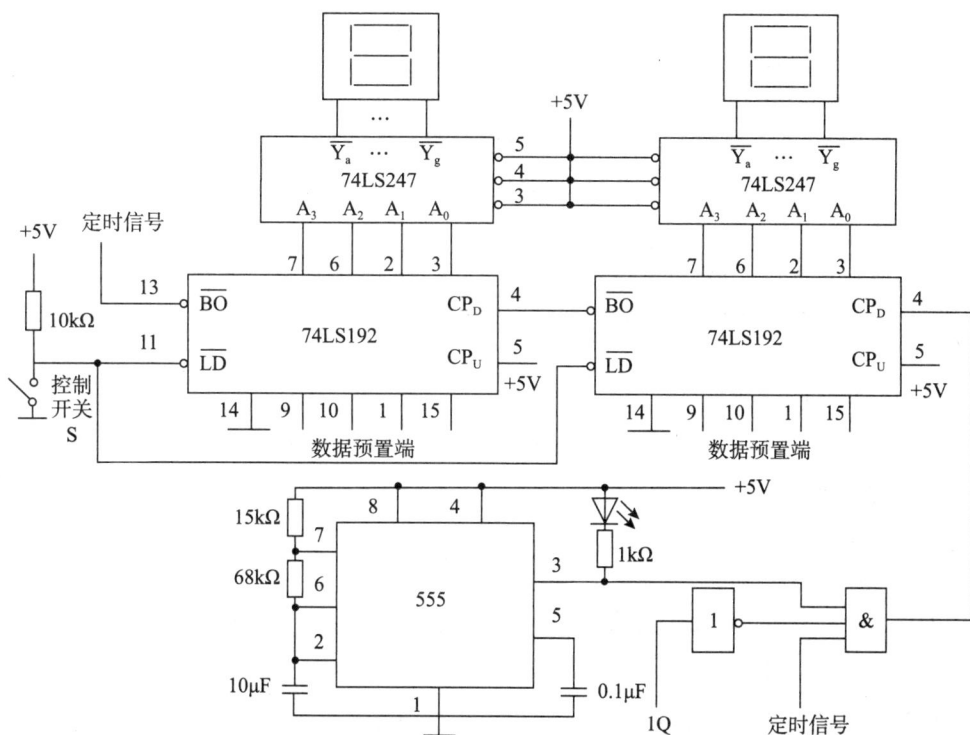

图 12-9 可预置时间的定时电路(由 Multisim 14.3 仿真软件绘制)

5. 报警电路

由 555 定时器和晶体管构成的报警电路如图 12-10 所示。其中 555 构成多谐振荡器,振

荡频率 $f_0 = 1.43/[(R_1 + 2R_2)C]$，其输出信号经晶体管送到扬声器。PR 为控制信号，当 PR 为高电平时，多谐振荡器工作；反之，电路停振。

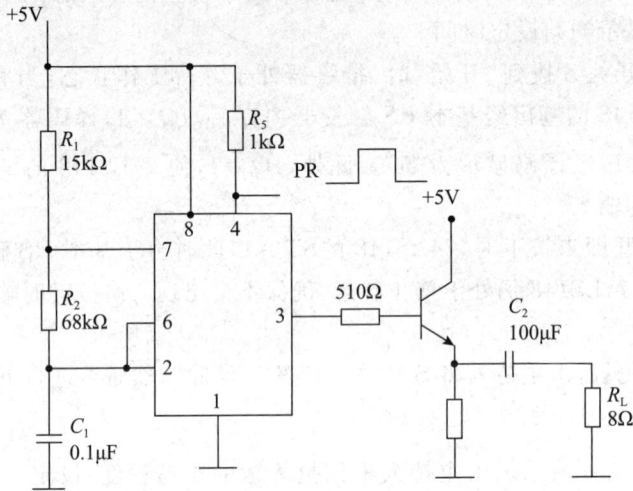

图 12-10　报警电路（由 Multisim 14.3 仿真软件绘制）

6. 时序控制电路

1) 时序控制电路的组成

时序控制电路是抢答器设计的关键，如图 12-11 所示。它由门 G_1、G_2、G_3 和一个非门以及集成单稳态触发器 74LS121 构成。它完成以下三项功能。

（1）主持人将控制开关拨到"开始"位置时，扬声器发声，抢答电路和定时电路进入正常抢答工作状态。

（2）当参赛选手按下抢答键时，扬声器发声，抢答电路和定时电路停止工作。

（3）当设定的抢答时间到但无人抢答时，扬声器发声，同时抢答电路和定时电路停止工作。

2) 时序控制电路工作原理

在图 12-11 中，门 G_1 的作用是控制时钟信号 CP 的放行与禁止，门 G_2 的作用是控制 74LS148 的输入使能端 $\overline{ST}$。

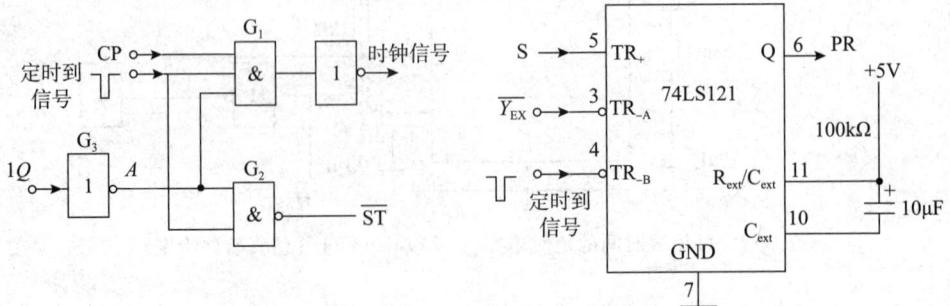

图 12-11　时序控制电路（由 Multisim 14.3 仿真软件绘制）

时序控制电路的工作原理为:主持人将控制开关从"清除"位置拨到"开始"位置时,来自图 12-7 抢答电路中的 74LS279 的输出 $1Q=0$,经 G_3 反相,$A=1$,则时钟信号 CP 能够加到 74LS192 的 CP_D 时钟输入端,定时电路进行递减计时。同时,在定时时间未到时,"定时到信号"为 1,门 G_1 的输出为 0,使 74LS148 处于正常工作状态,从而实现上述功能(1)的要求。

当参赛选手在定时时间内按下抢答键时,$1Q=1$,经 G_3 反相,$A=0$,封锁 CP 信号,定时器处于保持工作状态;同时,门 G_2 的输出为 1,74LS148 处于禁止工作状态,从而实现功能(2)的要求。

当定时时间到,"定时到信号"为 0,$\overline{ST}=1$,74LS148 处于禁止工作状态,禁止选手进行抢答。同时,门 G_1 处于关门状态,封锁 CP 信号,使定时电路保持 00 状态不变,从而实现功能(3)的要求。

集成单稳态触发器 74LS121 用于控制报警电路及发声的时间,这种单稳态触发器有一个暂态输出状态,该状态会在触发后维持一段时间,然后自动返回到稳定状态。其引脚排列图如图 12-12 所示。TR_{-A}、TR_{-B} 为下降沿触发的输入端,TR_+ 为同相施密特触发器的输入端,R_{ext}/C_{ext}、C_{ext} 接外部电容,R_{int} 一般与 V_{CC} 连接,Q、$\overline{Q}$ 为互补输出端。其功能见表 12-4,其工作原理在任务拓展与提升部分进行分析。

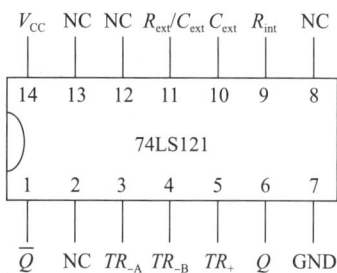

图 12-12　74LS121 引脚排列图

表 12-4　74LS121 的功能表

输　入			输　出		说　明
TR_{-A}	TR_{-B}	TR_+	Q	$\overline{Q}$	
0	$\times$	1	0	1	稳定状态
$\times$	0	1	0	1	稳定状态
$\times$	$\times$	0	0	1	稳定状态
1	1	$\times$	0	1	稳定状态
0	$\times$	↑	⊓	⊔	上升沿触发
$\times$	0	↑	⊓	⊔	上升沿触发
1	↓	1	⊓	⊔	下降沿触发
↓	1	1	⊓	⊔	下降沿触发
↓	↓	1	⊓	⊔	下降沿触发

12.2.3　任务实施

根据抢答器任务要求,并结合其工作原理,将数字抢答器电路、定时电路、报警电路以及时序控制电路等各单元电路模块连接在一起,构成一个完整的具有抢答定时、报警功能的八路智能抢答器。

利用 Multisim 14.3 软件画出八路抢答器仿真电路图,调试并进行功能验证(读者自行仿真测试)。

任务 12.3　拓展与提升——74LS290 设计计数器

■ **想一想：**

　　(1) 集成计数器 74LS290 芯片的逻辑功能是什么？

　　(2) 集成计数器 74LS161 芯片的逻辑功能是什么？

　　(3) 什么是寄存器？它有哪些主要应用场景？

　　(4) 寄存器的主要功能是什么？

　　(5) 常见的寄存器有哪些类型？每种类型的寄存器有什么特点？

　　(6) 常用的集成寄存器型号有哪些？

　　(7) 什么是单稳态触发器？

　　(8) 单稳态触发器的工作原理是什么？

　　(9) 什么是无稳态触发器？

　　(10) 什么是 555 定时器？其主要应用有哪些？

　　带着以上问题查阅相关资料，学生以小组为单位进行讨论，将对上述问题的理解和研究结果后，及时写在项目日志上。

12.3.1　集成计数器

集成计数器应用广泛，下面主要介绍两种常用的集成计数器：74LS290 和 74LS161。

1. 计数器的应用

计数器是一种常见的工具，用于记录和显示特定事件发生的次数，在多个领域中都有广泛的应用。以下是几个主要的应用领域。

1）电子工程与计算机科学

数字系统：在数字逻辑电路中，计数器用于计数、分频、定时等。

计算机硬件：计数器用于跟踪指令地址、执行次数等。

软件开发：在程序中，计数器用于循环控制、访问次数统计等。

2）工业自动化与制造

生产制造：统计生产线的产量和良品率，监控生产效率和质量。

物流与仓储：统计物品进出的数量。

质量控制：通过计数器监控无尘车间的洁净度，确保生产环境符合要求。

3）通信与网络

数据传输：计算数据包的传输速度，统计数据流量。

电子商务：统计网站访问量和订单数量，帮助分析用户行为和运营策略。

4）医疗与健康

医学成像：用于控制医学影像设备的辐射剂量，提高成像质量，减少对人体的影响。

放射治疗：精确控制放疗设备的辐射剂量，提高治疗效率，降低副作用。

环境监测:使用粒子计数器监控空气质量,评估和监测室内和室外的空气质量。

5)安全与环境保护

放射性污染监测:监测水体和环境中的辐射水平,评估对生态和健康的影响。

安全检查:在机场、火车站等场所进行人员和行李的安全检查。

6)交通管理

交通流量统计:统计公路、地铁站等人流和车流,优化交通规划和管理。

7)商业与服务

商业统计:统计顾客到访次数,如商场入口的人流量统计。

货币交易:统计银行交易和 ATM 机的使用次数,监控资金流动和支付安全。

8)教育与科研

实验室研究:在物理实验中,记录脉冲、光子等信号的数量。

生物研究:在细胞计数或分子计数中使用计数器。

9)日常生活

健康管理:健身计数器用于记录步数、卡路里消耗等。

家用电器:统计如洗衣机的洗涤次数。

10)其他特殊用途

投票计数器:选举或投票活动中记录选票数量。

游戏计分板:记录玩家得分、生命值等信息。

2. 异步二-五-十进制计数器

1)芯片介绍

集成异步计数器 74LS290 又称异步二-五-十进制计数器,74LS290 芯片的引脚排列如图 12-13 所示。图中,S_{9A}、S_{9B} 为置 9 端;R_{0A}、R_{0B} 为置 0 端;CP_0、CP_1 为计数时钟输入端;$Q_3Q_2Q_1Q_0$ 为输出端;NC 为空脚。

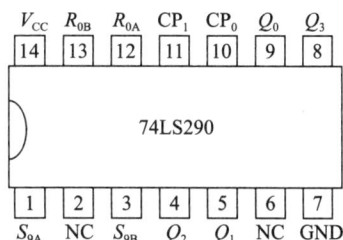

图 12-13　74LS290 芯片的引脚排列

74LS290 的结构框图(未画出置 0 和置 9 输入端)如图 12-14(a)所示。由该图可看出,74LS290 由一个 1 位二进制计数器和一个五进制计数器组成。图 12-14(b)为 74LS290 的逻辑功能示意图,其功能表见表 12-5。

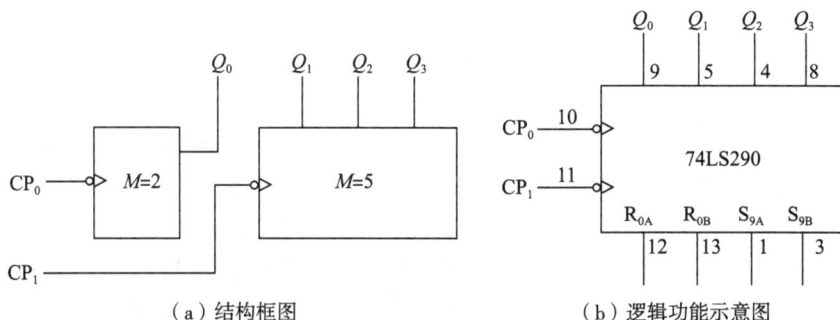

（a）结构框图　　　　　（b）逻辑功能示意图

图 12-14　74LS290 的结构框图和逻辑功能示意图

表 12-5　74LS290 的逻辑功能表

复位输入		置位输入		时钟	输 出				工作模式
R_{0A}	R_{0B}	S_{9A}	S_{9B}	CP	Q_3	Q_2	Q_1	Q_0	
1	1	0	×	×	0	0	0	0	异步清零
1	1	×	0	×	0	0	0	0	
×	×	1	1	×	1	0	0	1	异步置数
0	×	0	×	↓	计数				加法计数
×	0	×	0	↓	计数				
0	×	×	0	↓	计数				
×	0	×	0	↓	计数				

2) 逻辑功能

由表 12-5 可知,74LS290 主要有以下功能。

(1) 异步置 0 功能。当 $R_{0A}=R_{0B}=1$,S_{9A}、S_{9B} 不全为 1(二者只有一个为 0)时,无论其他输入端状态如何,计数器输出 $Q_3Q_2Q_1Q_0=0000$,与时钟脉冲 CP 没有关系,故又称异步清零功能或复位功能。

(2) 异步置 9 功能。当 $S_{9A}=S_{9B}=1$ 时,无论其他输入端状态如何,计数器输出 $Q_3Q_2Q_1Q_0=1001$,而 $(1001)_2=(9)_{10}$,也与 CP 无关,故又称异步置数功能。

(3) 计数功能。当 S_{9A}、S_{9B} 不全为 1,且 R_{0A}、R_{0B} 也不全为 1 时,输入计数脉冲 CP,74LS290 处于计数工作状态。具体有下面四种情况:①计数脉冲由 CP_0 端输入,输出为 Q_0 时,构成 1 位二进制计数器;②计数脉冲由 CP_1 端输入,输出为 $Q_3Q_2Q_1$ 时,构成异步五进制计数器;③将 Q_0 和 CP_1 相连,计数脉冲由 CP_0 端输入,输出为 $Q_3Q_2Q_1Q_0$ 时,构成 8421 码异步十进制计数器;④将 Q_3 和 CP_0 相连,计数脉冲由 CP_1 端输入,从高位到低位的输出为 $Q_0Q_3Q_2Q_1$ 时,构成 5421 码异步十进制加法计数器。

3) 任意进制计数器

(1) 构成十进制以内任意计数器。利用一片 74LS290 集成计数器芯片,可构成二进制到十进制之间任意进制的计数器。74LS290 可构成二进制、五进制和十进制计数器,如图 12-15 所示。

二进制计数器:CP 由 CP_0 端输入,Q_0 端输出,如图 12-15(a)所示。

五进制计数器:CP 由 CP_1 端输入,$Q_3Q_2Q_1$ 端输出,如图 12-15(b)所示。

十进制计数器(8421 码):Q_0 和 CP_1 相连,$Q_3Q_2Q_1Q_0$ 端输出,如图 12-15(c)所示。

(2) 构成十进制以内其他 N 进制计数器。若构成十进制以内其他 N 进制计数器,可以采用直接清零法。思路是:只要异步置 0 输入端出现置 0 输入信号,计数器便立刻被置 0。因此,利用异步置 0 输入端获得 N 进制计数器时,应在输入第 N 个计数脉冲 CP 后,通过控制电路(或反馈线)产生一个置 0 信号加到异步置 0 输入端上,使计数器置 0,便实现了 N 进制计数。即利用 74LS290 芯片的异步置 0 端和与门,将 N 进制的 N 值所对应的二进制代码中等于"1"的输出反馈到置 0 端 R_{0A} 和 R_{0B} 来实现 N 进制计数。具体步骤如下。

① 用 S_1,S_2,…,S_N 表示输入 1,2,…,N 个计数脉冲 CP 时计数器的状态。

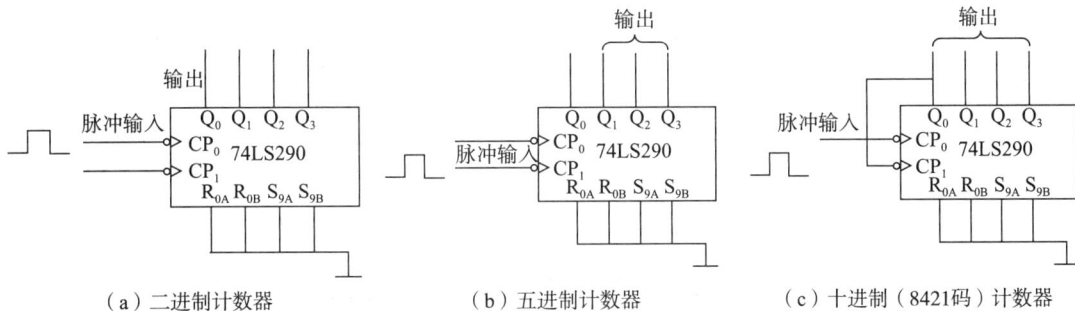

图 12-15　74LS290 二进制、五进制和十进制计数器

（a）二进制计数器　　（b）五进制计数器　　（c）十进制（8421码）计数器

② 写出 N 进制计数器状态 S_N 的二进制代码。

③ 写出反馈归零函数。这实际上是根据 S_N 写出置 0 端的逻辑函数式。

④ 画连线图。主要根据反馈归零函数画连线图。

12.3.2　任务实施

前面介绍了常用集成计数器 74LS290 的工作原理，以及利用集成计数器的复位/清除功能（置 0）、预置数功能（置数）实现任意进制计数器。下面将对集成计数器的功能进行测试、仿真检测以及扩展应用。

1) 十进制计数器（74LS290）

（1）软件仿真。利用 Multisim 14.3 软件绘制集成计数器 74LS90 逻辑功能仿真电路图，如图 12-16 所示。为方便直接观察计数结果，电路中增加了译码器 U_2（型号为 74LS247）和数码管显示器，U_1 是集成异步二-五-十进制计数器，型号为 74LS90。该计数器具有异步置 0、置 9 和计数功能，与 74LS290 功能相同（引脚排列不同），其引脚排列如图 12-17 所示。其中，$R_{0(1)}$、$R_{0(2)}$ 为异步置 0 端，$S_{9(1)}$、$S_{9(2)}$ 为异步置 9 端，高电平有效，INA、INB 为时钟脉冲输入端，下降沿触发 Q_0、Q_1、Q_2、Q_3 为输出端。$R_{0(1)}$、$R_{0(2)}$、$S_{9(1)}$、$S_{9(2)}$ 分别接到按键 K_1、K_2、K_3、K_4 一端，按键另一端接地。将时钟脉冲 INB 与 Q_0 连接，构成十进制计数器，时钟脉冲 INA 接到单刀多掷开关 SW1 上。当开关拨到上面时，输入的是连续脉冲；当开关拨到下面时，输入的是单次脉冲。

（2）功能测试。集成计数器 74LS90 功能与 74LS290 相同。

① 异步置 0 功能。将异步置 0 端 K_1、K_2 按键接有效高电平，异步置 9 端 K_3、K_4 中只有一个接低电平，此时计数器清零，即 $Q_3Q_2Q_1Q_0=0000$，将测试结果填入表 12-6 中。

② 异步置 9 功能。将异步置 9 端 K_3、K_4 按键接有效高电平，异步置 0 端为任意值（高低电平都可），此时计数器置 9，即 $Q_3Q_2Q_1Q_0=1001$，将测试结果填入表 12-6 中。

表 12-6　集成计数器 74LS90 功能表

输　　入				输　　出			
$R_{0(1)}$	$R_{0(2)}$	$S_{9(1)}$	$S_{9(2)}$	Q_3	Q_2	Q_1	Q_0
1	1	0	$\times$				
1	1	$\times$	0				

输 入				输 出			
$R_{0(1)}$	$R_{0(2)}$	$S_{9(1)}$	$S_{9(2)}$	Q_3	Q_2	Q_1	Q_0
×	×	1	1				
0	×	0	×				
×	0	×	0				
0	×	×	0				
×	0	0	×				

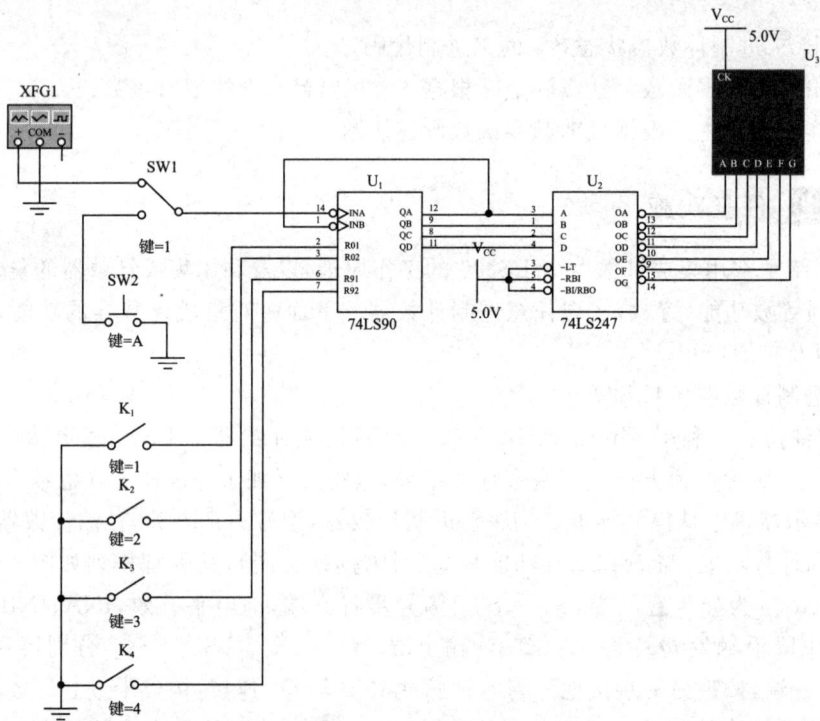

图 12-16　集成计数器 74LS90 逻辑功能仿真电路(由 Multisim 14.3 仿真软件绘制)

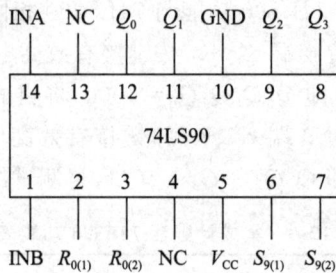

图 12-17　集成计数器 74LS90 引脚排列图

③ 计数功能。将异步置 0、异步置 9 端中任意一个接无效低电平,且 INB 接 Q_0,INA 作为输入时钟脉冲,将开关 SW1 拨到下面,即输入单次时钟脉冲。每按下一次按键(输入一个

292

脉冲 CP),此时计数器立即计数,将测试结果填入表 12-7 中。

表 12-7 集成计数器 74LS90 计数功能表

输 入					输 出
$R_{0(1)}$	$R_{0(2)}$	$S_{9(1)}$	$S_{9(2)}$	INA	$Q_3Q_2Q_1Q_0$
0	×	0	×	0	
×	0	×	0	1	
0	×	×	0	2	
×	0	0	×	3	
0	×	×	×	4	
×	0	×	0	5	
0	×	×	0	6	
×	0	0	×	7	
0	×	×	0	8	
×	0	×	0	9	
0	×	×	0	10	

(3) 74LS90 的扩展应用测试。要了解一片 74LS90 集成计数器芯片实现任意计数器的方法,请自行下载前言拓展资源学习。

2) 任意进制计数器(74LS161)

(1) 软件仿真。利用 Multisim 14.3 软件绘制集成计数器 74LS161 逻辑功能仿真电路图,如图 12-18 所示。为方便直接观察计数结果,电路中增加了译码器 74LS247 和数码管显示器,U_1 是集成同步 4 位二进制加法计数器,型号为 74LS161,具有异步置 0、同步置数和计数功能,其引脚排列如图 12-19 所示。其中 $\overline{MR}$ 为异步置 0 端;$\overline{LD}$ 为同步置数端,低电平有效;EP、ET 为计数控制端,高电平有效;CLK 为时钟脉冲输入端,上升沿触发;D_3、D_2、D_1、D_0 为数据输入端;Q_3、Q_2、Q_1、Q_0 为输出端。将 74LS161 所有输入端接到电平开关 $K_1 \sim K_8$ 一端,开关另一端接地。时钟脉冲 CLA 接到单刀多掷开关 SW1 上,当开关拨到上面时,输入的是连续脉冲;当开关拨到下面时,输入的是单次脉冲。输出端 $Q_3Q_2Q_1Q_0$ 接 74LS247 的代码输入端 $ABCD$,V_{CC}、GND 分别接电源正负极。

(2) 功能测试。按照图 12-18 连接好仿真电路,测试集成计数器 74LS161 的逻辑功能,其功能表见表 12-8。

① 异步清零功能。将异步置 0 端 K_1 按键按下,即接有效低电平 0,其他输入信号为任意值,此时计数器清零,即 $Q_3Q_2Q_1Q_0=0000$,将测试结果填入表 12-8 中。

② 同步预置数功能。将异步清零端 $\overline{MR}=1$,同步置数端 $\overline{LD}=0$,即 K_1 接高电平 1,K_2 接低电平 0,$D_3D_2D_1D_0=0101$(任意 8421 码),将单刀多掷开关拨到下面,利用单次脉冲 CLK 提供一个上升沿触发信号,此时计数器置数,即 $Q_3Q_2Q_1Q_0=0101$,将测试结果填入表 12-8 中。

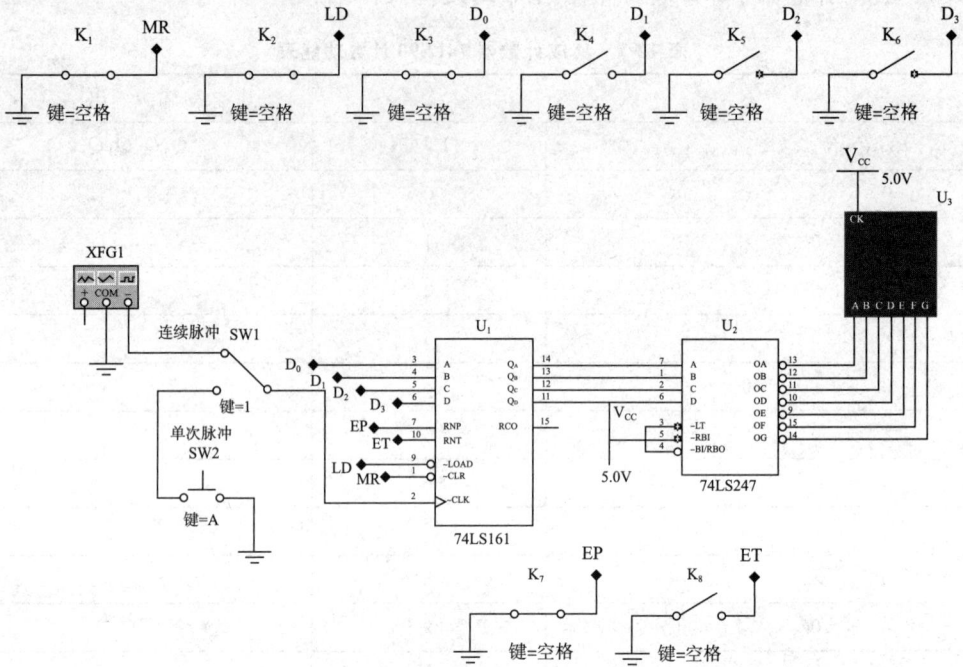

图 12-18   集成计数器 74LS161 逻辑功能仿真电路（由 Multisim 14.3 仿真软件绘制）

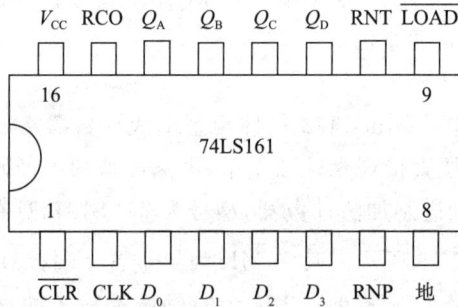

图 12-19   74LS161 引脚排列图

表 12-8   集成计数器 74LS161 功能表

输　入									输　出	
$\overline{MR}$	$\overline{LD}$	EP	ET	CLK	D_3	D_2	D_1	D_0	$Q_DQ_CQ_BQ_A$	CO
0	×	×	×	×	×	×	×	×		
1	0	×	×	↑	d_3	d_2	d_1	d_0		
1	0	1	1	↑	0	0	0	0		
1	1	0	×	×	×	×	×	×		
1	1	×	0	×	×	×	×	×		
1	1	1	1	×	×	×	×	×		

③ 同步清零功能。将 $\overline{MR}=1,\overline{LD}=0,D_3D_2D_1D_0=0000$,利用单次脉冲 CLK 提供一个上升沿触发信号,将数码管的输出结果填入表 12-9 中。

④ 计数功能。将 $\overline{MR}=1,\overline{LD}=1$,即 $K_1=1,K_2=1$,且计数控制端 EP=ET=1,即 $K_7=1,K_8=1$,将 1Hz 连续脉冲加到 CLK 端,将数码管的输出结果填入表 12-9 中。

表 12-9 74LS161 实现十进制计数器测试表

输　入	输　出
CLK	$Q_3Q_2Q_1Q_0$
0	
1	
2	
3	
4	
5	
6	
7	
8	
9	
10	

(3) 74LS161 的扩展应用测试。欲了解一片 74LS161 集成计数器芯片实现任意计数器的方法,请自行下载前言拓展资源学习。

◆ 项 目 小 结 ◆

本项目旨在设计一个用于竞赛或课堂互动的八路抢答器系统。该系统可以同时支持最多 8 个参与者,当参与者按下按钮时,系统能够快速识别出第一个按下按钮的人,并给出相应的提示。

通过这个项目,学生能够学习到以下几点。

(1) 数字逻辑设计:理解并应用基本的数字逻辑门电路(如与门、或门、非门等),以及更复杂的组合逻辑电路(如编码器、解码器)。

(2) 时序逻辑设计:了解如何使用触发器、计数器等构建时序逻辑电路,掌握同步和异步时序逻辑电路的区别。

(3) 团队合作:在项目开发过程中,学会分工协作,提升沟通技巧和团队合作能力。

(4) 实际应用:将理论知识应用于实践,理解电子电路设计的实际需求,并解决实际问题。

八路抢答器电路的设计与仿真是一个综合性较强的学习项目,它不仅帮助学生掌握了数字电路的基本原理和技术,还提高了学生的动手能力和解决问题的能力。此外,通过团队合作完成项目,学生还能提升自己的沟通和协调能力。

◆ 习　　题 ◆

1.【设计题】试用 74LS163 和门电路构成一个一百七十四进制的计数器。

2.【设计题】试用 74LS194 和逻辑门电路构成一个十四分频电路。

3.【设计题】试用 555 定时器设计一个秒脉冲发生器,输出周期为 1s 的方波信号。请计算所需的电阻和电容值。

电阻和电容值计算通常取决于 555 定时器的具体型号和工作电压。一般来说,可以通过调整电阻和电容的值来改变输出信号的周期。假设使用标准的 555 定时器,工作电压为 5V,可以通过公式 $T = \ln2(R_1 + 2R_2)C$ 来计算所需的电阻和电容值,其中 T 为周期(1s),R_1 和 R_2 为外接电阻,C 为外接电容。

项目 13

RS485 通信模块的设计

项目导读

在现代通信网络中,RS485 接口凭借其独特的优势,在工业自动化、数据采集系统及远程监控等领域发挥着关键作用。作为一种高效、可靠的串行数据标准,RS485 不仅实现了长距离的数据传输,还具备强大的节点扩展能力,为构建分布式系统提供了坚实的基础。

本项目以 2023 年全国职业院校技能大赛"智能电子产品设计与开发"赛项为背景,要求学生从指定的元器件清单中选择合适的元器件,自主设计功能电路,实现竞赛平台中的 RS485 通信模块功能。希望通过本项目的学习和实践,能够提升学生的工程实践能力和创新思维。

学习目标

知识目标	1. RS485 通信原理和特点; 2. 电子电路设计、仿真测试及 PCB 设计的基本流程和方法
能力目标	1. 提升电子线路 CAD 的设计能力与 PCB 的设计能力; 2. 增强电子产品焊接、装配、测试、故障诊断的应用能力
学习重难点	1. 理解 RS485 通信原理和设计要求; 2. 学习如何根据功能需求选择合适的元器件; 3. 掌握仿真软件(如 Multisim)的基本操作和设置; 4. 学习如何根据电路设计搭建仿真模型; 5. 理解仿真测试的目的和重要性; 6. 学习如何分析仿真结果并调整电路设计; 7. 掌握原理图绘制软件(如 Altium Designer)的基本操作; 8. 学习如何根据仿真结果绘制准确的原理图

任务 13.1　RS485 接口电路原理

■ 想一想：

(1) 什么是 RS485 通信？

(2) 电子产品设计与制作的流程是什么？

带着问题查阅相关资料,请学生以组为单位进行讨论,得出以上问题的答案后,及时写在项目日志上。

13.1.1　差分信号传输性能

RS485 接口采用差分信号负逻辑进行数据传输,这一技术革新显著增强了信号的抗干扰能力。具体来说,它通过两根信号线(A+和 B-)的电压差来表示逻辑状态。其中,$2\sim6\text{V}$ 的电压差表示"0",$-6\sim-2\text{V}$ 的电压差代表"1"。这种差分传输方式有效地抑制了共模噪声,即使在复杂电磁环境中,也能保证数据的稳定传输。同时,差分信号还能在一定程度上抵抗信号衰减,延长了通信距离,使 RS485 接口在远距离通信中有出色的表现。

1. 半双工通信模式的灵活应用

RS485 接口支持半双工通信模式,即在同一时刻,网络中只能有一个设备处于发送状态,其余设备均处于接收状态。虽然这种通信模式相较于全双工通信模式有所限制,但在许多实际应用场景中却足够满足需求,并且具有简化通信协议、降低系统复杂度的优点。通过合理的调度策略,可以在多个设备间轮流进行高效的数据传输,实现数据的有效交换。在工业自动化领域,半双工通信模式可使多个传感器、执行器等设备便捷地接入 RS485 网络,实现集中监控与管理。

2. 强大的驱动与接收能力

RS485 接口电路通常包含高性能的驱动器和接收器。驱动器负责将 TTL 电平信号转换为差分信号,以便在 RS485 网络中进行长距离传输。这一过程不仅确保了信号的完整性,还提高了信号的传输效率。而接收器则负责将接收到的差分信号还原为 TTL 电平信号,以供后续电路处理。这种设计使 RS485 接口能够轻松地接入各种基于 TTL 电平的微控制器、单片机等设备,极大地拓宽了其应用范围。同时,驱动器和接收器的高性能表现也为 RS485 网络的稳定运行提供了有力保障。

3. 多节点通信与远距离传输的卓越表现

RS485 接口支持多节点通信,一般最大可支持 32 个节点,这一特性使 RS485 网络在构建分布式系统时具有极大的灵活性和扩展性。无论是工业生产线上的多个传感器节点,还是远程监控系统中的多个监控点,都可以通过 RS485 接口轻松接入网络,实现数据的集中采集与处理。RS485 接口的通信距离远,最远可达 1200m,这一特点使 RS485 网络在大型工业现场、城市基础设施建设等场景中得到了广泛应用。通过合理的网络布局和中继器设置,RS485 网络可以覆盖更广阔的区域,实现数据的远距离传输与共享。

RS485 接口以其差分信号传输、半双工通信模式、强大的驱动与接收能力以及多节点通信与远距离传输的卓越表现,在工业自动化、数据采集系统及远程监控等领域展现出了巨大的应用价值和发展潜力。随着技术的不断进步和应用的不断深化,RS485 接口必将在更多领域发挥重要作用,为构建更加高效、可靠的通信网络贡献力量。

任务 13.2　RS485 通信模块的硬件设计

SP3481 和 SP3485 是一系列＋3.3V 低功耗半双工收发器,它们完全满足 RS485 和 RS422 串行协议的要求,它们的数据传输速率可高达 10Mb/s(带负载)。SP3481 还具有低功耗关断模式。

13.2.1　SP3485 芯片介绍

SP3485 是一款＋3.3V 供电的低功耗半双工收发器,完全满足 RS485 和 RS422 串行协议的要求。这款芯片与 Sipex 的 SP481、SP483 和 SP485 芯片在引脚布局上互相兼容,同时遵循工业标准规范。SP3485 芯片采用 BiCMOS 工艺制造,确保了其高性能和可靠性。

13.2.2　RS485 通信协议

RS485 是一种差分串行通信协议,它支持长距离和多点通信,广泛应用于工业控制、自动化和数据采集等领域。RS485 协议允许在一条总线上连接多个设备,实现半双工通信,即在同一时间内,设备可以是发送器或接收器,但不能同时是两者。

13.2.3　SP3485 与 RS485 的结合应用

SP3485 芯片的驱动器输出是差分输出,满足 RS485 和 RS422 标准。在空载条件下,输出电压范围为 0～3.3V,即使在连接了 54Ω 负载的情况下,驱动器仍能保证输出电压大于 1.5V。SP3485 的使能控制线(高电平有效)允许用户通过逻辑高电平使驱动器的差分输出,而在低电平时,驱动器输出呈现三态。

SP3485 的数据传输速率可高达 10Mb/s,且具有故障自动保护特性,使输出在输入悬空时为高电平状态。此外,SP3481 型号还具有低功耗关断模式,进一步降低了系统的能耗。

13.2.4 硬件设计要点

在设计 RS485 通信模块时,应考虑以下要点。

- 电源设计:确保 SP3485 芯片的电源稳定,通常为 3.3V。
- 终端电阻:在 RS485 总线的两端安装 120Ω 的终端电阻,以减少信号反射。
- 保护措施:在总线上加 TVS 二极管,保护信号线免受瞬时过电压的影响。
- 接地与布线:确保所有设备有共同的接地,合理布线以减少电磁干扰。

13.2.5 驱动器电路

1. 引脚图及功能

SP3481 和 SP3485 引脚配置(俯视图)如图 13-1 所示,各引脚的作用如下。

(1) RO:接收器输出。

(2) $\overline{RE}$:接收器输出使能(低电平有效)。

(3) DE:驱动器输出使能(高电平有效)。

(4) DI:驱动器输入。

(5) GND:连接地。

(6) A:驱动器输出/接收器输入(同相)。

(7) B:驱动器输出/接收器输入(反相)。

(8) V_{CC}:电源电压。

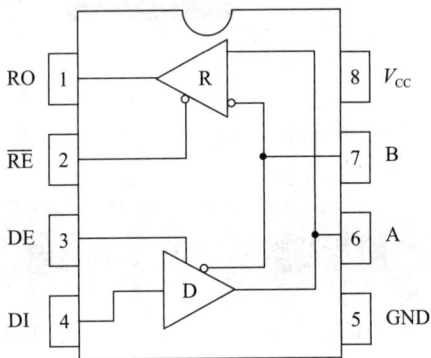

图 13-1　SP3485 引脚配置图(俯视图)

空载时,输出电压范围为 0~3.3V,即使在差分输出连接了 54Ω 负载的条件下,驱动器仍可保证输出电压大于 1.5V。SP3481 和 SP3485 有一根使能控制线(高电平有效),当 DE 上的逻辑电平为高时,将使能驱动器的差分输出;当 DE 上的逻辑电平为低时,驱动器输出呈现三态。

SP3485 收发器的数据传输速率可高达 10Mb/s。驱动器最大输出电流限制为 250mA ISC,使 SP3481 和 SP3485 可以承受 -7.0~$+13.0$V 共模范围内的任何短路情况,保护 IC 免受损坏。

接收器的输入电阻通常为 15kΩ(最小为 12kΩ)。-7~$+12$V 的宽共模范围允许系统之间存在较大的零电位偏差。接收器有一个三态使能控制脚,如果 RE 为低电平,则接收器使能;反之,接收器禁止。

SP3485 接收器的数据传输速率可高达 10Mb/s。两者的接收器都有故障自动保护(fail-safe)特性,该特性使输出在输入悬空时为高电平状态。

2. 关断模式

SP3481 可以工作在关断模式,该模式下,驱动器和接收器必须同时禁能。当 DE 为低电平且 $\overline{RE}$ 为高电平时,SP3481 进入关断模式。关断模式下,电源电流通常降至 $1\mu A$,最大为 $10\mu A$。

SP3481 的发送功能真值表见表 13-1,接收功能真值表见表 13-2。

表 13-1　发送功能真值表

输　　入				输　　出	
$\overline{RE}$	DE	DI	线状态	B	A
X	1	1	无错误	0	1
X	—	0	无错误	1	0
X	0	X	X	Z	Z

注:X 表示输入高阻态,Z 表示输出无效。

表 13-2　接收功能真值表

输　　入			输出
$\overline{RE}$	DE	A-B	R
0	0	+0.2V	1
0	0	-0.2V	0
0	0	输入开路	1
1	0	X	Z

注:X 表示输入高阻态,Z 表示输出无效。

任务 13.3　单片机接口接收器电路的设计

RS485 是差分传输,如果用单片机控制 RS485 接口的设备,需要用到收发器(如 SP3485),一个微控制器单元(MCU)控制一个 RS485 的连接框图如图 13-2 所示。

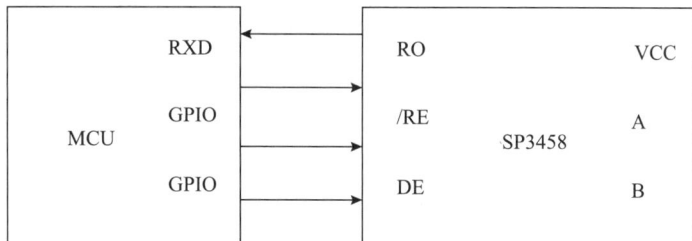

图 13-2　单片机控制 SP3485 的连接框图

13.3.1　STM32F103ZET6 微控制器接口电路的设计

在 2023 年全国职业院校技能大赛"智能电子产品设计与开发"赛项中,需要设计并实现一个模拟工业传送带物品检测系统,其中硬件控制核心为 STM32F103ZET6 微控制器。将 STM32F103ZET6 与 SP3485 RS485 收发器相连接,如图 13-3 所示,构建一个高效的通信模块。

在图 13-3 中,SP3485 的 $\overline{RE}$ 和 DE 端连接在一起,并与 STM32F103ZET6 的 100 引脚连接,SP3485 的 DI 端与 STM32F103ZET6 的 101 引脚连接,而控制信号的 RO 端与 102 引脚连接。其硬件连接保证了电路功能的实现。单片机按照通信协议完成软件的通信程序控制,最终实现物品系统检测功能,具体如下。

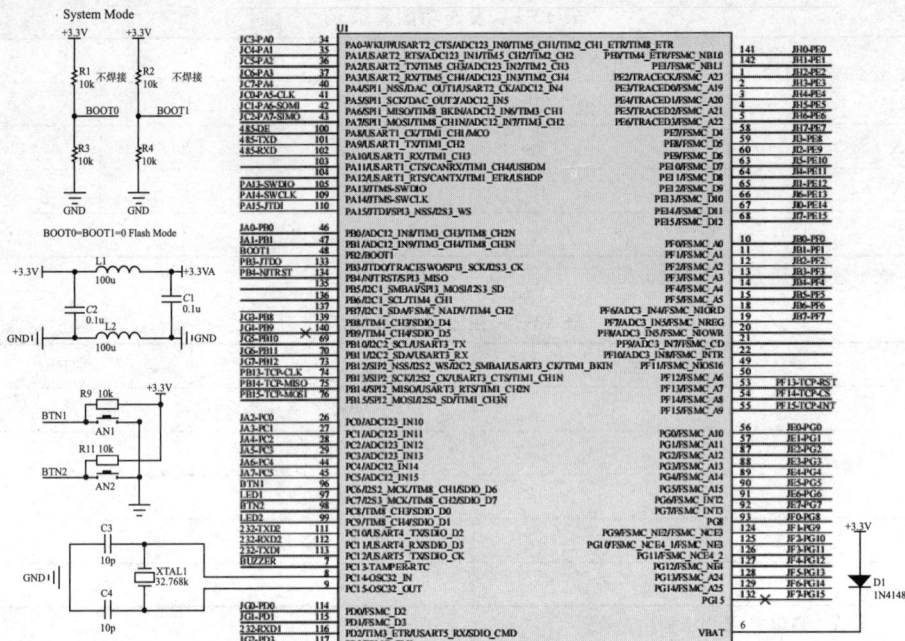

（a）STM32F103ZET6部分引脚连接图

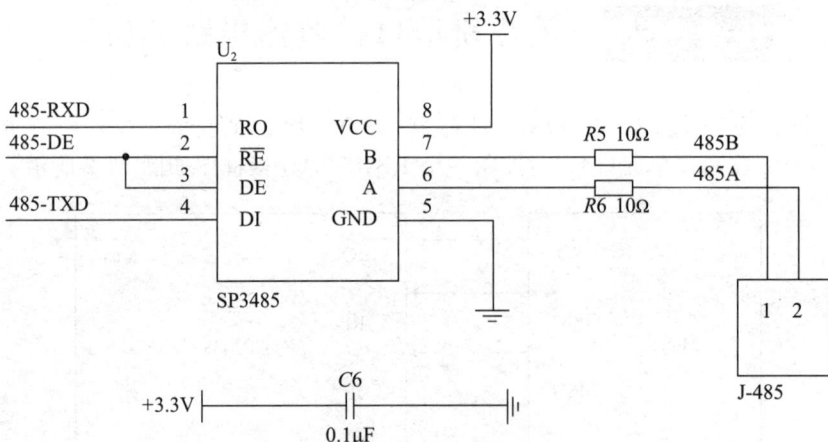

（b）SP3485连接电路图

图 13-3　STM32F103ZET6 控制 SP3485 电路图

物品检测系统在工作中，每当发现符合特征条件的物品时，会通过 RS485 通信接口，向运行维护系统发送一条报文。在检测工作结束时，系统将在不同检测难度条件下检测到的物品统计数据以一组报文形式发送给运行维护系统。运维管理通过昆仑通态等触摸屏实现，触摸屏已配备软件，可显示接收到的报文。

13.3.2　任务实施

1. 软件电路仿真设计

此电路功能利用 Multisim 14.3 软件无法仿真电路效果，要出现此电路效果，可以考虑利用 RS485 的工作原理,利用与非门电路比较器等功能替换。

2. 绘制电路板电路图

利用 Altium Designer 22.1 软件绘制电子线路板图,绘制过程中注意所画电路的约束条件。

任务 13.4　SP3485 芯片通信功能替代电路的设计

SP3485 芯片完全兼容 RS485 通信标准,它提供了一种简单且有效的方式实现 RS485 通信。在设计 RS485 通信模块时,SP3485 可以作为核心组件,实现数据的发送和接收功能。

功能电路元器件清单见表 13-3。根据该表选择合适的元器件,自主设计模拟通信功能电路,实现模拟自动检测电路中的 RS485 通信模块功能。

表 13-3　功能电路元器件清单

型　　号	封　　装	分　　类	数量
SN74LS04N	DIP14	反向器	1
74LS03D	SOP-14	缓冲器/驱动器/收发器	1
LM393DR	SOP-8	比较器	1
$10k\Omega\pm1\%$	插件	插件电阻	10
$(47\pm1\%)k\Omega$	插件	插件电阻	10
$(3\pm1\%)k\Omega$	插件	插件电阻	10
$(4.7\pm1\%)k\Omega$	插件	插件电阻	10
$(150\pm1\%)\Omega$	插件	插件电阻	10
$(100\pm1\%)\Omega$	插件	插件电阻	10
$(120\pm1\%)\Omega$	插件	插件电阻	10
$(1\pm1\%)k\Omega$	插件	插件电阻	10
$(100\pm10\%)\mu F,50V$	插件	插件电容	10
$(10\pm20\%)\mu F,50V$	插件	插件电容	2
发光颜色:红灯	插件	发光二极管	3
发光颜色:绿灯	插件	发光二极管	3
发光颜色:蓝灯	插件	发光二极管	3
发光颜色:黄灯	插件	发光二极管	3
SA24CA/B	插件	瞬态抑制二极管(TVS)	3
1N5822	插件	肖特基二极管	2
JK30-110 30V 1.1A	插件	自恢复熔体	1
船型电源开关	插件	电源开关	1

型　号	封　装	分　类	数量
2 位拨码开关	插件	拨码开关	2
1 位拨码开关	插件	拨码开关	2
排针 1×402.54	插件	排针	1
2.54 杜邦线母对母单 P	插件	杜邦线	20

13.4.1 元器件清单中集成芯片的引脚及功能

1. 74LS04 引脚及功能

74LS04 是德州仪器厂生产的 74LS 系列低功率肖特基逻辑集 IC 的一款反相器和缓冲器。74LS 系列采用双极接线技术,耦合了肖特基二极管夹,以实现与原始 74TTL 系列等同的工作速度,但是其功耗更低。74LS04 作为一款经典的六反相器集成电路,凭借其高噪声免疫能力和低功耗特性,在数字电路设计中占据重要地位。该元器件的每个反相器单元均能实现输入信号逻辑电平的精确反转,这一特性使 74LS04 在信号整形、逻辑电平转换等场景中表现出色。例如,在需要精确控制信号波形或提升信号质量的场合,74LS04 能够有效抑制噪声干扰,确保信号的稳定传输。其低功耗设计也符合当前节能减排的发展趋势,为绿色电子产品的设计提供了有力支持。其引脚图如图 13-4 所示,其功能结构图如图 13-5 所示。

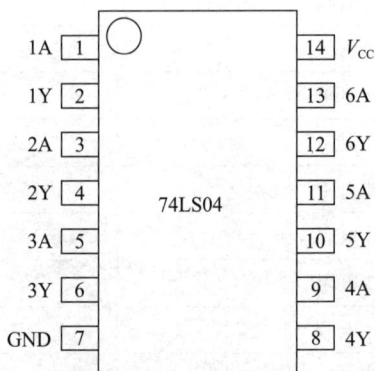

图 13-4　74LS04 引脚图

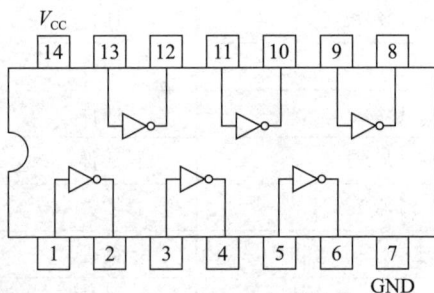

图 13-5　74LS04 功能结构图

2. 74LS125 引脚及功能

74LS125 是一款集四总线缓冲器与驱动器功能于一身的 IC 元器件,其具备三态输出特性,为复杂电路系统中的应用提供了更多的可能性。该元器件能够显著增强信号的驱动能力,确保信号在远距离传输或高负载条件下依然保持稳定。同时,其提供的高阻抗关断状态,能在不需要信号传输时有效隔离噪声干扰,保护后续电路不受影响。在需要信号隔离或增强的场合,如高速数据总线、复杂接口电路等,74LS125 均能发挥重要作用。

⚠️注意:在某些特殊应用中,如模拟接地层紧靠转换器输出的场景,通过在转换器旁放置额外的数据缓冲器(如 74LS125),可以进一步提升隔离效果,降低噪声干扰,确保数据的准确传输。

三态输出门(TSL 门)是一种特殊的门电路,其输出除了具有输出电阻较小的高、低电平状态(低阻态)外,还具有高阻状态,又称为禁止态。处于高阻状态时,电路与负载之间相当于开路。

图 13-6 为三态输出四总线缓冲器 74LS125 的引脚结构图。它内部有四个三态门,每个三态门有一个控制端(又称禁止端或使能端)。当控制端信号为 0 时,三态门处于正常工作状态,此时输出等于输入;当控制端信号为 1 时,三态门处于禁止状态,输出呈现高阻状态。三态门的主要用途之一是实现总线传输,即用一根总线以选通方式传送多路信息。使用时,将需要传输信息的三态控制端置为使能态(=0),其余各门均置为禁止态(=1)。其真值表见表 13-4。

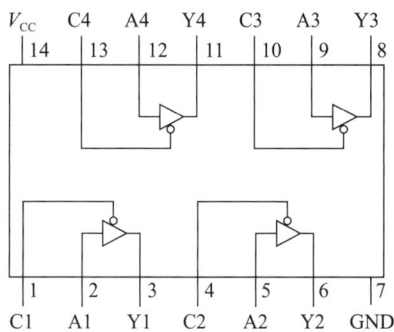

图 13-6　74LS125 引脚结构图

表 13-4　74LS125 真值表

输　　入		输　　出
A	C	Y
L	L	L
H	L	H
X	H	Hi-Z

注:H 表示高电平;L 表示低电平;X 表示任意;Hi-Z 表示三态(输出无效)。

3. LM393 引脚功能

LM393 是一款高精度、低功耗的双比较器集成电路,其性能优异,广泛应用于电压检测、信号比较等电路设计中。每个比较器单元均能独立工作,精确比较两个输入电压,并输出相应的逻辑电平。LM393 具有失调电压小、电源电压范围宽以及共模范围大等特点,能在各种工作环境下保持稳定可靠的工作状态。特别是在对精度要求较高的应用场合,如精密测量、控制系统等,LM393 的高精度比较功能显得尤为重要。其内部集成的电压比较器还具有较宽的差动输入电压范围,能够满足不同应用场景下的电压比较需求。

LM393 的工作原理如下。

(1) LM393 是一种差分放大器,其输出电平取决于两个输入端的电压差。当正向输入端的电压高于反向输入端的电压时,输出端为高电平;当正向输入端的电压低于反向输入端的电压时,输出端为低电平。

(2) LM393 的输出端是开路集电极,它没有内部的上拉电阻,因此需要外接上拉电阻来提供输出电压。上拉电阻的大小可以根据需要选择,一般为 1~10kΩ。

(3) LM393 的输出端可以直接驱动负载,如继电器、灯泡、蜂鸣器等,但是要注意不要超过输出端的最大电流和功率限制,否则会损坏芯片。

(4) LM393 的输入端可以接受不超过电源电压范围的任意电压,即使输入端的电压高于电源电压,也不会损坏芯片,因为输入端有内部的保护二极管。但为了保证比较器的正常工作,建议输入端的电压在 $0 \sim V_{CC}$ 之间。LM393 的引脚功能结构图如图 13-7 所示,其引脚功能列表见表 13-5。

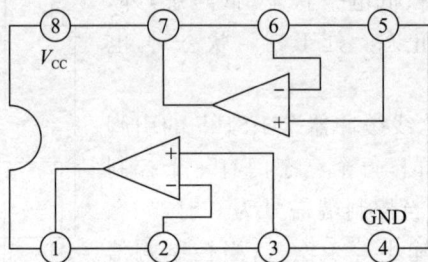

图 13-7　LM393 引脚功能结构

表 13-5　LM393 引脚功能排列表

引出端序号	功　能	符　号	引出端序号	功　能	符　号
1	输出端 1	OUT1	5	正向输入端 2	IN+(2)
2	反向输入端 1	IN-(1)	6	反向输入端 2	IN-(2)
3	正向输入端 1	IN+(1)	7	输出端 2	OUT2
4	地	GND	8	电源	V_{CC}

13.4.2　任务实施

1. 利用仿真软件设计电路

编者利用 Multisim 14.3 软件绘制如图 13-8 所示的 RS485 模拟电路设计电路图。U_1 型号是 7404N,U_2 型号是 74125N,U_3 型号是 LM393DG,R_1、R_2、R_3、R_4 电阻阻值均为 $3k\Omega$。

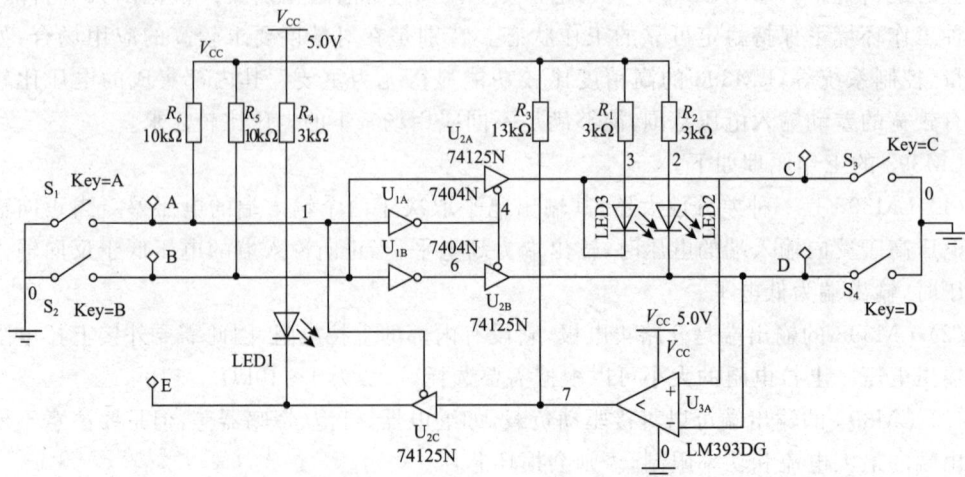

图 13-8　RS485 模拟电路设计电路图

DI 信号输入后,经过反相器处理,与 DE 控制信号经过与非门,形成 A 端数据输出。同时,DI 信号输入端不加反相器,与 DE 控制信号端形成 B 端数据输出。反相器的加入实现了A、B 两端的差分信号。DE 是控制信号,高电平有效。信号输入端 A、B 连接到 LM393 比较器,$\overline{RE}$ 信号经过反相器后,比较器的输出信号和经过与非门后实现数据接收,$\overline{RE}$ 低电平有效。

在 Multisim 14.3 仿真软件中,在输出端接入示波器,此时波形如图 13-9 所示。在输出端接入示波器,其波形图如图 13-10 所示。

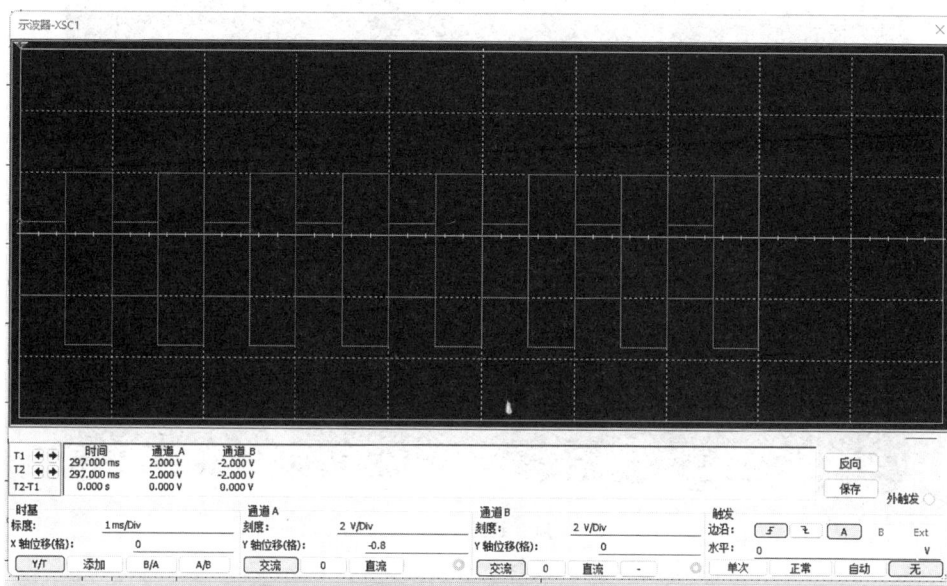

图 13-9　示波器 XSC1 波形

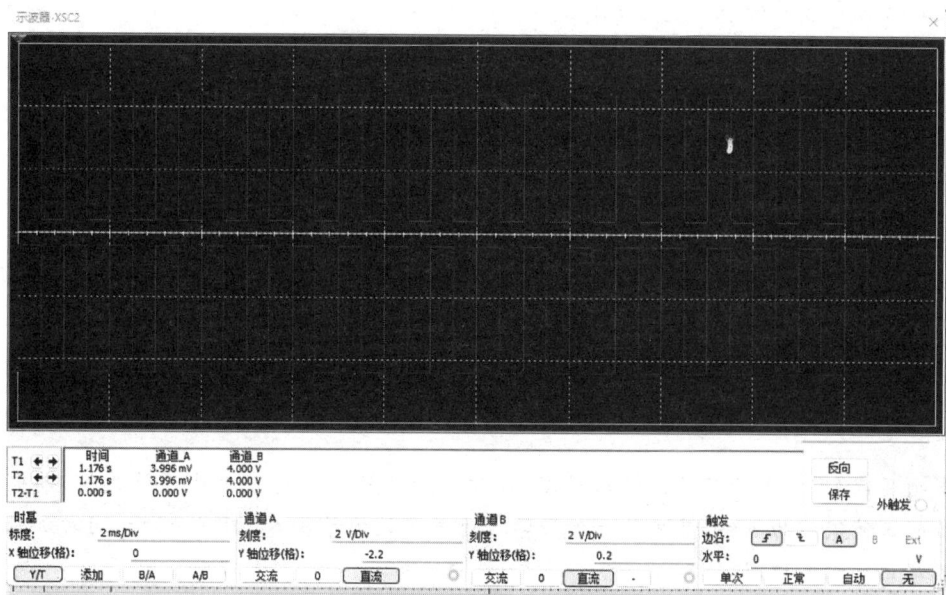

图 13-10　示波器 XSC2 波形

2. 绘制电子线路图

根据仿真设计结果绘制原理图,根据"约束条件1"设计PCB,生成符合规范要求的印制电路板Gerber工程文件,PCB参考电路如图13-11所示。

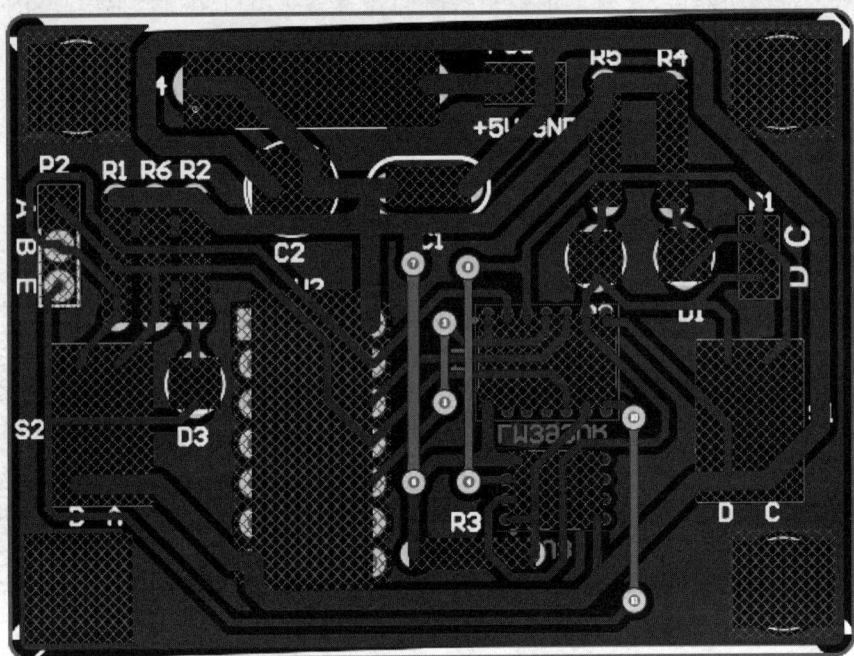

图 13-11　PCB 参考电路图

约束条件1内容如下。

(1) 采用单面板布线,可使用跳线。

(2) PCB布线的最小宽度为10mil。

(3) PCB电气最小间距为10mil。

(4) PCB的最小过孔直径为20mil。

(5) 必须设置禁止布线框,禁止布线框距板边沿间距不小于50mil。

(6) 添加泪滴和敷铜。

3. 元器件焊接搭建

按照元器件清单,按照绘制的PCB图,焊接搭建电路,调试后将电路加入通信系统,实现系统功能。

◆ 项目小结 ◆

本项目以"智能电子产品设计与开发"赛项电子线路模拟通信功能设计为例,以电子产品设计的工艺流程为主线,其目的是加强学生对电路设计的基本流程的理解,同时加强学生对电路应用实例的理解。

◆ **习 题** ◆

【设计题】电路设计要求:利用备用耗材设计功能电路,此电路用于语音功率放大。接收语音模块产生的音频信号,经指定功能电路的功率放大后驱动扬声器,达到播放语音的功能。功能电路性能指标如下。

(1) 音频信号输入:10Vp-p。

(2) 音频信号输入阻抗:$\geqslant 10\mathrm{k}\Omega$。

(3) 输出扬声器阻抗:8Ω。

(4) 音频信号输出功率:$\geqslant 2\mathrm{W}$。

(5) 频率特性:下限频率 $f_\mathrm{L}\leqslant 30\mathrm{Hz}$,上限频率 $f_\mathrm{H}\geqslant 15\mathrm{kHz}$。

(6) 供电电压:$\pm 12\mathrm{V}$。

备用耗材清单列表见表 13-6。

表 13-6 备用耗材清单列表

序号	名 称	数量	备注
1	Z201A-L9.2/2♯金属螺杆(接线柱)K2A31	7	
2	M3/2♯螺母 K2A30-02	7	
3	电解电容 CD11-470μF-35V(10 * 15)	2	
4	二极管 1N4007-DO35	6	
5	金属氧化膜电阻 RY-1/4W-1k$\Omega\pm 1\%$	4	
6	金属氧化膜电阻 RY-1/4W-10k$\Omega\pm 1\%$	9	
7	金属氧化膜电阻 RY-1/4W-20k$\Omega\pm 1\%$	2	
8	电位器 3362-5kΩ	1	
9	电位器 3362-10kΩ	1	
10	聚丙烯电容 CBB-0.1μF-63V(100V)	4	
11	瓷片电容 CC1-20pF	1	
12	聚丙烯电容 CBB-470pF-63V	2	
13	晶体管 TIP132-TO220	1	
14	达林顿晶体管 TIP137-TO220	1	
15	OPA-HT8082AN-DIP8	1	
16	IC-8P 圆脚	1	

根据约束条件并利用 PCB 绘图软件绘制印制电路板图,提供:①双层印制电路板;②最小间距 10mil①;③最小线宽 15mil;④过孔最小孔径 22mil;⑤过孔最小直径 40mil;

---

① 1mil=0.0254mm。

⑥敷铜最小间距 20mil；⑦外形尺寸如图 13-12 所示。

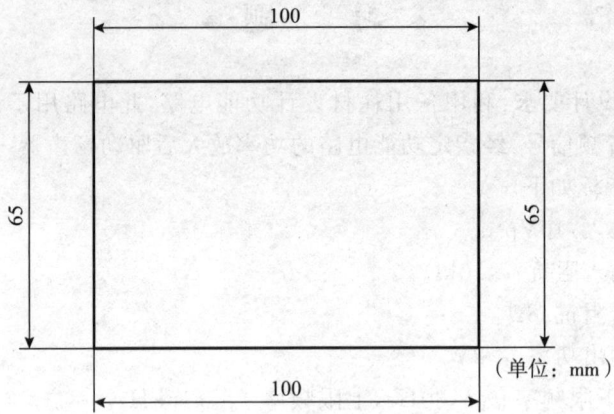

图 13-12　外形尺寸图

扩展数模转换与模数转换

项目导读

随着数字技术,特别是信息技术的飞速发展与普及,在现代控制、通信及检测等领域,为了提高系统的性能指标,广泛采用了数字计算机技术处理信号。由于系统的实际对象往往是模拟量(如温度、压力、位移、图像等),因此,要使计算机或数字仪表能识别、处理这些信号,首先必须将这些模拟信号转换成数字信号;而经计算机分析、处理后输出的数字量,也需要转换为相应的模拟信号,才能被执行机构所接受。这样,就需要一种能在模拟信号与数字信号之间起桥梁作用的电路,即模数转换器和数模转换器。这种相互转换技术被广泛应用于遥控遥测、数字仪表、计算元器件、模拟数字混合计算机系统和数字化制图等领域。

学习目标

知识目标	1. 了解数模、模数转换原理; 2. 了解常用数模、模数转换集成电路技术指标及应用
能力目标	能理解数模、模数集成电路的应用
学习重难点	数模、模数转换工作原理

任务 14.1　数模转换器

■ 想一想:

(1) 数模转换器应用有哪些?

(2) 数模转换器是怎样工作的?

带着问题查阅相关资料,请学生以组为单位进行讨论,将以上问题的答案及时写在项目日志上。

将数字信号转换为模拟信号的电路称为数模转换器(digital to analog converter,DAC),简称 D/A 转换器。

在数字信号处理过程中,DAC 起着至关重要的作用,它是数字系统与模拟系统之间的桥梁。其工作原理是将二进制数码或其他数字表示的离散值转换为对应的连续值。在实现这一转换过程中,通常会用到电阻网络、电容和电感等电子元器件。数模转换示意图如图 14-1 所示。

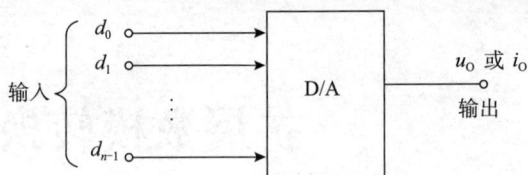

图 14-1 数模转换示意图

对应输出电压与输入信号关系式为

$$u_{o}=K_{u}(d_{n-1} \cdot 2^{n-1} + d_{n-2} \cdot 2^{n-2} + \cdots + d_{1} \cdot 2^{1} + d_{0} \cdot 2^{0}) \tag{14-1}$$

14.1.1 倒 T 形电阻网络 DAC

1. 网络结构

倒 T 形电阻网络 DAC 是一种常见的电阻网络型数模转换器。它使用倒 T 形电阻网络实现数字信号到模拟信号的转换。电路图如图 14-2 所示,它由 $R\text{-}2R$ 倒 T 形电阻解码网络、双向模拟开关及求和集成运算放大器三部分组成。

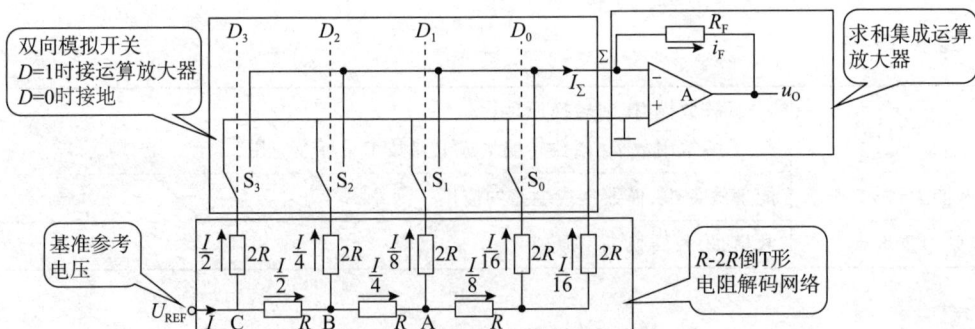

图 14-2 倒 T 形电阻网络

2. 工作原理

倒 T 形电阻网络 DAC 的基本原理是:根据输入数字码的不同,调整网络中的电阻比例,从而产生相应的模拟电压输出。

模拟开关 S_i,由输入数码 D_i 控制。当 $D_i=1$ 时,S_i 接运算放大器反相端,电流 I_i 流入求和电路;当 $D_i=0$ 时,S_i 将电阻 $2R$ 接地。根据运算放大器线性运用的"虚地"概念可知,无论模拟开关 S_i 处于何种位置,与 S_i 相连的 $2R$ 电阻均接地(或虚地)。

倒 T 形电阻网络等效图如图 14-3 所示。

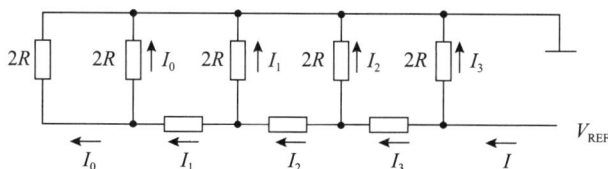

图 14-3　倒 T 形电阻网络等效图

从 A、B、C 节点向左看去,各节点对地的等效电阻均为 $2R$。因此,

$$I = \frac{V_{REF}}{R}$$

$$I_3 = \frac{I}{2} = 2^3 \left(\frac{1}{2^4}\right), \quad I_2 = \frac{I_3}{2} = \frac{I}{4} = 2^2 \left(\frac{1}{2^4}\right),$$

$$I_1 = \frac{I_2}{2} = \frac{I}{8} = 2^1 \left(\frac{1}{2^4}\right), \quad I_0 = \frac{I_1}{2} = \frac{I}{16} = 2^0 \left(\frac{1}{2^4}\right)$$

即

$$I_3 = 2^3 I_0, \quad I_2 = 2^2 I_0, \quad I_1 = 2^1 I_0, \quad I_0 = 2^0 I_0 = \frac{I}{2^4} = \frac{V_{REF}}{2^4 R}$$

可见,支路电流值 I_i 正好代表了二进制数位 D_i 的权值 2^i。

模拟开关 S_i 受相应数字位 D_i 控制。当 $D_i = 1$ 时,开关合向"1"侧,相应支路电流 I_i 输出;$D_i = 0$ 时,开关合向"0"侧,I_i 流入地而不能输出。

$$i_{\sum} = D_3 I_3 + D_2 I_2 + D_1 I_1 + D_0 I_0 = 2^3 D_3 + 2^2 D_2 + 2^1 D_1 + 2^0 D_0 = DI_0$$

$$u_O = -D \cdot \frac{V_{REF} R_F}{2^4 R}$$

对 n 位 DAC,$u_O = -D \dfrac{V_{REF} R_F}{2^n R}$。

若取 $R_F = R$,则 $u_O = -D \dfrac{V_{REF}}{2^n}$。

n 位 DAC 将参考电压 V_{REF} 分成 2^n 份,u_O 是每份的 D 倍。调节 V_{REF} 可调整 DAC 的输出电压。

倒 T 形电阻网络中,各支路电流恒定不变,因此在开关状态变化时无须电流建立时间,转换速度较高。

14.1.2　集成 DAC

DAC 的应用十分广泛,随着大规模集成电路工艺和技术的迅速发展,DAC 芯片在集成度上不断提升,除了增加位数外,还不断将 DAC 的外围元器件集成到芯片内部,如内设基准电压源、缓冲寄存器、运算放大器等输出电压转换电路及其控制电路,从而提高了 DAC 集成芯片的性能,丰富了芯片的品种且方便使用。

目前市场上出售的集成 DAC 种类繁多,根据输入数字量(二进制数)的位数划分,常用的 DAC 有 10 位、12 位、16 位等规格。就输出模拟量形式而言,DAC 有两类:一类芯片的内部电路不含运算放大器,其输出量为电流;另一类芯片的内部电路包含运算放大器,其输出量为电压。

集成 DAC 是一种将数字信号转换为模拟信号的集成电路。它集成了数字信号处理和模拟信号输出功能,具有体积小、功耗低等优点。

1. DAC012012

DAC012012 的引脚图如图 14-4 所示。

引脚功能如下。

- $D_0 \sim D_7$ 为 12 位并行数据输入端(D_0 为最高位,D_7 为最低位)。
- $V_{REF}(+)$ 为正向参考电压(需要加电阻)。
- $V_{REF}(-)$ 为负向参考电压,接地。
- I_O 为电流输出端。
- V_{EE} 为负电压输入端。
- COP 为补偿端,与 V_{EE} 之间接电容(一般为 $0.1\mu F$,电容必须随 R_{14} 的增加而适当增加)。
- GND 为接地端;V_{CC} 为电源端。

用 DAC012012 这类器件构成 D/A 转换器,需要外接运算放大器和产生基准电流用的电阻。DAC012012 构成的典型应用电路如图 14-5 所示。

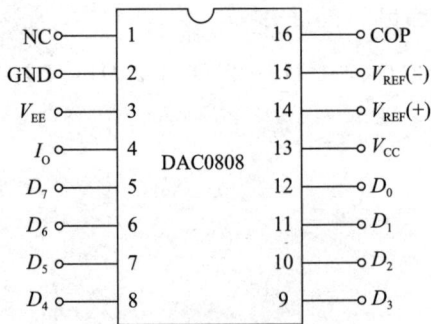

图 14-4　DAC012012 引脚图

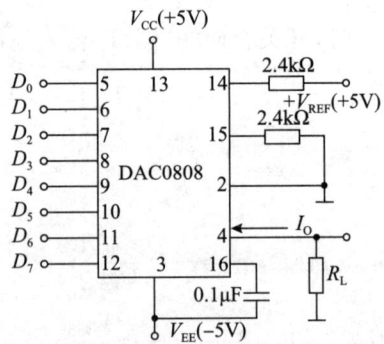

图 14-5　DAC012012 构成的典型应用电路

2. DAC01232

1) DAC01232 介绍

DAC01232 是采用 CMOS 工艺制成的单片直流输出型 12 位 D/A 转换器,它由倒 T 形 R2F 电阻网络、模拟开关、运算放大器和参考电压 V_{REF} 四大部分组成。DAC01232 的逻辑框图和引脚排列如图 14-6 所示,各引脚功能如下。

- $D_0 \sim D_7$ 为 12 位数据输入线。
- ILE 为数据锁存允许控制输入线,高电平有效。
- CS 为片选信号,低电平有效。

- $\overline{\mathrm{WR}}_1$ 为数据锁存器选通输入线。
- $\overline{\mathrm{XFER}}$ 为数据传输控制信号输入线，低电平有效。
- $\overline{\mathrm{WR}}_2$ 为 DAC 寄存器选通输入线，负脉冲有效。
- I_{OUT1} 为电流输出端 1，一般 $I_{\mathrm{OUT1}}+I_{\mathrm{OUT2}}$ 为常数。
- I_{OUT2} 为电流输出端 2。
- R_{FB} 为反馈信号输入线，改变 R_{FB} 端外接电阻值可调整转换满量程精度。
- V_{CC} 为接电源。
- D_{GND} 为接数字地，为芯片数字信号接地点。
- A_{GND} 接模拟地，为芯片模拟信号接地点。
- V_{REF} 为参考电压输入端，可接正电压，也可接负电压，范围为 $-10\sim+10\mathrm{V}$。

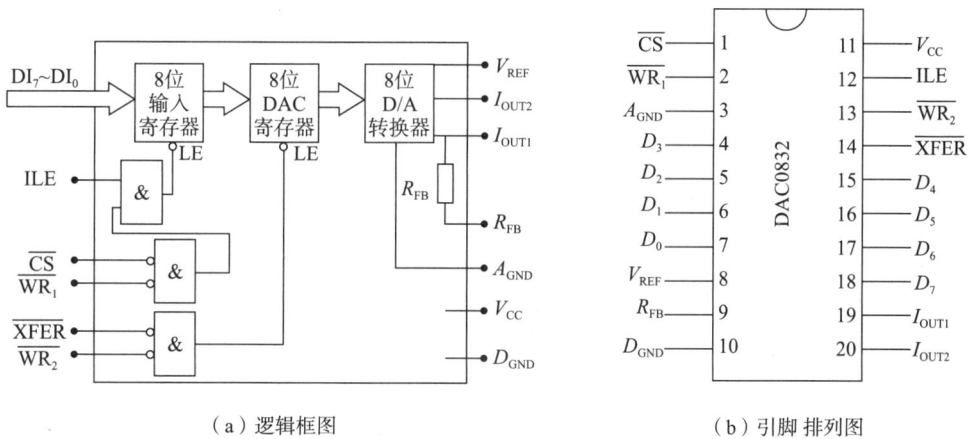

（a）逻辑框图　　　　　　　　　　（b）引脚排列图

图 14-6　DAC01232 的逻辑框图和引脚排列图

2）DAC01232 典型应用举例

DAC01232 有两种输出形式：单极性输出和双极性输出，单极性接线方式如图 14-7 所示。锯齿波电压发生器是单极性输出的典型应用。

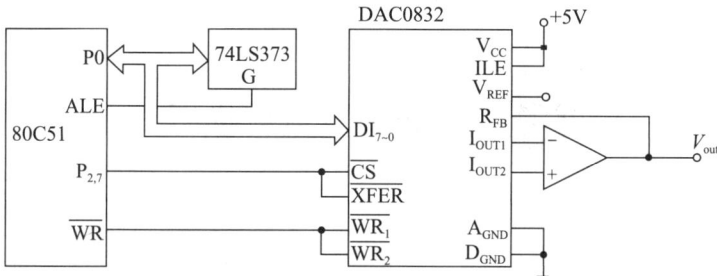

图 14-7　DAC01232 单极性接线方式

在一些控制应用中，需要一个线性增长的电压（锯齿波）来控制检测过程、移动记录笔或移动电子束等。对此可通过在 DAC01232 的输出端接运算放大器，由运算放大器产生锯齿波来实现，其电路连接图如图 14-8 所示。

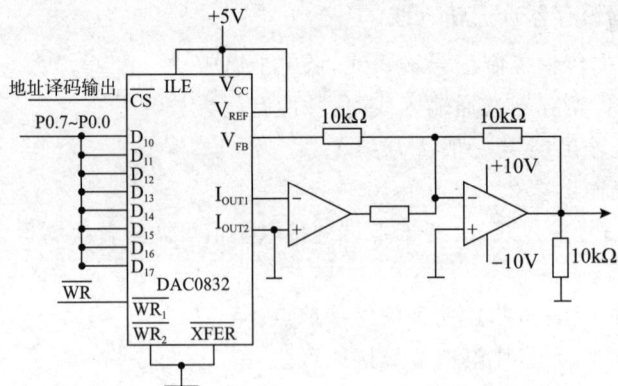

图 14-8　DAC01232 锯齿波电压发生器电路图

14.1.3　DAC 主要技术指标

1. 分辨率

分辨率就是 D/A 转换器模拟输出电压可能被分离的等级数，比如 10 位、12 位等。n 位 DAC 最多有 2^n 个模拟输出电压。位数越多，D/A 转换器的分辨率越高。

分辨率也可以用能分辨的最小输出电压与最大输出电压之比来表示。n 位 D/A 转换器的分辨率可表示为 $1/(2^n-1)$。

2. 转换精度

转换精度是指对给定的数字量，D/A 转换器实际值与理论值之间的最大偏差。

产生原因：D/A 转换器中各元件参数值存在误差，如基准电压不够稳定或运算放大器的零漂等各种因素的影响会导致转换精度存在差异。

转换误差类型包括比例系数误差、失调误差和非线性误差等。

3. 输出电压(或电流)的建立时间

从输入数字信号起到输出模拟电压或电流达到稳定值所需的时间，称为建立时间。由于倒 T 形电阻网络 DAC 是并行输入的，其转换时间(不包括运放)一般不超过 $1\mu s$，DAC01232 的转换时间为 $1\mu s$。

任务 14.2　模数转换器

■ **想一想：**

(1) 模数转换器的应用有哪些？

(2) 模数转换器是怎样工作的？

带着问题查阅相关资料，请学生以组为单位进行讨论，将以上问题的答案及时写在项目日志上。

模数(A/D)转换是将模拟电压或电流转换为与之成正比的数字量。一般 A/D 转换需经采样、保持、量化和编码四个步骤。其中,采样和保持由采样保持电路完成,量化与编码在转换过程中同时完成。

14.2.1 采样和保持

1. 采样和保持的概念

采样就是按一定时间间隔采集模拟信号。因为 A/D 转换需要时间,所以采样得到的样值在 A/D 转换期间不能改变,因此对采样得到的信号样值需要保持一段时间,直到下一次采样为止。采样保持原理电路图如图 14-9 所示。

S 受采样信号 u_S 的控制。u_S 为高电平时,S 闭合;u_S 为低电平时,S 断开。

S 闭合时为采样阶段,$u_o = u_i$。S 断开时为保持阶段,此时因为电容无放电回路,所以 u_o 保持在上一次采样结束时输入电压的瞬时值上。采样信号波形图如图 14-10 所示。

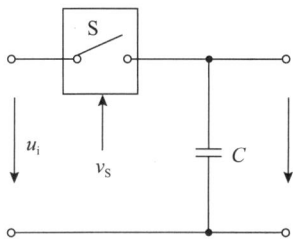

图 14-9 采样保持原理电路图

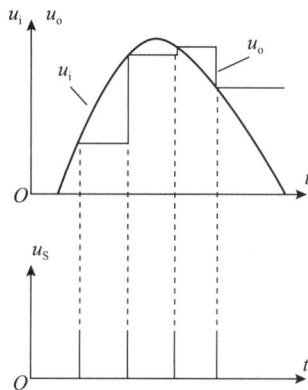

图 14-10 采样信号波形图

2. 常用的采样保持电路

常用的采样保持电路如图 14-11 所示。

图 14-11(a)中,采样开关由场效应晶体管构成,受采样脉冲 u_S 的控制。在 u_S 为高电平期间,T 导通。若忽略导通压降,则电容 C 相当于直接与 u_i 相连,u_o 随 u_i 变化。当 u_S 由高电平变为低电平时,晶体管截止,相当于开关断开。若 A 为理想运放,则流入运放 A 输入端的电流为 0,所以晶体管截止期间电容无放电回路,电容保持上一次采样结束时的输入电压瞬时值,直到下一个采样脉冲的到来。场效应晶体管重新导通,u_o 又重新跟随 v_i 变化。

图 14-11(b)是在图 14-11(a)的基础上,为提高输入阻抗,在采样开关和输入信号之间加了一级跟随器。由于跟随器 A_1 输入阻抗很高,因此减小了采样电路对输入信号的影响;又由于其输出阻抗低,因此减小了 C 的充电时间。

3. 采样保持电路指标

(1)采样时间:发出命令后,采样保持电路的输出由原保持值变化到输入值所需的时间。采样时间越小越好。

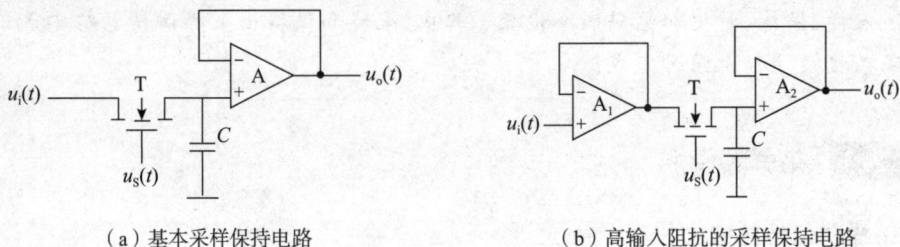

（a）基本采样保持电路　　　　　　　　　（b）高输入阻抗的采样保持电路

图 14-11　常用的采样保持电路

（2）保持电压下降速率：在保持阶段，采样保持电路输出电压在单位时间内下降的幅值。随着集成电路的发展，采样保持电路已被集成在一个芯片上。例如，LF1912 就是采用双极型-场效应晶体管工艺制造的单片采样保持电路。

14.2.2　量化和编码

采样保持得到的信号在时间上是离散的，但其幅值是连续的；而数字信号在时间和幅度上都是离散的。任何一个数字量的大小只能是规定的最小数量的整数倍，而不能是小数。因此，对采样保持得到的信号要用近似的方法进行取值，这个过程就是量化。

将数字量的最低有效位的"1"所代表的模拟量大小称为量化单位，用 Δ 表示。对于小于 Δ 的信号有两种处理方法，即有以下两种量化方法。

（1）只舍不入法。将不够量化单位的值舍掉。

（2）有舍有入法（四舍五入法）。将小于 $\Delta/2$ 的值舍去，小于 Δ 而大于 $\Delta/2$ 的值视为数字量 Δ。

只舍不入法的量化误差为 Δ；而有舍有入法的量化误差为 $\Delta/2$。

量化过程只是将模拟信号按量化单位进行了取整处理，只有用代码表示量化后的值才能得到数字量，这一过程称为编码。常用的编码是二进制编码。

14.2.3　逐次逼近型 ADC

逐次逼近型 ADC 通过逐次比较的方法，将模拟信号转换为数字信号。其优点为精度高，转换速度快；缺点是电路复杂，功耗较大。

逐次逼近型（逐次比较）ADC 与计数型 ADC 的工作原理类似，也是由内部产生一个数字量送给 DAC，DAC 输出的模拟量与输入的模拟量进行比较，当二者匹配时，其数字量恰好与待转换的模拟信号相对应。逐次逼近型 ADC 与计数型 ADC 的区别在于，逐次逼近型 ADC 采用自高位到低位逐次比较计数的方法。12 位逐次逼近型 ADC 的框图如图 14-12 所示。它由比较器、逐次逼近寄存器（SAR）、DAC 和输出寄存器组成。内部结构图如图 14-13 所示。

逐次逼近型 ADC 的工作原理如下。

（1）转换开始前，先使 $Q_1 = Q_2 = Q_3 = Q_4 = 0$，$Q_5 = 1$。

（2）第一个 CP 到来后，$Q_1 = 1$，$Q_2 = Q_3 = Q_4 = Q_5 = 0$，于是 FF$_A$ 被置 1，FF$_B$ 和 FF$_C$ 被置 0。这时加到 D/A 转换器输入端的代码为 100，并在 D/A 转换器的输出端得到相应的模拟电压

输出 u_o。u_o 和 u_i 在比较器中进行比较,当 $u_i < u_o$ 时,比较器输出 $u_c = 1$;当 $u_i \geqslant u_o$ 时,$u_c = 0$。

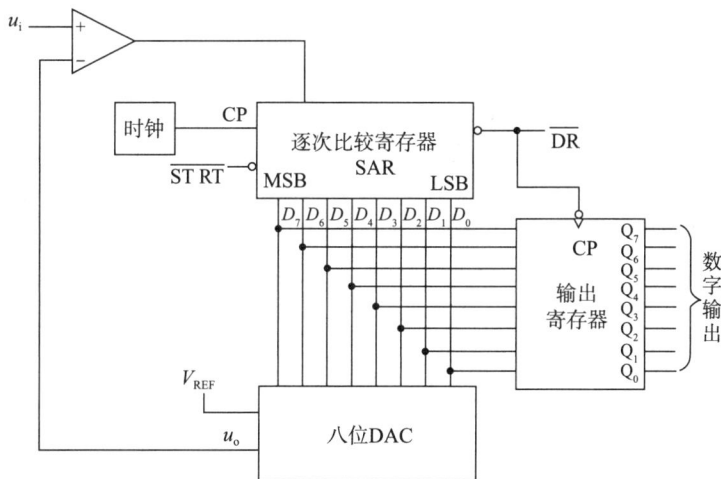

图 14-12　12 位逐次逼近型 ADC 的框图

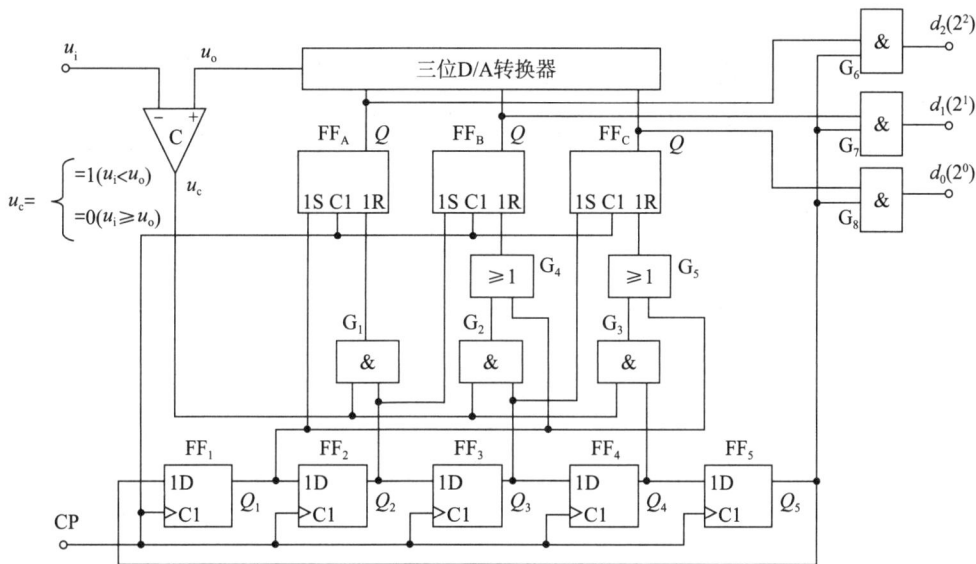

图 14-13　逐次逼近型 ADC 内部结构图

(3) 第二个 CP 到来后,环形计数器右移一位,变成 $Q_2 = 1$,$Q_1 = Q_3 = Q_4 = Q_5 = 0$,这时门 G_1 打开,若原来 $u_c = 1$,则 FF_A 被置 0;若原来 $u_c = 0$,则 FF_A 的 1 状态保留。与此同时,Q_2 的高电平将 FF_B 置 1。

(4) 第三个 CP 到来后,环形计数器又右移一位,一方面将 FF_C 置 1,同时将门 G_2 打开,并根据比较器的输出决定 FF_B 的 1 状态是否应该保留。

(5) 第四个 CP 到来后,环形计数器 $Q_4 = 1$,$Q_1 = Q_2 = Q_3 = Q_5 = 0$,门 G_3 打开,根据比较器的输出决定 FF_C 的 1 状态是否应该保留。

(6) 第五个 CP 到来后,环形计数器 $Q_5 = 1$,$Q_1 = Q_2 = Q_3 = Q_4 = 0$,$FF_A$、$FF_B$、$FF_C$ 的状

态作为转换结果,通过门 G_6、G_7、G_{12} 送出。

14.2.4 双积分型 ADC

双积分型 ADC 通过两次积分操作,将输入的模拟信号转换为数字信号。其优点为抗干扰能力强,稳定性好;缺点为转换速度慢,精度较低。

双积分型 ADC 是一种间接的转换方法,首先将模拟电压转换为时间间隔,然后通过计数器将这个时间间隔转换为数字量。双积分型 A/D 转换器也称为电压-时间-数字式积分器。电路原理图如图 14-14 所示。它由积分器、过零比较器(C)、时钟脉冲控制门(G)、定时器和计数器($FF_0 \sim FF_n$)等部分组成。双积分型 ADC 工作时序图如图 14-15 所示。

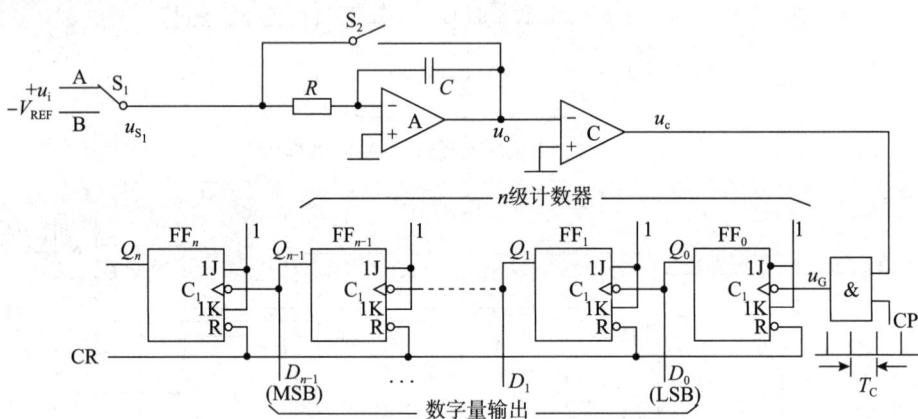

图 14-14　双积分型 ADC 电路原理图

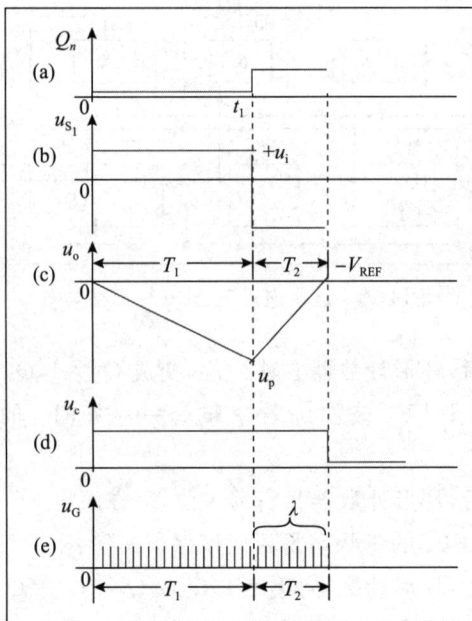

图 14-15　双积分型 ADC 工作时序图

双积分型工作原理如下。

(1) 准备阶段:计数器清零,积分电容放电,$u_o = 0V$。

(2) 第一次积分阶段:$t = 0$ 时,开关 S_1 与 A 端接通,输入电压 u_i 加到积分器的输入端。积分器从 0 开始积分

$$u_o = -\frac{1}{T}\int_0^t u_1 \mathrm{d}t \tag{14-2}$$

由于 $u_o < 0V$,过零比较器输出 $u_c = 1$,控制门 G 打开,计数器从 0 开始计数。

经过 $2n$ 个时钟脉冲后,触发器 $FF_0 \sim FF_{n-1}$ 都翻转到 0 状态,而 $Q_n = 1$,开关 S_1 由 A 点转到 B 点,第一次积分结束。第一次积分时间:$t = T_1 = 2^n T_C$。

第一次积分结束时,积分器的输出电压 V_P 为

$$V_P = -\frac{T_1}{T}u_i = -\frac{2^n T_C}{T}u_i \tag{14-3}$$

(3) 第二次积分阶段:当 $t = t_1$ 时,S_1 转接到 B 点,基准电压 V_{REF} 加到积分器的输入端,积分器开始反向积分。

$$u_o(t_2) = V_P - \frac{1}{T}\int_{t_1}^{t_2} V_{REF} \mathrm{d}t \tag{14-4}$$

同时,N 级计数器又从 0 开始计数。

当 $t = t_2$ 时,积分器输出电压 $u_o > 0V$,比较器输出电压 $u_c = 0$,控制门 G 被关闭,计数停止。

在此阶段结束时 u_o 的表达式可写为

$$u_o(t_2) = V_P - \frac{1}{T}\int_{t_1}^{t_2} V_{REF} \mathrm{d}t = 0 \tag{14-5}$$

设 $T_2 = t_2 - t_1$,于是有 $\dfrac{V_{REF} T_{21}}{T} = \dfrac{2^n T_C}{T}V_1$。设在此期间计数器所累计的时钟脉冲个数为 λ,则

$$T_2 = \lambda T_C \quad T_2 = \frac{2^n T_C}{V_{REF}}V_I$$

可见,T_2 与 V_I 成正比,T_2 是双积分 A/D 转换过程的中间变量,即

$$\lambda = \frac{T_2}{T_C} = \frac{2^n}{V_{REF}}V_I \tag{14-6}$$

式(14-6)表明,计数器中所计得的数 $\lambda (\lambda = Q_{n-1} \cdots Q_1 Q_0)$ 与在取样时间 T_1 内输入电压的平均值 V_I 成正比。只要 $V_I < V_{REF}$,转换器就能将输入电压转换为数字量。

14.2.5 集成 ADC

集成 ADC 是将 ADC 的所有电路集成在一个芯片上,实现模拟信号到数字信号的转换。

其优点是体积小、集成度高、易于实现,其缺点是精度和速度受到工艺和温度等因素的影响。

输入信号可采用双端输入方式。集成 ADC 产品的型号繁多,性能各异,但转换电路多数采用的是逐次逼近的原理。

ADC01209 是美国国家半导体公司生产的 CMOS 工艺 12 通道、12 位逐次逼近型 A/D 转换器,其内部有一个 12 通道多路开关,可以根据地址码锁存译码后的信号,通常只选通 12 路模拟输入信号中的一个进行 A/D 转换。

ADC01209 结构图如图 14-16 所示,它由一个 12 路模拟开关、A/D 转换器地址锁存译码器、一个 A/D 转换器和一个三态输出锁存器组成。多路开关可选通 12 个模拟通道,允许 12 路模拟量分时输入,并共用 A/D 转换器进行转换。三态输出锁存器用于锁存 A/D 转换完的数字量。只有当 OE 端为高电平时,才可以从三态输出锁存器中取走转换完的数据。EOC 为转换结束信号。

ADC01209 芯片引脚图如图 14-17 所示。它有 212 个引脚,采用双列直插式封装,下面说明各引脚功能。

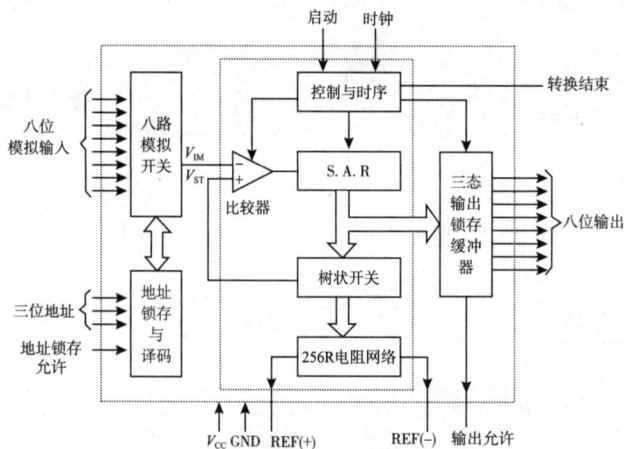

图 14-16　ADC01209 内部结构方框图

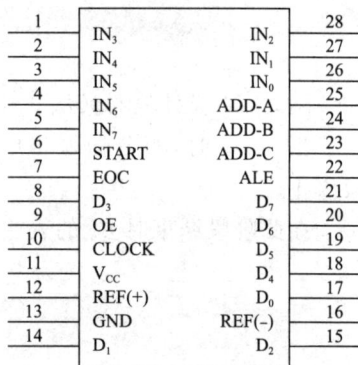

图 14-17　ADC01209 引脚图

- $IN_0 \sim IN_7$ 为 12 路模拟量输入端。
- $D_0 \sim D_7$ 为 12 位数字量输出端。
- ADD-A、ADD-B、ADD-C 是三位地址输入线,用于选通 12 路模拟输入中的一路。
- ALE 为地址锁存允许信号,是输入信号,高电平有效。
- START 为 A/D 转换启动信号,是输入信号,高电平有效。
- EOC 为 A/D 转换结束信号,是输出信号,当 A/D 转换结束时,此端输出一个高电平(转换期间一直为低电平)。
- OE 为数据输出允许信号,是输入信号,高电平有效,当 A/D 转换结束时,只有此端输入一个高电平,才能打开输出三态门,输出数字量。
- CLK 为时钟脉冲输入端,要求时钟频率不高于 640kHz。
- REF(+)、REF(−) 为基准电压。
- V_{CC} 为电源,+5V。

• GND 为接地。

ADC01209 的工作过程:输入三位地址,并使 ALE=1,将地址存入地址锁存器中,此地址经译码选通 12 路模拟输入之一到比较器。START 上升沿逐次逼近寄存器复位,下降沿则启动 A/D 转换,之后 EOC 输出信号变低,指示转换正在进行,直到 A/D 转换完成,EOC 变为高电平,指示 A/D 转换结束,结果数据已存入锁存器,这个信号可用作中断申请。当 OE 输入高电平时,输出三态门打开,转换结果的数字量输出到数据总线上。

14.2.6 ADC 主要技术指标

ADC 主要有以下技术指标。

(1)转换时间。转换时间是指完成一次 A/D 转换所需的时间,或每秒转换的次数。例如,某 ADC 的转换时间 T 为 1ms,则该 A/D 转换器的转换速度为 $1/T=1000$ 次/s。

(2)分解度(也称分辨率)。分解度是指输出数字量最低有效位为 1 时所需的模拟输入电压,常用输出数字量的位数表示。例如,一个 8 位 ADC 满量程输入模拟电压为 5V,该 ADC 能分辨的输入电压为 $5/2^8=19.53$mV,10 位 ADC 可以分辨的最小电压为 $5/2^{10}=2.44$mV。可见,在最大输入电压相同的情况下,ADC 的位数越多,所能分辨的电压越小,分解度越高。

(3)量化误差。量化误差是指量化过程中产生的误差。如采用四舍五入量化法的理想转换器的量化误差为 $\pm\dfrac{1}{2}$LSB。

(4)精度。精度是指产生一个给定的数字量输出时,所需模拟电压的理想值与实际值之间总的误差,包括量化误差、零点误差及非线性等产生的误差。

(5)输入模拟电压范围。输入模拟电压范围指 ADC 允许输入的电压范围。超过这个范围,A/D 转换器将不能正常工作。

任务 14.3 数据采集系统

■ **想一想:**

数据采集系统由哪些部分构成?

带着问题查阅相关资料,请学生以组为单位进行讨论,得出以上问题的答案后,及时写在项目日志上。

14.3.1 数据采集系统的基本组成

数据采集系统利用传感器和网络技术,自动收集、传输和处理数据,是物联网和大数据领域的基础设施。它分为被动式和主动式,以及有线和无线两类。现代数据采集系统的特点包括计算机控制提高了效率;软件设计增加了灵活性;数据采集与处理紧密结合;实时性满足了实际需求;电子技术使系统更小、更可靠;总线技术在系统结构中发挥了重要作用。

数据采集系统包括硬件和软件两大部分,硬件部分又可分为模拟部分和数字部分,其基本组成示意图如图 14-18 所示。

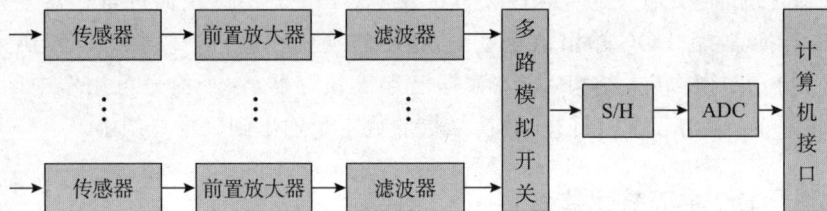

图 14-18　数据采集系统基本组成框图

1. 传感器

利用各种传感器(如温度、湿度、压力、流量等)实时监测和收集数据。

传感器和电路中的器件常会产生噪声,人为的发射源也可以通过各种耦合渠道使信号通道感染上噪声,例如工频信号可以成为一种人为的干扰源。这种噪声可以用滤波器来衰减,以提高模拟输入信号的信噪比。

2. 前置放大器

前置放大器用来放大和缓冲输入信号。由于传感器输出的信号较小,例如:常用的热电偶输出变化往往在几毫伏到几十毫伏之间;电阻应变片输出电压的变化只有几毫伏;人体生物电信号更是微伏量级。因此,需要放大信号以满足大多数 A/D 转换器的满量程输入要求,通常为 5～10V。

3. 多路数据采集的几种形式

在数据采集系统中,往往要对多个物理量进行采集,即多路巡回检测,可通过多路模拟开关来实现。多路模拟开关可以分时选通来自多个输入通道的某一路信号,因此在多路开关后的单元电路,如采样保持电路、A/D 及处理器电路等,只需一套即可,从而节省了成本和空间。缺点是这种方法仅适用于物理量输出比较大且变化比较缓慢、变化周期在数十至数百毫秒之间的情况。

(1) 多通道 A/D 转换。多通道 A/D 转换框图如图 14-19 所示,每个通道都有各自独自的采样保持器与 A/D 转换器。这种结构形式可以对各通道输入信号进行同步和高速数据采集。

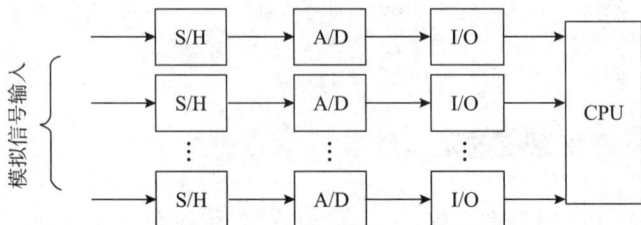

图 14-19　多通道 A/D 转换

(2) 单通道共享 A/D 转换。单通道共享 A/D 转换器框图如图 14-20 所示。各通道有各自独立的采样保持器,但共用一个 A/D 转换器,通过多路开关对各路信号分时进行 A/D 转换。优点是能够实现多路信号的同步采集,缺点是采集速度稍慢。

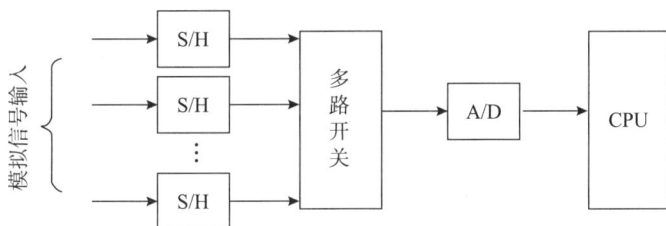

图 14-20　单通道共享 A/D 转换框图

(3) 通道共享采样保持器与 A/D 转换器。通道共享采样保持器与 A/D 转换器框图如图 14-21 所示。各通道共用一个采样保持器和 A/D 转换器。工作时,通过多路开关将各路信号分时切换,输入到共用的采样保持器中,实现多路信号的分时采集。其缺点是采集速度较慢,优点是节省硬件成本,适用于对采集速度要求不高的场合。

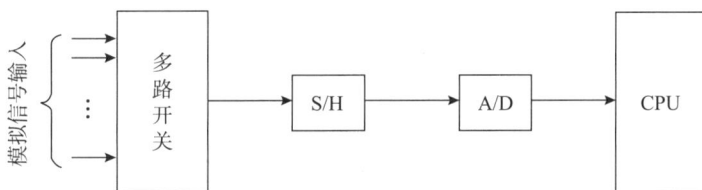

图 14-21　通道共享采样保持器与 A/D 转换器框图

14.3.2　数据采集系统的主要性能指标

1. 系统分辨率

系统分辨率是指数据采集系统可以分辨的输入信号的最小变化量。通常用最低有效位值(LSB)占系统满刻度信号的百分比来表示,或用系统可分辨的实际电压数值来表示,有时也可用信号满刻度值划分的级数来表示。系统的分辨率见表 14-1。

表 14-1　系统的分辨率(满度值 10V)

位数	级　数	1LSB(满度值的百分数)	1LSB(10V 满度)
12	256	0.391%	39.1mV
12	4096	0.0244%	2.44mV
16	65536	0.0015%	0.15mV
20	10412576	0.000095%	9.53μV
24	16777216	0.0000060%	0.60μV

2. 系统精度

系统精度是指当系统工作在额定采集速率下,每个离散子样的转换精度。

(1) A/D 转换器的精度是系统精度的极限值。

（2）系统精度是系统的实际输出值与理论输出值之差，它是系统各种误差的总和。通常用满刻度值的百分数来表示。

3. 采集速率（系统通过速率、吞吐率）

采集速率是指在满足系统精度指标的前提下，系统对输入模拟信号在单位时间内所完成的采样次数，或者说系统每个通道、每秒钟可采集的子样数目。

4. 动态范围

动态范围是指某个物理量的变化范围。信号的动态范围是指信号的最大幅值和最小幅值之比的分贝数。采集系统的动态范围通常定义为所允许输入的最大幅值 V_{imax} 与最小幅值 V_{imin} 之比的分贝数，动态范围为

$$I_i = 20\lg \frac{V_{imax}}{V_{imin}} \tag{14-7}$$

5. 瞬时动态范围

瞬时动态范围是指对大动态范围信号的高精度采集时，某一时刻系统所能采集到的信号的不同频率分量幅值之比的最大值，即幅度最大频率分量的幅值 A_{fmax} 与幅度最小频率分量的幅值 A_{fmin} 之比的分贝数。瞬时动态范围为

$$I = 20\lg \frac{A_{fmax}}{V_{fmin}} \tag{14-8}$$

6. 非线性失真（谐波失真）

当输入一个频率为 f 的正弦波时，其输出中出现很多频率为 k_f（k 为正整数）的新的频率分量的现象，称为非线性失真。

◆ 项目小结 ◆

（1）D/A 转换的作用是将二进制数或其他数字表示的离散值转换为对应的连续值。

（2）D/A 转换器的性能指标有分辨率、转换精度和输出电压（或电流）的建立时间。

（3）A/D 转换是将模拟电压或电流转换为与之成正比的数字量。一般 A/D 转换需经采样、保持、量化和编码四个步骤。

（4）A/D 转换器的性能指标有转换时间、分解度（分辨率）、量化误差、精度和输入模拟电压范围。

◆ 习 题 ◆

【问答题】数字采集系统由哪几部分组成？每一部分的作用是什么？

参 考 文 献

[1] 苏丽萍.电子技术基础[M].西安:西安电子科技大学出版社,2006.

[2] 童诗白,华成英.模拟电子技术基础[M].3 版.北京:高等教育出版社,2005.

[3] 李雪飞.电子技术基础[M].北京:清华大学出版社,2014.

[4] 鲍宁宁,王素青.电子实训教程[M].北京:国防工业出版社,2016.

[5] 秦雯.电子技术基础[M].北京:机械工业出版社,2017.

[6] 黄淑珍.数字电子技术[M].北京:清华大学出版社,2015.

[7] 葛仁华,卢勇威.数字电子技术[M].广州:华南理工大学出版社,2007.

[8] 曹光跃.电子技术基础项目化教程[M].北京:机械工业出版社,2018.

[9] 王诗军.数字电子技术基础[M].北京:机械工业出版社,2018.

[10] 刘鹏.电子技术基础[M].2 版.北京:北京理工大学出版社,2019.

[11] 潘海燕.电子技术项目实训[M].4 版.北京:电子工业出版社,2017.